U0173452

世界海洋经济发展报告 2022

段晓峰　林香红 ◎ 主　编

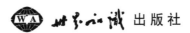 世界知识出版社

北京·2023

图书在版编目（CIP）数据

世界海洋经济发展报告. 2022 / 段晓峰, 林香红主编. —— 北京 : 世界知识出版社, 2023.10
ISBN 978-7-5012-6588-6

Ⅰ.①世… Ⅱ.①段… ②林… Ⅲ.①海洋经济—经济发展—研究报告—世界—2022 Ⅳ.①P74

中国国家版本馆CIP数据核字（2023）第014686号

责任编辑	谢　晴
责任出版	赵　玥
责任校对	陈可望

书　　名	**世界海洋经济发展报告2022** Shijie Haiyang Jingji Fazhan Baogao 2022
主　　编	段晓峰　林香红
出版发行	世界知识出版社
地址邮编	北京市东城区干面胡同51号（100010）
网　　址	www.ishizhi.cn
电　　话	010-65233645（市场部）
经　　销	新华书店
印　　刷	北京虎彩文化传播有限公司
开本印张	710毫米×1000毫米　1/16　30⅜印张
字　　数	450千字
版次印次	2023年10月第一版　2023年10月第一次印刷
标准书号	ISBN 978-7-5012-6588-6
定　　价	98.00元

版权所有　侵权必究

《世界海洋经济发展报告 2022》 编委会

主　　编：段晓峰　林香红
编写组成员：（以姓氏笔画排序）

丁　琪	于　平	韦有周	化　蓉
玄　花	吕慧铭	朱　凌	刘　佳
刘禹希	刘淑静	汤熙翔	劳震坤
李先杰	李明昕	吴黄铭	张玉洁
张　洁	张　辉	张智一	张麒麒
林香红	郑　莉	赵　鹏	胡　洁
段晓峰	姚　荔	夏颖颖	徐丛春
徐莹莹	殷　悦	郭　越	黄　超
崔　晴	梁　晨	谭乃芬	魏　晋

序　言

当前，世界百年未有之大变局加速演进，加之世纪疫情影响深远，全球经济复苏乏力，国际社会对于海洋可持续发展和海洋经济增长的重视程度前所未有，联合国正在推进实施"海洋科学促进可持续发展十年（2021—2030）"倡议，沿海国家纷纷出台蓝色经济战略规划与政策，以期通过可持续地利用海洋资源促进经济增长、改善生计和就业，保护海洋和海岸带生态系统健康。中国正在加快建设海洋强国，推进共建"一带一路"高质量发展，海洋经济的重要性不可替代，正是依托优越的海洋资源环境和便利的海上交通运输等条件，我国沿海地区成为改革开放前沿并实现了率先发展。海洋是高质量发展的战略要地，海洋经济是国民经济的重要组成部分，海洋经济活动已经融入到我国经济社会发展的方方面面。在此背景下，国家海洋信息中心组织专家团队首次编写出版《世界海洋经济发展报告》，以期为海洋经济研究及管理决策提供借鉴和参考。

《世界海洋经济发展报告 2022》包括产业篇、国别篇和专题篇三部分，共 34 个报告。其中，产业篇 9 个，聚焦全球海洋产业发展情况；国别篇 19 个，聚焦沿海国家和地区海洋经济发展情况；专题篇 6 个，聚焦国际蓝色金融和蓝色经济政策的最新进展。

产业篇。详细分析了九个海洋产业（海洋渔业、港航产业、造船业、海洋工程装备行业、海水与综合利用业、海上风电、海洋能、海洋药物

I

与生物制品业、邮轮产业）发展情况。

海洋产业发展面临着前所未有的严峻挑战，海洋资源过度开发、海洋污染、气候变化、新冠疫情和乌克兰危机等带来诸多不确定影响；同时，海洋产业发展也迎来新的机遇，新一轮科技革命和产业变革在海洋领域深入发展，全球海洋产业砥砺前行，呈现出以下特征：一是海洋产业向数字化、绿色化和智能化转型。清洁能源替代传统化石能源成为大势所趋，航运业和船舶制造加速向绿色化迈进，海上风电进入蓬勃发展时期，港口智慧化绿色化进程加速，产业转型升级助力碳减排。二是海洋产业融合发展成为新趋势。"海上风电＋制氢""海上风电＋海洋牧场""海上风电＋海水淡化""可持续海洋渔业＋旅游"等新模式新业态不断涌现，海洋产业融合发展步伐加快。三是海洋新兴产业发展潜力巨大。尽管产业规模较小，但海水淡化、海洋能、海洋药物与生物制品等海洋新兴产业呈现出快速增长的态势，发展前景空间广阔。

国别篇。详细分析了中国、日本、韩国、新加坡、菲律宾、印度尼西亚、欧盟、挪威、英国、美国、加拿大、阿根廷、智利、澳大利亚、新西兰、太平洋岛国、南非、塞舌尔和佛得角等国家和地区的海洋经济发展情况。

海洋经济被许多沿海国家和地区视为经济发展的新增长点和科技创新的新兴领域，中国、美国、澳大利亚、欧盟、非盟等均制定了海洋经济（或蓝色经济）发展战略规划和政策文件，越来越多的国家和地区通过定期发布统计数据或年度报告反映海洋经济发展情况。一是海洋经济对国民经济的贡献不容忽视。从各个国家和地区所公布的数据和报告来看，尽管各国海洋经济所涵盖的产业范围不同、统计口径不同，但海洋经济对国民经济的贡献大都保持在 1%—10% 之间，海洋经济已经成为许多沿海国家和地区经济的重要组成部分。二是海洋经济的产业结构特征明显。依托规模效应和发展基础，滨海旅游业、海洋交通运输业和海洋渔业等传统海洋产业对各个国家和地区海洋经济规模和就业的贡献远高于海洋新兴产业，但海洋新兴产业总体呈现更为快速的增长趋势。三是小岛屿国家高度依赖海洋及其资源。相较于拥有广阔内陆腹地的沿海国家，小岛屿国家海洋产业门类较少，但特色突出，重视培育和做大做强优势产业，海洋渔业和旅游业是小岛屿发展中国家重要的经济来源。四是主要海洋产业国际分工形成较为鲜明的区域格局。亚洲已成为全球船舶和海洋工程装备制造中心，中日韩船舶制造和中韩新海工装备制造的三足鼎立格局较为稳固。得益于中国为全球海水养殖和海上风电发展作出的巨大贡献，近年来亚洲发展成为全球最大的海水养殖基地和第二大海上风电市场。欧盟依托先进技术和发达的资本，在海上风电和海洋能利用、绿色航运、高端船舶设计与制造、海事金融等领域位居世界前列。北美洲和大洋洲依托丰富的海洋生物资源和矿产资源，在传统海洋产业中具备竞争优势，海洋药物与生物制品技术领先，海上风电刚刚起步。非洲将蓝色经济视为新的增长前沿和实现工业化的新引擎。

专题篇。重点梳理国际组织和主要海洋国家推动海洋经济发展的战略规划和政策举措。海洋金融是近年来国际社会关注的热点之一，通过两篇专题报告分别介绍了联合国环境规划署推进可持续蓝色金融的系列举措和海洋行动之友《海洋金融指南》概况；总结梳理四个国家和地区蓝色经济政策要点，分别形成非洲蓝色经济战略、欧盟蓝色经济政策、美国蓝色经济战略2021—2025、德国海洋议程2025等四篇专题报告。

需要说明的是，本书使用的数据，主要来自国际组织、沿海国家和地区的统计部门、涉海部门以及研究咨询机构。由于数据来源、汇总方法和发布时间不同，加之数据修订等原因，同一指标在不同时间和出处可能会不一致。本书在成稿过程中，尽可能收集当时可获得的最新数据，但由于涉及行业和地区范围较广，统计指标和数据发布时效不同，全书无法采用统一年份数据。以上情况，敬请读者注意和理解。

最后，感谢在成稿过程中付出辛勤努力的各位作者和给予大力支持指导的各位专家。首次出版此书，受水平所限，书中难免存在不足，恳请批评指正。

段晓峰　林香红

2023 年 7 月

目　录

I　产业篇

II　国别篇

亚洲篇

Ⅲ　专题篇

I

产 业 篇

全球海洋渔业发展情况

胡洁*

渔类产品是目前全球交易量最庞大的食品商品之一，是人们获取蛋白质的重要来源。海洋渔业一直是全球渔类产品最主要的来源，保持海洋渔业的长期繁荣和可持续发展不仅具有政治意义和社会意义，更具有经济和生态重要性。[1]

一、全球海洋渔业资源状况

过度捕捞、生境退化和污染等因素严重损害了海洋生境、生态功能和生物多样性，造成全球渔业资源的衰退。联合国粮食及农业组织（以下简称粮农组织或FAO）对海洋渔业资源的长期监测评估显示，[2] 全球处于生物可持续水平范围内[3]的海洋渔业种群比例已由1974年的90.0%下降至2019年的64.6%，其中57.3%为在最大产量上可持续捕捞的种群，7.2%为

* 胡洁，国家海洋信息中心副研究员。

① 粮农组织：《2020年世界渔业和水产养殖状况：可持续发展在行动》，罗马，2020，https://doi.org/10.4060/ca9229zh。

② FAO, The State of World Fisheries and Aquaculture 2022. Towards Blue Transformation, Rome, https://doi.org/10.4060/cc0461en.

③ 本文中"生物可持续水平"指生物资源丰富，尚不会枯竭的情况。——作者注

未充分捕捞的种群。从 1974 年到 1989 年，在最大产量上可持续捕捞的种群占比不断下降，后于 2017 年逐步回升，一定程度上说明为促进渔业可持续发展的管理措施得到了更好的实施。[1] 相比之下，在生物不可持续水平范围内 [2] 捕捞的种群占比却在持续上升，已由 1974 年的 10.0% 增至 2019 年的 35.4%，尤其在 20 世纪 70 年代末和 80 年代增幅明显。[3]

根据粮农组织估计，2019 年海洋渔业 80% 以上的产量来自生物可持续种群。在粮农组织主要捕捞区域中，东南太平洋在不可持续水平捕捞的种群占比最高（66.7%），随后是地中海和黑海（63.4%）、西南大西洋（40.0%）。相比之下，东北太平洋、中东太平洋、中西太平洋和西南太平洋在生物不可持续水平捕捞的种群占比最低（13.0%—23.0%）。[4]

二、全球海洋渔业发展状况

海洋渔业是全球渔业与水产养殖的主要构成，多年来持续占据主导地位。2020 年全球 63% 的水产品来自海洋，海洋渔业总产量达 1.1 亿吨，较 2010 年增长 14.1%。总体来看，2010—2020 年海洋渔业总产量呈上涨态势，占全球渔业与水产养殖总产量的比重持续保持在 60% 以上。但由于内陆水域捕捞和养殖产量的更快增长，海洋渔业在全球渔业与水产养殖中所占份额呈现下降趋势，由 2010 年的 67.7% 下降至 2020 年的 63.0%，下降了 4.7 个百分点，见图 1。

---

[1] 粮农组织：《2020 年世界渔业和水产养殖状况：可持续发展在行动》，罗马，2020，https://doi.org/10.4060/ca9229zh。

[2] 本文中"生物不可持续水平"指生物资源逐渐匮乏，可能在不远的将来会出现资源枯竭的情况。——作者注

[3] FAO, The State of World Fisheries and Aquaculture 2022. Towards Blue Transformation, Rome, https://doi.org/10.4060/cc0461en.

[4] FAO, The State of World Fisheries and Aquaculture 2022. Towards Blue Transformation, Rome, https://doi.org/10.4060/cc0461en.

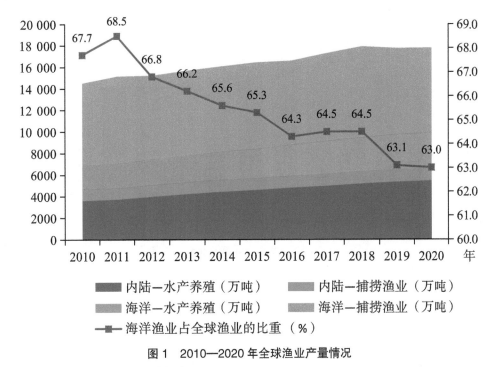

图 1　2010—2020 年全球渔业产量情况

资料来源：粮农组织数据库。

注：不含水生哺乳动物、鳄、短吻鳄和凯门鳄、海藻和其他水生植物。总计数经四舍五入处理，可能有一定出入。海水养殖包括海域和沿海水产养殖。

（一）海洋捕捞生产情况

粮农组织数据显示，2010—2020 年全球海洋捕捞产量波动明显，占海洋渔业产量比重呈下降趋势，但海洋捕捞作为重要的生产方式之一，仍然是全球海洋渔业的主要支柱。2020 年全球海洋捕捞产量近 7900 万吨，同比下降 1.6%，占海洋渔业的比重为 70.4%。总体来看，2010—2020 年全球海洋捕捞产量总产量均在 7600 万吨以上，占海洋渔业的比重始终保持在 70% 以上。其中，2018 年海洋捕捞产量最高，接近 8500 万吨，较 2010 年增加了 800 多万吨，见图 2。

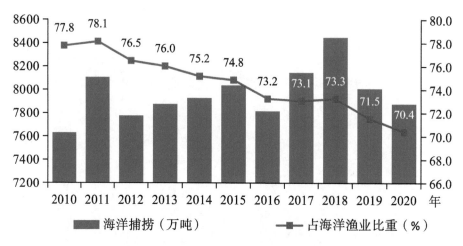

图 2　2010-2020 年全球海洋捕捞产量情况

资料来源：粮农组织数据库。

分国别来看，2020 年居全球前 25 位的海洋捕捞主要生产国总产量达 6300 多万吨，占全球海洋捕捞总产量的 80.2%。其中，排名前五国家的海洋捕捞总量占全球的比重超过 40%。中国占比达 14.9%，位居全球第一；第二是印度尼西亚，占比为 8.2%；第三为秘鲁，占比为 7.1%；第四、第五是俄罗斯和美国，占比分别为 6.1%、5.4%，见图 3。

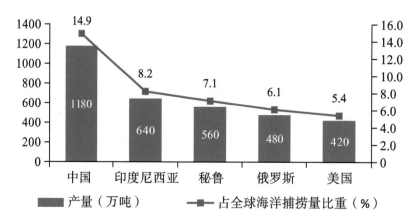

图 3　2020 年海洋捕捞产量居全球前五位情况

资料来源：粮农组织数据库。

分洲别来看，亚洲是全球海洋捕捞的核心区，2010—2020年亚洲海洋捕捞量占全球海洋捕捞总量的比重基本保持在一半左右，2020年海洋捕捞量达4000万吨，较2010年增长2.2%；欧洲和美洲海洋捕捞量较2010年均有所下降；非洲和大洋洲海洋捕捞量明显增加，分别较2010年增长了27.4%和25.6%。从发展趋势来看，亚洲、欧洲、非洲和大洋洲海洋捕捞量基本保持平稳，且呈微幅增加态势；相对而言，美洲海洋捕捞量波动较为明显，见图4。

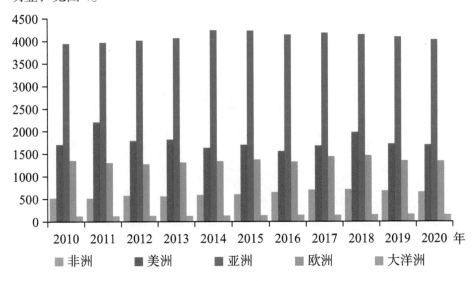

图4 2010—2020年五大洲海洋捕捞产量情况（单位：万吨）

资料来源：粮农组织数据库。

（二）海水养殖生产情况

水产养殖是应对全球渔业资源不断衰退，满足人们对水产品的消费需求不断增加的重要手段。自1990年以来，水产养殖每年以6.7%的速度持续增长，在全球粮食安全中展现出关键作用。[①] 随着海洋渔业资源衰退和

————————

① FAO, The State of World Fisheries and Aquaculture 2022. Towards Blue Transformation, Rome, https://doi.org/10.4060/cc0461en.

资源保护意识的不断提高，海水养殖逐渐成为海洋捕捞的重要补充。面对新冠疫情，全球水产养殖仍然保持增长态势，2020 年全球海水养殖产量超过 3300 万吨，较 2010 年增加了 51.8%。从总体上看，2010—2020 年全球海水养殖产量呈现稳步增长态势，占全球海洋渔业的比重亦不断提高，由 2010 年的 22.2% 提升到 2020 年的 29.6%，上涨了 7.4 个百分点，海水养殖产量的持续增长部分填补了海洋捕捞量的减少，一定程度上稳定了水产品的供给，见图 5。

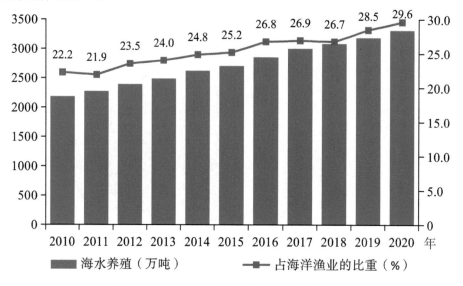

图 5　2010—2020 年全球海水养殖产量情况

资料来源：粮农组织数据库。

　　分国别来看，2020 年居全球前 25 位的海水养殖主要生产国总产量近 3200 万吨，占全球海水养殖总量的 96.6%。其中，中国海水养殖产量占全球比重超一半，达 56.6%；其次是印度尼西亚（占 5.5%）、越南（占 5.0%），挪威和智利（均为 4.5%）。

　　分洲别来看，亚洲在全球海水养殖中始终处于主导地位。2010—2020 年，亚洲占全球海水养殖产量的比重均超 80%，2020 年海水养殖量近 2700 万吨，较 2010 年增加了 884 万吨。非洲和美洲在全球海水养殖产量中的占比也均有所提高。与 2010 年相比，2020 年非洲海水养殖量增长了两倍，美洲增长量近乎翻一番，欧洲和大洋洲增幅相对较小。除大洋洲外，其他各洲海水养殖量占各洲海洋渔业的比重总体呈增长态势，见图6。2020年，亚洲海水养殖量占亚洲海洋渔业总产量的39.8%，较2010年提高了8.7个百分点；美洲占比达15.5%，提高了6.9个百分点；欧洲占比为16.8%，提高了3.5个百分点；非洲占比为5.6%，提高了3.2个百分点；大洋洲占比12.9%，下降了0.5个百分点。

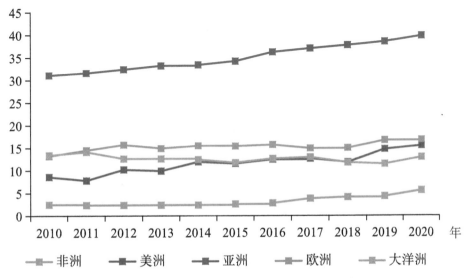

图6 2010—2020年五大洲海水养殖量占各洲海洋渔业产量的比重（单位：%）

资料来源：粮农组织数据库。

三、全球海洋渔业面临的形势及展望

可持续发展目标具体目标14.7（联合国，2019b）明确"到2030年，增加小岛屿发展中国家和最不发达国家通过可持续利用海洋资源获得的经济收益，包括可持续地管理渔业、水产养殖业和旅游业"。[①]为实现这一目标，

---

① 粮农组织：《2020年世界渔业和水产养殖状况：可持续发展在行动》，罗马，2020，https://doi.org/10.4060/ca9229zh。

加快"蓝色转型",推动水产养殖的可持续扩大和集约化、所有类型渔业有效管理以及水产价值链的升级成为可持续海洋渔业发展的重要内容。[①] 在高技术与经济密切结合的背景下,可持续海洋渔业与新技术、新经济融合发展,不断迸发出新的发展机遇。但同时受气候危机持续恶化、新冠疫情大流行及国际政治经济环境不确定性增加等多重因素叠加影响,全球海洋渔业发展仍然面临复杂而严峻的形势与挑战。

(一)新冠疫情影响广泛且深远

2021 年 2 月,粮农组织发布《2019 冠状病毒病对渔业和水产养殖粮食体系的影响》。该报告显示,全球渔业和水产养殖业受到了新冠疫情的沉重冲击。渔业和水产养殖供应链中的主要活动有捕捞、水产养殖生产、加工、投入物的运输、分销、批发和零售营销,链条的每个阶段都容易受到新冠疫情和相关措施产生的影响而中断或停止。受封城和航班限制等疫情防控措施影响,生产中断、供应链受阻、市场需求低迷,2020 年全球渔业和水产养殖消费量和贸易量均出现下降。在水产养殖业中,产品滞销导致积压的活鱼数量增加,进而增加了饲养成本和活鱼死亡风险。针对渔船船员采取的疫情管控措施以及市场状况不佳,导致捕捞作业有所减少,2020 年全球野生渔业捕捞量也有所下降。但同时,捕捞作业的减少或暂停在一定程度上有助于过度捕捞鱼类种群的加速恢复。在此情况下,发展中国家受到的影响很大,特别是那些小规模手工渔民以及依靠渔业保障生计的社区。研究显示,非洲、亚洲和欧洲的部分地区捕捞努力量有所减少。为应对新冠疫情影响,全球渔业和水产养殖主要生产国纷纷出台一系列措施来稳定渔业和水产养殖业,如南非通过延长渔业捕捞时间以帮助渔民补偿所遭受的经济损失,中国出台多项财税金融等多方面举措应对冲击,韩国海事渔

[①] FAO, The State of World Fisheries and Aquaculture 2022. Towards Blue Transformation, Rome, https://doi.org/10.4060/cc0461en.

业部制定了一系列综合支持措施以保持渔业经济活力，欧盟通过一项临时国家援助框架为渔业经济经营者提供救济或援助以及利用欧盟海事和渔业基金支持欧盟渔业和水产养殖业，美国通过一揽子计划向遭受经济收入损失的渔业参与者提供3亿美元的直接财政救济。

受新冠疫情影响，消费者偏好也发生了转变。一方面对鲜鱼的需求有所减弱；另一方面由于各家各户希望囤积不易腐烂的食物，消费者对包装产品和冷冻产品的需求出现增长。同时在新形势下，数字化进程加速，产品创新、新的分销渠道、电子商务和送货上门等造成供应链缩短，未来将长期让海产品行业获益。但总体来看，各方面的不确定性，特别是新冠疫情持续时间和严重程度的不确定性，继续主导着海洋渔业的发展前景，全球海洋渔业未来形势仍较为严峻。

（二）气候变化多层面影响海洋渔业发展

气候变化不仅会给海洋带来非生物变化（海温、含氧量、盐度和酸度）和生物变化（初级生产、食物网），对水生物种的分布、生长及大小、渔获潜力等产生影响，还会给这些以水生资源为生的人们带来影响，进而影响工业、市场和贸易。[①]《2018年世界渔业和水产养殖状况》报告显示，以海水水域环境为基础、海水生态系统为依托的海洋渔业更易受到气候变化的影响。美国加利福尼亚大学相关研究显示，气候变暖对8%的鱼类种群产生了明显的负面影响，对4%的鱼类种群产生了积极影响。[②]从自然生态系统来看，全球气候变暖导致海水温度升高，鱼类等海洋生物地理分布发生迁移，海洋生物多样性格局因此而改变，进而造成海洋生物全球捕捞潜力的重新再分配。此外，珊瑚白化加剧，降低了海洋生物多样性，致使

---

① 粮农组织：《2020年世界渔业和水产养殖状况：可持续发展在行动》，罗马，2020，https://doi.org/10.4060/ca9229zh。

② 《新研究发现气候变化正影响全球渔业生产力》，《中国食品学报》2019年第3期。

海洋群落稳定结构遭到破坏，海洋渔业产业发展受到阻碍。从社会经济系统来看，气候变化影响经济增长的速度，并通过对自然生态系统的影响造成渔业资源衰退、粮食安全、营养供应、人类生计等一系列社会经济问题，其中以渔业为主体的国家受气候变化影响更为明显，脆弱性更高。[1]

《联合国政府间气候变化专门委员会气候变化中的海洋和冰冻圈特别报告》[2]显示，热带气旋、极端海平面、洪水和海洋热浪等多种气候相关灾害正在不断增加。气候灾害将给小规模手工渔业造成严重影响。例如，2019 年莫桑比克遭受热带气旋"伊代"的袭击，给渔业部门造成约 2000万美元的经济损失。[3] 未来，气候变异和气候变化，包括极端天气事件的发生频率和程度，可能对鱼和鱼产品的可获性、加工和贸易产生重大且因地而异的影响，使各国在面临风险时更为脆弱。渔业和水产养殖适应气候变化的紧迫性进一步增强，迫切需要采取基于海洋的行动来加强和加快气候变化缓解和适应措施。

（三）新技术、新经济赋予海洋渔业发展新动能

随着信息技术的快速发展及其广泛应用，5G、大数据、人工智能等新技术越来越多应用于海洋渔业，涉及渔业资源精准监测、水产养殖智能生产、水产品质量安全可溯、渔业管理高效有力[4] 等方面，正助推海洋渔业生产

---

[1] 刘红红、朱玉贵：《气候变化对海洋渔业的影响与对策研究》，《现代农业科技》2019 年第 10 期。

[2] 联合国政府间气候变化专门委员会：《联合国政府间气候变化专门委员会气候变化中的海洋和冰冻圈特别报告》，2019，www.ipcc.ch/site/assets/uploads/sites/3/2019/12/SROCC_FullReport_FINAL.pdf。

[3] 联合国开发计划署：《莫桑比克伊代热带气旋灾后需求评估》，2019，www.undp.org/content/undp/en/home/librarypage/crisis-prevention-and-recovery/mozambique-cyclone-idai-post-disaster-needsassessment--pdna-dna.html。

[4] 《科技入海，大数据如何驱动渔业数字化发展？》，腾讯网，2021 年 11 月 15 日，https://view.inews.qq.com/a/20211115A0AAJV00。

和监管方式的转变，为全球渔业和水产养殖业的可持续发展提供了重要的技术支撑。

以海洋捕捞来说，不同鱼类受海水温度、洋流流向等因素影响，生活区域也有所不同。海洋卫星能够提供广阔海域上的海水温度、叶绿素浓度、洋流走向等数据，将这些数据与往期的捕捞情况（如捕获量、种类）相结合，便可实现基于数据分析的精准捕捞。针对海水养殖，在人力更易触及的范围，技术应用往往也更为广泛。人工养殖基地中大多布设了水下监控、水位传感器、溶解氧传感器、pH传感器等大量的物联网设备，以便于观测水质、水温等情况来提升养殖效果。基于这些传感器设备，我们不仅可以获取大量的数据，实现对养殖环境的监测及设备的自动控制，还可以通过人工智能图像识别等技术的加入进一步提升养殖效率，帮助实现鱼苗精细化管理，确保鱼苗养殖速度的最大化和养殖成本的最小化。延伸到销售环节，基于大数据分析实现渔业市场流向与价格的监测是基础应用。在市场分析指导的基础上，区块链技术的融入能够实现水产品全产业链的追溯：产自哪里、养殖过程中投入了哪些饲料药类、如何通过物流进入市场。就面向政府端的数据与技术应用来看，捕捞、养殖与销售环节中产生的大量数据构成了区域渔业发展的全景，为政府部门做调控部署提供依据，支持产业更好发展。卫星、无人机及地面监控组成天空地立体化监测体系，全方位支撑禁捕监管与执法，助力生态修复。[1] 2021年10月，自然资源保护协会发布的《渔业数字化报告》[2] 指出，渔业生产报告的数字化是实现海洋捕捞数字化管理的重要内容，有助于推动渔业治理数字化，实现精准可持续发展。

---

[1] 《科技入海，大数据如何驱动渔业数字化发展？》，腾讯网，2021年11月15日，https://view.inews.qq.com/a/20211115A0AAJV00。

[2] 自然资源保护协会：《渔业数字化报告》，2021年10月，http://www.nrdc.cn/information/informationinfo?id=276&cook=2。

全球港航产业发展情况

化蓉 *

近年来，受贸易壁垒增加、国际关系紧张影响，世界经济形势整体低迷，特别是自 2019 年以来，叠加新冠疫情影响，全球供应链中断，经济产出和商品贸易受到抑制，世界经济进入 2008 年国际金融危机以来增长最缓慢的时期，商品贸易持续下滑，服务贸易增速放缓。2020 年，全球经济产出下降 3.6%，商品贸易下降 7.4%，服务贸易下降 20.0%。基于此，国际海运贸易面临严峻压力，运价高企、港口拥堵、海员危机等问题持续。面对危机挑战，数字化、绿色转型正成为全球港航产业发展新动力。

一、国际海运发展情况

近年来，受全球经济形势影响，国际海运市场供大于求，总体增长缓慢。新冠疫情下，港口拥堵、船员滞留问题频发，运输价格高涨。

---

　*　化蓉，国家海洋信息中心助理研究员。

（一）海运贸易需求发展情况

近年来，海运贸易量增长缓慢，增速呈下降趋势，2019 年仅增长 0.5%。受新冠疫情影响，继 2008 年国际金融危机后，2020 年全球海运贸易量首次下降，降幅达 3.8%；值得注意的是，随着全球对商品贸易需求比例增长，2020 年海运占全球贸易量比重达到了 86%，再创历史新高；亚洲地区在国际海运贸易中的主导地位进一步加强，装货总量占比持续保持 41% 左右，同时卸货总量占比增加。

（二）船队供给发展情况

近年来，全球海运船队规模持续平稳增长，2015 年初至 2021 年初全球船队规模年均增速 3.4%，2019 年全球商业航运船队同比增长 4.1%，为 2014 年以来的最高增长率。2020 年，受新冠疫情影响，船队规模增速有所放缓，截至 2021 年初，全球海运船舶数量接近十万艘，运力规模 21.3 亿载重吨，同比增长 3.0%，其中集装箱船占比 13.2%，同比增长 2.5%；按载重吨和船队商业价值计算，希腊、中国（不含香港、台湾地区）和日本是位列全球前三的船东国。此外，全球船舶趋于大型化发展，集装箱船队中大型船舶（万标箱以上）比例从 2011 年的 6% 提高到 2021 年的近 40%，2018 年后 2 万标箱以上船舶快速增长，2021 年达 74 艘；全球集装箱航运市场集中度再度提升，截至 2020 年底，全球前十大班轮公司运力的市场份额合计达到 83.9%，较 2019 年底的 83.0% 提高了 0.9 个百分点。中国、新加坡、韩国、美国、马来西亚、中国香港、英国、荷兰、西班牙、比利时为全球班轮联结最紧密的前十位国家或地区。截至 2021 年初按船队载重吨排名前十的船东国情况见表 1，截至 2020 年 12 月底全球前十大班轮公司运力情况见表 2。

表 1 截至 2021 年初按船队载重吨排名前十船东国情况

序号	国家或地区	载重吨（亿载重吨）	船队商业价值（亿美元）	船舶数量（艘）
1	希腊	3.73	1029.7	4705
2	中国	2.45	989.4	7318
3	日本	2.41	1038.3	4029
4	新加坡	1.39	513.0	2843
5	中国香港	1.04	360.3	1764
6	德国	0.86	477.5	2395
7	韩国	0.86	303.4	1641
8	挪威	0.64	511.0	2042
9	百慕大	0.64	277.4	553
10	英国	0.53	408.8	1323

资料来源：联合国贸易和发展会议数据库，https://unctadstat.unctad.org/wds/TableView/tableView.aspx，访问日期：2022 年 1 月 17 日。

表 2 截至 2020 年 12 月底全球十大班轮公司运力情况

排名	班轮公司	船舶数量（艘）	运力（万标箱）	市场份额（%）
1	马士基	711	413.7	17.1
2	地中海航运	579	385.6	15.9
3	中远海运集运	504	303.0	12.5
4	达飞轮船	570	300.7	12.4
5	赫伯罗特	239	172.9	7.1
6	日本海洋船务	220	159.6	6.6
7	长荣海运	195	127.8	5.3
8	现代商船	72	71.9	3.0
9	阳明海运	89	61.6	2.5
10	以星航运	82	36.0	1.5

资料来源：Alphaliner, https://alphaliner.axsmarine.com/PublicTop100/，访问日期：2022 年 2 月 15 日。

（三）运价走势情况

近年来,全球海运市场一直存在结构性供过于求的情况,运价整体低迷。新冠疫情发生以来,船东持续削减运力,运价整体波动较大,不同运输方式也呈现不同特征:集装箱运费创新高,2020 年,受贸易结构失衡、港口拥堵等情况,尤其是在中美、中欧航线上,最高时期运价翻了近两番,全年全球集装箱运输行业净利润超过 110 亿美元,创近十年来最好业绩;干散货运价走低,2020 上半年,受新冠疫情影响,干散货需求下降,运价探底,后半年在需求反弹和运力控制作用下,运价回升;油轮运价总体保持平稳,2019 年受中美贸易摩擦影响,需求疲弱。2020 年,受年初沙特阿拉伯、俄罗斯原油战等因素影响,国际油价暴跌,推动需求激增,运价再次上涨。

（四）船员发展情况

全球新冠疫情暴发以来,海员换班、权益保障等面临前所未有的困难,直至 2021 年 1 月,全球仍有 40 万海员滞留海上,其中有相当一部分人已经在船上连续工作 17 个月,面临极大的身心考验。同时由于船东经营不善等原因,遗弃船员问题时有发生,截至 2020 年 12 月 17 日,全球共发生76 起遗弃海员事件,涉及 1000 余名海员,创历史新高。在此背景下船员离职率增加,上船率下降,船员短缺问题暴露,尤其是高级船员,2021 年全球海员数量比 2015 年增长 14.9%,但高级船员占比比 2015 年减少 1.6%,仅为 45.3%。全球船员主要来自亚洲地区人口大国,菲律宾、俄罗斯、印度尼西亚、中国、印度为前五大海员来源国。

二、全球港口生产运营情况

受前端海运贸易影响,近年来全球港口生产增速下滑。但在中国经济增长带动下,亚洲地区港口生产表现突出。

（一）港口生产情况

近年来，全球港口生产增速持续下滑，新冠疫情影响下，2020年全球港口集装箱吞吐量增速转负，下降1.2%，为8.2亿标箱。得益于全球经济中心东移，特别是中国经济飞速发展，全球港口生产主要集中在亚洲地区，2020年，亚洲地区港口集装箱吞吐量占全球比重高达65.3%，欧洲、北美地区占比分别仅为14.4%和7.5%。中国在全球港口交通枢纽的主导地位凸显，全球前十大集装箱港口中中国占据七席。2020年全球前十大港口集装箱吞吐量情况，见表3。

表3　2020年全球前十大港口集装箱吞吐量情况

2020年位次（2019年位次）	港口	全年吞吐量（万标箱）	同比增速（%）
1（1）	上海港	4350	0.4
2（2）	新加坡港	3687	−0.9
3（3）	宁波舟山港	2872	4.3
4（4）	深圳港	2655	3.0
5（5）	广州港	2317	1.5
6（7）	青岛港	2201	4.7
7（6）	釜山港	2181	−0.8
8（9）	天津港	1835	6.1
9（8）	香港港	1796	−1.9
10（10）	鹿特丹港	1434	−3.3

资料来源：上海国际航运研究中心。

（二）港口联通周转效率情况

2020年，全球联通性前十的港口分别是上海港、新加坡港、宁波港、釜山港、香港港、青岛港、鹿特丹港、安特卫普港、厦门港、巴生港，集中在中国、新加坡、荷兰、比利时、马来西亚等国家，自2006年以来，除香港港外前十大港口的班轮运输连通性均显著上升。2020年，全球货运效率最高的十大港口分别是横滨港、阿卜杜拉国王港、赤湾港、广州港、高雄港、塞拉莱港、香港港、青岛港、蛇口港、阿尔赫西拉斯港，[①] 主要集中在亚洲。

三、其他航运服务业发展情况 [②]

海洋港口运输发展的同时也在带动海运货代、船舶登记管理认证、海事法律服务、航运金融等其他服务发展，整体来说，传统海运国家如英国、挪威、美国在上述行业中仍占据主导权。近年来，随着港航业发展，亚洲地区尤其是以新加坡、中国代表的主要国家的现代航运服务业迅猛发展，规模快速扩张。

（一）海运货代服务发展情况

纵观全球，近些年德国、中国、瑞士、美国海运货代保持强劲发展。2020 年，全球主要海运集装箱货代前 50 家企业排名 [③]（按处理集装箱量排名）中，德国上榜企业六家，四家企业进入前十，稳居全球海运代理最发达国家；中国上榜企业 16 家［大陆（内地）九家、香港六家、台湾一家］，其中中国外运股份有限公司位居全球第二，嘉里大通物流有限公司位居全球第六；瑞士上榜企业三家，其中德迅集团稳居全球第一；美国上榜企业七家，两家企业进入前十。

---

① 参见联合国贸易和发展会议数据库，https://unctadstat.unctad.org/wds/TableView/tableView.aspx。

② 根据联合国贸易和发展会议等数据、上海国际航运中心发布的《全球现代航运服务业发展报告（2019—2020）》《全球现代航运服务业发展报告（2020—2021）》整理。

③ https://www.ttnews.com/top50/oceanfreight，访问日期：2022 年 2 月 15 日。

（二）第三方船舶管理业发展情况

当前，国际第三方船舶管理主要集中在塞浦路斯、新加坡、中国香港等国家或地区。第三方船舶管理一直是塞浦路斯的重要支柱产业，2020 年其船舶管理收入占国内生产总值的比重为 4.4%。新加坡凭借开放、透明的政策环境吸引全球船舶管理企业入驻，2020 年，新加坡的船舶管理企业数量达 117 家，与 2019 年持平。中国香港拥有众多业务发展基础稳固的专业船舶管理服务公司，2019 年中国香港船舶管理相关收入同比增加 4.0%。中国大陆地区的洲际船舶管理集团为本土最大的第三方船舶管理公司，船舶管理和船员派遣船舶 156 艘，管理船员 2500 余名。

（三）船舶经纪业发展情况

就市场主体而言，全球占据主导地位的船舶经纪公司有克拉克松、百力马、辛普森、豪罗宾逊、箭亚和马士基等。截至 2020 年，克拉克松船舶经纪公司以全球 53 家办事处、1600 余员工，以及年收益 3.6 亿美元的业务规模，位居全球第一。就国别而言，英国仍然是全球最重要的船舶经纪市场，207 家船舶经纪公司中 101 家经营势头强劲，英国皇家特许经纪人协会被公认为全球船舶经纪界最权威的培训机构。新加坡同样重视船舶经纪业发展，2020 年新加坡船舶经纪公司达 70 家，同比增长约 19%，其中全球知名船舶经纪公司如克拉克松、百力马等均在新加坡设立总部或区域总部。中国国际船舶经纪业正快速发展，2020 年，上海拥有 856 家船舶经纪企业，著名的船舶经纪公司克拉克松、百力马、箭亚等均在上海建有分公司或办事处。

（四）船舶登记服务发展

2020 年，全球主要船籍登记地为巴拿马、马绍尔群岛、利比里亚、中国香港和新加坡。上述国家或地区登记船舶载重吨占全球载重吨比重达

59%，巴拿马注册船队载重吨同比增长 4.6%，利比里亚注册船队载重吨同比增长 8.9%，马绍尔群岛注册船队载重吨同比增长 4.7%。近十年间，中国香港登记船队规模持续增长，2020 年注册船队载重吨同比增长 1.8%。

（五）海事法律服务发展情况

当前，伦敦仍然在全球海事仲裁市场占据绝对主导地位，2020 年，伦敦海事仲裁员协会成员收到的委托创 2016 年以来新高，成功裁决率达 17%。新加坡和中国的海事仲裁与海事审判业务明显提升，新加坡国际仲裁中心受理的新案件数量首次超过了国际商会国际仲裁院。上海受理的海事仲裁案件数量、总争议标的同比增长约 3 倍，占中国海事仲裁委员会总业务量 90% 左右，香港国际仲裁中心处理了 483 件新的仲裁案件，约 18.6% 涉及海事纠纷。

（六）船级服务发展情况

《劳氏日报》发布的 2020 年全球前十大船级社分别是挪威船级社、日本船级社、美国船级社、英国劳氏船级社、中国船级社、法国船级社、韩国船级社、意大利船级社、俄罗斯船级社和印度船级社。其中，美国船级社地位领先，承包了全球新造船订单 20% 的船级认证，2020 年，入级船队总载重吨同比增长 2.2%。

（七）航运金融发展情况

近年来船舶融资规模持续下降，亚太地区航运保险业发展势头良好。全球船舶银行信贷融资指数自 2008 年发布以来一直呈下降趋势，2020 年该指数降至历史最低点，同比下降 2.6%，比 2019 年降幅扩大。2020 年，中国货运险保险规模位居全球第一，在船壳险、海工能源险等领域英国仍处于全球领先地位。

四、数字化、绿色发展情况

新冠疫情加快了全球海运港口发展问题暴发，行业信息化程度低、产业链各环节协调性差等难点堵点显露无疑。同时，为应对全球气候变化，有关国际组织纷纷出台政策限制海洋运输各环节碳氮硫等化合物排放，绿色化发展成为国际海运界关注的焦点。加快数字化、绿色转型升级已成为当前全球海运业换挡提速的新突破口。

（一）数字化发展进程加快

当前海洋港航数字化发展主要集中在智能船舶建造、信息共享平台、智慧港口建设等方面，船东、港口业主、运输公司为推动主体。在智能船舶发展方面，欧洲国家侧重船舶智能航行，亚洲国家侧重船舶智能化系统集成和实船验证。2020 年，挪威制造的全球首艘零排放无人集装箱船交付，韩国现代重工与韩国科学技术院共同研发的"现代智能导航辅助系统"成功应用于船舶上，三星重工完成了韩国造船界首次远程自主航行实船海上测试。信息共享平台建设方面，2020 年，全球航运巨头马士基与 IBM 共同开发基于区块链技术的数字化平台，已有 170 余家组织机构、十余家航运企业加入该平台，跟踪了 3000 万个集装箱运输。智慧港口建设方面，当前主要集中在亚洲地区，目前中国已建和在建的自动化集装箱码头规模居世界首位。

（二）绿色转型持续深入

绿色转型发展已成为当今国际海运界关注的焦点，早在 2018 年国际海事组织就提出国际航运温室气体减排初步战略，到 2030 年全球海运碳排放较 2008 年降低 40%。当前海运领域绿色转型主要集中在打造绿色船舶、绿色港口等方面。国际海事组织作为全球海运绿色转型的主要推动者，于 2020 年 1 月宣布将实施严格控制全球船舶污染的新排放标准，即全球船舶所用燃料硫含量不得超过 0.5%，硫氧化物排放控制区域硫含量不超过 0.1%。当前绿色船舶建造主要聚焦在两方面：一是开展绿色燃料动力技术提升；二是船舶总体优化，即围绕减排环保，优化船型设计，开展新型船舶材料研发，提升减少船舶压载水、降低船舶阻力技术等。2020 年，以修正总吨计，全球新增订单中 31% 为替代燃料动力船舶。德国赫罗伯特公司首次进行了集装箱船生物燃料测试，日本研发氨燃料船舶，计划在 2024 年实现氨燃料船商业化运行。绿色港口建设方面，一方面注重服务船舶绿色燃料加注站建设，另一方面注重港口本身建设运营过程的绿色环保管控。当前全球有 141 个港口可提供液化天然气（LNG）加注服务。中国各大港口也在积极推进岸电基础设施配备。

世界造船行业发展情况分析*

谭乃芬　劳震坤**

　　船舶工业是为海运交通、能源运输和海洋开发提供技术装备的综合性产业。本文分析了世界船舶工业主要指标变化，产业发展格局及主要船型市场特点等基本情况，总结主要造船国家的行业发展特点并提出了各国竞争优势，对影响世界船舶工业未来发展环境进行分析并对发展前景进行了展望。

一、世界船舶工业发展概况

　　2021 年，在全球经济不均衡复苏叠加各地产业链及供应链错配的带动下，世界航运市场率先大幅走强，全球新造船市场需求超预期回升，呈现量价齐升的良好态势，集装箱船市场创下历史性的行情。但受前两年新接订单量少的影响，全球造船完工量持续下降，年末全球船企手持订单量同比增长，生产保障系数大幅回升，中韩竞争更加激烈。

---

　　*　文中中国数据来自中国船舶工业行业协会，世界数据来自克拉克松研究公司，并根据中国的统计数据进行了修正。——作者注

　　**　谭乃芬，中国船舶工业行业协会副秘书长；劳震坤，中国船舶工业行业协会助理研究员。

（一）三大造船指标变动情况

2021年，全球造船完工8 408.6万载重吨，同比下降6%；全球新接船舶订单12 461.3万载重吨，同比增长110%，创下2013年以来新高。年末，全球船厂手持订单量显著回升，达20 146万载重吨，时隔两年重新回到2亿载重吨之上。

（二）新船成交"量价齐升"，成交量同比大幅增加

2021年，在全球经济不均衡复苏叠加各地产业链及供应链错配的带动下，世界航运市场率先大幅走强，全球新造船市场需求超预期回升，新接船舶订单达到1.2亿载重吨，比2020年增加110%。分船型市场来看，全球集装箱海运贸易实现较快增长，推动集装箱船新造船市场的快速回升，全年集装箱船订单达4693万载重吨，是2020年的4.4倍；世界各国通过基建投资拉动经济增长，带来铁矿石、煤炭等原材料的大量需求，全年散货船订单4233.8万载重吨，同比增长76%；世界对清净能源的需求推动了液化天然气运输船舶订单增长，全年新增订单85艘液化天然气运输船，1345.6万立方米，同比增长52.2%，创下历史新高，订单金额达到155.3亿美元，连续3年实现增长。同时，散货船、油船、集装箱船、液化气船等典型船型新船价格出现20%—30%的涨幅，克拉克松新船价格指数2021年12月收于154点，较年初增长21%。2000—2021年全球新接船舶订单量见图1。

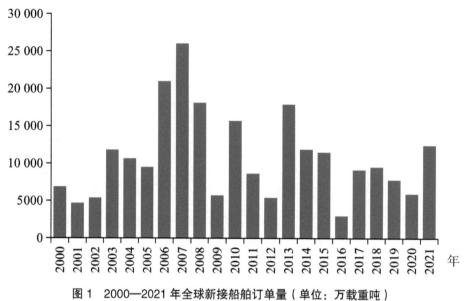

图 1　2000—2021 年全球新接船舶订单量（单位：万载重吨）

资料来源：中国船舶工业年鉴编委会编《中国船舶工业年鉴 2022》。

（三）完工交付持续萎缩，但降幅逐步收窄

2021 年，全球造船完工 8 408.6 万载重吨，比上年下降 6%。从细分船型来看，散货船占比最高，全年共交付 3800 万载重吨，占比 45.2%；油船交付 2572 万载重吨，占比 30.6%；集装箱船交付 1160 万载重吨，占比 13.8%；液化气船交付 694 载重吨，占比 8.3%。受前两年全球新接订单量较低的影响，2021 年全球造船完工量连续第三年下降。2000—2021 年全球造船完工量见图 2。

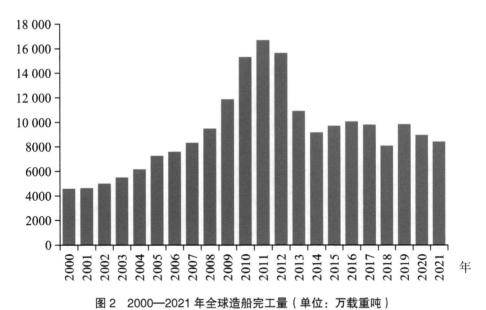

图2 2000—2021年全球造船完工量（单位：万载重吨）

资料来源：中国船舶工业年鉴编委会编《中国船舶工业年鉴2022》。

（四）手持订单显著增长，行业生产保障系数回升

2021年，造船市场的接单形势火热与交付形势总体稳定，共同支撑全球手持订单规模显著增加。截至2021年12月底，全球手持订单量2亿载重吨，比2020年底增长26.7%，行业整体的生产保障系数（手持订单量/近三年完工量平均值）约2.2年，全球手持订单量与船队保有量之比为9.3%，较2020年底有所回升。但细分船型领域也存在一定差别，散货船、油船的手持订单与船队保有量之比分别仅为7.0%、7.3%，行业整体的生产保障均不足两年；但集装箱船和液化气船的手持订单与船队保有量之比高达20.6%和25.9%；豪华邮轮的手持订单规模较产能更为充足，部分生产线的生产任务已排至2028年。2000—2021年全球手持订单量见图3。

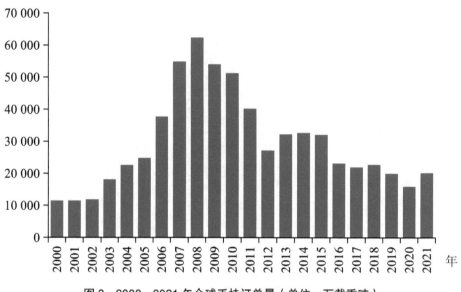

图 3　2000—2021 年全球手持订单量（单位：万载重吨）

资料来源：中国船舶工业年鉴编委会编《中国船舶工业年鉴 2022》。

（五）中国和韩国竞争激烈，行业整合仍在持续

2021 年，中韩两国新接订单量占全球市场份额的 86.4%。随着中国持续扩大高端船型接单规模，以及中韩两国加速布局新一代节能环保船舶，中韩造船业之间的竞争愈发激烈。2021 年世界三大造船指标市场份额情况见表 1。

表 1　2021 年世界三大造船指标市场份额

指标		国家			
		世界	韩国	日本	中国
造船完工量	万载重吨 /占比	8409	2466	1690	3970
		100.0%	29.3%	20.1%	47.2%
	万修正总吨 /占比	3183	1053	530	1204
		100.0%	33.1%	16.6%	37.8%

指标		国家			
		世界	韩国	日本	中国
新接订单量	万载重吨 / 占比	12 461	4061	1283	6707
		100.0%	32.6%	10.3%	53.8%
	万修正总吨 / 占比	4804	1744	416	2402
		100.0%	36.3%	8.7%	50.0%
手持订单量	万载重吨 / 占比	20 146	6706	3086	9584
		100.0%	33.3%	15.3%	47.6%
	万修正总吨 / 占比	7650	2940	932	3610
		100.0%	38.4%	12.2%	47.2%

资料来源：此表世界数据来自克拉克松研究公司，并根据中国的统计数据进行修正。

在行业整合重组方面，现代重工集团和大宇造船海洋株式会社的合并最终以失败告终，但韩国的中型造船企业重组基本完成，截至2021年底，韩国的五家中型骨干造船企业中仅剩下大韩造船公社一家，日本也在加快行业重组整合。相较日韩，中国船企为适应新产品、新技术、多订单和环保等要求，优化升级生产设施，提高生产能力，产能调整进入以优化升级为主阶段，如外高桥造船有限公司为生产大型邮轮延长船坞，招商局工业集团有限公司为建造邮轮打造海门基地2号船坞及邮轮配套产业园，江苏扬子江船业集团公司恢复长博厂区造船产能。

二、主要造船国家发展现状

2021年，中国和韩国造船业三大造船指标全面实现增长，在高端船舶产品领域竞争激烈，特别是在大型集装箱船市场。日本造船业完工量有所下降，但新接订单和手持订单实现增长。面对市场回升机遇，中日韩三国纷纷围绕绿色化、智能化方向积极布局发展战略。

（一）韩国

韩国主要造船指标保持合理增长，但受原材料价格上涨等因素影响经济效益有所下滑。韩国政府持续加大对造船业的支持力度并出台了《K-造船再腾飞战略》，重点围绕绿色化、智能化和产业链竞争力等方面支持本国造船企业发展。

1. 基本情况

2021 年，韩国新接订单量 4 060.6 万载重吨，同比增长 65.6%，创 2013 年以来新高；造船完工量 2 465.7 万载重吨，同比增长 1.1%。截至 2021 年 12 月底，手持订单量 6 706.1 万载重吨，同比增长 24.3%，创 2015 年以来新高。

2. 主要特点

韩国船企继续保持较高竞争力，但受原材料价格上涨等因素影响均出现大幅亏损。

（1）产业集中度保持较高水平，高端船舶批量承接

2021 年，韩国船企继续保持较高的产业集中度，全国前五位船企完工量 2 278.2 万载重吨，占比达 92.4%；新接订单量 3 724.1 万载重吨，占比达 91.7%；手持订单量 6 237.8 万载重吨，占比达 93%。各有四家企业分别进入世界造船完工量、新接订单量和手持订单量十强。2021 年韩国主要船企三大造船指标及国际排名情况见表 2。

表 2　2021 年韩国主要船企三大造船指标及国际排名

企业名称	完工量（国际排名）	新接量（国际排名）	手持量（国际排名）
大宇造船海洋	559.4（1）	1 004.6（2）	1 482.8（1）
现代重工（蔚山）	554.8（2）	913.3（3）	1 608.6（2）
现代三湖	523.0（4）	544.0（4）	1 113.3（3）
三星重工	462.2（5）	982.0（6）	1 604.9（5）
现代尾浦	178.8（12）	280.2（12）	428.2（16）

资料来源：中国船舶工业年鉴编委会编《中国船舶工业年鉴 2022》。括号内数字为该企业本指标国际排名。

2021 年，韩国船企继续保持高端船型的竞争力，新接订单修载比达到 0.429，高于中国的 0.358 和日本的 0.324。批量承接了大型集装箱船和大型液化天然气船，分别占全球市场份额的 46.5% 和 89.5%。新接订单中集装箱船、油船和气体船占比分别达到 39.1%、36.5% 和 23%。年末，韩国船企平均生产保障系数达到 2.46 年，较 2020 年大幅提升。

（2）三大造船企业全部亏损

2021 年，韩国钢材等原材料价格大幅上涨，提高了造船企业的生产成本。此外，前两年新接订单量较少且新船价格较低造成企业营业收入下降。韩国三大船企财报显示，2021 年韩国三大造船企业全部亏损。其中，韩国造船海洋亏损 1.3848 万亿韩元（约 73 亿元人民币）、大宇造船亏损 1.7547 万亿韩元（约 92 亿元人民币）和三星重工亏损 1.312 万亿韩元（约 70 亿元人民币）。

3. 竞争优势

韩国船企在绿色、智能研发方面取得多项成果，处于国际领先地位。韩国政府发布支持造船业转型发展的重大战略——《K-造船再腾飞战略》。

（1）政府大力支持造船业转型，发布韩国《K-造船再腾飞战略》

2021 年 9 月，韩国产业通商资源部与韩国雇佣劳动部、韩国海洋水产部联合发布了韩国《K-造船再腾飞战略》。韩国政府以官方名义第一次提出"实现世界造船第一强国"的口号，表明造船业在韩国社会经济发展中的重要地位以及韩国政府全面支持造船业发展的坚定决心。这是韩国自 20 世纪 70 年代提出"造船立国"国策后，进一步升级支持造船业发展的重大行动，也是韩国政府在历经韩国造船危机、把握市场复苏时机、应对技术重大变革下的集国力的战略行动。

《K-造船再腾飞战略》从"生产能力匹配"、"引领绿色·智能发展"、"加强造船产业生态系统竞争力"三个层面部署未来发展路径，以期达成到 2030 年生产效率提升 30%（同比 2020 年）、绿色与智能船舶全球市占率分别达到 75% 和 50%、保持世界第一等目标。其战略远景瞄准绿色与智能革命，阶段部署贴近韩国造船实际，政策资金安排十分清晰，是一项非常务实的战略。韩国近年来财政支持造船业的主要领域与经费情况见表3。

表3　韩国近年来财政支持造船业的主要领域与经费

财政支持领域	主要内容
绿色基础设施建设	2021—2025年，韩国政府和社会资金计划投资2.8万亿韩元（约170亿元人民币）扩大船用液化天然气燃料加注等绿色基础设施建设。
船舶更新支持	到2030年，投入2.4万亿韩元（约132亿元人民币）推动388艘公共船舶绿色化更新替代。2018—2022年，远洋老旧船废弃后建造时支援船价的10%，内河及沿岸船舶适用认证技术时支援船价的20%。
技术研发、支持生产等	政府、政策性金融机构在2025年前筹集20万亿韩元（约1100亿元人民币）绿色基金，支持本土配套产品研发与试点应用，全力培育新兴市场。
专项就业与培训支持	2018—2021年，投入301亿韩元（约合1.7亿元人民币）支持退休技术人员支援中小造船厂、配套企业的设计、工程服务。2021—2022年，投入210亿韩元（约1.2亿元人民币）培训生产技术人才。
专项支持	对绿色船舶全周期技术创新开发项目提供经费2540亿韩元（约14亿元人民币）；投入1603亿韩元（约9亿元人民币）实施自主航运船舶技术开发项目；投入23亿韩元（约1267万元人民币）支持当地市场调查、营业信息收集等开拓出口市场。
改善工作环境与待遇	扩大共同勤劳福利基金，从2021年的142亿韩元，扩大至292亿韩元（约1.5亿元人民币）。

资料来源：根据2017—2021年，韩国文在寅政府出台的《造船产业活力提高方案》《造船产业战略发展》《韩国航运重建5年计划》《Greenship-K绿色船舶中长期发展规划》《K-造船再腾飞战略》等多部政策整理。

（2）智能绿色研发取得多方面进展

2021年，韩国船企的研发投入和科技进展主要体现在智能制造、智能船舶和绿色船舶等方面。

智能制造方面，大宇造船海洋开发了可以进行船舶涂装虚拟仿真实训的 VR 涂装教育培训系统。三星重工与微软韩国签订关于数字造船厂转型的战略合作意向协议，加快向高效率、低成本造船厂转型。

智能船舶方面，三星重工与木浦海洋大学成功对两艘对向行驶的自主航行船舶进行了避碰实证测试，由此成为世界上首家拥有大型船舶远程自主航行技术的船企。大宇造船海洋自主开发的智能船舶解决方案 DS4® 获得美国船级社颁发的行业首个网络安全产品设计评估（PDA）证书。

绿色船舶方面，现代重工的环保氨燃料供应系统概念设计获得韩国船级社颁发的原则性认可证书（AIP）。

（二）日本

在活跃的散货船市场的带动下，日本船舶企业新接订单量增长，手持订单量回升，但国际市场份额依旧处于低位，为增强国际竞争力，日本政府出台多方位支持政策，本国船舶企业加快整合重组并着力新能源领域技术研发。

1. 基本情况

2021 年，日本新接订单量 1 282.8 万载重吨，同比增长 208.4%，造船完工量 1 690.4 万载重吨，同比下降 25.2%。截至 12 月底，手持订单量 3 086.1 万载重吨，同比增长 12.5%。

2. 主要特点

2021 年，日本多家船舶企业完成重组，同时推进数字化船厂建设，提高生产能力。

（1）企业加速整合重组

面对竞争激烈的国际市场环境，以及中韩造船企业大规模整合重组带来的竞争压力，日本加快推进行业整合重组，部分造船企业关闭旗下工厂，甚至有经营困难的造船企业彻底退出了造船业务。三菱重工和常石造船分别重组了三井 E&S 造船的舰船业务和商船业务，大岛造船收购三菱重工旗下香烧工厂的造船设施，新来岛造船收购 Sanoyas 控股旗下 Sanoyas 造船，更名为新来岛 Sanoyas 造船。Sanoyas 造船、佐世保重工、神田造船、三井 E&S 造船通过转让股份或整体出售等方式，已全面退出造船业务。

（2）推动造船厂数字化转型

2021 年，日本造船企业加快推进船厂数字化、智能化发展，将信息技术与管理模式、建造技术进行融合，改变管理生产模式，提高生产力。常石造船推进业务流程自动化，引入智能解决方案"Digital Worker"，应用于设计、管理、销售等部门，每年可减少 7000 小时工作量。日本联合造船计划未来四年投资 400 亿日元，向使用机器人和物联网（IoT）的智能工厂转型，同时加强与今治造船协同，提高采购能力，目标到 2025 财年将建造成本降低 10%—20%，预计工时数可降低 20%—30%。

3. 竞争优势

2021 年，日本政府发布了支持造船业发展的政策，通过财政支持及鼓励绿色技术研发力争重塑国际市场竞争力。

（1）政府频繁出台产业规划和配套政策

近年来，中韩两国造船实力日益强大，特别是中韩主要造船集团合并重组，给日本造船企业带来前所未有的压力，在此情形下，日本政府一改此前"冷淡"态度，频繁出台产业规划和配套政策，再次重视造船业发展，希望加快推动行业复苏。

在产业规划方面，国土交通省发布《为确保国际海运发展提出的造船业及其基础设施发展支持措施》，提出了日本造船业短期和中长期发展措施，短期政策主要集中在刺激释放订单需求和强化产业基础两个方面；中长期政策主要包括促进技术研发、培养日本系统集成商、鼓励海洋资源开发、确保公平的竞争环境、培养人才、促使《拆船公约》生效等。在相关配套政策方面，一是提供低息贷款和资金补助，国土交通省发布"产业基础强化计划"，对提高竞争力和推进业务重组的造船企业进行认定并提供支持，包括提供长期低息贷款、财政补贴以及降低税率等。二是鼓励研发降低碳排放的新一代船舶，分别拨款 210 亿日元（约 12.4 亿元人民币）和

119 亿日元（约 7 亿元人民币）研发氢燃料船舶和氨燃料船舶。三是拓展新业务，鼓励船企进军海上风电业务，利用造船基础推动海上风电产业化。

（2）布局新能源，推动低碳发展、大力发展零碳船舶

目前，日本提出了"构建零碳社会""2050 年实现碳中和"的发展目标，全力支持企业进行创新绿色技术产品研发以及相关产业发展布局。在船舶产业领域，国土交通省提出"2028 年投放全球首艘零排放船、2050 年实现零排放"的发展目标，并对相关技术产品的研发提供资金支持。

从企业层面来看，当前日本船企主要从氢能、氨能、海上风电三个新能源产业方向进行布局。氢能方面，川崎重工推出了全球首艘氢运输船和大型液化氢船货物围护系统（CCS）。氨能方面，三菱重工投资分布式绿氨制造技术公司，开始布局氨能产业；今治造船将建造氨燃料船，并与欧美海事机构合作制定安全使用氨气的标准规范。海上风电方面，日本联合造船已经计划进入海上浮式风电场业务领域。

在全球加快推进碳中和的时代背景下，日本未来将加快向新能源船舶转型并推进实现商业化，重塑国际市场竞争力。一方面，日本率先向国际海事组织提出了使用现有船舶能效指数（EEXI）来限制正在使用的船舶的碳排放量，以及相应的计算、评价和实施方法，并积极推进生效，同时日本船级社针对现有船舶能效指数提出了合规性评估工具"EEXI Simplified Planner"；另一方面，日本计划在 2050 年前将本国全部运营商船更新为零排放船舶，船队规模达到 2240 艘，为造船企业创造了大量零排放船舶订单需求。

（三）中国

2021 年，中国船舶工业抢抓市场回升的有利时机，实现三大造船指标全面增长，保持国际市场份额继续领先，船舶绿色化转型发展加速，产业链供应链韧性得到提升，实现了"十四五"的开门红。

1. 基本情况

2021 年，中国新接订单量 6706.8 万载重吨，同比增长 131.8%；造船完工量 3970.3 万载重吨，同比增长 3.0%。截至 12 月底，手持船舶订单 9583.9 万载重吨，同比增长 34.8%。2020 和 2021 年中国三大造船指标情况见图 4。

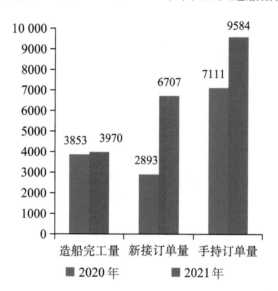

图 4　2020 和 2021 年中国三大造船指标情况（单位：万载重吨）

资料来源：中国船舶工业行业协会。

2021 年，中国船舶出口金额 247.1 亿美元，同比增长 13.7%。出口船舶产品中，散货船、油船和集装箱船仍占主导地位，出口额合计 138.2 亿美元，占出口总额的 55.9%。船舶产品出口到 190 个国家和地区，向亚洲、欧洲、非洲出口船舶的金额分别为 129.9 亿美元、50.9 亿美元和 31.5 亿美元。2021 年中国船舶出口情况见图 5。

2. 主要特点

2021 年，中国市场三大造船指标国际份额提升，产品结构进一步优化，细分市场占有率提升。

（1）国际市场份额保持全球领先

2021 年，中国三大造船指标保持全球领先，新接订单量增幅高于全球

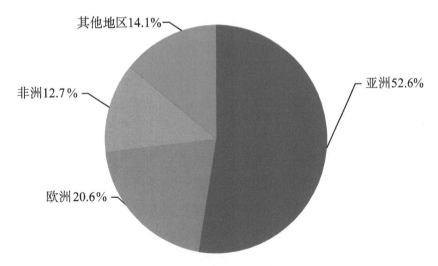

其他地区14.1%

非洲12.7%

欧洲20.6%

亚洲52.6%

图5 2021年中国船舶出口金额占比（按地区分）

资料来源：中国船舶工业年鉴编委会编，《中国船舶工业年鉴2022》。

20个百分点以上。造船完工量、新接订单量、手持订单量以载重吨计分别占世界总量的47.2%、53.8%和47.6%，与2020年相比分别增长4.1个百分点、5.0个百分点和2.9个百分点。骨干企业国际竞争能力增强，世界造船完工量、新接订单量和手持订单量前十强中各有六家企业上榜。中国船舶集团有限公司三大造船指标首次位居全球各造船企业集团之首。

（2）船舶产品绿色化转型加速

2021年，为顺应全球绿色低碳转型趋势，中国船企加快科技创新步伐，推出多型符合最新国际海事规则要求的绿色船型，全年新接订单中绿色动力船舶占比达到24.4%。23 000标箱双燃料集装箱船、5000立方米双燃料全压式液化石油气运输船、99 000立方超大型乙烷运输船顺利交付船东。21万吨液化天然气动力散货船、7000车双燃料汽车运输船、甲醇动力双燃料MR型油船等订单批量承接。

（3）高端船型占比持续提升

2021年，中国船企抓住市场回升机遇，巩固散货船优势地位，共承接散货船3219万载重吨，占全球总量的76.4%。集装箱船订单实现超越，共承接集装箱船 2738 万载重吨，占全球总量的 60.9%，其中，15 000 标箱及以上超大型集装箱船 69 艘，占全球份额 49.6%。在高端船型细分市场上持续发力，全球 18 种主要船型分类中，中国有 10 种船型新接订单量位居世界第一。

3. 竞争优势

中国造船业在国家规划的指引下，加快船舶产品技术研发，建设绿色工厂，提升制造技术，不断推进高质量发展水平。

（1）国家规划为船舶工业高质量发展把定方向

2021 年，《中华人民共和国国民经济和社会发展第十四个五年规划和 2035 年远景目标纲要》正式发布，明确提出推动船舶与海洋工程装备产业创新发展，巩固船舶领域全产业链竞争力，推进邮轮、大型液化天然气船舶和深海油气生产平台等研发应用。支持深海和极地探测等科技前沿领域攻关，开展蛟龙探海二期、雪龙探极二期建设等。国家有关部门、各地方政府正在研究制定有关专项规划，落实相关支持政策和配套措施，谋篇布局"十四五"船舶工业高质量发展。

（2）技术与装备创新发展快速推进

2021 年，中国海上液化天然气产业链族谱再添重器，中国首艘 17.4 万立方米浮式液化天然气储存及再气化装置（LNG-FSRU）和全球最大 2 万立方米液化天然气运输加注船顺利交付，全球最新一代"长恒系列"17.4 万立方米液化天然气运输船获得四家国际船级社认证。新船型研发再上新台阶，氨燃料动力超大型油船、9.3 万立方米超大型绿氨运输船研发工作有序推进。

（3）企业绿色低碳发展水平增强，提质增效取得新突破

2021 年，中国造船企业积极响应国家"碳达峰、碳中和"号召，践行绿色发展理念，持续推进绿色船厂建设。主要造船地区骨干船企陆续采用屋顶分布式光伏发电、大功率储能电站和节能设施等装置，推进节能减排工作取得明显成效，综合能耗年均降低 5—10 个百分点。中国骨干船厂典

型船舶建造周期大幅提升，超大型原油船（VLCC）和 23 000 标箱双燃料集装箱船建造周期分别缩短 20.7% 和 21.8%。重点工程项目交付率和节点按时实现率达到 100%，50 家重点监测造船企业超过三分之一提前完成全年交付任务。

三、行业发展环境分析

国际环保法规的实施将加快新造船市场向绿色船舶转型的速度，更新替代需求有望让新船市场保持轮动发展，但受世界经济持续下行的压力影响，全球海运市场将保持活跃但会跟随全球贸易增速的下滑有所回落。

（一）政策环境

近年来，国际海事组织在环保方面的立法逐渐加快，特别是在温室气体减排战略的框架下，现有船舶能效指数和年度营运碳强度指标（CII）等指标也都明确了生效时间表，更多新要求将陆续出台，新造船将快速向替代能源动力方向转变。与此同时，中国提出的"碳达峰、碳中和"目标对船舶工业绿色发展提出了新的要求。

（二）经济环境

2021 年，全球经济复苏带动航运市场回暖，全球海运贸易量同比增速超过 6%，克拉克松海运价格指数年度增幅超过 120%，集运市场甚至出现"一箱难求"的罕见景象。但在全球通胀高企的背景下，世界经济增长速率将难以出现明显回升。国际货币基金组织预测，2022 年全球 GDP 增速较 2021 年将有所下降。随着经济增速的下滑，全球贸易增速将有所回落，航运市场将出现理性回调。

四、发展展望

展望未来，世界新造船市场将延续复苏态势。一方面，21 世纪头十年建造的大量船舶陆续进入更新阶段，特别是在国际海事组织关于航运业温室气体减排战略及《压载水管理公约》《硫排放公约》等规则的要求下，船舶更新节奏可能进一步加快；另一方面，世界经济和国际贸易面临疫情、逆全球化、地缘政治动荡等众多不利因素影响，可能导致新造船复苏过程中新船成交量和成交价格的较大波动。

全球海洋工程装备行业发展情况

张辉*

近年来，海洋在国际政治、经济、军事、科技发展中的战略地位不断提升，日益成为世界各国谋求发展的重要战略空间。党的十八大报告提出"海洋强国"战略，明确要求"提高海洋资源开发能力，发展海洋经济，保护海洋生态环境，坚决维护国家海洋权益，建设海洋强国"。"工欲善其事，必先利其器"，海洋工程装备作为人类开发和利用海洋资源的"利器"，其战略地位日益凸显，对发展海洋事业具有重要的意义。

一、海洋工程装备行业发展概况

随着科学技术的进步，海洋工程装备行业的内涵和外延正在发生深刻变化，传统海洋油气资源开发装备仍然占据市场主要地位，海上风电、深海养殖、海上发射平台等新产品、新业态、新概念迅速发展，不断拓展着海洋工程装备内涵的边界。

---

* 张辉，中国船舶重工股份有限公司高级业务主管。

（一）海洋工程装备行业发展概况

海洋工程装备指海洋资源（主要是海洋油气资源）勘探、开采、加工、储运、管理、后勤服务等方面的大型工程装备和辅助装备。根据装备在海洋资源开发中的用途划分成三类：勘探开发装备、生产储运装备、海洋工程支援船，见图 1。

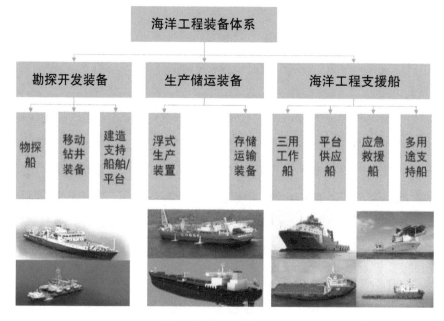

图 1　海洋工程装备体系

资料来源：克拉克松，https://www.clarksons.net/wor/，Offshore Yard Monitor，访问日期：2022 年 2 月 1 日。

以油气资源开发装备为代表的海工装备，在整个海洋工程装备行业中占据较大比重，已经形成较为完善的产业规模。近些年海上风电资源开发相关装备也快速发展，成为当前市场竞相追逐的热点，但从当前海洋工程装备船队存量规模来看，海洋油气开发装备仍然是当前市场的主力。

在海洋工程装备产业链中，以海洋工程装备为中心，需求方也就是买方主要由油公司、专业钻探公司、油服公司、海洋工程施工企业等组成。供应方也即卖方的类型有工程总承包商、装备集成制造商、专业装备设计公司和配套设备供应商、原材料供应商。此外还包括一些海事信息服务、专业检测机构等第三方中介服务机构。

（二）海洋工程装备行业发展现状

全球海洋工程装备行业的发展与国际油价走势存在十分紧密的关联，2014年后国际油价从110美元/桶大幅下挫至40美元/桶以下，全球海洋工程装备行业随之陷入低谷，2016年全球海洋工程装备成交金额一度跌至62亿美元，与2013年高峰时期相比下跌了91%。2016年之后，随着国际油价的企稳，全球海工市场在低谷中徘徊。2020年，新冠疫情的冲击给行业带来新的压力，行业发展面临低油价和疫情的双重压力，全球海工行业底部复苏的态势受阻，2020年全球海工市场成交订单140座/艘，成交金额约86亿美元，成交金额同比降低约32%。

2021年以来，在全球能源需求缓慢回升的背景下，叠加石油输出国组织（OPEC）的持续减产，国际油价持续回升，海上风电资源开发火热，全球海工装备市场平稳复苏，见图2。2021年，全球海工装备成交金额144

图2　布伦特原油现货价格走势（单位：美元/桶）

资料来源：美国能源信息署，https://www.eia.gov/，访问日期：2022年2月1日。

亿美元，同比增长 67%，见图 3。新造海工装备价格也保持平稳，以 3200
载重吨平台供应船新造价格为例，2021 年 12 月船价约为 2600 万美元，同
比增长 7.5%。

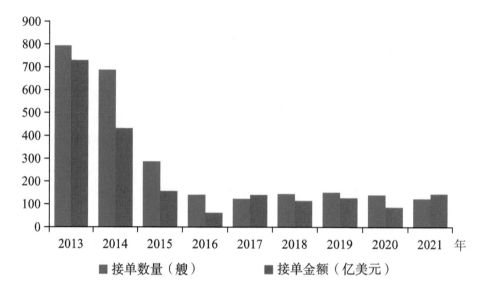

图 3　2013—2021 年全球海洋工程装备成交金额和数量

资料来源：克拉克松，https://www.clarksons.net/wor/，Offshore Yard Monitor，访问日期：
2022 年 2 月 1 日。

从更长的周期来看，海工装备市场仍位于 2013 年开始的下行周期的底
部，无论是成交金额还是数量都处于历史较低水平。但随着国际油价的持
续回升带动海洋油气开发回暖，海上风电资源开发装备蓄势崛起，新兴海
洋资源开放装备蓄势待发，全球海洋工程装备行业正在酝酿新一轮复苏。

从成交的装备类型来看，2021 年，海洋调查装备成交 9 艘、9 亿美元，
成交金额回升明显；移动钻井平台再次出现零成交，市场仍以消化库存钻
井平台为主，船东订造新平台的意愿不足；建造施工装备成交 73 艘、51
亿美元，成交数量最多，成交金额同比增长 65%，具体类型主要以海上风
电安装船／平台、自升式辅助平台、起重船等为主；生产装备仍然是成交
的主力，成交 14 艘，连续 5 年成交数量在 10 艘以上，成交金额 69 亿美元，

同比增长 331%，包括 1 座半潜式生产平台、6 座自升式生产平台和 7 艘浮式生产储卸油装置（FPSO）；储存运输装备方面，成交数量 16 艘、金额约 14 亿美元，具体包括穿梭油船 9 艘、浮式存储装备 3 艘、系泊系统 4 套；海工支持船成交 12 艘，包括两艘平台供应船、8 艘多用途应急响应救援船，以及两艘多功能支持船。海工成交装备类型分布（数量）见图 4；海工成交装备金额分布（金额）见图 5。

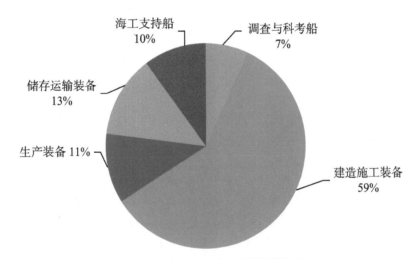

图 4 成交装备类型分布（按数量统计）

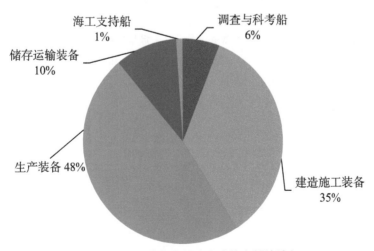

图 5 成交装备金额分布（按金额统计）

资料来源：克拉克松，https://www.clarksons.net/wor/，Offshore Yard Monitor，访问日期：2022 年 2 月 1 日。

从手持订单情况来看，截至 2021 年底，全球船厂手持海工订单 519 座 / 艘，金额约 634 亿美元。手持订单数量与海工市场的活跃程度息息相关，手持订单数量虽然仍在下降，但降幅明显趋缓，并且随着长期积压在船厂的库存钻井平台陆续交付，钻井平台在全球海工装备手持订单的金额占比由 2014 年的 47% 下降至 33%。浮式生产装备与建造施工等装备占比明显增多，全球船厂在手持海工订单质量明显改善。2016—2021 年全球手持海工装备订单数量见图 6；2014—2021 年全球手持海工装备结构见图 7。

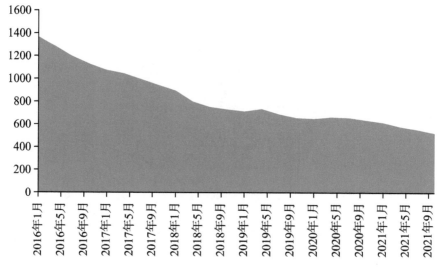

图 6 2016—2021 年全球手持海工装备订单数量（单位：艘）

资料来源：克拉克松，https://www.clarksons.net/wor/，Offshore Yard Monitor，访问日期：2022 年 2 月 1 日。

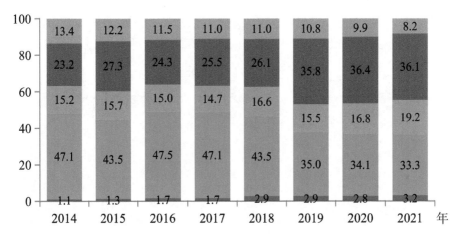

■海洋调查装备 ■移动钻井装备 ■建造施工装备 ■生产储运装备 ■海工支持船

图7　2014—2021年全球手持海工装备结构（以金额计算，单位：%）

资料来源：克拉克松, https://www.clarksons.net/wor/, Offshore Yard Monitor, 访问日期：2022年2月1日。

二、世界海洋工程装备产业发展格局

中国、韩国、新加坡作为三大海洋工程装备制造强国，以新接订单金额计算，市场份额合计长期在70%左右。中国船厂众多，可以建造的海洋工程装备产品种类最为齐全，从几千万美元的小型海工船到数十亿美元的生产平台均具备建造能力，全球海工市场份额在40%左右波动。韩国海工装备建造则集中在三大船厂（现代重工、大宇造船、三星重工），以高价值量的浮式生产装备和钻井平台为主，几乎不涉足小型海工船。新加坡海工企业主要有吉宝岸外海事和胜科海事两大船厂，产品以自升式钻井平台和生产装备为主，同时有少量的中小型特种海工船。2014—2021年主要国家新接订单市场份额见图8。

图 8 2014—2021 年主要国家新接订单市场份额（以金额计算，单位：%）

资料来源：克拉克松，https://www.clarksons.net/wor/，Offshore Yard Monitor，访问日期：2022 年 2 月 1 日。

2021 年，"三足鼎立"格局不再，中国、韩国两强争霸，欧洲多国瓜分市场，新加坡海工企业黯然陨落，在新造海工装备领域颗粒无收。克拉克松数据显示，2021 年，中国共获得海工装备订单 74 座 / 艘，接单金额约 62 亿美元，凭借多艘风电安装相关船舶与多艘浮式生产装备夺得首位，接单金额占比 43%；韩国获得订单 7 座 / 艘，接单金额约 50 亿美元，接单金额占比 35%；俄罗斯获得 7 艘穿梭油船订单，接单金额约 9.8 亿美元，位居世界第三。

（一）中国

中国海洋工程装备行业主要由造船及配套企业、石油系统企业和机械制造企业三类企业构成，中央企业居于主导地位。中国船舶集团、中集来福士、中远海运重工、招商局集团、振华重工等是国内领先的海洋工程装备制造企业，能够建造的产品类型十分齐全，在建造能力、设施设备、技术水平等方面处于第一方阵。中海油、中石油、中石化是海洋工程装备的最终使用方，下属部分船厂也具备海工装备的建造能力，此类企业熟悉海洋油气开发流程，在油气处理模块及相关系统的设计建造、海上安装作业和承接订单方面具备优势。此外，部分地方国企和民营造船企业在中小型特种海工船领域形成了自己的特色。

近年来，中国制造的高端海洋工程装备在国际市场已经拥有了自己的一席之地，交付的各种半潜式平台、自升式平台、浮式生产储卸油装置（FPSO）、浮式储油装置（FSO）、海洋工程特种船得到国际市场的认可，领先优势和品牌影响力日益巩固。各类海工配套设备的研发与产业化进程也在提速，自主研发和设计能力稳步提升，产业体系日趋完备。

中国海洋工程行业的发展起步于 20 世纪 70 年代，早期在国家海洋科学研究的需求牵引下，主要产品以小型海洋调查船为主。2000 年以前年交付量基本处于 20 艘以下的水平，这一阶段中国已经有一些造船企业开始参与装备的建造，但主要以前期技术储备为主，船厂分布较为分散，尚未形成规模。2006 年，《国家中长期和技术发展规划纲要》提出，将大型海洋工程技术与装备列为重点突破的八大制造业优先主题。《船舶工业中长期发展规划（2006—2015）》也提出，要培育高技术高附加值的船舶和海洋工程装备设计、制造能力，越来越多的企业开始进军海洋工程装备行业。2007—2014 年，中国海工装备行业快速扩张，其间，经历了 2008 年国际金融危机的短暂打击，国际油价一路跌至 40 美元/桶，但很快恢复至较高水平，中国海工行业接单金额短暂下滑，加之此时船舶工业向海工转型的呼声正高，中国海工行业很快恢复接单势头。2015 年之后，随着国际油价的长期低位运行，全球海工市场形势持续低迷，中国海工装备行业也陷入低迷期，行业主动缩减产能的行为也时有发生，一些船厂对于新建/扩建海工固定资产投资项目，已经采取主动停建的措施防止产能进一步扩张，部分船厂出现了主动封存船坞的现象。① 2014—2021 年中国海洋工程装备行业接单金额情况见图 9。

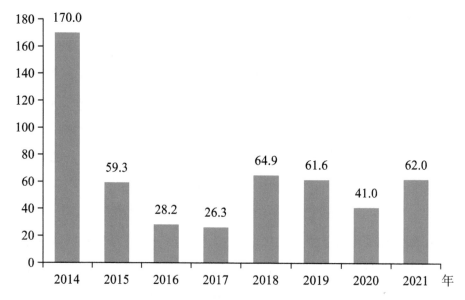

图 9　2014—2021 年中国海洋工程装备行业接单金额（单位：亿美元）

资料来源：克拉克松，https://www.clarksons.net/wor/，Offshore Yard Monitor，访问日期：2022 年 2 月 1 日。

　　近几年，国际油价总体处于低位，中国海工装备行业加快了转型步伐。一方面深耕传统油气装备领域，在通用型浮式生产储卸油装置、特种海工船领域持续发力；另一方面主动创新，在深海养殖装备、浮式液化天然气存储和再气化装置（FSRU）等领域潜心耕耘。此外，随着中国海上风电资源开发的火热，国内船厂抓紧机遇承接了一批海上风电安装船、大型起重船、风电运维船等系列订单，海工行业转型升级成效显著。②

---

① 刘健奕、张辉：《"十三五"期间全球海工装备市场预测》《中国船检》2016 年第 4 期。

② 谭松、张辉：《石油价格波动背景下船海市场何去何从》《中国船检》2018 年第 12 期。

（二）韩国

韩国进入海洋工程市场始于 20 世纪 80 年代中期，早期产品基本上以海洋工程供应船和浅海钻井平台为主，同时建造了少量的浅海固定式平台设备，产品份额占造船总量的比重很小。随着海洋工程行业的快速发展，韩国船厂凭借其造船基础设施和人才优势，以及与欧美国家良好的经济和政治关系，积极发挥规模优势，不断加大对海洋工程设备市场的培育，抓住了海洋油气需求快速增长的机遇，很快后来居上。在深水钻井平台、浮式生产储卸油装置、浮式液化天然气船（FLNG）等方面形成了较强的实力。

韩国船厂大部分位于韩国东南部，大部分船舶与海工装备制造企业都设立在釜山、蔚山、巨济等地区。主要企业有现代重工、大宇造船、三星重工三家大型造船企业，这三家造船企业订单份额占韩国本国企业接单的90% 以上。2014—2021 年韩国海洋工程装备行业接单金额情况见图 10。

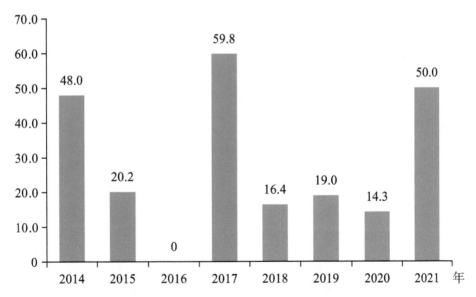

图 10　2014—2021 年韩国海洋工程装备行业接单金额（单位：亿美元）

资料来源：克拉克松，https://www.clarksons.net/wor/，Offshore Yard Monitor，访问日期：2022 年 2 月 1 日。

（三）新加坡

新加坡地处马来半岛南端，毗邻马六甲海峡南口，其南面有新加坡海峡与印度尼西亚相隔，北面有柔佛海峡与马来西亚相隔，是世界著名的航运中心之一。凭借其特殊的地理位置，新加坡造船业把握住了世界海洋工程行业迅速成长的契机，通过与欧美国家知名设计公司和油气公司合作，积极发展以自升式平台、半潜式平台、浮式生产储卸油装置等主力海洋工程装备的维修和改装为主的海工装备制造，以及相应的海洋工程装备设计及配套产业。此外，新加坡海事法律、金融保险服务等海事服务业也十分发达，为本国海工装备行业的发展提供了很好的保障支撑。

新加坡的海洋工程装备企业主要集中在西部沿海一带，其中以胜科海事、吉宝岸外与海事两家企业最为知名，两家船厂背后均由新加坡政府投资的淡马锡控股，实力相对雄厚。胜科海事在印度尼西亚、英国和巴西均具有海外造船基地。吉宝岸外与海事本是新加坡海港局的维修部门，20世纪70年代进入海工行业，在菲律宾、巴西、美国等均有船厂。两大海工企业主要产品以自升式钻井平台、半潜式平台、浮式生产储卸油装置等海洋钻井和生产装备为主。此外，新加坡小型船厂则以建造诸如三用工作船、平台供应船等中小型海工支持船为主。2014—2021年新加坡海洋工程装备行业接单金额情况见图11。

（四）欧美地区

欧美国家海洋工程装备行业发展起步早，许多油气跨国公司如英国石油公司（BP）、康菲公司、哈里伯顿等公司总部均设在欧美，欧美各大石油公司作为海洋油气勘探开发的主要投资人，是海洋工程装备的最重要的需求方，对海洋工程装备的发展方向起到了重要的作用。由于其优越的地理环境和投资条件，美国、挪威、瑞典、荷兰等国家的一批设计公司和制造公司实现了快速崛起，形成了油气开发总承包、装备设计制造、配套设

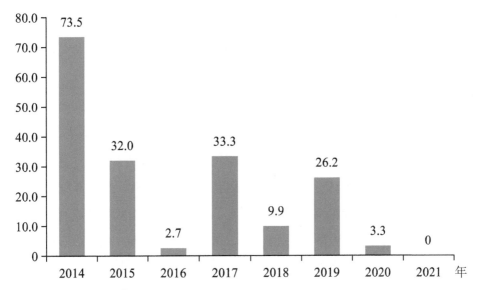

图 11 2014—2021 年新加坡海洋工程装备行业接单金额（单位：亿美元）

资料来源: 克拉克松, https://www.clarksons.net/wor/, Offshore Yard Monitor, 访问日期: 2022 年 2 月 1 日。

备系统集成和设备制造完整的产业链。法国德西尼布（Technip）公司、荷兰 SBM Offshore、意大利芬坎蒂尼、挪威 VARD 船厂等都是世界知名的海工装备设计建造公司。

随着世界造船中心由欧洲向亚洲的转移，欧美船厂无论在造船效率、人工成本等方面均不及中日韩等国船厂，在海工船舶总装建造领域逐步淡出人们的视线，而在海工配套设备领域的优势则愈加凸显。欧美主要企业在钻井系统、动力定位系统、单点系泊系统等海工配套设备领域，凭借技术先发优势也牢牢掌控市场，把持着研发、设计和建造中的关键核心技术，许多产品具备垄断地位。

三、行业发展环境分析

在新一轮能源革命和科技革命加速进行的背景下，全球海洋工程装备行业发展面临的外部环境正在发生深刻变革，能源绿色化趋势下传统海洋油气装备发展面临转型升级契机，主要海洋工程装备制造国加速重组整合，产业之间的竞争逐渐成为少数几家大型巨头的争夺，绿色、智能新技术的应用也推动着海洋工程装备产品功能和形态不断推陈出新。

（一）能源转型进程加速，传统油气装备需求增速放缓

自 2021 年以来，在石油输出国组织维持减产、美国页岩油产量增速放缓、美元贬值等利好因素刺激之下，国际油价涨势喜人。2022 年初，受俄乌局势影响，国际油价突破了 100 美元 / 桶的关口。但从长期来看，2014 年之后，国际油价总体在低位运行，大多时间在 60 美元 / 桶左右震荡，美国页岩油供应已经成为平衡国际油价的一个重要因素。此外在能源转型加速推进的背景下，原油需求达峰并逐步回落是大概率事件，相对宽松的供需关系决定了国际油价长期高位运行不具备现实基础。

（二）重组整合加速，行业竞争日趋激烈

近些年，主要国家如韩国、新加坡海工企业重组整合的步伐也在提速，寡头竞争格局初见雏形，海洋工程装备行业国际竞争也更为激烈。中国方面，中国船舶集团于 2019 年正式成立，成立后的集团拥有中国最大的造修船基地和最完整的船舶及配套产品研发能力，能够设计建造符合全球船级社规范、满足国际通用技术标准和安全公约要求的船舶海工装备，是全球最大的造船集团。韩国方面，现代重工和大宇造船的整合已经获得哈萨克斯坦、新加坡和中国等国家的批准，重组后的新集团在浮式生产储卸油装置、半潜式生产平台特种海洋工程船等产品上竞争优势将进一步巩固。新加坡方面，2021 年 6 月，吉宝企业与胜科海事签署了谅解备忘录，进行排他性谈判以期合并吉宝岸外与海事和胜科海事，关于两家企业合并的协商和资产公司的建立正在稳步进行。

（三）政策支持力度不减，发展环境持续改善

海洋工程装备行业是高技术、高附加值行业，对国民经济具有较强的带动作用，各国政府给予了大力支持。

中国方面，2017年底，工业和信息化部、国家发展改革委等八部委印发了《海洋工程装备制造业持续健康发展行动计划（2017—2020年）》，提出到2020年，中国海洋工程装备制造业国际竞争力和持续发展能力明显提升，产业体系进一步完善，专用化、系列化、信息化、智能化程度不断加强，产品结构迈向中高端，力争步入海洋工程装备总装制造先进国家行列的发展目标。中国主要省市在"十四五"规划中也不惜笔墨，围绕海工装备研发设计、总装建造、配套设备等产业链各环节进一步加大了支持力度。中国主要地区海洋工程装备相关政策见表1。

表1 中国主要地区海洋工程装备相关政策

主要省市地区	政策规划
上海市	加快民用船舶及海洋工程装备发展，全面提升高端船舶和深水海洋工程装备自主研发设计、部件配套及总装制造能力，支撑海洋强国国家战略，打造国际知名的船舶和海洋工程装备产业高地。
山东省	在海洋油气装备领先优势持续巩固提升，在海洋能源开发、海洋渔业、海洋文旅、海上城市、海上航天发射等新型海洋工程装备领域形成新的领先优势。
广东省	重点发展包括海洋工程装备在内的高端装备制造产业；突破海上浮式风电、海洋可燃冰开采、海上风电机组、波浪能发电装置、深海油气生产平台等海洋工程装备研制应用。到2025年，包括海洋工程装备在内的高端装备制造产业营业收入达3000亿元人民币以上，打造全国高端装备制造重要基地。
天津市	面向深海资源勘探开发，重点研发深海环境保障和资源开发工程新型高端装备，突破水下导航定位、水下生产系统、海洋装备防污防腐等基础共性关键技术。

资料来源：作者根据所涉省市政府官方网站整理。

韩国方面，2021 年 9 月，韩国政府发布《K-造船再腾飞战略》，韩国前总统文在寅宣称"韩国政府将全力以赴守住世界第一造船强国的位置"。为掌握市场的主导权，韩国将注意力聚焦在"绿色""智能"两大方向。在海上风电制氢领域，韩国能源技术研究院、韩国生产技术研究院、韩国造船海工装备配套研究院联合开发兆瓦（MW）级浮式海上风电制氢装备。在海事配套设备领域，韩国提出将在 2025 年前筹集 20 万亿韩元（约 1100 亿元人民币）绿色基金，支持本土配套产品研发与试点应用，全力培育新兴市场。

新加坡方面，数据显示，海洋工程行业为新加坡国内生产总值贡献 36 亿新加坡元，这个数据到 2025 年将增至 58 亿新加坡元，并创造 1500 个新工作岗位。2018 年，新加坡海事与岸外工程产业转型蓝图正式出炉，目标是助力该行业实现在 2025 年取得 58 亿新加坡元增值及创造 1500 份新工作的目标。2021 年 9 月，新加坡全国职工总会就业与职能培训中心、新加坡海事工业商会和电子、海事及工程业工会群体联合推出了两项针对绘图专才和品质专业人员的职业发展计划，以招聘、留住和重新部署本地人才。

欧洲方面，欧盟于 2020 年宣布了海上风电发展计划，据估计，整个方案包括海上风能项目和其他形式的可再生能源项目，在 2050 年之前可能需要投资总计 8000 亿欧元。挪威政府先后制定了《环境可持续的水产养殖战略》《海洋战略》《海洋生物勘探战略》等，修订了《海洋资源法》等法规，不断增强海洋产业的国际竞争力。法国于 2022 年初宣布了最新的清洁能源发展规划，提出到 2050 年，将建成 50 个海上风电场，实现约 40 吉瓦（GW）的海上风电装机容量，并计划投资 10 亿欧元，用于包括浮式风电在内的可再生能源技术创新。荷兰政府资助 360 万欧元用于全球首个海上风电制氢项目波塞冬（PosHYdon），该项目旨在验证海上风电、海上油气平台以及氢能制取运输体系的整合，以及海上环境对制氢设备的影响研究，最终为海上大规模低成本绿氢开发提供宝贵经验。

（四）绿色、智能技术加速海工行业变革

新一轮科技革命和产业变革深入发展，以5G、人工智能、区块链为代表的新兴数字技术加速向各领域广泛渗透。以数字化技术赋能海洋工程装备行业发展是行业发展大势所趋。"碳达峰、碳中和"背景下，对海洋工程装备制造业产品绿色化、生产制造过程绿色化提出了更高要求。新型燃料动力的研发、作业效率更高的海工船舶、数字化船厂的建设，都在加速推动海工行业的深刻变革。

四、行业发展趋势预测

国际油价仍然是影响海洋工程装备行业发展的重要驱动因素之一，但与此同时，国际油价对行业的影响力也在减弱。多重有利因素驱动下，海洋工程装备行业正在稳步复苏。行业对低油价的适应能力正在逐步增强，老旧船舶替代需求的叠加也在推动市场重回均衡，海上风电、深海养殖等新兴海洋装备为海洋工程装备行业的发展注入了新鲜活力，行业未来发展依然值得期待。

（一）海工行业已经适应低油价，市场长期前景可期

海洋石油开发成本近些年来也逐步下降，随着国际油价的企稳回升，海洋油气开发资本支出有望重新进入恢复期。油价下跌以来，石油公司通过裁员、改进设计、数字化等一系列手段大幅降低开发成本。此外，油服公司、材料设备、钻井平台租金等费用都随着行业的萧条持续走低。从长期来看，未来海洋石油开发成本仍有进一步下降空间，以更具竞争力的低成本进行海洋石油开发或将成为常态。此外，由于长期的低投资，一定程度上影响了海洋油气产量的平稳增长，这也将帮助海工市场重新回归均衡。

（二）老旧船舶替代叠加产业转型，长期发展潜力犹存

从船龄来看，截至 2021 年底，全球海洋工程装备船队数量工 12 820 艘，平均船龄 20 年，20 年船龄以上装备占比 35%。部分装备如海洋调查、挖泥船、移动钻井平台等老旧船占比超过 40% 以上，这些老旧船舶在作业效率、功能参数等方面，均已远远落后于新式海工装备，拆解退役是它们最终的归宿。未来几年老旧海工装备拆解周期即将到来，海工船舶的替代更新需求也即将到来，见图 12。

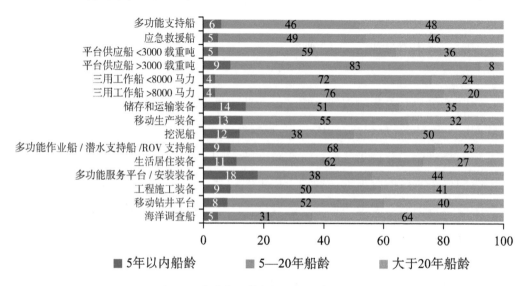

图 12 全球海工装备船队船龄分布（单位：%）

资料来源：克拉克松，https://www.clarksons.net/wor/，Offshore Yard Monitor，访问日期：2022 年 2 月 1 日。

（三）海上风电异军突起，新型装备多元开花，行业前景可期

全球海上风电市场开发增长潜力巨大，并逐渐向深远海拓展，大型专业化的海上风电安装船、风电运维船、浮式风电装备等市场需求有望保持增长。海洋油气装备细分领域如经济型海工装备、LNG 相关海工装备、通

用型 FPSO 等领域仍然面临新的发展机遇。深海网箱、深海养殖工船也成为各海工企业争相拓展的领域。此外，海上浮式核电站平台、海水淡化平台、海上风电制氢、海上航天发射与回收平台、海洋休闲旅游等新型海洋工程装备正呈多点开花之势。海洋工程装备行业发展正探索出一条高质量发展的新型道路。

全球海水淡化与综合利用业发展情况

刘淑静　朱凌[*]

　　水是基础性自然资源和战略性经济资源，是人类赖以生存和发展的基本条件，与粮食、石油并列为 21 世纪三大战略资源。目前全球面临着日益严重的缺水危机，全世界约有 12 亿人得不到安全的饮用水，每年约 500 万人因此而丧生[①]。受人口增长、经济发展、城市化进程及气候变化等因素的影响，水资源危机已成为人类可持续发展的瓶颈。海水淡化是水资源的开源增量技术，具有供水稳定、水质好和产水不受时空、气候影响等特性，是解决全球沿海水资源危机的重要途径。海水直接利用是采用海水直接替代淡水作为工业用水和生活用水的开源节流技术，具有应用范围广、替代淡水总量大的特点，可以节约大量淡水资源。同时，海水中蕴含着丰富的化学资源，80% 以上的已知元素均可以在海水中找到。钾是农作物生长的重要肥料，钠、溴、镁等是重要的基础化工原料，铀、锂、氘等是陆地资源储量极少的重要能源和战略物资。发展海水淡化与综合利用业，不仅可以增加水资源总量，而且可以增大水资源环境承载力，缓解陆地资源危机，促进经济社会可持续发展。

---

　　[*]　刘淑静，自然资源部天津海水淡化与综合利用研究所教授级高级工程师；朱凌，国家海洋信息中心副研究员。
　　[①]　阮国岭：《海水淡化工程设计》，中国电力出版社，2012。

一、海水淡化发展情况

海水淡化又被称为海水脱盐，是通过化学或物理等方法实现从海水中获取淡水的技术和过程。伴随技术的进步与发展，海水淡化自20世纪50年代开始兴起并规模化应用，经过半个多世纪的发展，国际上海水淡化日趋成熟，已形成数十种海水淡化技术。近年来，由于全球水资源短缺问题的不断加剧，国际上海水淡化产业得到了快速发展，全球海水淡化规模快速上升，应用领域日益广泛，工程日趋大型化，已成为21世纪许多沿海国家解决淡水资源短缺、促进经济社会可持续发展的重要战略举措。

（一）海水淡化工程规模与应用情况

在全球水危机日趋严重的状况下，海水淡化作为水资源的增量技术日益受到世界各国重视，在国际上的应用呈加速增长态势，工程规模逐年提升，见图1。全球水务智库（Global Water Intelligenc, GWI）数据库显示，

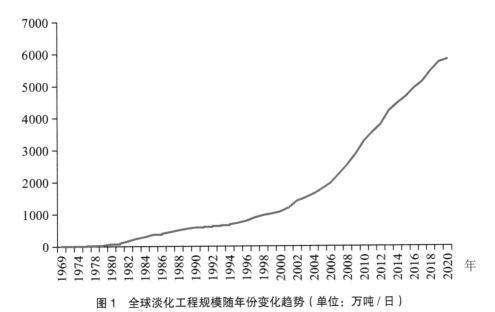

图1 全球淡化工程规模随年份变化趋势（单位：万吨/日）

资料来源：作者根据全球水务智库（GWI）数据库整理制作。

截至 2020 年底，全球海水淡化工程规模已达到 5821 万吨 / 日；全球最大多级闪蒸海水淡化工程规模 88 万吨 / 日，最大低温多效蒸馏海水淡化工程规模 80 万吨 / 日，最大反渗透海水淡化工程规模 54 万吨 / 日。2016—2020 年，全球签约的 30 万吨 / 日及以上大型海水淡化项目超过 10 个，阿联酋 Al Taweelah 90 万吨 / 日反渗透海水淡化厂是目前全球最大的在建项目。

　　如今海水淡化技术已在 150 多个国家和地区应用，工程遍布亚洲、非洲、欧洲、美洲、大洋洲。全球海水淡化水约 71% 用于市政供水，其余产能主要用于工业、农业、旅游业及军事等方面。在中东和一些岛屿地区，海水淡化水已成为主要水源。例如，沙特阿拉伯、阿联酋等国家为解决本国水资源短缺问题，几十年来一直大力推进海水淡化厂和配套供水管网建设。截至 2020 年，沙特阿拉伯海水淡化工程规模 1094 万吨 / 日，首都利雅得所用饮用水来自 467 公里之外的海水淡化厂，是世界上海水淡化应用规模最高的国家。阿联酋海水淡化工程规模 899 万吨 / 日，位居世界第二，海水淡化水已成为市政供水的重要组成部分，阿联酋 90% 以上饮用水依靠海水淡化。[①] 新加坡将发展海水淡化作为"国家四大开源战略"之一，[②] 通过建设大型海水淡化厂来保障地区供水安全。2005 年 1 月，新加坡建成 13.6 万吨 / 日新泉海水淡化厂，可满足全国 10% 的用水需求。所生产的海水淡化水由输水管引入最近的公用事业局储水池，按 1∶2 比例与普通淡水混合后，直接进入城市供水管网，输送给西部居民饮用。截至 2020 年年底，新加坡海水淡化工程规模约 100 万吨 / 日。目前，世界范围内海水淡化水作为市政供水已超过半个世纪，海水淡化水作为优质水资源和现有水源的补充措施，在国外得到广泛应用，在很大程度上缓解了区域缺水状况，提供了高质量生活水准和经济发展所需的水资源保障。

[①] 阮国岭：《用海水淡化保障高质量发展》，《民主与科学》2020 年第 1 期。

[②] 刘淑静、王静、邢淑颖、李磊：《海水淡化纳入水资源配置现状及发展建议》，《科技管理研究》2018 年第 17 期。

（二）海水淡化技术研发与成本情况

海水淡化主要技术包括膜法（反渗透工艺）和热法（多级闪蒸、低温多效蒸馏工艺）。经过多年发展，国际上海水淡化技术成熟，正在朝着环境友好化、高效率、低能耗、低成本方向发展。反渗透海水淡化技术由于不涉及相变、工艺过程简便、能耗相对较低、工程规模灵活、一般不需要加热等特点，近年来得到快速发展，目前已成为应用最广泛的海水淡化技术，其工程规模占比在全球海水淡化总规模中已超过50%。截至2020年底，全球已建海水淡化工程中应用反渗透、低温多效和多级闪蒸技术占比分别为56%、11%和29%。[1]

长期以来，欧美日韩等国家在海水淡化基础理论研究、关键技术研发、核心装备开发、基础材料研制、工程建设运行等方面技术先进、指标领先，并培育形成了多个著名的海水淡化公司和装备制造企业，领军国际海水淡化和水处理市场。其中海水淡化公司主要包括以色列IDE公司、新加坡凯发（Hyflux）公司、法国SIDEM公司、韩国斗山（DOOSAN）公司等；反渗透膜、能量回收装置和高压泵等主要装备制造企业包括美国陶氏（DOW）、日本东丽（TORAY）、美国ERI、瑞士Calder、德国凯士比（KSB）等公司。

目前，美日韩等国正在积极研发节能降耗新技术和百万吨级海水淡化工程研发。例如，耶鲁大学、麻省理工学院、东京大学等高校研发机构围绕正渗透、电容去离子法、膜蒸馏等海水淡化新技术、新工艺、新材料、新装备积极开展研发工作，并取得阶段性成果。日本针对未来大规模海水淡化发展需求，政府出资支持组织开展了"百万吨膜法水处理系统项目"（Mega-ton water system），[2] 围绕反渗透脱盐过程和系统集成技术等开展相关研究，其目标是发展可持续的先进水处理技术，实现低能耗、低成本

---

[1] 全球水务智库（Global Water Intelligence，GWI）数据库，https://www.desaldata.com/.

[2] Kurihara, Masaru, and Masayuki Hanakawa, "Mega-ton Water System: Japanese National Research and Development Project on Seawater Desalination and Wastewater Reclamation," Desalination, 308 (2013): 131-137.

和低环境影响的要求。韩国政府出资 1.65 亿美元支持开展了"海水工程与高效反渗透架构"（SEAHERO）[①]研发项目，旨在获得全球最先进的海水反渗透技术。海水淡化产水成本主要由能源消耗、运行维护和折旧利息三部分构成，三部分占比约为 4∶4∶2。随着技术进步、规模化应用、运营管理水平提升和政策扶持，国际上海水淡化成本已从 20 世纪 70 年代的 10 美元/吨降至 1 美元/吨以下，最低 0.53 美元/吨（以色列阿什克隆 33 万吨/日反渗透海水淡化工程）。如今海水淡化工程规模呈大型化的发展趋势，也有利于进一步降低单位产水成本。同时，随着新技术的突破，以及新工艺、新材料、新装备等技术成果的不断涌现，海水淡化成本还有望进一步下降。

（三）海水淡化扶持政策与措施情况

随着全球水危机日益严峻，世界各国越发重视海水淡化技术和产业发展。美国、沙特阿拉伯、阿联酋、西班牙、以色列、新加坡等国家积极出台海水淡化支持政策，通过战略规划、水价补贴、将海水淡化纳入国家水资源统一配置等鼓励政策和引导措施，有效促进了当地海水淡化产业的发展。主要做法如下。

一是对海水淡化进行统一规划。以色列、新加坡、美国等国家将海水淡化上升为国家战略，对其进行统一规划。例如，美国在 2008 年发布《淡化技术：国家的希望》的基础上，2019 年又发布了《以加强水安全为目标的海水淡化统筹战略规划》，将海水淡化作为应对未来水危机、保障水安全和经济持续发展的重要战略。以色列发布《淡化总体规划》，提出在阿什克隆、索里克、哈代拉等地中海沿岸城市建造数个大型海水淡化工程，并对淡化厂建设地点、工程规模、投资、技术路线、水质、预期水价都有明确要求。西班牙搁置了原有的跨流域调水国家方案，批准《水利用管

---

① Suhan Kim, Dongin Cho, Min-Soo Lee, "SEAHERO R&O Program and Key Strategies for the Scale-Up of a Seawater Reverse Osmosis (SWRO) System," Desalination, 238 (2009): 1-9.

理与规划》（A.G.U.A.），该规划中海水淡化产水量占整个计划供水量的50%，并列出了拟建海水淡化项目的数量、名称、规模、预算等。

二是对海水淡化水进行统一配置。沙特阿拉伯、以色列、西班牙等国将海水淡化水纳入国家输水系统，通过国有公用管理机构或成立国有公司对海水淡化水进行统一配置，进行统一管理。例如，沙特阿拉伯的水资源供给由农业水利部负责，并建立了"盐水转化公司"作为独立的政府实体，负责全国海水淡化相关事务；以色列水资源委员会负责水资源定价、调拨和监管，国有水务公司 Mekort 负责全国水资源的供给和海水淡化水的购买与配置；西班牙政府成立了 AcuaMed 公司，① 负责海水淡化产品水定价购买，并输送给消费者。此外，澳大利亚将海水淡化水作为战略备用水源纳入市政供水中，根据水资源状况适时开启，将海水淡化水配送至周边缺水地区。②

三是对用于市政的海水淡化水价予以补贴。为使普通民众以低廉的水价使用海水淡化水，一些国家对进入市政供水系统的海水淡化水实施了价格补贴政策，即政府对海水淡化水予以高额补贴，使得海水淡化水价大大低于成本价格。例如，沙特阿拉伯和阿联酋阿布扎比普遍采用海水淡化水作为市政用水，但沙特阿拉伯居民用户阶梯水价仅为 0.04 美元 / 吨、0.41 美元 / 吨，阿布扎比阶梯水价仅为 0.46 美元 / 吨、0.51 美元 / 吨，远远低于海水淡化成本。③ 居民只需支付很低的费用，就能使用清洁安全的海水淡化水。

四是政府以签约水价购买海水淡化水。为保证海水淡化工程建设运营

① 邢淑颖、刘淑静、李磊、王静：《典型国家海水淡化水定价机制及对我国的启示》，《水利经济》2014 年第 5 期。
② 王静、刘淑静、邢淑颖、徐显：《澳大利亚海水淡化对我国的借鉴研究》，《海洋信息》2013 年第 1 期。
③ 刘淑静、王静、邢淑颖、李磊：《海水淡化纳入水资源配置现状及发展建议》，《科技管理研究》2018 年第 17 期。

商的权益，以色列、新加坡等国家通过公用管理机构购买海水淡化水，在合同中确定签约水价，并保证淡化厂最低销售水量。例如，新加坡公用事业局采用 BOO（Build-Own-Operate，建造—拥有—运营）方式，与凯发集团子公司新泉公司签订 20 年的购水协议，按合同价格购买海水淡化水。根据购水协议，公共事业局将在第一年按 0.78 新加坡元 / 吨（0.47 美元 / 吨）的价格购买海水淡化水，未来的购买价格将随能源价格的变化而浮动。以色列政府对海水淡化厂初期投资给予资金支持，并在合同中确定政府以签约水价购买淡化水，保证淡化厂最低销售水量，降低投资者的风险，为海水淡化营造良好的运营环境。

二、海水直接利用发展情况

海水直接利用技术是指以海水为原水，直接代替淡水作为工业用水和生活用水等有关技术的总称。目前，海水直接利用技术主要应用在两方面：一是用作工业用水，其中用量最大的是工业冷却用水；二是用作生活杂用水。前者主要包括海水冷却（海水直流冷却、海水循环冷却）、海水脱硫、海水冲灰、冲渣等；后者主要包括大生活用海水（海水冲厕）、消防用海水等。

（一）海水冷却技术及应用情况

海水冷却是以海水作为冷却介质带走废热的工艺过程。城市用水中约 80% 为工业用水，而工业用水中约 80% 为工业冷却用水。海水冷却技术主要应用于滨海核电、火电、石化、化工等高耗水行业。根据工艺流程的不同，海水冷却可分为直流冷却和循环冷却。国外应用海水直流冷却有近百年的发展历史，大多数拥有丰富海水资源的国家和地区都大量采用海水用于工业中的冷却水。

海水循环冷却技术是 20 世纪 70 年代以来，在淡水循环冷却技术和海水直流冷却技术的基础上发展起来的一种环保型节水技术。自 20 世纪 70 年代初比利时哈蒙公司在意大利建造了世界第一座自然通风冷却塔以来，海水循环冷却技术在美国、德国、英国、意大利等国得到了较为广泛的应用，已经进入大规模应用阶段，建造了数十座自然通风和上百座机械通风大型海水冷却塔。例如，美国新泽西州霍普河（Hope Creek）核电站的第三套 1100 兆瓦机组采用海水循环冷却技术，单套系统海水循环量已达 15 万吨 / 小时。德国罗斯托克的一燃煤电厂使用海水循环冷却结合"烟塔合一"技术，将脱硫处理后的烟气通过海水冷却塔排入大气。

（二）海水冷却产业发展情况

国际上海水循环冷却按照关键技术分工细化，在海水冷却塔方面，形成了以德国基伊埃（GEA）公司，美国斯必克（SPX）公司等为代表的专门从事海水冷却塔设计建造的公司。这类公司主要从事机力通风海水冷却塔设计、加工、安装和自然通风海水冷却塔设计，以及冷却塔填料、收水器、喷头销售。在海水水处理药剂方面，形成了以纳尔科（Nalco）、通用贝茨（GEBetz）、威立雅（Veolia）、陶氏（Dow）、栗田等公司为代表的专门从事海水水处理药剂研发生产，并提供相关配套技术服务和海水冷却系统运行管理。

三、海水化学资源利用情况

海水化学资源利用是指从海水中提取化学元素及其深加工产品的过程。目前已发现的海水中化学物质有 80 多种，其中氯、钠、镁、钾、硫、钙、溴、碳、锶、硼、氟等 11 种元素占海水中溶解物质总量的 99.8% 以上。[1] 但由

---

[1] 侯纯扬：《中国近海海洋——海水资源开发利用》，海洋出版社，2012。

于从海水中提取化学物质成本很高，目前达到一定商业生产规模的只有钠、溴、镁等物质。具有战略意义的微量元素如铀、氘、锂等资源提取技术，正在成为世界各国研究的热点。

（一）海水提溴

溴是第一个直接从海水中发现并分离提取成功的元素，地球上约有99%的溴存在于海水中。海水提溴始于19世纪，发展至今已经历140多年，溴素的各类深加工产品已成为高技术高附加值的海洋化工产品，发展十分迅速。世界上主要产溴国家包括美国、中国、以色列、俄罗斯、英国、法国、日本等。世界级大型溴及溴衍生化学品生产公司有美国的大湖化学公司（Great Lakes Chemical）、雅宝公司（Albemarle）、陶氏化学公司（Dow Chemical），以及以色列化工集团（Israel Chemicals Ltd.）、死海溴集团等。[1] 目前海水提溴技术有水蒸气蒸馏法、空气吹出法、离子交换吸附法、溶剂萃取法、乳状液膜法、气态膜法、超重力法和沉淀法等，[2] 其中工业化的主要方法为空气吹出法和水蒸气蒸馏法。

（二）海水提钾

海水提钾是从海水中提取钾盐的技术。全世界陆地钾矿分布极不均匀，绝大多数国家钾矿资源贫乏。海水中钾的总溶存量达550万亿吨，为陆地总储量（约170亿吨）的3万倍。[3] 海水被认为是具有工业前景的潜在钾资源。自1940年挪威化学家谢朗（J. Kielland）获得第一个海水提钾专利以来，世界各沿海国家投入了大量的人财物力进行海水提钾技术的研究，共提出百余种方法，但均因提取成本过高未能实现工业化。

---

[1] 王雲：《可逆气态膜过程用于浓海水提溴和废水脱氨》，天津大学硕士论文，2016。
[2] 张永梅、于宗然：《简述海水提溴技术的现状及进展》，《化工管理》2019年第9期。
[3] 袁俊生、韩慧茹：《海水提钾技术研究进展》，《河北工业大学学报》2004年第2期。

（三）海水提镁

镁在海水中含量仅次于氯和钠，储量极丰。由于海水提镁及镁化合物具有纯度高、能耗低、无污染等优点，故越来越受到世界各国的重视。目前世界氢氧化镁及高纯镁砂主要由海水卤水制取。

国外从海水中提取镁及镁化合物早期主要以海水镁砂（MgO）为主要目标产物，氢氧化镁为海水镁砂的中间物料。如日本应用海水制备的镁砂纯度达到 99.9%，并实现了规模化的生产。随着氢氧化镁的应用领域日益拓宽，海水提取氢氧化镁逐渐受到各国的重视。料浆状氢氧化镁、阻燃剂用氢氧化镁的制备技术已实现产业化。

全球海上风电产业发展情况

黄超[*]

作为能源系统脱碳转型的关键途径之一，海上风电正以其尖端的新兴技术、庞大的产业空间和巨大的经济价值成为各国竞相占据的"新高地"。据全球风能理事会统计，2020 年全球海上风电新增装机容量达 6.1 吉瓦，[①]虽然增幅受疫情影响略低于 2019 年，但其资本支出首次超过海上油气，总投资额达到 560 亿美元。[②]

一、全球海上风电发展现状

海上风电产业化发展起步于 20 世纪 90 年代初的欧洲，到 21 世纪初，亚洲海上风电开始萌芽，30 多年来，全球海上风电产业实现飞速发展。

---

[*] 黄超，国家海洋信息中心助理研究员。

[①] Global Wind Energy Council, Global Offshore Wind Report 2021, Denmark: Global Wind Energy Council, 2021, p.47, accessed August 8, 2022, https://gwec.net/global-offshore-wind-report-2021/#download.html.

[②] 克拉克松研究：《海工市场回顾与展望》（2021 年春季），全国能源信息平台，https://www.cnss.com.cn/html/hygc/20210930/343041.html。

（一）全球海上风电发展规模迅速扩张

近年来，全球海上风电进入蓬勃发展时期。截至2020年底，全球海上风电累计装机容量35.3吉瓦，[①] 是2011年底累计装机容量的9倍，[②] 其中排名前三的国家为英国、中国和德国，[③] 三国占比达80%。海上风电在全球风电中的占比越来越大，新增风电装机容量的比重从2011年的2.4%[④] 上升到2020年的6.5%。[⑤] 从2016年初至2020年底，全球海上风电新增装机容量达到23.4吉瓦。[⑥] 五年间新增装机容量前三的国家分别为中国、英国和德国，[⑦] 中国占比为38.4%，三国占比达80%，见图1、图2。

[①] Global Wind Energy Council, Global Offshore Wind Report 2021, Denmark: Global Wind Energy Council, 2021, p.53, accessed August 8, 2022, https://gwec.net/global-offshore-wind-report-2021/#download.html.

[②] Global Wind Energy Council, Global Offshore Wind Report 2011, Denmark: Global Wind Energy Council, 2012, p.10, accessed August 8, 2022, https://gwec.net/global-offshore-wind-report-2012/#download.html.

[③] Global Wind Energy Council, Global Offshore Wind Report 2021, Denmark: Global Wind Energy Council, 2021, p.53, accessed August 8, 2022, https://gwec.net/global-offshore-wind-report-2021/#download.html.

[④] Global Wind Energy Council, Global Offshore Wind Report 2011, Denmark: Global Wind Energy Council, 2012, pp.11,40, accessed August 8, 2022, https://gwec.net/global-offshore-wind-report-2012/#download.html.

[⑤] Global Wind Energy Council, Global Offshore Wind Report 2021, Denmark: Global Wind Energy Council, 2021, pp.44,47, accessed August 8, 2022, https://gwec.net/global-offshore-wind-report-2021/#download.html.

[⑥] Global Wind Energy Council, Global Offshore Wind Report 2021, Denmark: Global Wind Energy Council, 2021, p.47, accessed August 8, 2022, https://gwec.net/global-offshore-wind-report-2021/#download.html.

[⑦] Global Wind Energy Council, Global Offshore Wind Report 2021, Denmark: Global Wind Energy Council, 2021, p.47, accessed August 8, 2022, https://gwec.net/global-offshore-wind-report-2021/#download.html.

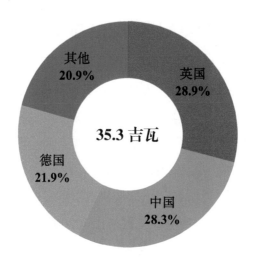

图 1　截至 2020 年底全球及主要国家海上风电累计装机容量

资料来源：Global Wind Energy Council, Global Offshore Wind Report 2021。

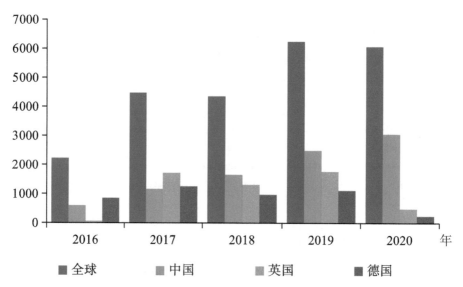

图 2　2016—2020 年全球海上风电新增装机容量数据及主要国家占比情况

资料来源：Global Wind Energy Council, Global Offshore Wind Report 2021。

（二）全球海上风电集中分布在欧亚地区

从区域结构上看，全球海上风电布局较为集中，欧洲和亚洲占据绝大部分份额，北美洲逐步开始规划海上风电项目。

欧洲保持稳定增长，持续领跑全球。欧洲在 2020 年的海上风电新增装机容量为 2.9 吉瓦，全球占比 48%，总装机容量接近 25 吉瓦，全球占比 70.4%。[①] 目前欧洲共有 12 个国家实现海上风电机组并网，其中英国、德国、荷兰、比利时占并网总量的 90% 以上。[②]

亚洲表现活跃，成为欧洲以外的海上风电第二大市场。亚洲在 2020 年的新增装机容量为 3.1 吉瓦，总装机容量为 10.4 吉瓦，全球占比分别为 51.4% 和 29.5%。亚洲地区主要以中国市场为主，2020 年底中国海上风电总装机容量近 10 吉瓦，亚洲其他国家主要是日本、韩国及越南，三个国家装机容量合计为 0.4 吉瓦。[③]

北美洲海上风电刚刚起步。截至 2020 年底，北美洲仅有美国累计装机容量达 42 兆瓦。[④] 美国于 2016 年 12 月启用了第一个商业化海上风电项目——罗德岛布洛克岛项目，成为除欧洲和亚洲外唯一拥有商业化海上风电项目的地区。[⑤] 全球风能理事会的数据显示，预计在 2023 年前，北美地区没有公用事业规模的海上风电项目并网。

---

① Global Wind Energy Council, Global Offshore Wind Report 2021, Denmark: Global Wind Energy Council, 2021, p.53, accessed August 8, 2022, https://gwec.net/global-offshore-wind-report-2021/#download.html.

② WindEurope, Offshore Wind in Europe Key Trends and Statistics 2020, Belgium: Wind Europe, 2021, accessed August 8, 2022, https://windeurope.org/intelligence-platform/product/offshore-wind-in-europe-key-trends-and-statistics-2020/#overview

③ Global Wind Energy Council, Global Offshore Wind Report 2021, Denmark: Global Wind Energy Council, 2021, p.53, accessed August 8, 2022, https://gwec.net/global-offshore-wind-report-2021/#download.html.

④ Global Wind Energy Council, Global Offshore Wind Report 2021, Denmark: Global Wind Energy Council, 2021, p.53, accessed August 8, 2022,https://gwec.net/global-offshore-wind-report-2021/#download.html.

⑤ Office of Energy Efficiency&Renewable Energy. Offshore Wind Market Report 2021 Edition, accessed August 8, 2022, https://www.energy.gov/sites/default/files/2021-08/Offshore%20Wind%20Market%20Report%202021%20Edition_Final.pdf.

二、全球海上风电市场情况

海上风电市场主要包括上游零部件供应商、中游整机商和下游开发商。

（一）海上风电开发商主要是大型能源企业

由于技术和资金壁垒较高，海上风电开发商主要是大型能源企业，市场占有率相对集中。国际能源署数据显示，2018 年在海上风电装机领先的十个开发商主要分布在欧洲和亚洲，市场占有率接近 46%，见表 1。

表 1 2018 年全球十大海上风电开发商市场占有情况

单位（%）

序号	企业名称	市场占有率	所属国家
1	沃旭集团	12.86	丹麦
2	莱茵集团	10.44	德国
3	龙源电力集团	5.34	中国
4	大瀑布集团	4.92	瑞典
5	麦格理集团	2.78	澳大利亚
6	北国电力集团	2.36	加拿大
7	全球合伙人	2.10	美国
8	伊维尔德罗拉集团	1.85	西班牙
9	伊基诺集团	1.74	挪威
10	西门子金融服务	1.49	德国

资料来源：IEA, Offshore Wind Outlook 2019, https://www.iea.org/reports/offshore-wind-outlook-2019。

（二）海上风电整机商市场占有率高度集中

由于海上风电风机技术要求相对较高，所以全球海上风电整机商市场占有率高度集中。据统计，2020 年全球前五的海上风电整机企业市场占有率高达 85.5%。中国企业表现尤其突出，前十强海上风电整机企业中有七家来自中国。其中电气风电、明阳智能和远景能源分别排名全球第二、第四和第五名，见表2。

表2 2020年全球十大海上风电整机商市场占有情况

单位（%）

序号	企业名称	市场占有率	所属国家
1	西门子歌美飒	23.7	西班牙
2	上海电气	21.5	中国
3	维斯塔斯	15.0	丹麦
4	明阳智能	14.7	中国
5	远景能源	10.6	中国
6	中国海装	5.1	中国
7	金风科技	4.8	中国
8	森未安	1.5	德国
9	哈电风能	1.4	中国
10	东方电气	0.9	中国

资料来源：中国可再生能源学会风能委员会：《风电回顾与展望2021》，2021北京国际风能大会暨展览会专刊，2021年10月29日，https://news.bjx.com.cn/html/20211029/1184630.shtml。

三、全球海上风电政策情况

与其他可再生能源相比，海上风电项目的投资额较高且周期相对较长，政府根据本国海上风电市场的发展特点在不断变化政策组合，设计合理的扶持政策是海上风电市场迅速发展的主要原因。目前各国海上风电政策可人致分为直接扶持政策和间接扶持政策，许多国家采用两种及以上政策组合，这些政策各有特点，在各国的实施中也收到了不同程度的效果。

直接扶持政策主要涉及可再生能源电价政策机制，如固定电价、固定（溢价）补贴、招标电价等制度。固定电价是指按照各类可再生能源发电的标准成本，直接明确规定各类可再生能源电力的上网价格。固定（溢价）补贴则既考虑了可再生能源发电的实际成本情况和价格政策需求，又与电力市场的电力竞价挂钩，可再生能源电源与其他常规电源共同参与竞价上网，在市场电价的基础上，政府对单位上网电量额外给予一定的补贴。招标电价是指通过招标投标的方式确定价格的机制。德国和英国都经历了由单一的固定电价转为多种机制共存，中国则经历从固定电价、竞价到平价的过程。随着海上风电市场的逐渐成熟，全球大趋势是从固定上网电价向竞争性机制转型，这意味着海上风电将逐步脱离补贴独立面对市场竞争。

间接扶持政策包括可再生能源电价政策机制中的可再生能源配额制和绿色证书机制。配额制电价的形成过程是，通过强制配额（即要求能源企业在生产或销售常规电力的同时，必须生产或销售规定比例的可再生能源电量）和交易制度（政府按照可再生能源电量对企业核发绿色电力交易证书，绿色电力交易证书可以在能源企业间买卖，价格由市场决定），发挥市场自身的调节作用，达到提升可再生能源电力产品价格的目的，此时的可再生能源电价为上网电价与绿色电力交易证书的价格之和。目前配额制和绿色证书机制主要在美国、英国、韩国等国家实施，中国也已出台相关政策并逐步开始推行。间接扶持政策还包括实施税收刺激政策，如美国已开始实施投资税抵扣和生产税抵扣等。[1]

四、全球海上风电技术发展情况

随着海上风电的规模化发展，海上风电领域不断实现技术进步，大型化海上风电机组持续涌现，海上风电场建设一直向着水深更深、离岸更远发展。

---

[1] Global Wind Energy Council, Global Offshore Wind Report 2021, Denmark: Global Wind Energy Council.2021, p.41, accessed August 8, 2022, https://gwec.net/global-offshore-wind-report-2021/#download.html.

（一）海上风电机组大型化趋势明显

相对于陆上风电机组，海上风电机组大型化带来的好处更加明显。据挪威能源研究和咨询机构雷斯塔能源的研究项目推算，对于1吉瓦的海上风电项目，采用14兆瓦的风电机组将比采用10兆瓦风电机组节省1亿美元的投资，节省的部分主要来自风机基础、电缆及安装成本。运维费用在海上风电场的全生命周期成本中占25%—30%，在同等容量的风电场下，更少的风机意味着运维费用的降低。

各大整机商纷纷抢占大兆瓦风机市场。通用电气（GE）可再生能源在2018年推出了Haliade X直驱风电机组，该系列风电机组有12兆瓦、13兆瓦及14兆瓦三种功率。全球最大的海上风电机组制造商西门子歌美飒在2020年5月发布了SG14-222型直驱风电机组，最大功率可达15兆瓦，将于2024年投入商业运营。2021年2月，维斯塔斯推出V236-15兆瓦风电机组，计划于2024年实现批量生产，未来功率可以提升到17兆瓦。明阳智能于2021年8月推出MySE 16.0-242海上风电机组，该16兆瓦机型采用混合驱动，样机将在2022年下线，2024年实现商业化量产。[①]

未来海上风电机组能达到的尺寸上限与多个因素有关，包括风电机组技术的创新、传动链的优化、新材料和新技术的应用、监管以及运输和安装的限制。全球海上风电的先行者斯蒂达尔（Henrik Stiesdal）预测下一代风电机组将在2030年之前出现，功率在20兆瓦左右，叶轮直径达到275米。

（二）海上风电场向深远海延伸

随着近岸用海的饱和以及装备和施工技术的提升，全球海上风电场一

---

① 中国可再生能源学会风能委员会：《风电回顾与展望2021》，《2021北京国际风能大会暨展览会专刊》，2021年11月29日，https://news.bjx.com.cn/html/20211029/1184630.shtml。

直在向着水深更深、离岸更远的方向发展。2001—2020 年，单个项目的平均水深由 7 米深入到 38 米，平均离岸距离由 5 公里延伸到 30 公里。[1] 欧洲在水深与离岸方面一直处于领先水平，最远项目离岸距离已超过 90 公里。[2] 2020 年欧洲在建海上风电场平均水深 36 米，平均离岸距离 44 公里，和 2018 年的 52 公里相比略有降低。中国已建成海上风电场大多为浅水近海风电场，平均水深约 8.6 米，平均离岸距离 17.3 公里，截至 2020 年底，离岸距离最远的项目是三峡新能源江苏大丰 H8-2#300 兆瓦海上风电场，中心点离岸 72 公里（最远点离岸 83 公里）。美国最大的海上风电项目——弗吉尼亚沿海风电项目（在建），离岸距离约 43.5 公里。

面对苛刻的深远海环境条件，传统固定式风电在技术和经济上面对的挑战急剧增加，漂浮式海上风电逐渐崭露头角。自 2009 年全球首个漂浮式风电原型机面世后，适用于 60 米水深以上的漂浮式风电技术也进入商业运行阶段。苏格兰 2017 年建成的世界首个漂浮式风电场 Hywind Scotland 距离海岸线约 25 公里，水深 100 米；挪威 2020 年批准建设的 Hywind Tampen 漂浮式风电场距离海岸 140 公里，水深为 260—300 米。未来十年，至少有十个欧洲国家有漂浮式风电安装计划。

五、全球海上风电成本情况

与陆上风电项目相比，海上风电的施工、安装及运输条件要困难很多，因此海上风电建设成本更高，工期也更长。随着技术的持续进步与风电项目的规模化，海上风电度电成本在全球范围内保持下降趋势。同时，招标

① 庞浩：《全球海上风电行业发展及成本变化趋势》，海外电力（微信公众号），2021-10-13，http://www.eastwp.net/news/show.php?itemid=64052，访问日期：2021 年 12 月 10 日。

② Wind Europe, Offshore Wind in Europe Key Trends and Statistics 2020, Belgium: Wind Europe, 2021, p.19, accessed August 8, 2022, https://windeurope.org/intelligence-platform/product/offshore-wind-in-europe-key-trends-and-statistics-2020/#overview.

政策也给整个产业链带来了竞争，让开发商、投资方、制造商、运维服务商不断降低成本。

各国海上风电市场的建设成本在过去十年间都有不同程度的下降。其中，中国 2010 年 4476 美元 / 千瓦到 2020 年的 2968 美元 / 千瓦，下降 33.7%；英国 2010 年 4588 美元 / 千瓦到 2020 年的 4552 美元 / 千瓦，下降 0.78%；德国 2010 年 6504 美元 / 千瓦到 2020 年的 4143 美元 / 千瓦，下降 36.3%。[1]

随着海上风电行业的快速发展，全球海上风电项目加权平均度电成本基本呈持续下降趋势。加权平均度电成本从 2010 年的 0.162 美元 / 千瓦时降低到 2020 年的 0.084 美元 / 千瓦时，降幅达到了 48%。其中，中国加权平均度电成本下降幅度达到了 53%，欧洲区域各主要国别加权平均度电成本的平均降幅也都超过 20%。目前除日本外，海上风电全球重点市场国别加权平均度电成本均低于或接近 0.1 美元 / 千瓦时，这也说明海上风电在所有发电类型中越来越具有竞争力。[2]

六、未来展望

据全球风能理事会预计，未来十年全球将累计新增超过 235 吉瓦的海上风电装机，[3] 漂浮式海上风电将逐渐兴起，预计未来十年全球可以达到

---

① 庞浩：《全球海上风电行业发展及成本变化趋势》，海外电力（微信公众号），2021-10-13，http://www.eastwp.net/news/show.php?itemid=64052，访问日期：2021 年 12 月 10 日。

② 庞浩：《全球海上风电行业发展及成本变化趋势》，海外电力（微信公众号），2021-10-13，http://www.eastwp.net/news/show.php?itemid=64052，访问日期：2021 年 12 月 10 日。

③ Global Wind Energy Council, Global Offshore Wind Report 2021, Denmark: Global Wind Energy Council, 2021, p.24, accessed August 8, 2022, https://gwec.net/global-offshore-wind-report-2021/#download.html.

16.5 吉瓦。[①] 海上风电与其他产业融合发展成为新的趋势，"海上风电 + 制氢"、"海上风电 + 海洋牧场"、"海上风电 + 海水淡化"等新模式使海上风电即产即用成为可能。

① Global Wind Energy Council, Global Offshore Wind Report 2021, Denmark: Global Wind Energy Council, 2021, p.111, accessed August 8, 2022, https://gwec.net/global-offshore-wind-report-2021/#download.html.

全球海洋能产业发展情况报告

朱凌[*]

海洋能是取之不尽、用之不竭的清洁能源，通常指依附于海水的潮汐能、潮流能、波浪能、温差能和盐差能。海洋能具有开发潜力大、可持续利用、绿色清洁等优势，众多沿海国家均将其作为战略性资源开展技术储备。

一、全球海洋能资源与产业发展概况

随着国际能源安全、生态环境、气候变化等问题日益突出，加快开发利用海洋能已成为世界沿海国家和地区的共识。

（一）海洋能资源概况

国际能源署海洋能源系统（International Energy Agency's Ocean Energy Systems，IEA-OES）调查显示，全球海洋能开发潜力巨大，但不同能量形式及理论储存存在差异。全球潮汐能与潮流能合计储量约为 12 000 亿千瓦时 / 年；波浪能储量约为 295 000 亿千瓦时 / 年；温差能储量约为 440 000 亿千瓦时 / 年；盐差能储量约为 16 500 亿千瓦时 / 年，海洋能资源总储量约

---

　*　朱凌，国家海洋信息中心副研究员。

为全球现阶段用电量的两倍以上。[①]

（二）海洋能产业发展概况

国际可再生能源署发布数据显示，2020 年，全球海洋能总装机容量为 625 兆瓦，全球海洋能装机容量预计未来五年可达 3.0 吉瓦，到 2030 年和 2050 年分别实现 70 吉瓦和 350 吉瓦。

二、国际海洋能技术现状及发展趋势

国际上，各种海洋能中潮汐能技术最为成熟，但是其开发利用需要占用近岸宝贵的岸线及海域资源。因此，国际海洋能技术研发及应用热点主要在潮流能技术和波浪能技术上。从技术成熟度来看，国际潮流能技术已较为成熟，波浪能技术仍处于示范阶段，温差能等其他海洋能技术进展较慢。

（一）潮汐能技术

潮汐能发电是利用潮水涨落的水位差来发电，目前常规的潮汐电站类型分为单库单向型、单库双向型、双库型。作为最成熟的海洋能发电技术，拦坝式潮汐能技术早在数十年前就已实现商业化运行，如建成于 1966 年的法国朗斯电站（总装机 240 兆瓦）。2011 年 8 月，韩国始华湖潮汐电站（总装机 254 兆瓦）建成投产，装有 10 台各 25.4 兆瓦的灯泡贯流式水轮机组，为目前世界上装机容量最大的潮汐电站，设计年发电量 5.5 亿千瓦时，年可节约 86 万桶原油，减少二氧化碳排放 31.5 万吨。近年来，英国、荷兰等国开展了潮汐潟湖电站等环境友好型潮汐能利用技术研究，但尚未建成示范电站。

---

① 彭爱武、刘艳娇：《海洋能发电与综合利用前景与展望》，https://idea.cas.cn/viewpoint.action?docid=79274，访问日期：2022 年 1 月 3 日。

（二）潮流能技术

潮流能是指海水流动的动能，主要利用海底水道和海峡中较为稳定的流动及由潮汐导致的有规律的海水流动所产生的能量。近年来国际潮流能技术发展迅速，英国、荷兰、法国等均实现了兆瓦级机组并网运行，潮流能开发已成为海洋能商业化重点方向。

英国 MeyGen 潮流能发电场一期（装机容量 6 兆瓦）建成，荷兰 Torcado 公司 1.2 兆瓦潮流能发电阵列并网发电，标志着国际潮流能技术进入商业化运行阶段。目前，英国潮流能开发利用居于国际领先水平。MeyGen 项目是目前世界上最大的潮流能项目，截至 2020 年底，MeyGen 潮流能发电场累计并网发电量超过 3500 万千瓦时，远远超过其他国家潮流能并网发电量总和，机组可用率高达 90%。

（三）波浪能技术

波浪能发电是将波浪能的动能和势能转换成电能，其发电装置由波浪能采集部分、能量传递转换机构、发电装置三个部分构成，根据转换装置工作原理将波浪能发电分为振荡水柱式、振荡浮子式和收缩波道式。波浪能能量分布的特点决定了其适合于密集大规模开发，国际上也逐步加强对负荷较大地区波浪能发电技术的研究。目前波浪能代表性装置包括美国 PowerBuoy 振荡浮子式装置、西班牙 Mutriku 振荡水柱式电站、丹麦 WaveDragon 越浪式装置、英国 Pelamis 阀式装置和 Oyster 摆式装置等。尽管部分波浪能装置进行了长期海试，但恶劣环境下其生存性、可靠性、高效能量转换等关键问题仍然有待突破。

（四）温差能技术

海洋温差能是指以表、深层海水温度差的形式所储存的海洋热能，能量主要来源于蕴藏在海洋中的太阳辐射能。海洋温差能转换技术除用于发电外，在海水淡化、空调制冷、深海养殖、深海冷海水及底泥深度开发等方面也有着广泛的应用前景。多个国家建成了海洋温差能发电及综合利用示范电站。例如，日本于 2013 年在冲绳建成 50 千瓦混合式温差能发电及综合利用电站；美国于 2015 年在夏威夷建成 100 千瓦闭式温差能电站并示范运行，可满足当地 120 户家庭用电；印度具有多年的利用温差能开展海水淡化的经验，2012 年在米尼科伊岛建造了利用温差能进行海水淡化的示范项目。还有多个兆瓦级温差能示范电站正在设计中，如美国洛克希德·马丁（Lockheed Martin）公司与美国海军和能源部合作设计的 10 兆瓦级温差能电站；韩国正在设计 1 兆瓦温差能电站，并将安装到太平洋岛国基里巴斯；法国在欧盟 NER300 计划支持下，耗资约 7200 万欧元，在法属马提尼克岛设计建造 10 兆瓦级温差能电站。

三、国际海洋能产业发展政策情况

为应对全球化石能源日趋短缺的危机及全球气候变暖的挑战，海洋能作为战略性资源已得到国内外普遍关注，许多国家早在 20 世纪初就通过国家立法或制定相关政策，从确立发展目标、提供资金支持等方面，引导和激励海洋能技术发展，并将其作为新兴战略产业加以培育和推进。

（一）法律法规与战略规划

一方面，一些国家通过制定法律法规对海洋能开发利用予以最高等级的规定。挪威 2010 年颁布《海洋能法案》，明确了政府对选址于某些偏远地区海洋能电站的审批流程；美国 2013 年推出《海洋和水动力能源法案》，旨在促进海洋能技术的研发和示范活动，同年的《可再生能源电力法案》规定了海洋能电力标准，[①] 2021 年批准《基础设施投资和就业法案》，该

---

① 张炫钊、张培栋：《国内外现行海洋能政策比较分析》，《海洋经济》2018 年第 8 期。

项新立法将为包括海洋能在内的全国各种基础设施和清洁能源项目提供资金；[1] 加拿大新斯科舍省于 2015 年通过了《海洋能法案》，该法案要求海洋能项目必须满足环保、为社会创造财富的条件，同时规范了海洋能发电站建设活动的审批体系。[2] 澳大利亚 2021 年《国家海上电力基础设施法案》获批，该法案对包括海洋能项目在内的海上电力基础设施的建设、运营、维护和退役提出了政策要求。另一方面，出台海洋能发展战略规划或技术路线图，部署各国海洋能未来一段时期发展路径和重点任务。我国 2013 年发布的《海洋可再生能源发展纲要（2013—2016）》，部署了海洋可再生能源 2013—2016 年应重点完成的五大任务，制定了相应的保障措施；2017 年发布的《海洋可再生能源发展"十三五"规划》，提出中国"十三五"时期海洋发展目标、重点任务以及具体举措。英国 2014 年发布的《英国海洋能技术路线图（2014）》，分析了全球海洋能产业的现状，规划了英国海洋能产业发展目标和相关技术参数，确定了促进海洋能产业商业化所需的各种研发活动及实施次序[3]。欧盟 2020 年底发布的《海上可再生能源战略》，指出海洋能在促进欧盟脱碳目标中的重要作用，并预测 2050 年欧洲海洋能装机容量将达到 40 000 兆瓦。[4]

（二）经济激励政策

为推动海洋能技术研发和项目落地，许多国家还通过设立财政专项基金、税收优惠等方式为海洋能技术进步和产业发展壮大提供经济支持。

财政支持方面，加拿大建立清洁能源基金和可再生能源资金支持波浪

---

[1]　国际能源署海洋能源系统年度报告，IEA-OES, Annual Report: An Overview of Ocean Energy Activities in 2021, 2022。

[2]　张炫钊、张培栋：《国内外现行海洋能政策比较分析》，《海洋经济》2018 年第 8 期。

[3]　张炫钊、张培栋：《国内外现行海洋能政策比较分析》，《海洋经济》2018 年第 8 期。

[4]　彭爱武、刘艳娇：《海洋能发电与综合利用前景与展望》，https://idea.cas.cn/viewpoint.action?docid=79274，访问日期：2022 年 1 月 3 日。

能和潮流能研发和示范项目。2002—2012 年英国政府共斥资 2.95 亿美元，设立海洋能应用基金等多个专项基金；2021 年英国政府又宣布为潮流能项目提供每年 2000 万英镑的专用基金。美国海军和能源部水电技术办公室（WPTO）持续投入资金支持海洋能项目，仅 2020 年，就投入 1.48 亿美元支持海洋能发展。苏格兰波浪能计划（WES）持续获得苏格兰政府资金支持，推动波浪能创新技术项目进入产业化阶段。中国 2010 年设立海洋可再生能源专项资金，支持海洋能技术研究，此后陆续出台《海洋可再生能源专项资金管理暂行办法》《海洋可再生能源专项资金项目申报指南》等规定稳健指导该专项资金的使用。

税收优惠方面，英国政府对海洋能发电企业免征气候变化税；葡萄牙政府对装机容量为 20 兆瓦的海洋能发电装置仅征收 260 欧元的入网税，对装机容量大于 20 兆瓦的海洋能发电装置，上缴的入网税额随着其装机容量的增加按比例递减；美国的海洋能发电项目每产生 1 千瓦时的电能，可以享有 1.1 美分的税收抵免；中国对从事海洋能开发利用的企业减免 15% 的所得税，同时为国家重点扶持的海洋可再生能源项目提供创业投资的企业有权以一定比例的投资额抵消部分应缴纳的企业所得税。[1]

---

① 张炫钊、张培栋：《国内外现行海洋能政策比较分析》，《海洋经济》2018 年第 8 期。

全球海洋药物和生物制品业发展情况

吴黄铭　汤熙翔　胡洁*

海洋药物和生物制品业是指以海洋生物（包括其代谢产物）和矿物等物质为原料，生产药物、功能性食品及生物制品的活动。在海洋生物活性物质中寻找抗病毒、抗肿瘤特效药，已成为国内外研究开发的重点方向。近年来，国际上海洋药物和生物制品业的研究已取得丰硕成果，越来越多国际知名的生物技术公司或医药企业已投身于海洋药物和生物制品的研发和生产。

一、全球海洋药物和生物制品业发展概况

海洋药物和生物制品的研究与产业化现已成为海洋大国争相竞争的热点领域，目前全球产业规模已达数百亿美元，并保持年均 15%—18% 的高速增长趋势，[①] 行业发展景气高位运行。在全球海洋生物医药产业规模和市场份额上，美国、欧盟、中国和日本排在前四位。近五年来全球生物产业的发明专利申请总量居七大战略性新兴产业的首位，达到 126.1 万

---

*　吴黄铭，自然资源部第三海洋研究所助理研究员；汤熙翔，自然资源部第三海洋研究所研究员；胡洁，国家海洋信息中心副研究员。

① 吴黄铭、郑艳、曹晓荣、汤熙翔：《基于海藻产业链分析的海洋药物与生物制品产业发展思路》，《海洋开发与管理》2021 年第 5 期。

件，占各产业合计量的 32.26%，[①] 其中来自海洋的发明专利发展最快。国际上，抗肿瘤、心脑血管、抗感染、神经系统等重点海洋药物都取得了一定进展。目前，已有 10 多种海洋药物进入市场，例如头孢菌素、利福霉素、阿糖胞苷、阿糖腺苷、齐考诺肽等。[②] 这些活性物质的治疗范围涉及众多疾病杂症领域，显示出独特疗效，具有重要的社会和经济效益。

二、全球海洋药物和生物制品业技术创新情况

现在国际上药物研发周期一般为 10—15 年，而目前上市的海洋药物的研发周期普遍在 20 年以上，一般需要 5000—10 000 个候选化合物才能产生 1 个药物，[③] 海洋生物医药开发企业承担着巨大的风险。在创新驱动力方面，国外企业拥有长期的技术与人才储备，在创新与经济效益之间基本形成良性循环，可在市场需求的引导下进行自主创新开发。

（一）发展方向和新技术情况

随着药物新靶点发现和验证集成技术，药物高通量、高内涵筛选技术等陆地高新技术迅速向海洋药物和生物制品开发转移，候选物发现效率大大提高，同时基因工程技术、细胞模型、海洋生物酶制剂、基因储备应用、合成生物学等现代生物医药技术极大促进了海洋药物和生物制品业发展潜力的释放。基因工程技术是推动海洋药物和生物制品业发展的最关键技术，近年来在测序、功能基因挖掘与改造、基因编辑等方面不断有新的自主突破。新冠疫情期间所使用的核酸检测技术，就是基因工程技术的

[①] 国家知识产权局规划发展司：《专利统计简报》2017 年第 11 期。

[②] 付秀梅、薛振凯、刘莹：《"一带一路"背景下我国海洋生物医药产业发展研究》，《中国海洋大学学报（社会科学版）》2019 年第 3 期。

[③] 李惠钰、廖洋：《海洋生物医药产业期待合作共赢》，《中国科学报》2015 年 7 月 21 日第 7 版。

典型例子。建立细胞模型是生物医学基础研究和药物研发的核心要素与源头资源，决定着生物医药产业的原始创新能力，堪称生物医药产业的"芯片"。通过研发细胞模型，确定能够改善帕金森病（PD）内在进程的药物和影响帕金森病发展的环境因素，已成为研究治疗帕金森病的新方向。海洋生物酶系列产品（如蛋白酶、淀粉酶、脂肪酶等）具有作用 pH 范围宽，低温条件下活性优势明显，在含漂白剂、氧化剂、表面活性剂等复杂体系中稳定性好等特点，与传统酶制剂相比拥有更为广泛的应用领域，包括食品加工、日化（洗涤剂等）、制造（皮革加工、造纸等）等与国计民生息息相关的产业。例如，海洋蛋白酶可作为生物助剂应用于加酶洗涤剂、纺织染整助剂、饲料添加剂等领域。基因储备和应用技术为基因相关的理论与应用研究提供信息服务，几乎所有从事相关研究开发的科学工作者都依赖该数据库开展工作。

（二）专利、标准等知识产权储备情况

在国际上，海洋生物医药是目前最活跃的一个发展方向，依据优先权信息对全球主要国家（地区）公开的海洋药物领域专利申请进行分析，美国以 4011 项的申请量居首，中国为 3444 项位居第二，日本以 1953 项位居第三。[1] 这表明我国在海洋药物领域已具有一定的技术优势。

三、全球海洋药物和生物制品业政策制定情况

从国际看，经济全球化和区域经济一体化深入发展，新一轮科技革命和产业变革蓄势待发，新技术、新业态、新模式和新产业不断涌现，各国海洋战略意识明显增强，海洋资源开发与权益保护等重点领域竞争更加激

---

[1] 国家知识产权局规划发展司：《专利统计简报》2015 年第 16 期。

烈，海洋科技创新日新月异，海洋新兴产业发展势头强劲，海洋经济增长潜力和上升空间巨大。

（一）加强发展海洋药物和生物制品业顶层设计

1994 年，《联合国海洋法公约》正式生效，许多沿海国家都把开发利用海洋作为基本国策。欧盟、美国、日本、英国等分别推出包括开发海洋药物在内的"海洋科学和技术计划""海洋生物技术计划""海洋蓝宝石计划""海洋生物开发计划"等，投入巨资发展海洋药物及其他海洋生物技术。欧盟制定了《生物技术发明法制保障》（Legal Protection of Biotechnological Inventions）、《欧洲生命科学与生物技术战略》（Life Science and Biotechnology Strategy to European），并根据实际情况，对海洋生物产业制定各种规划与保障措施，为欧盟海洋生物医药产业的发展保驾护航。2009 年，英国颁布的《打造英国未来》（Build Britains Future），提出将加大力度发展生物产业、生命科学。日本积极提供各种保障政策和资金，制定产业发展规划，建立海洋生物医药产业园，强化专利服务机构建设，促进海洋生物医药产业研究成果的转化与产业化发展。2019 年，中国提出"蓝色药库"开发计划，对海洋药用生物资源进行系统、全面、有序的深度开发。

（二）加大资金投入支持海洋药物和生物制品业发展

海洋药物和生物制品业是资本密集型产业，具有"高技术、高投入、高风险、高回报、研发周期长"的特点，资金支持是产业发展最重要的基础保障。沿海国家为促进海洋药物和生物制品业发展，积极出台政策举措，加大资金投入力度。美国制定了《生物技术未来投资和扩展法案》（Biotechnology Future Investment and Expansion Bill）、《国家生物技术议案》（State Biotechnology Motion）来提升企业研究和投资生物技术的积极性，刺激联邦和各州生物制药技术产业发展。美国每年用于海洋生物医药开发研究的经费至少达到 1 亿美元，年增长幅度达 11% 以上，且呈现出逐年递增的趋势。欧盟海洋科学技术中心（MAST）每年用于海洋药物研发的资金超过 1 亿美元，用于寻找抗艾滋病、抗肿瘤和心脑血管疾病的海洋药物。[①]2012 年欧盟提供了巨额的科学研究经费，重点资助两个方面的研究：一是探寻用于工业产品生产的海洋生物研究；二是如何提高培养海洋微生物效率的研究。日本海洋科学和技术中心、日本海洋生物技术研究院每年投入的研发资金超过 1 亿美元，为日本海洋生物医药产业的发展提供了充裕的资金保障。

（三）推动海洋药物和生物制品业技术创新

2020 年 7 月 16 日，联合国教科文组织（UNESCO）发布消息称，"塔拉海洋基金会（Tara Ocean Foundation）与教科文组织合作，为联合国海洋科学促进可持续发展十年做出贡献"。双方在 2021—2030 年将开展"海洋微生物群落和北极地区的十年科学合作"。未来，塔拉海洋基金会将把海洋微生物组和极地研究作为主要优先领域，并成为"海洋科学促进可持续发展十年"科学合作伙伴。此外，从 2022 年开始，极地海洋地区的 DNA 研究将成为其重点部署之一。

四、全球海洋药物和生物制品业重点企业情况

随着各国对海洋产业的日益重视、各大跨国集团对海洋产业开发投入的倾斜和海洋生物技术的日臻成熟，近年来国际上海洋药物的研究已取得

---

① 寇冠华：《山东省海洋生物医药业国际合作模式选择探究》，硕士学位论文，中国海洋大学，2015。

丰硕的成果。一些国际知名的生物技术公司或医药企业已投身于海洋药物的研发和生产，如美国强生公司和赫姆孔公司在生物相容性海洋生物医用材料、壳聚糖基止血绷带及敷料领域，德国拜耳公司在利用甲壳素和海藻等制备海洋生物农药领域，日本资生堂公司利用藻类、甲壳素制作化妆品领域，[①] 西班牙 Zeltia 生物制药集团的海洋抗肿瘤药物开发等均形成了独具特色和全球竞争力的产业化成果。

五、全球海洋药物和生物制品业重点产品情况

随着海洋资源获取装备的发展进步，在国际上，海洋生物资源的获取逐步由近海、浅海向潜力更大的远海、深海和极地发展，瞄准深远海生物耐压、抗还原环境的特性。深海和极地的海洋动植物和微生物，含有某些特殊的化学成分和功能基因，是海洋药物的全新宝库，已成为知识创新与专利竞争的高地，未来有望发现一批全新结构活性化合物和特殊功能基因，从占领海洋药物科技源头创新的角度来看，必将成为各国战略竞争焦点，亟待重视。

（一）海洋药物产品

欧洲、美国、日本、中国等国家（地区）的药品监管机构批准上市的海洋药物有十余个，全球有近 70 个海洋候选药物经药品监管机构批准，进入不同阶段的临床研究，主要用于抗肿瘤、抗病毒、镇痛、抗凝降脂等。已上市的海洋生物药物见表 1。

---

① 罗兴婷：《我国海洋生物医药产业创新系统构建及运行机制研究》，硕士学位论文，广东海洋大学，2018。

表 1 已上市的海洋生物药物

序号	通用名	原料来源	适应证	上市时间（年）	批准国家
1	头孢菌素 C（Cephalosporin C）	海洋真菌	抗菌	1965	美国
2	利福霉索（Rifamycin）	海洋放线菌	抗结核、麻风病和分枝杆菌复合症	1968	美国、意大利
3	阿糖胞苷（Cytarabine/Ara-C）	海绵	抗癌：白血病	1969	美国
4	硫酸鱼精蛋白（Protamine Sulfate）	鲑鱼	肝素中和剂	1969	美国
5	阿糖腺苷（Viara bine/Ara-A）	海绵	抗病毒：单纯性疱疹病毒	1976	美国
6	氟达拉滨磷酸酯（Fludarabine Phosphate/Fludarabine）	海绵	抗癌：白血病和淋巴瘤	1991	美国
7	ω-3-酸乙酯（Omega-3 acid ethyl esters）	海鱼	脂类调节剂	2001	美国
8	齐考诺肽（Ziconotide）	芋螺	镇痛	2004	爱尔兰
9	奈拉滨（Nelarabine/ Ara-GTP）	海绵	抗癌：急性 T 淋巴细胞白血病	2005	英国
10	曲贝替定（Trabectedin/ET-743）	海鞘	抗癌：软组织肉瘤、卵巢癌	2007	西班牙
11	艾瑞布林（Erbulin Mesylate/E7389）	海绵	抗癌：转移性乳腺癌	2010	日本
12	泊仁妥西凡多汀（Brentuximab Vedotin/SGN-35）	海兔	抗癌：淋巴瘤	2011	日本
13	卡拉胶鼻喷雾剂（Iota-carragelose）	红藻	抗病毒	2013	德国

续表

序号	通用名	原料来源	适应证	上市时间（年）	批准国家
14	普立肽（Plitidepsin）	海鞘	多发性骨髓瘤、白血病、淋巴瘤、新冠肺炎	2018	西班牙
15	藻酸双酯钠（PSS）	海带	高血脂及其引起的心脑血管类疾病	1985	中国
16	甘糖酯（Mannose Ester, ME）	海带	高脂血症、脑血栓、脑动脉硬化、冠心病	1994	中国
17	甘露醇烟酸酯（Mannitol nicotinate）	马尾藻	冠心病、脑血栓、动脉粥样硬化	1996	中国
18	海昆肾喜胶囊（Haikun Shenxi capsule, HSc）	海带	慢性肾功能衰竭	2003	中国
19	甘露寡糖二酸（Sodium Oligomannate）	海带	轻度至中度阿尔茨海默病	2019	中国

资料来源：Wang C., Zhang G. J., Liu W. D., et al., "Recent Progress in Research and Development of Marine Drugs," China Journal Marine Drugs 38, no.6 (2019): 35-69。

（二）海洋生物医疗器械产品

知名医疗用品制造商英国施乐辉所生产的海藻酸敷料市场份额较大。施乐辉2018年年报显示，该公司生物敷料产值达3.2亿美元，海藻酸是主要的生物敷料原料。海洋来源生物医用材料不仅创造经济价值，还为军队提供医疗保障。美军列装的Hemcon急救止血绷带、Celox壳聚糖止血粉主要生产原料均为海洋来源生物医用材料。[1]

---

[1] 刘凯：《海洋来源材料医疗器械产业前景可期》，《中国食品药品监管》2019年第10期。

（三）海洋化妆品

海洋生物化妆品包括海洋肽类化妆品、海洋多糖类化妆品、色素类化妆品等。当前，主打海洋类化妆品的国家主要有法国、韩国、美国、以色列和中国。最主要的来源是各类海藻的提取物和一些特殊地域的海水、矿物盐等。法国欧莱雅（L'Oreal）主要海洋产品有海洋胶原星肌补水乳液、海洋胶原星肌蓝藻面膜等，产品中主要成分为褐藻多肽，具有补水保湿功效。美国海蓝之谜（La Mer）研发生产的海蓝之谜修护精华露含有深海巨藻，具有修护细胞、调理肌肤平衡等功效。主要海洋化妆品情况见表2。

表 2　主要海洋化妆品

序号	产品	公司	主要成分	宣传功效
1	海洋胶原星肌补水乳液、海洋胶原星肌蓝藻面膜等	法国欧莱雅（L'Oreal）	褐藻多肽、夏威夷海洋深层水	补水保湿
2	菲迪曼海藻保湿精华	法国菲迪曼（Phytomer）	含有专利冷冻干燥处理的海水；海藻保湿精华（Pheohydrane）含有掌状海带提取物；海藻滋养精华（Lipophiline）含有海篷子提取物以及褐藻提取物	提升肌肤水分，强效锁水
3	纪梵希墨藻珍萃黑金活力精华水	法国纪梵希（Givenchy）	微型长生墨骨硅藻，墨黑色原生藻，法国布列塔尼黄金藻等	抗皱紧致肌肤，保湿补水
4	黑珍珠竹炭精华面膜贴	韩国斯内普（SNP）	波利尼西亚群岛黑珍珠	保湿补水
5	肌研海洋面膜	美国曼秀雷敦（Mentholatum）	南极冰海褐藻、珍珠水解精华、普罗旺斯海盐、水母胶原蛋白	紧致肌肤提升弹性、提亮和均匀肤色
6	海蓝之谜修护精华露	美国海蓝之谜（La Mer）	深海巨藻	修护细胞，调理肌肤平衡

序号	产品	公司	主要成分	宣传功效
7	奥杰尼新生保湿滋润霜	美国奥杰尼（Algenist）	微藻	抗衰老，促进肌肤新生，加速细胞新陈代谢
8	海洋水光眼膜贴	韩国香蒲丽（Shangpree）	深海珍珠、螺旋藻、巨藻、刺松藻、掌状海带	淡黑眼圈、缓解浮肿

资料来源：作者根据各品牌官网资料整理制作。

六、全球海洋药物和生物制品业发展趋势

当前，海洋生物医药领先者仍以美国、欧洲、日本为主。以美国为首的西方发达国家在海洋抗肿瘤药物、海洋生物抗菌活性物质提取、抗心血管病及放射性药物研发、海洋生物酶及海洋功能食品等海洋生物技术上取得了进展。

（一）向深远海要资源

随着各种先进的海洋生物样品采集技术、基因工程技术、微生物培养发酵技术与微量活性化合物发现与合成技术的突破，海洋生物资源的挖掘正逐步从近海、浅海向远海、深海发展，为药用海洋生物资源的开发利用提供了新的机遇。

（二）聚焦海洋微生物

海洋微生物具有生境特殊、遗传可控、可放大发酵等特征，海洋微生物产生的新颖且结构独特的化合物是新药药源的重要基础。随着DNA测序、合成生物学、酶工程等相关技术的发展，用基因修饰改造后的微生物进行发酵，规模化生产大量高活性的海洋化合物，将为海洋微生物药物的研发

带来新的希望。

（三）企业主导开发海洋药物

美国国家研究委员会牵头组织科研院所与大型制药公司结合推动海洋药物的开发方面，取得了较大的成功，如针对癌症、结核病等传染病的严重威胁开发新的有效药物。企业在海洋药物创制方面的主体意识不断增强，促进了海洋药物研究和产业整体水平与综合创新能力的提升。

（四）药瓶子要放在自己手里

2020 年新冠疫情暴发以来，国际政治经济形势发生了巨大的变化，未来海洋生物医药和制品业的发展面临着新的机遇与挑战。在新冠疫情期间，病毒的来源问题不仅在科学及公共卫生层面备受关注，在政治外交层面更是激烈交锋的焦点。这也提示我们必须加强对自然界的病毒，以及其他重要的致病微生物的科学认知，以达到疾病防控及占据外交主动权的目标。同时要从产业发展层面，提升对于重大疾病的创新药物、疫苗的产品创制能力。

全球邮轮产业发展情况分析

徐莹莹*

邮轮经济是指邮轮产业快速发展带动的邮轮产业链各环节关联产业共同发展的经济现象。[①] 邮轮经济贡献源于邮轮市场的客源进行消费并带动了邮轮公司相关投资和各类产品、服务的支出，推动了邮轮港口以及相关邮轮企业的介入，因此，邮轮经济的产生源头是邮轮旅客消费。

一、全球邮轮产业发展情况分析

随着需求的日益增加，邮轮市场不断扩张，全球邮轮经济持续蓬勃发展。但邮轮产业具有先天的环境脆弱性，易受经济、政治、环境、外交等多种因素影响，2020 年暴发的新冠疫情对邮轮经济发展造成了严重的影响，但是全球邮轮产业长期向好的基本面并没有改变。

（一）全球邮轮市场规模

2020 年之前，国际邮轮市场规模持续扩大，发展前景良好。随着新冠

---

* 徐莹莹，国家海洋信息中心助理研究员。

[①] 中国交通运输协会邮轮游艇分会、上海海事大学亚洲邮轮学院、中国港口协会邮轮游艇码头分会：《2019 中国邮轮发展报告》，旅游出版社，2019，第 1 页。

疫情突发，国际邮轮市场遭受重创，但邮轮市场潜力巨大，潜在需求仍然大量存在，预计新冠疫情一旦得到有效控制，国际邮轮市场将快速恢复至之前的水平。

1. 新冠疫情前：全球邮轮旅游市场稳步增长

邮轮产业作为沿海港口城市产业转型升级和城市功能提升的特色产业，具有规模大、增长稳定、聚集性强的特点，逐步成为推动海洋经济发展新动能。① 同时，邮轮行业为世界各地数百万人创造就业机会，对全球经济发展发挥着重要作用。新冠疫情暴发之前，国际邮轮市场具有良好的发展前景和市场潜力，国际邮轮协会（CLIA）预测全球邮轮旅客量在 2025 年将达到 3760 万人次，表明对邮轮市场的发展持非常乐观的态度。国际邮轮协会的数据进一步显示，2019 年全球邮轮游客量达到 2967 万人次，同比增长 4.2%，见图 1。其中，北美地区邮轮旅客达到 1541 万人次，同比增长 8.2%，依旧保持着全球最大的邮轮市场份额；欧洲地区邮轮旅客达到 771 万人次，同比增长 7.5%；亚洲地区邮轮旅客达到 374 万人次，同比下降 11.8%。

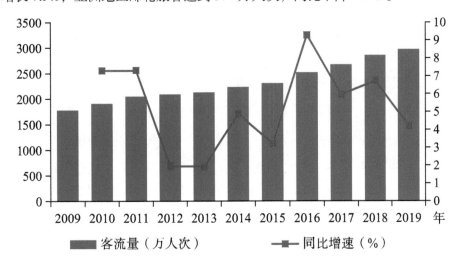

图 1　全球邮轮业客流量及同比增速

资料来源：Cruise Lines International Association, 2019 Global Market Report。

---

① 汪泓：《中国邮轮产业发展报告（2019）》，社会及科学文献出版社，2019，第 2 页。

2. 2020 年之后全球邮轮市场情况

随着 2020 年新冠疫情的出现，邮轮业立即采取了积极的行动来降低病毒传播风险，这最终导致 3 月中旬全球运营暂停，邮轮市场遭受重创，全球邮轮产业遭遇百年未遇危机。国际邮轮协会数据指出，2020 年全球邮轮游客量为 577 万人次，同比下降了 80.6%。其中，北美地区邮轮旅客为 301 万人次，同比下降 80.5%；欧洲地区邮轮旅客为 135 万人次，同比下降 82.5%；亚洲地区邮轮旅客为 50 万人次，同比下降 86.7%。为进一步应对新冠疫情，邮轮产业制定并实施了广泛的公共卫生协议，逐步允许在欧洲、亚洲和南太平洋部分地区恢复巡航，随着邮轮产业在全球范围内恢复运营，邮轮的需求量仍然很高，国际邮轮协会预计未来几年乘客数量及其增长轨迹将反弹至大流行前的数字。

（二）全球邮轮运营船队规模

2020 年新冠疫情暴发之前，世界邮轮运力部署持续保持扩张态势，新冠疫情阻碍了国际邮轮市场快速发展的脚步，导致部分邮轮船只工期延误，交付时间推迟，但是邮轮运营船队规模仍将进一步增加。

1. 新冠疫情前：全球邮轮运营船队规模持续扩大

上文已指出，全球邮轮客运量从 2014 年的 2234 万人次增加到 2019 年的 2967 万人次，五年间增长了约 32.8%。全球邮轮业部署的运力也同样遵循了类似的增长规律，2014—2019 年全球邮轮运力部署一直呈现持续扩大态势。全球邮轮床位供应量从 2014 年的 1.4 亿张床位增加到 2019 年的 1.9 亿张床位，五年间增加了 40.6%，2019 年的全球产能比 2018 年增长 5.7%，见表 1。

表1 2014—2019年邮轮部署运力能力

单位：万个/日床位

地区	2014年	2015年	2016年	2017年	2018年	2019年
阿拉斯加	615	665	677	733	776	890
亚洲	617	1133	1506	1776	1850	1794
澳大利亚/新西兰/太平洋	709	836	997	1021	1018	934
加勒比	5100	5358	5507	5927	6283	6524
欧洲（不包括地中海）	1488	1748	1916	1880	2051	2122
地中海	2514	2993	3053	2802	2969	3298
南美	442	427	450	379	389	421
世界其他地区	2063	2281	2249	2538	2689	3074
总计	13 548	15 441	16 355	17 056	18 025	19 057

资料来源：CLIA，The Global Economic Contribution of Cruise Tourism 2019。

《2019中国邮轮发展报告》显示，2018年，全球邮轮运营船队数量由342艘增长到386艘，邮轮客位数量达到56.3万个床位。截至2018年，全球前五位的邮轮运营集团——嘉年华集团、皇家加勒比集团、诺唯真邮轮集团、地中海邮轮和云顶香港有限公司，占据了全球邮轮市场份额的86.9%，其中全球最大邮轮集团嘉年华集团客位量达到24万个，市场份额高达41.8%，其余四家市场份额分别为23.3%、9.4%、7.8%和4.6%，见表2。2019年是邮轮史上新船交付量最多的一年，全年新增24艘船，床位4.2万个。

表2 2018年主要邮轮集团运力情况

嘉年华集团市场运力情况			
邮轮公司	船舶量（艘）	客位量（个）	市场份额（%）
嘉年华邮轮	26	69 890	16.3
歌诗达邮轮	14	34 847	6.9
公主邮轮	17	45 180	6.8
阿依达邮轮	13	30 212	3.8
荷美邮轮	15	26 022	3.1
P&O邮轮	7	17 311	2.1

嘉年华集团市场运力情况			
P&O 邮轮（澳大利亚）	5	7710	1.7
冠达邮轮	3	6712	0.8
世鹏邮轮	5	2558	0.3
总计	105	240 442	41.8
皇家加勒比集团市场运力情况			
邮轮公司	船舶量（艘）	客位量（个）	市场份额
皇家加勒比邮轮	25	80 690	16.1
精致邮轮	13	25 330	3.1
TUI（股东）	6	17 484	1.9
伯曼邮轮（股东）	4	7358	1.5
天海邮轮（股东）	1	1800	0.5
精钻邮轮	3	2122	0.2
总计	52	132 084	23.3
地中海邮轮市场运力情况			
邮轮公司	船舶量（艘）	客位量（个）	市场份额（%）
地中海邮轮	15	44 640	7.8
诺唯真邮轮集团市场运力情况			
邮轮公司	船舶量（艘）	客位量（个）	市场份额（%）
诺唯真邮轮	16	46 930	8.6
大洋邮轮	6	5256	0.5
丽晶邮轮	4	2600	0.3
总计	26	54 846	9.4
云顶香港有限公司市场运力情况			
邮轮公司	船舶量（艘）	客位量（个）	市场份额（%）
丽星邮轮	4	6505	2.6
星梦邮轮	2	6800	1.8
水晶邮轮	3	2104	0.2
总计	9	15 409	4.6

资料来源：中国交通运输协会邮轮游艇分会、上海海事大学亚洲邮轮学院、中国港

口协会邮轮游艇码头分会：《2019中国邮轮发展报告》，旅游出版社，2019。

注：1. P&O邮轮指P&O邮轮英国公司，和P&O邮轮（澳大利亚）是姐妹公司，隶属于嘉年华邮轮集团旗下。2022年其官网上的邮轮品牌，不包括报告中的世鹏邮轮，但是多了世邦邮轮。关于嘉年华集团最新情况，参见https://www.carnivalcorp.com/corporate-information。

2. 皇家加勒比集团持有TUI邮轮、伯曼邮轮和天海邮轮的股份。最新情况参见其官网https://www.royalcaribbeangroup.com/。

3. 地中海邮轮最新信息，参见其官网https://www.msccruises.com.cn/en。

4. 诺唯真邮轮集团最新信息，参见其官网https://www.nclhltd.com/。

5. 云顶香港有限公司最新信息，参见其官网http://www.gentinghk.com/en/home.aspx。

2. 2020年之后全球邮轮运营船队规模情况

2020年原计划增加23艘远洋邮轮、3.8万个床位，但是受新冠疫情影响，部分邮轮船只工期延误，交付时间推迟。但国际邮轮协会对邮轮产业仍保持乐观态度，其认为随着全球邮轮市场的不断扩大，邮轮运营船队规模仍将进一步增加，目前全球邮轮建造订单已经排到2027年。预计到2027年，全球五大邮轮集团将拥有253艘邮轮，床位总数达67.7万个。其中，嘉年华集团将拥有122艘邮轮，床位数达31.9万个；皇家加勒比集团将拥有60艘邮轮，床位数达16.8万个；地中海邮轮将拥有24艘邮轮，床位数达9万个；诺唯真邮轮集团将拥有32艘邮轮，床位数达7.3万个；云顶香港有限公司将拥有15艘邮轮，床位数达2.7万个，见表3。

表3 2027年全球各大邮轮公司运力情况

邮轮公司	船舶量（艘）	客位量（万个）	市场份额（%）
嘉年华集团	122	31.9	39.9
皇家加勒比集团	60	16.8	21.3
地中海邮轮	24	9.0	11.5
诺唯真邮轮集团	32	7.3	8.9
云顶香港有限公司	15	2.7	5.0

资料来源：汪泓主编《中国邮轮产业发展报告（2020）》，社会科学文献出版社，2020。

（三）全球邮轮建造市场

随着世界邮轮市场需求日益增长，全球邮轮建造市场一直保持着供不应求的局面，并且这种局势将持续若干年。国际邮轮协会资料显示，2019—2027 年全球计划建造运营 142 艘邮轮，总价值约为 772 亿美元，平均吨位为 86 822 吨，平均载客量为 2105 位，总客位数达 29.1 万个。作为全球最大的豪华邮轮建造商，意大利芬坎蒂尼集团并未受到国际船舶建造市场不景气的影响，2019 年，其手持订单为 52 艘，客位量为 10.4 万个，约占全球邮轮建造市场份额的 49.1%。芬坎蒂尼集团基本是由威尼斯马尔盖拉（Marghera）船厂、戈里齐亚蒙法尔科内（Monfalcone）船厂、热那亚塞斯特里波南特（Sestri Ponente）船厂完成邮轮建造业务，但这三家船厂都位于新冠疫情严重地区，受此影响，2020 年 3 月中旬开始，芬坎蒂尼集团宣布在意大利全境内的船厂停工约两周，并进一步延长至 2020 年 4 月 3 日。由于新造船订单的延期，截至 2020 年 6 月 30 日，芬坎蒂尼集团净债务上升至 9.5 亿欧元，同比增长了 33.2%。其他造船企业也同样受到新冠疫情影响，暂停或放缓了邮轮建造工作。

（四）全球邮轮产业盈利情况

随着全球邮轮市场不断扩张，邮轮经济日趋繁荣，邮轮产业盈利能力持续增强。2020 年突发的新冠疫情导致全球邮轮停摆，整个邮轮产业遭受巨大冲击，各大邮轮企业面临巨额亏损。

1. 新冠疫情前：全球邮轮企业盈利能力不断增强

近年来，随着世界邮轮旅游市场稳步增长，全球主要邮轮集团盈利能力持续向好。2019 年，嘉年华集团营业收入达 208.3 亿美元，同比增长 10.3%，净利润为 29.9 亿美元，但受燃料价格上涨及汇率波动等因素影响，净利润同比下降 5.1%，净利润率为 14.4%。皇家加勒比集团营业收入达 109.5 亿美元，同比增长 15.4%，净利润为 19.1 亿美元，同比增长 4.9%，净利润率为 17.4%。诺唯真邮轮集团营业收入为 64.6 亿美元，同比增长 6.6%，净利润为 9.3 亿美元，同比下降 1.2%，净利润率为 14.4%，见表 4。

表 4　2018—2019 年全球三大邮轮集团营收情况

	嘉年华集团			皇家加勒比集团			诺唯真邮轮集团		
	2018 年	2019 年	同比增长（%）	2018 年	2019 年	同比增长（%）	2018 年	2019 年	同比增长（%）
营业收入（亿美元）	188.8	208.3	10.3	94.9	109.5	15.4	60.6	64.6	6.6
净利润（亿美元）	31.5	29.9	−5.1	18.2	19.1	4.9	9.5	9.3	−2.1
每股收益（美元）	4.5	4.3	−3.6	8.6	9.0	4.3	4.3	4.3	−1.2

资料来源：根据三大邮轮集团 2019 年财报整理。

2. 2020 年之后全球邮轮企业盈利情况

新冠疫情暴发，导致邮轮行业近 200 年来首次在和平时期全面停航，这对邮轮行业产生了毁灭性的影响。据国际邮轮协会估计，2020 年 3 月中旬至 9 月，整个行业损失超过 770 亿美元。而嘉年华集团、皇家加勒比集团、诺唯真邮轮集团全球三大邮轮集团市值蒸发超过 500 亿美元。据 2020 年三大邮轮集团财报数据，嘉年华集团营业收入约为 56 亿美元，同比下降 73.1%，净利润为 −102.4 亿美元，同比下降 442.3%。皇家加勒比集团营业收入约为 22.1 亿美元，同比下降 79.8%，净利润约为 −57.8 亿美元，同比下降 402.7%。诺唯真邮轮集团营业收入约为 12.8 亿美元，同比下降 80.2%，净利润约为 −40 亿美元，同比下降 530.1%。

二、全球主要邮轮区域市场发展情况

全球主要的邮轮市场分布在北美、欧洲和亚洲地区。北美邮轮市场规模最大，欧洲邮轮市场次之，亚洲邮轮市场逐步兴起。

（一）北美地区

作为全球最大的邮轮市场，北美邮轮市场一直保持着高速增长态势，国际各大邮轮集团均将大部分运力投放到北美地区。受新冠疫情影响，邮轮游客量大幅下降。

1. 北美邮轮市场规模情况

北美市场是全球最大的邮轮市场，其主要包括美国、加拿大、百慕大地区。新冠疫情前，北美邮轮市场一直保持较高的增长速度，2016 年北美地区邮轮游客量为 1240 万人次，2019 年邮轮游客量发展达到 1541 万人次，年均增速为 7.5%。新冠疫情突发，导致 2020 年北美地区邮轮游客量骤减，仅为 301 万人次，同比下降 80.5%，见图 2。

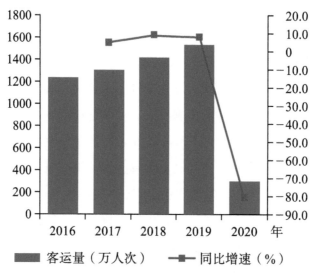

图 2　北美地区邮轮业客运量及同比增速

资料来源：CLIA, North America Passenger Report 2020。

2. 北美邮轮市场运力情况

北美地区作为全球最重要的邮轮运营市场，赢得了全球各大邮轮集团公司的重点关注，是各大邮轮集团运力投放力度最大的市场。2019 年，嘉年华集团在北美市场共投放了 58 艘邮轮，床位数为 135 604 个，年运力达 661.5 万人次 / 年，占市场份额的 42.4%。皇家加勒比集团在北美市场投放了 49 艘邮轮，床位数为 103 974 个，年运力达 480.8 万人次 / 年，占市场份额的 30.9%。诺唯真邮轮集团在北美市场投放了 27 艘邮轮，床位数为 59 046 个，年运力达 245.4 万人次 / 年，占市场份额的 15.8%。

（二）欧洲地区

作为世界第二大邮轮市场，欧洲邮轮市场发展平稳，全球邮轮市场运力投放稳定。新冠疫情暴发严重冲击了欧洲邮轮市场，邮轮游客量降幅最大。

1. 欧洲邮轮市场规模情况

欧洲是仅次于北美邮轮市场的世界第二大邮轮市场，其主要客源地包括德国、英国、意大利、法国、西班牙等。虽然受经济、政治、环境和外交等因素的影响，但是欧洲邮轮市场仍十分具有吸引力，欧洲邮轮经济保持稳步发展。2016 年欧洲地区邮轮游客量为 679 万人次，2019 年邮轮游客量发展达到 771 万人次，年均增速为 4.3%。同样受新冠疫情影响，2020 年欧洲地区邮轮游客量骤减，仅为 135 万人次，同比下降 82.5%，见图 3。

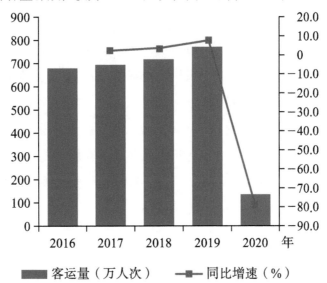

图 3 欧洲地区邮轮业客运量

资料来源：CLIA, Europe Passenger Report 2020。

2. 欧洲邮轮市场运力情况

欧洲邮轮市场运力保持稳定增长。2019 年，欧洲市场运营的邮轮数量达 145 艘，床位数达到 22.3 万个，邮轮运力达 897.4 万人次 / 年。新冠疫情暴发之前，国际邮轮协会根据历史数据预测，2027 年欧洲市场邮轮数量将达到 176 艘，床位数将达到 30.9 万个，邮轮年运力将达 1379 万人次 / 年。①

目前，欧洲邮轮市场运营的邮轮品牌主要有嘉年华集团、地中海邮轮和途易邮轮集团旗下的邮轮。2019 年，嘉年华集团在欧洲市场共投放了 40 艘邮轮，床位数为 99 966 个，年运力达 399.5 万人次 / 年，占市场份额的 44.5%。地中海邮轮在欧洲市场投放了 17 艘邮轮，床位数为 54 028 个，年运力达 237.8 万人次 / 年，占市场份额的 26.5%。途易邮轮在欧洲市场投放了 18 艘邮轮，床位数为 29 212 个，年运力达 108.7 万人次 / 年，占市场份额的 12.1%。

（三）亚洲地区

随着亚洲地区开始大力发展邮轮产业，亚洲邮轮市场吸引力不断扩大，部分运力转移，邮轮市场呈现明显的东移特征。同其他邮轮市场一样，亚洲邮轮市场深受新冠疫情影响，发展步伐减慢，邮轮游客量骤减。

1. 亚洲邮轮市场规模情况

近年来，邮轮市场东移特征明显，亚太邮轮产业发展迅速。2016 年亚洲地区邮轮游客量为 337 万人次，2019 年邮轮游客量发展达到 374 万人次，年均增速为 3.5%。新冠疫情突发，导致 2020 年亚洲地区邮轮游客量骤减，仅为 50 万人次，同比下降 80.5%，见图 4。

---

① 汪泓：《中国邮轮产业发展报告（2020）》，社会科学文献出版社，2020，第 205 页。

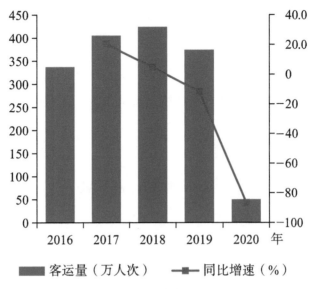

图4 亚洲地区邮轮业客运量

资料来源：CLIA, 2020 Asia Cruise Deployment and Capacity Report。

2. 亚洲邮轮市场运力情况

由国际邮轮协会（CLIA）公布的数据可知，2014年亚洲地区邮轮部署运力为617万个床位／日，2019年增加到1794万个床位／日，年均增速为23.8%。2020年，有34艘船舶活跃在亚洲水域，同比下降57.0%，其中有12艘中型船舶，占总船舶数量的近1/3，而大型和小型船舶各有8艘。受新冠疫情影响，2020年亚洲邮轮营业天数只有1273天，同比下降87.6%，载客量为66万人，同比下降83.6%，见表5。

表5 2018—2020年亚洲邮轮产能情况

年份	2018	2019	2020
船舶（艘）	78	79	34
班次（次）	2041	1917	301
营业天数（天）	10 467	10 245	1273
载客量（万人）	426	402	66

资料来源：CLIA, 2020 Asia Cruise Deployment and Capacity Report。

三、邮轮产业发展趋势

虽然新冠疫情对邮轮产业冲击很大，导致全球邮轮市场暂时停摆，但是邮轮市场长期向好的趋势并未改变，普遍认为，新冠疫情的影响只是阶段性和暂时的。

（一）全球邮轮市场长期趋势依然向好

《世界旅游经济趋势报告（2021）》数据显示，2020 年全球旅游总人次降至 72.78 亿人次，同比下降 40.8%。在基准情景下，预计 2021 年全球旅游总人次达 95.45 亿人次，同比增长 31.1%。预计 2021 年全球旅游总人次分别为 106.27 亿人次和 83.20 亿人次。全球邮轮旅游消费市场仍然存在大量需求，根据在线邮轮预定网站（https://www.cruisecompete.com）的数据显示，2021 年邮轮预定量有望较 2019 年增长 40%。其中，预定量的 11% 便来自 2020 年取消出游计划的旅客。邮轮评论网（https://www.cruisecritic.com）通过对 4600 多名邮轮旅客进行调查，结果显示 75% 的被调查者计划在疫情结束后恢复邮轮旅行，更有被调查者表示将更频繁地参加邮轮旅行。瑞银集团（UBS）的报告指出，76% 的邮轮旅客受新冠疫情影响行程的选择是改签而非退款。综上所述，全球邮轮市场长期发展仍然是趋好的。

（二）绿色动能邮轮建造已成必然趋势

随着国际社会对环境要求日益提高，规制船舶环境污染和降耗减排国际公约及相关政策文件相继出台，绿色低碳邮轮建造已成为邮轮建造市场发展的必然趋势。邮轮业已在新节能技术方面投入了 230 亿美元，并承诺到 2030 年将二氧化碳排放量在 2008 年的基础上减少 40%。[①] 国际邮轮协会数据显示，超过 80% 的邮轮乘客会遵守低碳守则，在旅行中回收并减少一次性塑料的使用，如 70% 的游客会放弃一次性使用的习惯。全球已使用废气净化系统达到空气净化标准的邮轮占 68%，而 75% 的非液化天然气（LNG）新船配有尾气处理设备，新建的邮轮中有 44% 以液化天然气燃料为主。全球 30% 的邮轮船舶可以连接岸电系统，而 88% 新建邮轮将配备岸电系统。

[①] CLIA, 2020 Environmental Technologies and Practices Report.

Ⅱ

国 別 篇

亚洲篇

中国海洋经济发展情况分析

徐丛春[*]

中国位于亚欧大陆东部、太平洋西岸，陆域国土面积约 960 万平方公里，国土面积位列世界第三。中国海域辽阔，岸线漫长，港湾众多，岛屿星罗棋布。大陆海岸线北起鸭绿江口，南至北仑河口，全长 1.8 万多公里，岛屿岸线总长 1.4 万多公里。拥有面积大于 500 平方米的海岛 7300 多个。依照《联合国海洋法公约》，中国可拥有约 300 万平方公里的管辖海域。

中国海洋资源种类繁多，海洋生物、石油天然气、固体矿产、可再生能源、滨海旅游等资源开发潜力巨大。海洋生物 2 万多种，其中海洋鱼类3000 多种；海洋石油资源量约 246 亿吨，天然气资源量约 16 万亿立方米；滨海砂矿资源储量 31 亿吨；海洋可再生能源理论蕴藏量 6.3 亿千瓦；滨海旅游景点 1500 多处；深水岸线 400 多公里，深水港址 60 多处；滩涂面积 3.8万平方公里，浅海面积 12.4 万平方公里。[①] 丰富的海洋资源，为中国发展海洋经济提供坚实的资源基础。

---

[*] 徐丛春，国家海洋信息中心研究员。
[①] 王晓惠主编《中国自然资源通典·海洋卷》，内蒙古教育出版社，2015，第 3 页。

一、宏观经济发展总体情况

2020 年，在新冠疫情的严重冲击下世界经济深度衰退，中国通过科学统筹疫情防控和经济社会发展，在世界范围内率先复工复产，逐步恢复常态，在全球主要经济体中唯一实现经济正增长。

（一）宏观经济情况

2020 年，中国国内生产总值约 147 227 亿美元（现价），按照 2010 年的不变价计算，比 2019 年增长 2.3%。按照国际清算银行 2020 年年平均汇率折算，2020 年中国经济总量位居世界第二，占世界经济的比重超过 17%，成为全球经济恢复的主要力量。[1] 2020 年，人均国内生产总值约 1.1 万美元（现价），比 2019 年增长 2.0%。2011—2019 年，人均国内生产总值年均增长率为 6.8%（按 2010 年不变价计算）。2010—2020 年中国 GDP、人均 GDP 及其增长率见表 1。

表 1 2010—2020 年中国 GDP、人均 GDP 及其增长率

年份	GDP（亿美元，现价）	GDP 增长率（%）	人均 GDP（美元，现价）	人均 GDP 增长率（%）
2010	60 871.6	10.6	4 550.5	10.1
2011	75 515.0	9.6	5 618.1	9.0
2012	85 322.3	7.9	6 316.9	7.3
2013	95 704.1	7.8	7 050.6	7.2
2014	104 756.8	7.4	7 678.6	6.9
2015	110 615.5	7.0	8 066.9	6.5
2016	112 332.8	6.8	8 147.9	6.3

---

[1] 国家统计局：《盛来运：不平凡之年书写非凡答卷——〈2020 年国民经济和社会发展统计公报〉评读》，2021 年 2 月 28 日，http://www.stats.gov.cn/tjsj/sjjd/202102/t20210228_1814157.html。

年份	GDP （亿美元，现价）	GDP 增长率（%）	人均GDP （美元，现价）	人均GDP 增长率（%）
2017	123 104.1	6.9	8 879.4	6.4
2018	138 948.2	6.7	9 976.7	6.3
2019	142 799.4	5.9	10 216.6	5.6
2020	147 227.3	2.3	10 500.4	2.0

资料来源：根据2021年世界银行数据库信息整理。

（二）贸易情况

2020年，货物和服务进出口总额50 951亿美元，比2019年减少0.7%。其中，货物和服务出口额27 324亿美元，比2019年增长3.9%；货物和服务进口额23 627亿美元，比2019年减少5.5%。进出口顺差3697亿美元。中国主要贸易伙伴为美国、欧盟、东盟、中国香港、日本、韩国、中国台湾等，其中中国对美国、欧盟、东盟货物出口占全部比重47.3%，中国对东盟、欧盟、中国台湾货物进口占全部比重37%。[①] 东盟跃升为中国最大货物贸易伙伴，对东盟的进出口比重达14.7%，比2019年提高0.7个百分点。[②] 2010—2020年中国货物和服务进出口情况见表2。

表2　2010—2020年中国货物和服务进出口情况

年份	货物和服务出口 （亿美元）	货物和服务出口 增长率（%）	货物和服务进口 （亿美元）	货物和服务进口 增长率（%）
2010	16 564.1	31.2	14 333.9	37.5
2011	20 088.5	21.3	18 269.5	27.5
2012	21 750.9	8.3	19 432.5	6.4

---

① 国家统计局：《中华人民共和国2020年国民经济和社会发展统计公报》，2021年2月28日，http://www.stats.gov.cn/tjsj/zxfb/202102/t20210227_1814154.htm。

② 国家统计局：《盛来运：不平凡之年书写非凡答卷——〈2020年国民经济和社会发展统计公报〉评读》，2021年2月28日，http://www.stats.gov.cn/tjsj/sjjd/202102/t20210228_1814157.html。

续表

年份	货物和服务出口（亿美元）	货物和服务出口增长率（%）	货物和服务进口（亿美元）	货物和服务进口增长率（%）
2013	23 555.9	8.3	21 202.2	9.1
2014	24 629.0	4.6	22 416.0	5.7
2015	23 601.5	−4.2	20 022.8	−10.7
2016	21 979.2	−6.9	19 421.9	−3.0
2017	24 292.8	10.5	22 122.7	13.9
2018	26 510.1	9.1	25 631.0	15.9
2019	26 310.0	−0.8	24 991.5	−2.5
2020	27 323.7	3.9	23 626.9	−5.5

资料来源：根据 2021 年世界银行数据库信息整理。

（三）人口情况

2020 年，中国人口总数为 140 211.2 万人，比 2019 年增长 0.31%，2010—2020 年人口年均增长率为 0.5%。中国劳动力总数为 77 095.1 万人，比 2019 年减少 1.7%。全年居民人均可支配收入 32 189 元，比 2019 年增长 4.7%，扣除价格因素，实际增长 2.1%，快于人均国内生产总值增速。[1]2010—2020 年中国人口总数、劳动力总数及其增长率见表 3。

表3　2010—2020 年中国人口总数、劳动力总数及其增长率

年份	人口总数（万人）	人口增长率（%）	劳动力总数（万人）	劳动力增长率（%）
2010	133 770.5	0.48	77 537.3	0.06
2011	134 413.0	0.48	77 834.4	0.38
2012	135 069.5	0.49	78 106.5	0.35
2013	135 738.0	0.49	78 340.3	0.30

---

[1]　国家统计局：《盛来运：不平凡之年书写非凡答卷——〈2020 年国民经济和社会发展统计公报〉评读》，2021 年 2 月 28 日，http://www.stats.gov.cn/tjsj/sjjd/202102/t20210228_1814157.html。

年份	人口总数 （万人）	人口增长率 （％）	劳动力总数 （万人）	劳动力增长率 （％）
2014	136 427.0	0.51	78 515.8	0.22
2015	137 122.0	0.51	78 633.9	0.15
2016	137 866.5	0.54	78 699.6	0.08
2017	138 639.5	0.56	78 718.3	0.02
2018	139 273.0	0.46	78 598.6	−0.15
2019	139 771.5	0.36	78 398.1	−0.26
2020	140 211.2	0.31	77 095.1	−1.66

资料来源：根据 2021 年世界银行数据库信息整理。

二、海洋经济发展总体情况

中国高度重视海洋经济发展。自 2003 年国务院首次颁布《全国海洋经济发展规划纲要》以来，又相继颁布《全国海洋经济发展"十二五"规划》（2012 年 9 月）、《全国海洋经济发展"十三五"规划》（2017 年 5 月），新一轮国家级规划《"十四五"海洋经济发展规划》也于 2021 年 12 月底批复实施。通过国家海洋经济规划的制定与实施，推动了省—市—县海洋经济规划的逐步深入及涉海专项规划体系的日益健全，为海洋经济营造了良好的发展环境，有力地推动了中国海洋经济的可持续健康发展。

当前，海洋经济已成为国民经济的重要组成部分，并初步形成了以海洋渔业、海洋船舶工业、海洋油气业、海洋交通运输业、滨海旅游业等主要产业为核心，以海洋科研、教育、管理和服务业为支撑，以材料生产、装备制造、金融保险、经营服务等上下游产业为拓展的海洋产业体系。经初步核算，2020 年中国海洋生产总值 80 010 亿元，占国内生产总值的比重为 7.9%，占沿海地区生产总值的比重达到 14.9%，对促进沿海地区发展发挥了重要作用。2011—2020 年海洋经济增速有所减缓，其中 2011—2015 年海洋生产总值年均增速 8.1%，2016—2019 年海洋生产总值年均增速 5.1%，

2020 年受新冠疫情冲击影响，中国海洋生产总值增速下滑至 –5.3%，呈现出 2001 年有统计数据以来首次负增长。2010—2020 年中国海洋生产总值及三次产业结构情况见表 4。

表 4　2010—2020 年中国海洋生产总值及三次产业结构情况

年份	海洋生产总值（亿元）	海洋一产增加值（亿元）	海洋二产增加值（亿元）	海洋三产增加值（亿元）
2010	39 619	2008	18 920	18 692
2011	45 580	2382	21 668	21 531
2012	50 173	2671	23 450	24 052
2013	54 718	3038	24 609	27 072
2014	60 699	3109	26 660	30 930
2015	65 534	3328	27 672	34 535
2016	69 694	3571	27 667	38 456
2017	76 749	3628	28 952	44 169
2018	78 078	3843	26 854	47 381
2019	84 292	3818	28 074	52 400
2020	80 010	3896	26 741	49 373

资料来源：根据 2010—2020 年《中国海洋经济统计公报》整理。

三、主要海洋产业发展情况

　　主要海洋产业是海洋经济的核心力量。其中，滨海旅游业、海洋交通运输业、海洋渔业位列主要海洋产业的前三名，2020 年三大产业占主要海洋产业的比重分别为 47.0%、19.3% 和 15.9%，三者合计 82.2%。2010—2020 年中国主要海洋产业增加值情况见表 5。

表5　2010—2020 年中国主要海洋产业增加值情况

单位：亿元

年份	海洋渔业增加值	海洋油气业增加值	海洋矿业增加值	海洋盐业增加值	海洋化工业增加值	海洋生物医药业增加值	海洋电力增加值	海水利用业增加值	海洋船舶工业增加值	海洋工程建筑业增加值	海洋交通运输业增加值	滨海旅游业增加值
2010	2852	1302	45	66	614	84	38	9	1216	874	3786	5303
2011	3203	1720	53	77	696	151	59	10	1352	1087	4218	6240
2012	3561	1719	45	60	843	185	77	11	1291	1354	4753	6932
2013	3998	1667	54	63	814	239	91	12	1213	1596	4876	7840
2014	4127	1530	60	68	920	258	108	13	1395	1735	5337	9753
2015	4317	982	64	41	964	296	120	14	1446	2074	5641	10 881
2016	4615	869	67	39	962	341	128	14	1492	1731	5700	12 433
2017	4701	1145	65	42	1021	389	152	16	1092	1846	6081	14 572
2018	4608	1477	179	37	535	377	185	17	1058	1114	5564	16 078
2019	4635	1533	185	38	521	415	207	19	1128	1175	5589	17 996
2020	4712	1494	190	33	532	451	237	19	1147	1190	5711	13 924

资料来源：根据 2010—2020 年《中国海洋经济统计公报》整理。

（一）滨海旅游业

滨海旅游业是中国海洋经济的第一大产业，随着中国居民生活水平日益提高，交通基础设施建设不断完善，消费结构持续升级，滨海旅游业持续较快增长，2011—2020 年滨海旅游增加值年均增速 7.0%。2020年，受新冠疫情影响，滨海旅游人数锐减，邮轮旅游全面停滞，全年实现增加值 13 924 亿元，占主要海洋产业增加值的 47.0%，增加值同比下降 24.5%。

滨海旅游发展态势总体向好。滨海地区凭借着怡人的气候条件、浪漫休闲的环境、高品质慢节奏的生活方式，一直是中国度假旅游的主要目的地。近年来，滨海旅游产品不断推陈出新，海岛游蓬勃发展，推动滨海旅游持续较快发展，2019 年滨海旅游业增加值 17 996 亿元，剔除价格因素，比 2010 年翻了近一番。尽管新冠疫情对海洋旅游业冲击巨大，但滨海旅游吸引力不减，发展趋势向好。中国旅游研究院 2022 年第二季度问卷调查显示，未来三个月 88.7% 的公众有开展海洋旅游的意愿，大连、上海、杭州是最受欢迎的海洋旅游城市。①

邮轮游艇、休闲渔业等新业态迅速成长。"十二五"以来，中国邮轮产业进入暴发式增长，2012—2016 年年平均增长率为 72.8%，随着市场竞争的日趋激烈，2017 年开始邮轮产业由"高速增长"向"平稳发展"转型过渡。2018 年和 2019 年接待量均有所下滑，2019 年上半年全国沿海 13 个邮轮港共接待国际邮轮 364 艘次，同比下降 27.2%，邮轮出入境旅客合计 177.7 万人次，同比下降 23.7%。② 2020 年，在新冠疫情全球暴发的冲击下，邮轮市场处于完全停摆状态。与此同时，海上游艇游蓬勃发展。疫情期间，三亚、深圳等城市海上休闲逆势增长，游艇出海需求旺盛，人们开始热衷游艇旅游、游艇体验、游艇运动、游艇海钓等休闲旅游活动。

全域旅游发展模式为中国滨海旅游发展增添新动能。"十三五"以来，随着中国旅游业呈现消费大众化、需求品质化、竞争国际化、发展全域化和产业现代化发展趋势，"全域旅游"进入了加速期，"旅游＋文化"、"旅游＋体训"、"旅游＋游乐"、"旅游＋健康"等"旅游＋"模式为中国滨海旅游拓展了新的发展空间。福建东部的平潭依托海岛资源禀赋，开展了国际风筝冲浪赛、国际自行车赛、国际帆船赛、全国沙滩排球巡回赛等一系列极具滨海风格赛事活动，"滨海旅游＋体育"极大提升了平潭的知名度和美誉度。海南作为中国首个全域旅游示范省，培育了康养旅游、文化旅游、体育旅游、会展旅游等多个旅游业态，依托海岛特色的"旅游＋"融合发

---

① 中国旅游研究院：《中国国内海洋旅游意愿消费》，2022 年 6 月 20 日。
② 中国交通运输协会邮轮游艇分会、上海海事大学亚洲邮轮学院和中国港口协会邮轮游艇码头分会：《2019 中国邮轮发展报告》，2019 年 9 月 19 日，https://baijiahao.baidu.com/s?id=1645115238795207702&wfr=spider&for=pc。

展效应不断显现。

（二）海洋交通运输业

海洋交通运输业是中国海洋经济第二大产业，2020年实现增加值5711亿元，占主要海洋产业增加值的19.3%。

沿海港口基础设施全球领先。2020年，中国沿海超过亿吨的港口达24个，全年沿海港口完成货物吞吐量、集装箱吞吐量分别为94.8亿吨和2.3亿标箱，均位居世界首位。全球货物吞吐量前10名港口中，中国占8席，全球集装箱吞吐量前10名港口中，中国占7席。其中上海港集装箱吞吐量4350万标箱，连续11年位居世界第一。

海运船队运力规模稳步提升。近年来，中国不断推动海运企业转型升级，提高集装箱班轮运输国际竞争力，海运船队运力规模持续壮大，截至2020年达3.1亿载重吨，居世界第二位。同时，中国海运船队加速拆解了一批高能耗、高成本的老旧船，建造了一批节能、减排的海岬型散货船（CAPESIZE）、超大型矿砂船（VLOC）、超大型原油船（VLCC）、超大型液化天然气（LNG）运输船和超大型集装箱船，海运运力结构得到显著改善。

运输结构持续调整优化。受贸易格局、进出口商品结构明显变化影响，中国航线结构也从传统的欧美航线为主导发展为美欧和东盟三足鼎立，东盟航线成为"十三五"期间增长最快的航线。同时，港口集疏运体系持续优化调整，集装箱海铁联运规模显著增长，年均增速高达54%左右，占沿海集装箱吞吐量的比重由2015年的0.4%上升到2.7%。①

绿色化、智能化水平显著提高。近年来，中国加快绿色港口建设，大

---

① 《吞吐量保持强劲韧性增长结构持续优化——"十三五"期沿海港口吞吐量发展特点及未来展望（2）》，鲸鱼物流网，2021年3月1日，http://www.jingyu100.com/o/0301424922021_2.html。

力推进船舶靠港使用岸电工作，先后出台《中华人民共和国大气污染防治法》《港口岸电布局方案》等，努力减少港口区域船舶大气和噪声污染，港口绿色发展水平逐步提升。截至 2019 年底，中国已建设岸电设施的沿海港口泊位 525 个，已完成《港口岸电布局方案》确定任务的 70%。①与此同时，中国加快推进世界一流港口建设，积极布局智慧港口，持续推进港口运输业务与云计算、大数据、物联网、移动互联网、智能控制等新一代信息技术的深度融合，建成了世界最大自动化集装箱码头——上海洋山港，港口智能化、信息化建设取得显著成效。

（三）海洋渔业

中国是渔业大国，海洋渔业在全球占据重要地位。近年来，通过严格控制海洋捕捞强度，大力发展绿色生态健康养殖，有序推进现代化海洋牧场建设，海洋渔业养捕结构持续优化，逐步向多元、生态、深远海方向发展。2020 年海洋渔业实现增加值为 4712 亿元，占主要海洋产业增加值的 15.9%，2011—2020 年年均增速 2.3%。海产品产量达 3 314.4 万吨，较2010 年增长了 18.5%。

渔业生产结构不断优化。为促进近海渔业资源的养护，实现资源的可持续利用，"十三五"以来持续推动压减捕捞能力，规范捕捞作业，推行捕捞总量控制制度，中国养捕比例由 2010 年的 53∶47 提高至 2020 年的69∶31。同时，中国海水养殖在世界也占据着重要地位，联合国粮农组织发布的《2020 年世界渔业和水产养殖状况》报告显示，2018 年中国海水养殖产量占全球 66%。

渔业养殖质量和效率逐步提升。为规范引导近海养殖，加快构建水产养殖业绿色发展的空间格局、产业结构和生产方式，《全国渔业发展第

---

① 交通运输部水运局：《我国港口岸电建设及使用情况》，2020 年 4 月 28 日，http://www.port.org.cn/info/2020/205399.htm。

十三个五年规划（2016—2020 年）》提出"近海过剩产能得到有效疏导，近海养殖强度逐步降低"的政策导向。在国家政策引导下，2019 年海水养殖面积得到有效控制，降至 201.4 万公顷，但是单位面积海水养殖产量由 2015 年的 8.1 吨／公顷提升至 2019 年的 10.3 吨／公顷，养殖效率得到极大提升。此外，伴随着"耕海 1 号""国信 101""澎湖号""深蓝 1 号"等一批新型养殖设施相继交付使用，中国海洋渔业不断向深蓝拓展，新技术渔业展现出良好的发展前景，为中国深远海养殖增添新动能。

远洋渔业发展进入新阶段。为推动可持续渔业发展，中国严控远洋企业和远洋渔船规模，强化规范管理，严打违法违规，加强渔业合作，确保远洋渔业可持续发展。截至 2019 年底，中国远洋渔业企业 178 家，作业远洋渔船 2701 艘，远洋渔业产量 217 万吨，作业海域涉及 40 多个国家（地区）管辖海域和太平洋、印度洋、大西洋公海，以及南海海域。① 远洋渔业成为推动"一带一路"倡议的重要内容，在丰富国内市场供应、保障国家食物安全等方面发挥了重要作用。

（四）海洋油气业

能源安全一直是影响中国经济和社会稳定发展的重要因素，保障油气供应安全是国家经济社会发展的重中之重。"十三五"以来，中国坚持"稳油、增气"的发展思路，持续加大海洋油气勘探开发力度，海洋能源供给保障能力持续增强。2020 年，海洋油气全年实现增加值 1494 亿元，占主要海洋产业增加值的 5.0%，2011—2020 年年均增速 2.3%。

海洋油气能源供给保障能力持续增强。2020 年，海洋油气产量分别为 5164 万吨和 186 亿立方米，比 2010 年分别增长近 10% 和 70%，海洋原油占全国原油产量的比重由 2010 年的 23.2% 提升到 2020 年的 26.5%，在国

---

① 农业农村部渔业渔政管理局：《中国远洋渔业履约白皮书（2020）》，2020 年 11 月 21 日，http://www.moa.gov.cn/xw/bmdt/202011/t20201120_6356632.htm。

家能源供应体系中的地位与作用进一步提升。

海洋油气勘探开发能力不断提升。2020 年，渤海莱州湾北部地区发现大型油田垦利 6-1 油田，南海东部海域发现惠州 26-6 油气田。中海油完成了在国内海域 11 个油气开发新项目的投产，其中包括海上最大高温高压气田东方 13-2 气田、首个自营深水油田群流花 16-2 油田群、渤海湾首个千亿方大气田渤中 19-6 试验区等。

天然气水合物开采实现重大突破。2020 年 3 月，中国南海神狐海域第二轮试采成功，标志着中国天然气水合物已实现从探索性试采向试验性试采的重大跨越。

（五）海洋船舶工业

中国是世界造船大国，国际份额连续多年保持世界领先。2020 年，海洋船舶工业实现增加值 1147 亿元，占主要海洋产业增加值的 3.9%，但受世界经济贸易增长放缓、新船需求大幅下降等不利影响，增速有所下滑，2011—2020 年年均增速 1.6%。

造船业三大指标持续保持第一。尽管受疫情影响，2020 年全球新船成交量同比下降 30%，但中国船海国际市场份额仍保持世界领先，2020 年造船完工量、新接订单量、手持订单量分别占全球的 43.1%、48.8% 和 44.7%，均居世界首位。其中，造船完工量 3853 万载重吨，同比增长 4.9%，是三大造船指标中唯一上涨指标；新接订单量 2893 万载重吨，同比下降 0.5%；手持订单量 7111 万载重吨，同比下降 12.9%。[①]

造船企业集中度继续保持在较高水平。2020 年，中国造船完工量前 10 家企业占全国 70.6%；新接船舶订单前 10 家企业占全国 74.2%；手持船舶

---

① 中国船舶工业行业协会：《2020 年我国船舶工业三大造船指标》，国际船舶网，2021 年 1 月 15 日，http://www.eworldship.com/html/2021/LocalShipbuilding_0115/167177.html。

订单前10家企业占全国68%。①同时,龙头企业综合竞争力也保持国际领先。2020年,中国分别有5家、6家和6家企业进入世界造船完工量、新接订单量和手持订单量前10强。

高技术船舶与绿色智能船舶研发和建造取得新突破。2020年,承接了全球最大的24 000标箱集装箱船,同时适应国际环保规则调整加快船舶绿色化进程,建造交付了17.4万立方米双燃料动力液化天然气船、23 000标箱双燃料动力超大型集装箱船、节能环保30万吨超大型原油船(VLCC)等多个绿色环保智能船舶。

修船产业加快向高端化转型。2020年,修船企业抓住国际绿色环保规则带来的机遇,脱硫塔加装和压载水处理设备改造业务饱满,全年重点监测的15家船舶修理企业修船产值198.9亿元,同比增长22.9%,全部实现盈利。②同时,修船企业推动业务高端转型,大型液化天然气船和大型邮轮的修理改装业务取得新突破,国内首个浮式液化天然气存储及再气化装置(LNGFSRU)改装顺利交付,"太平洋世界"号豪华邮轮进厂修理。

(六)海洋生物医药业

随着世界各国对海洋产业的日益重视、海洋生物技术的日臻成熟,海洋生物资源开发和高效利用已成为各国海洋经济发展重点之一,主要发达国家每年投入大量资金用于海洋药物研发等相关研究。近年来,在国家相关政策支持下,中国海洋生物医药业迅速发展,2020年海洋药物和生物制品业实现增加值451亿元,占主要海洋产业增加值的1.5%,2011—2020年年均增速13.9%,增速位居主要海洋产业第二。

---

① 中国船舶工业行业协会:《2020年我国船舶工业三大造船指标》,国际船舶网,2021年1月15日,http://www.eworldship.com/html/2021/LocalShipbuilding_0115/167177.html。
② 中国船舶工业行业协会:《2020年中国船舶工业经济运行分析》,国际船舶网,2021年1月29日,http://www.eworldship.com/html/2021/LocalShipbuilding_0129/167623.html。

海洋药物自主研发取得显著进展。经过多年技术积累，中国海洋药物研发已由技术积累进入产品开发阶段，我国自主研发的海洋药物 5 个，即藻酸双酯钠（PSS）、甘露醇烟酸酯、岩藻聚糖硫酸酯、海克力特、甘露寡糖二酸（GV-971），占全球已上市海洋药物品类（17 个）的近 30%。此外，中国海洋糖类药物研发也已进入国际先进行列。目前，海藻酸钠、辅酶 Q10 等原料生产和销售占据全球一半以上市场份额，高纯硫酸氨基葡萄糖、MPT-NAG 肾损伤诊断试剂盒、海洋微生物乳糖酶等多个产品成功打破垄断、替代进口。

龙头企业拳头产品市场占有率较高。青岛明月集团是全球最大的海藻酸盐生产企业，是国内唯一的海藻酸原料药生产单位、国内最大的海藻酸盐医用纤维生产企业，获得了海藻酸盐伤口敷料三类医疗器械、CE、FDA 证书，是工信部 2018—2020 年制造业单项冠军示范企业。厦门金达威集团股份有限公司是全球最大的辅酶 Q10 生产企业，市场占比超过 50%，也是全球三大维生素 D3 生产企业之一、全球六大维生素 A 生产企业之一。

海洋药物与生物制品公共服务平台体系初步搭建。"十二五"以来，在国家和地方财政的支持下，珠海、广州、厦门等沿海城市相继建设了多个海洋药物和生物制品公共服务平台。"十三五"期间，中国建成全球规模最大的海洋微生物资源保藏库，并已经向多家高等院校、科研单位、医院、政府部门，以及企业提供了海洋微生物菌种资源共享服务。

（七）海洋电力业

随着中国"碳达峰、碳中和"时间表的提出，海上风电呈现跳跃式发展，海洋电力业在助力"双碳"目标实现中的作用日益凸显。2020 年，海洋电力业实现增加值 237 亿元，占主要海洋产业增加值的 0.8%，2011—2020 年年均增速 20.0%，增速居主要海洋产业首位。

海上风电累计装机容量位居世界第二。"十三五"以来，海上风电新增装机容量迅速攀升，新增装机容量连续三年居世界首位，2020 年新增装机容量超过 3 吉瓦，占全球增量的一半，累计装机容量逐年递增，截至 2020 年海上风电累计装机容量达到 999.6 万千瓦，占全球 25.7%，跃升至全球第二位，已远超《风电发展"十三五"规划》的目标。

海洋电力技术进步取得显著进展。中国企业持续加快海上风电技术创新，2020 年，明阳智能依托在风电领域长期技术积累，发布了 MySE 11MW-203 半直驱海上风电机组，成为中国最大的海上风电机组。此外，海洋能开发利用技术研发持续推进，研建了多个百千瓦级潮流能机组，基本掌握了自主创新的波浪能发电及装备制造等关键技术，在偏远海岛应用领域处于国际先进水平，研建了 10—30 千瓦温差能发电试验装置。

海洋能产业化进程不断加快。截至 2021 年 11 月，中国自主研发的浙江舟山 LHD 兆瓦级潮流发电时间 53 个月，并网发电量 230 万千瓦时，连续运行时间保持世界领先。中国首台 500 千瓦波浪能装置"舟山号"已在南海开展海试。

（八）海水利用业

海水利用作为水资源开源增量的方式之一，已在全球 160 多个国家应用。中国大力发展海水利用业，"十三五"期间《全国海水利用"十三五"规划》、《海岛海水淡化工程实施方案》及配套财税金融政策相继出台，海水利用发展政策体系进一步健全。特别是 2017 年，水利部发布的《非常规水源纳入水资源统一配置的指导意见》，进一步肯定和提升了海水利用在水资源配置体系中的地位。在国家政策引导下，中国海水利用业实现较快发展，2020 年实现增加值 237 亿元，占主要海洋产业增加值的 0.1%，2011—2020 年年均增速 7.1%。

海水淡化工程规模稳步提升。截至 2020 年底，中国现有海水淡化工程 135 个，工程规模 165 万吨 / 日，较 2011 年增长 143%，为沿海缺水城市和海岛水资源安全提供了重要保障。其中，2020 年新建成海水淡化工程 14 个，工程规模 6.49 万吨 / 日，分布在河北、山东、江苏、浙江。①

海水利用技术日趋成熟。中国已掌握反渗透和低温多效海水淡化技术，形成了具有自主知识产权的万吨级海水淡化技术，部分技术达到或接近国际先进水平。2020 年，国家能源集团"海水淡化用高效蒸汽热压缩器（TVC）优化设计与工程应用"项目顺利通过中国电机工程学会技术鉴定，攻克了海水淡化用高效蒸汽热压缩器的核心设计技术，提升了中国高效蒸汽热压缩器的设计水平，增强了中国海水淡化装备的整体竞争力。

海水综合利用应用场景日益丰富。海水冷却在沿海核电、火电、钢铁、石化等行业得到了广泛应用，2020 年利用海水作为冷却水量为 1698 亿吨，与 2011 年相比增长了 79%，② 有效地节约了中国淡水资源，成为中国水资源构成中有力的后备水源。此外，海水利用技术在苦咸水处理、城市污水处理等领域也得到推广应用，进一步丰富了海水综合利用的应用场景。

（九）海洋工程建筑业

作为海洋经济发展的基础行业，海洋工程建筑业对中国海洋经济的发展有着举足轻重的作用。近年来，港珠澳大桥、海南铺前大桥、福建漳江湾特大桥、胶州湾海底隧道等跨海工程全线通车，居民生活便利度不断提高；海洋牧场、海上风电场和海底隧道等工程项目建设完工，智慧港口、5G 海洋牧场平台等新型基础设施建设加快推进，为海洋开发利用活动提供了有力基础保障。2020 年，中国海洋工程建筑业实现增加值 1190 亿元，占主要海洋产业增加值的 4.0%，2011—2020 年年均增速 7.0%。中国海洋工程

---

① 自然资源部：《2020 年全国海水利用报告》，2021 年 12 月 3 日，http://gi.mnr.gov.cn/202112/P020211206480624492858.pdf。

② 自然资源部：《2020 年全国海水利用报告》，2021 年 12 月 3 日，http://gi.mnr.gov.cn/202112/P020211206480624492858.pdf。

建筑技术水平保持着全球领先的地位，特别是港珠澳大桥建设创多项世界纪录——它是截至目前世界上里程最长、沉管隧道最长、寿命最长、钢结构最大、施工难度最大、技术含量最高、科学专利和投资金额最多的跨海大桥，它的建成进一步显示出中国在海洋工程建筑领域的综合实力和技术水平。

（十）海洋盐业

海洋盐业是中国历史悠久的海洋产业。海洋盐业产品主要为食用盐和工业用盐，其中工业用盐占全国盐需求总量的八成以上。随着工业用盐受下游产品产能过剩和国家节能减排政策影响，海盐需求量呈下降趋势。加之用海空间需求的日益紧张，盐田面积持续压缩，海盐产量也有所下降。2020年，中国海洋盐业实现增加值33亿元，占主要海洋产业增加值的0.1%，2011—2020年年均增速 -7.0%。

四、结语

中国是海陆兼备的国家，海洋经济已成为国民经济的重要组成部分，海洋渔业、港口航运、海洋船舶、滨海旅游等诸多领域已处在世界前列，2020年中国海洋生产总值已突破8万亿元，占国内生产总值的比重为7.9%，占沿海地区生产总值的比重达到14.9%，在促进国民经济与社会发展、保障国家经济安全、全面建设社会主义现代化国家中发挥着举足轻重的作用。

当前，中国正进入由海洋大国向海洋强国转变的关键阶段，党中央做出推动构建国内大循环为主体、国内国际双循环相互促进的新发展格局的重大决策，内需潜力不断释放，区域重大战略深入推进，一批重大公路、铁路基础设施建设运营，陆海联动更加畅通高效，海洋经济发展空间有望持续拓展。面向未来，中国更有望把握"蓝色机遇"，持续引领海洋经济发展。

日本海洋经济发展情况分析

丁琪　　徐丛春　　张麒麒*

日本位于太平洋西岸，西隔东海、黄海、朝鲜海峡、日本海与中国、朝鲜、韩国、俄罗斯相望。日本陆地面积约 37.8 万平方公里，包括北海道、本州、四国、九州四个大岛和其他 6800 多个小岛屿[①]。日本是一个由东北向西南延伸的弧形岛国，山多平原稀少，土地资源贫瘠，自古以来向海而生。

一、社会经济发展概况

日本是世界第三大经济体，发达的制造业是国民经济的支柱，汽车、钢铁、机床、造船和机器人产业在世界上占有重要地位。2020 年全球暴发新冠疫情，日本经济受到严重冲击。日本内阁府发布的统计数据显示，日本 2020 年实际国内生产总值（GDP）扣除物价因素后，比 2019 年下降4.8%。为应对新冠疫情，日本政府推出一系列经济刺激计划，以促进经济快速实现止跌复苏。

---

　　* 　丁琪，中国水产科学研究院黄海水产研究所助理研究员；徐丛春，国家海洋信息中心研究员；张麒麒，国家海洋信息中心研究实习员。
　　① 《日本国家概况》，外交部，2022 年 6 月，https://www.mfa.gov.cn/web/gjhdq_676201/gj_676203/ yz_676205/1206_676836/1206x0_676838/，访问日期：2022 年 9 月 3 日。

（一）宏观经济情况

2020 年，日本国内生产总值约 50 578 亿美元，比 2019 年减少 4.59%。2011—2019 年，国内生产总值年均增长率为 0.38%。2020 年，日本人均国内生产总值约 4.02 万美元，比 2019 年减少 4.26%。2011—2019 年，人均国内生产总值年均增长率为 –0.13%。2010—2020 年日本 GDP 及增长情况见图 1。

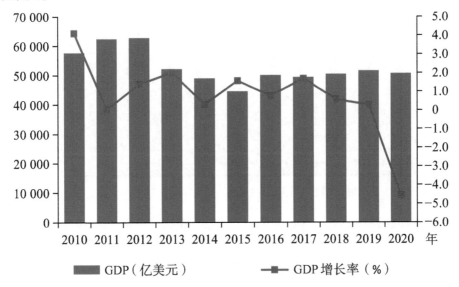

图 1　2010—2020 年日本 GDP 及增长情况

资料来源：世界银行，https://data.worldbank.org.cn/，访问日期：2021 年 11 月 23 日。

（二）贸易情况

对外贸易在日本国民经济中占有重要地位，有贸易关系的国家（地区）约 200 个。① 世界银行的数据显示，2020 年，日本货物和服务进出口总额约为 15 928 亿美元，比 2019 年减少 12.38%。其中，出口额约 7933 亿美元，减少 12.30%；进口额约 7995 亿美元，减少 12.45%，贸易逆差 62 亿美元（世

① 《日本国家概况》，外交部，https://www.mfa.gov.cn/web/gjhdq_676201/gj_676203/yz_676205/1206_676836/1206x0_676838/，访问日期：2022 年 9 月 3 日。

界银行，2021）。日本主要进口商品有原油、天然气、煤炭、服装、半导体等电子零部件、医院品、金属及铁矿石原材料等；主要出口商品有汽车、钢铁、半导体等电子零部件、塑料、科学光学仪器、一般机械、化学制品等。2020 年主要贸易对象为中国、美国、韩国、澳大利亚、中国台湾等。①2010—2020 年日本货物和服务进出口额见图 2。

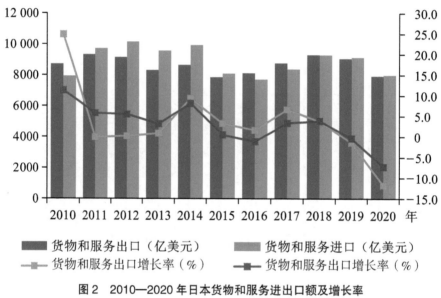

图 2　2010—2020 年日本货物和服务进出口额及增长率

资料来源：世界银行，https://data.worldbank.org.cn/，访问日期：2021 年 11 月 23 日。

（三）人口情况

据世界银行统计数据，2020 年，日本人口总数约为 12 626 万人，比 2019 年减少 0.29%，居世界第十位，是世界上人口密度最大的国家之一。2020 年，日本劳动力总数为 6895 万人，比 2019 年减少 0.13%。2011—2020 年，劳动力总数年均增长率为 0.3%。日本人口分布的地区差异较大，

---

① 《日本国家概况》，外交部，https://www.mfa.gov.cn/web/gjhdq_676201/gj_676203/ yz_676205/1206_676836/1206x0_676838/，访问日期：2022 年 9 月 3 日。

全国超过 500 万人口的都道府县有 9 个，人口超过 100 万的城市有 12 个，东京、大阪、名古屋被称为三大城市圈，三大城市圈 50 公里范围内的人口占总人口的 50%。①

二、海洋经济与主要海洋产业发展情况

日本国民经济发展高度依赖海洋产业，其国民经济发展所需要的资源99.9% 来源于海洋，90% 的进出口货物依靠海洋交通运输。② 21 世纪以来，以"海洋立国"为发展目标的日本，将海洋开发利用视为其经济社会发展的基础，海洋立法、海洋规划制定进程加速。随着海洋产业在日本国民经济中所占比重及重要性的提升，来自产业界及民间要求制定独立海洋产业政策的呼声也越来越高。2005 年 11 月，日本海洋政策研究财团（OPRF）向日本政府提交了《21 世纪海洋政策建议书》，建议国家应尽快制定海洋政策大纲、完善海洋基本法的推进体制、扩大国家管辖范围至海洋国土和加强国际合作。2007 年 4 月出台并于同年 7 月实施了《海洋基本法》，于 2008 年 3 月通过了《海洋基本计划》；根据海洋情势的变化，日本又于2013 年 4 月重新制定出台了新的《海洋基本计划》。这些法律和政策规划，构成了日本发展海洋产业的基本政策依据和重要实施指南。目前，日本已成为世界上较早具备比较系统完善的海洋规划的国家之一，海洋产业也具备了相当规模，③ 海洋产业成为国民经济的重要增长点。

日本《海洋基本法》将海洋产业界定为"海洋资源开发、利用和保护的一系列活动"，共分为 3 个大类和 30 多个小类，并形成以海洋渔业、海

---

① 商务部国际贸易经济合作研究院、中国驻日本大使馆经济商务处、商务部对外投资和经济合作司：《对外投资合作国别（地区）指南：日本（2020 年版）》。

② 殷克东、高金田、方胜民：《中国海洋经济发展报告（2015~2018）》，社会科学文献出版社，2018。

③ 张浩川、麻瑞：《日本海洋产业发展经验探析》，《现代日本经济》2015 年第 2 期。

洋交通运输业、海洋船舶工业、滨海旅游业和海洋新兴产业为支柱的现代海洋经济，在政府调控、产业化聚集、涉海人才培养、国际合作与交流等方面均取得世界性的领先优势。日本政府把海洋资源的开发与利用、海洋科技的创新和海洋产业的提振视为国家发展战略的关键。

（一）海洋渔业

日本所处的西北太平洋海域，是世界著名渔场之一，具有发展海洋渔业得天独厚的自然条件。正是由于独特的地理位置和自然条件，日本的海洋渔业历史悠久，并成为海洋经济中的支柱产业之一。[①] 日本是一个名副其实的海洋渔业大国，海洋渔业产量占全国渔业总产量的98%，其中，又以海洋捕捞为支柱产业。粮农组织发布的《2020 年世界渔业和水产养殖状况》显示，[②] 日本海洋捕捞量从 20 世纪 80 年代的年均 1059 万吨下降至 2018 年的 310 万吨，在全球前十国家中从当年的第一位下降至当前的第八位。目前，日本海洋捕捞量不足高峰期的 30%，但即便如此，海洋捕捞量仍占其渔业总产量的 82%，在日本的渔业产业中占有绝对主导地位，见表 1。

针对由过度捕捞、海洋渔场环境变化等因素导致的海洋捕捞量显著下降，日本重新制定了渔业发展战略，提出"资源管理型渔业""栽培渔业""农牧化现代渔业"的发展思路，强化渔业资源管理，促进产业升级。在渔业资源管理制度方面，针对远洋渔业、近海渔业和沿岸渔业各有不同。具体来说，总可捕捞量（TAC）制度是对近海渔业进行资源管理，而资源管理型渔业及实施范围更广的资源恢复计划则侧重沿岸渔业的资源管理，远洋渔业方面则采取积极参加国际渔业组织的管理活动。日本对渔业资源的管

---

① 吴崇伯、姚云贵：《日本海洋经济发展以及与中国的竞争合作》，《现代日本经济》2018 年第 6 期。

② FAO, The State of World Fisheries and Aquaculture 2022. Towards Blue Transformation, Rome, https://doi.org/10.4060/cc0461en.

理，除了制定捕捞作业规则，还采取了苗种放流和渔场环境改善等资源增殖措施以恢复或补充渔业资源量。[1]

表1　2009—2018年日本渔业产量情况

单位：吨

年份	海洋捕捞量	渔业总产量
2009	4 084 958	4 913 503
2010	4 051 296	4 809 424
2011	3 757 001	4 349 477
2012	3 631 307	4 297 222
2013	3 620 519	4 260 718
2014	3 608 420	4 286 943
2015	3 371 130	4 109 502
2016	3 172 152	3 876 895
2017	3 180 534	3 821 087
2018	3 103 902	3 773 779

资料来源：FAO, Fishery and Aquaculture Statistics, https://www.fao.org/fishery/static/Yearbook/YB2018_USBcard/navigation/index_content_capture_e.htm，访问日期：2021年11月。

（二）海洋交通运输业

作为一个岛国和海洋国家，海洋交通运输业是支撑日本经济的重要交通运输方式。[2]据2014年度日本外务省的统计，日本99.8%的对外贸易量和40%的国内运输都是依赖于海洋运输完成。而据日本《外交蓝皮书》（2013年）统计，几乎所有的能源进口都通过海洋运输，并认为良好的海洋秩序和环境与国家利益直接关联。日本三大航运公司：日本邮船（NYK）、商船三井（MOL）和川崎汽船（Kline）综合实力在全世界名列前茅。日本五

[1]　管筱牧：《权利与组织：中日沿岸渔业管理比较研究》，博士学位论文，中国海洋大学，2013。
[2]　吴云通：《基于产业视角的中国海洋经济研究》，博士学位论文，中国社会科学院研究生院，2016。

大主要港口：东京、横滨、名古屋、大阪和神户的集装箱吞吐量合计约占日本全部集装箱总吞吐量的 75%，见表 2。

日本自 20 世纪 60 年代发展海洋经济以来就极为重视海洋港口的发展，逐步形成了以横滨港、神户港、名古屋港、北九州港为依托的现代化港口群，同时依托港口发展临港工业、临港服务业等，促进产业集聚发展，形成了世界上著名的湾区——东京湾区。[1] 近年来，全球海洋交通运输业在金融危机及国际贸易萎缩的双重影响下，发展压力巨大，目前日本海洋交通运输业最大的问题是船舶和远洋船员的减少。[2]《海洋基本计划》的实施对日本海洋交通运输业的发展起到了一定促进作用，据综合海洋政策本部的统计，《海洋基本计划》实施以后，其船舶保有量和船员数量都有所增加。

表 2　2011—2020 年日本集装箱港口吞吐量

单位：国际标箱

年份	日本集装箱港口吞吐量
2011	18 114 999
2012	19 727 200
2013	20 522 000
2014	20 741 500
2015	20 138 396
2016	20 319 000
2017	21 962 500
2018	22 610 460
2019	22 276 700
2020	21 385 632

资料来源：联合国贸易和发展会议数据库，https://unctadstat.unctad.org/wds/TableViewer/tableView.aspx?ReportId=13321，访问日期：2021 年 11 月 23 日。

---

① 周乐萍：《世界主要海洋国家海洋经济发展态势及对中国海洋经济发展的思考》，《中国海洋经济》2020 年第 2 期。

② 殷克东、高金田、方胜民：《中国海洋经济发展报告（2015～2018）》，社会科学文献出版社，2018。

（三）海洋船舶工业

日本的船舶工业处于世界领先地位。世界造船业排行名单显示，1969年日本国内造船量占世界造船量的 52.7%，超越西欧船只生产大国英国，跃居造船业榜首，成为世界上造船最多的国家。二战结束以后，日本的经济迅速发展，靠着得天独厚的 20 多个天然海港，日本国内拥有能够建造100 吨以上船舶的造船厂约 18 家，其中，有 13 家造船厂可以建造两万吨以上的大型轮船。

受韩国、中国造船业迅速崛起，日元大幅升值以及国际市场变化等因素的影响，维持了 40 余年世界霸主地位的日本造船业在 2002 年被韩国超越后，步入低迷期，日本造船业的订单量大不如从前，目前日本造船量居于全球第三。[①] 2020 年日本造船完工量为 2258 万载重吨，占全球的25.57%；新承接船舶订单量 416 万载重吨，占全球的 7.53%；手持船舶订单量 2744 万载重吨，占全球的 17.16%。[②] 为重振造船业，在日本政府的大力扶植下，日本造船业大刀阔斧地进行改革重组，削减产能、精简员工、创新技术、优化资源配置，调整营销战略和产品结构。2010—2020 年日本船舶三大指标情况见表 3。

表 3　2010—2020 年日本船舶三大指标情况

年份	造船完工量 （万载重吨）	新承接订单量 （万载重吨）	手持订单量 （万载重吨）
2010	3230	780	8180
2011	3210	670	6840
2012	2950	1200	5810
2013	2470	2610	5790
2014	2260	2460	6130

① 曲慧：《日本船舶工业发展现状调查与分析》，硕士学位论文，大连理工大学，2018。
② 中国船舶工业行业协会：《2020 年 1~12 月份世界造船三大指标》，2021 年 1 月 15 日，http://www.cansi.org.cn/cms/document/15572.html。

年份	造船完工量 （万载重吨）	新承接订单量 （万载重吨）	手持订单量 （万载重吨）
2015	2109	2887	6934
2016	2190	460	5940
2017	2050	830	4880
2018	2010	1810	5160
2019	2480	1280	4230
2020	2258	416	2744

资料来源：本表根据英国克拉克松研究公司统计数据整理。

为应对当前航运市场整体运力过剩、运费持续走低的市场环境，三菱重工（MHI）、川崎重工（KHI）、三井造船（MES）等船企在新的规划中放弃了2016年通过制造和销售高附加值船舶产品以实现企业增长的战略，调整为造船联盟、业务重心转移和造船业务收缩等发展策略。三菱重工通过与今治造船、名村造船和大岛造船等专业造船公司建立联盟，强化在全球市场上的竞争力。由于海工建造装备业务出现巨额亏损，川崎重工正式退出海工业务，商船建造业务重心转移至中国，同时缩小其30%的造船业务规模，并把2020年造船业务销售目标降低至700亿日元。三井造船于2018年4月1日转变为控股公司体制，并分拆为船舶、机械和工程三家子公司，在造船业务方面，持续收缩造船业务规模，仅与业务伙伴维持造船活动，向其他造船企业授权技术或委托第三方生产。

（四）滨海旅游业

作为一个岛国，日本旅游业与海洋有着千丝万缕的联系。换言之，日本旅游业在一定层面上亦可称为滨海旅游。① 20世纪90年代初，泡沫经

---

① 吴崇伯、姚云贵：《日本海洋经济发展以及与中国的竞争合作》，《现代日本经济》2018年第6期。

济破灭，经济持续衰退，为了找到新的经济增长点，日本政府提出"观光立国"战略，把旅游业的发展与日本经济复苏相结合，重点放在入境游的振兴上，出台了一系列政策积极促进入境旅游发展，见表4，提升日本作为国际旅游目的地的吸引力，日本是世界上首个将旅游观光提升到立国战略高度的国家。① 日本政府把旅游业摆在其增长战略的核心，通过采取放宽签证限制、入境审查便利化、升级旅游基础设施、加大力度建设大型邮轮观光码头等旅游措施，促进日本滨海旅游业纵深发展。

日本政府还通过区域规划和滨海旅游景点建设推进滨海旅游业的发展，如实施了海中公园制度，划定了海中公园区域，并成立了相应的管理机构。海中公园制度的实施，不仅推进了日本滨海旅游的数量扩张，而且有利于海洋资源和生态环境的保护，有利于滨海区域旅游业的持续发展。除此之外，日本通过合理规划海岸城市的旅游线路，制定滨海旅游过程中的企业、游客等的行为规范，辅以政府相关部门的监督，进一步推进了滨海旅游业的发展。

受新冠疫情影响，赴日外国游客数量大幅减少，住宿设施、旅行社等经营状况也急剧恶化。② 为应对新冠疫情带来的不利影响，日本政府及时出台紧急经济对策，并针对受疫情影响严重的观光旅游业、运输业、餐饮业、娱乐业等产业出台多项扶持政策。③ 通过对企业提供专项补贴，提高企业雇佣补助金标准，与主要客源国企业合作，增强各国游客访日意愿。中央政府、民间企业、地方自治体携手合作，推进实施官民一体型消费促进活动。

---

① 张建民：《日本旅游产业发展研究》，博士学位论文，吉林大学，2012。

② 张季风：《"新冠冲击"与后疫情时代的日本经济》，《日本问题研究》2020年第4期。

③ 崔岩、张磊：《日本新冠疫情的社会影响与政策选择》，《日本研究》2021年第1期。

表 4　2010—2019 年日本旅游业收入

单位：亿美元

年份	日本旅游业收入
2011	153.56
2012	125.33
2013	161.97
2014	168.65
2015	207.90
2016	272.85
2017	334.28
2018	369.79
2019	452.76
2020	492.06

资料来源：CEIC 数据库，https://www.ceicdata.com/zh-hans/indicator/japan/tourism-revenue，访问日期：2021 年 12 月。

（五）新兴海洋产业

近年来，随着国际分工的变化和国际产业转移的加速，传统海洋产业面临着越来越大的发展压力，日本正在积极谋求转型发展，加大了对新兴海洋产业的培育和扶植力度。[1]《海洋基本计划》是日本推进海洋事务发展的重要依据，第二期《海洋基本计划》中提出的要重点发展的海洋资源能源开发关联产业、海洋信息开发关联产业、海洋生物资源关联产业和海洋观光产业等，正在成为未来日本海洋产业体系中的新兴产业。[2]

海洋资源能源开发对于日本经济的可持续发展具有至关重要的意义，其开发的重点领域包括海洋能源、海洋资源和海洋可再生能源，以此实现

---

[1]　王双：《日本海洋新兴产业发展的主要经验及启示》，《天府新论》2015 年第 2 期。
[2]　郁志荣：《日本〈海洋基本计划〉特点分析及其启示》，《亚太安全与海洋研究》2018 年第 4 期。

海洋资源能源的产业化、商业化和规模化。海洋信息开发关联产业不仅能为其他海洋产业的开展提供必要的基础性信息服务，而且能带动其他相关产业的设备研发、技术进步和产业升级。海洋生物资源关联产业是未来日本海洋经济中最引人注目的高科技含量、高附加值领域。海洋生物资源关联产业与海洋渔业既有联系又有区别，前者以尚未利用的海洋生物量资源（特别是海底微生物资源）为主要开发对象，后者以鱼贝类资源为主要生产对象；后者的最终产品主要以食品的形式被消费，前者的最终产品则不仅限于食品，还包括范围更广的海洋生物医药、可再生燃料等高附加值产品；后者中的部分产品通过技术进步和深度加工实现向前者的产业升级。日本的海洋生物资源关联产业中，目前已具备一定产业规模的主要有生物机能性食品制造、海洋生物医药、海洋生物量利用等。其中，海洋生物量利用作为开发海洋生物能源的前沿领域，对于地球环境问题的解决具有重要意义。观光产业（旅游业）并不能算作新兴产业，但是以海洋作为主要的观光资源则是近年来才兴起的，这一方面与人们消费能力的提升、旅游观念的转变有关，另一方面与航海等相关技术的进步有关。在"观光立国"战略支持下，旅游业已成为推动日本经济发展的重要力量。

三、结语

日本发展海洋产业历史悠久、基础雄厚，"海洋立国"和"科技创新立国"是日本的基本国策。21 世纪以来，日本海洋经济发展进入了新时期，海洋产业开发正向经济社会各领域全方位渗透，呈现出分工细化、领域扩大、传统产业与新兴产业并驾齐驱的发展态势，构筑起新型的海洋产业体系。海洋渔业产业、海洋交通运输业、海洋船舶工业、滨海旅游业和海洋新兴产业所占比重较大，发展也较为成熟，已成为日本海洋经济的支柱产业。日本政府为了推动海洋产业发展，推出了一系列产业规划，为日本海洋经济发展提供政策指导。2018 年，日本政府发布第三版《海洋基本计划》，指导未来五年内日本海洋事务的发展。[1] 日本作为海洋经济发展的先行者，在政府调控、产业化聚集、涉海人才培养、国际合作与交流等领域积累了先进经验，可为中国拓展蓝色经济空间、发展海洋经济、实现海洋大国向海洋强国转变提供参考。

---

① 王旭：《日本第三期〈海洋基本计划〉解读》，《国际研究参考》2020 年第 3 期。

韩国海洋经济发展情况分析

林香红　玄花[*]

韩国地处亚洲大陆东北部、朝鲜半岛南端，面积为 10.329 万平方公里，北与朝鲜接壤，西与中国隔海相望，东部和东南部与日本隔海相邻。韩国行政区目前划分为一个特别市（首尔）、一个特别自治市（世宗）、六个广域市（釜山、大邱、仁川、光州、大田、蔚山）及九个道（京畿道、江原道、忠清北道、忠清南道、全罗北道、全罗南道、庆尚北道、庆尚南道、济州特别自治道）[①]。除忠清北道外，其他行政区都沿海。

一、社会经济发展概况

韩国是新兴经济体中发展较快的国家，于 1996 年加入经济合作与发展组织（OECD，以下简称经合组织）。2021 年，韩国政府继续保持扩张性财政政策和货币政策，加大财政刺激力度，力推经济"快速强劲"复苏。韩国具有较好的营商环境，在世界银行《2020 年营商环境报告》对全球190 个国家和地区的营商便利度排名中，韩国居第五位。[②] 总体来看，近年

---

[*]　林香红，国家海洋信息中心副研究员；玄花，国家海洋信息中心助理研究员。
[①]　商务部国际贸易经济合作研究院、中国驻韩国大使馆经济商务处、商务部对外投资和经济合作司：《对外投资合作国别（地区）指南：韩国（2020 年版）》。
[②]　商务部国际贸易经济合作研究院、中国驻韩国大使馆经济商务处、商务部对外投资和经济合作司：《对外投资合作国别（地区）指南：韩国（2020 年版）》。

来韩国经济发展速度放缓，但投资环境总体良好，具有较强吸引力。

（一）宏观经济情况

韩国央行发布的"2021年第四季度及全年国民收入"数据显示，2021年韩国 GDP 为 2057 万亿韩元，由于出口强劲，2021年 GDP 比 2020年增长 4.0%，为 2016年以来的最高增速。此前，受新冠疫情冲击，2020年韩国 GDP 同比下降约 1.0%，为 1998年亚洲金融危机以来首次出现负增长，见表1。2021年韩国人均国民总收入（GNI）为 35 168 美元，同比增长10.3%，人均国民总收入首次超过 35 000 美元，韩国的人均国民总收入在2006年和 2017年分别超过 20 000 美元和 30 000 美元。

表 1　韩国国内生产总值增长情况

单位：%

年份	比上年增长
2016	2.9
2017	3.2
2018	2.9
2019	2.0
2020	−1.0
2021	4.0

资料来源：《对外投资国别和地区指南：韩国（2021年版）》；Choi Jung-tae, "GDP Grew 4% in 2021 on Strong Exports," Korea Joongang Daily, March 3, 2022, https://koreajoongangdaily. joins.com/2022/03/03/business/economy/gdp-gni-economy/20220303164312348.html。

（二）贸易情况

韩国产业通商资源部发布的《2021年12月及全年进出口动向》显示，2021年韩国贸易进出口总值 12 596 亿美元，全球排名上升一位至第八位。其中，出口 6 445.4 亿美元，增长 25.8%，较此前的最高纪录 2018年 6049

亿美元增长 396 亿美元，韩国出口额也由此时隔三年重新转为正增长；进口 6 150.5 亿美元，增长 31.5%；贸易顺差 294.9 亿美元，连续 13 年保持贸易顺差。①

（三）人口与就业情况

根据韩国统计厅发布的《未来人口估算：2020 至 2070 年》，2021 年韩国总人口（含在韩居住的外国人）为 5175 万人，较 2020 年的 5184 万人减少 9 万人，韩国人口总数首次呈现负增长，出现人口负增长的主要原因是生育率低和新冠疫情导致外国人口流动减少，2020 年韩国适龄女性的生育率仅为 0.84%②，为经合组织中倒数第一，韩国已在 2017 年迈入老龄化社会。2021 年韩国就业人口同比增加 36.9 万人，为 2727.3 万人，增幅为2014 年（59.8 万）以来的最高纪录，失业率为 3.7%。韩国全年就业人口曾于 2020 年因新冠疫情大减 21.8 万人，时隔一年重新反弹，增幅创近七年以来的新高，也远超政府预期目标（35 万人）。③

二、海洋经济发展总体情况

海洋经济是韩国国民经济发展不可或缺的重要部分，部分产业发展水平较高。韩国海洋水产开发院发布的《韩国海洋经济报告 2019》（Korea's Ocean Economy 2019）称，韩国拥有 3348 个岛屿和 2487 平方公里潮汐滩，整个国家 32.9% 的人口生活在沿海地区，80% 的韩国人认为海洋和渔业部

---

① 《韩国 2021 年进出口和出口规模均创新高》，韩联社，2022 年 1 月 1 日，https://cn.yna.co.kr/view/MYH20220101005800881，访问日期：2022 年 2 月 13 日。
② 刘旭：《韩国总人口数首现负增长 预计 50 年后总人口减少 1400 万》，中国新闻网，2021 年 12 月 9 日，http://www.chinanews.com.cn/gj/2021/12-09/9626304.shtml。
③ 《韩国 2021 年就业人口同比增 36.9 万人 增幅创 7 年之最》，BNC 商业新闻，2022 年 1 月 14 日，https://www.businessnews.cn/2022/01/14/32003.html。

门的经济活动有助于国家发展。该报告核算了韩国海洋产业的经济贡献，2015 年韩国海洋和渔业部门总产值（The Gross Output）约为 147.9 万亿韩元，增加值（Gross Value Added）总计约为 38.4 万亿韩元，约占全国的 2.52%。海洋和渔业服务占海洋产业增加值的 26.0%，其次是船舶和近海装备建造和修理（20.0%）、航运业（18.1%）、港口业（5.5%）和渔业（水产品生产、加工和分销，19.5%）。该部门约有 59.6 万从业人员，海洋和渔业服务业雇佣人数占比最高，其次是船舶和近海装备建造和修理、水产品分销和航运。目前，韩国海洋水产部主要负责海洋政策、水产政策、海运政策、海洋港湾建设和管理及海事安全等，具体包括海洋战略规则、海洋资源利用、海洋环境保护、捕捞和养殖等海洋产业活动、国际合作和海洋安全事故的预防和处理。

三、主要海洋产业发展情况

海洋产业包括传统海洋产业中的海洋渔业、造船业、海运业、旅游业和新兴海洋产业中的海上风电、海洋能开发、海上制氢、海洋生物医药、深海矿产资源勘探开发等，本研究将从中选择主要海洋产业进行分析。

（一）海洋渔业

海洋渔业是韩国渔业发展的主力，约 98% 的水产品来自海洋捕捞和海水养殖。根据联合国粮农组织（FAO）2021 年公布的统计数据计算，2010—2019 年韩国海产品产量占水产品总量的比重一直稳定在 98% 左右。2019 年海产品产量为 191.2 万吨，占水产品总量的 97.9%。从海产品的构成来看，2010—2019 年韩国海水养殖产量约占海产品产量的 20%—30%，海洋捕捞产量约占海产品产量的 70%—80%，见表 2。为实现渔业可持续发展，韩国政府削减捕捞渔船数量，同时鼓励进一步发展水产养殖业。2022

年韩国海洋水产部工作计划提出要加强渔业创新，提升沿海渔村生活水平。

表2 2010—2019 年韩国水产品产量及变化情况

指标	2010年	2011年	2012年	2013年	2014年	2015年	2016年	2017年	2018年	2019年
海水养殖产量（万吨）	45.3	48.5	46.7	38.4	46.0	45.5	48.2	54.5	53.9	55.9
海洋捕捞产量（万吨）	171.2	173.2	165.4	159.0	173.3	164.1	135.3	134.6	138.9	135.3
海产品产量（万吨）	216.5	221.7	212.0	197.4	219.3	209.6	183.5	189.1	192.8	191.2
水产品总量（万吨）	219.8	225.0	215.1	199.9	222.3	212.9	187.0	192.5	196.3	195.2
海水养殖占海产品比重（%）	20.9	21.9	22.0	19.5	21.0	21.7	26.3	28.8	28.0	29.3
海洋捕捞占海产品比重（%）	79.1	78.1	78.0	80.5	79.0	78.3	73.7	71.2	72.0	70.7
海水产品占水产品比重（%）	98.5	98.6	98.6	98.7	98.7	98.5	98.1	98.3	98.2	97.9

资料来源：作者根据 2021 年联合国粮农组织数据库信息整理和计算。

2021 年韩国水产品出口额较 2020 年增长 22.4%，干海带和紫菜是主要出口品种。2021 年韩国的农畜水产出口总额为 113.6 亿美元，较 2020 年增加 15.1%。其中，水产品出口额 28.2 亿美元，较 2020 年同期增加 22.4%。在水产品中，干海带出口额在 2021 年达到 7 亿美元左右，较 2020 年增加了 15.4%，连续 11 年增加。2021 年韩国向 114 个国家出口了干海带。① 韩国紫菜出口额不断增加，产品远销 100 多个国家，2017 年 12 月首次突破 5 亿美元，截至 2021 年 9 月 30 日，韩国的紫菜出口额已达 5.07 亿美元。韩国紫菜出口对象也从 2010 年的 60 余个国家和地区增至 112 个国家和地区，

---

① 渔业博览会：《2021 年韩国海产品出口额同比增长 22.4%》，水产养殖网，2022 年 1 月 21 日，http://www.shuichan.cc/news_view-427294.html。

年出口额有望刷新历史纪录。①

韩国水产品消费量稳居世界前列。韩国海洋水产部对联合国粮农组织统计资料的分析结果显示，韩国人在 2013—2015 年人均每年水产品消费量为 58 千克，在主要国家中排第一位，挪威（53.3 千克）、日本（50.2 千克）、中国（39.5 千克）等紧随其后。② 根据粮农组织的预测，2030 年，韩国供人类消费的鱼类进口量将达到 194.9 万吨，比 2018 年增长 4.4%；供人类消费的鱼类出口量将达到 67.5 万吨，比 2018 年增长 14.4%，见表 3。韩国的人均水产品消费量很大，出产自俄罗斯的明太鱼占韩国进口的九成以上，受 2022 年俄乌局势的影响，韩国水产市场的诸多海产品都面临供不应求和价格上涨的风险。

表 3　供人类消费的鱼类贸易量预测（鲜重当量）

地区和国家	出口情况			进口情况		
	2018 年（万吨）	2030 年（万吨）	增长率（%）	2018 年（万吨）	2030 年（万吨）	增长率（%）
亚洲	2 090.1	2366	13.2	1 718.3	1774	3.2
中国	817.1	870.8	6.6	439.8	466.7	6.1
印度	139.8	135.1	−3.4	5.6	10.9	95.6
印度尼西亚	122.1	153.6	25.7	18.3	21.3	16.4
日本	72	74.6	3.6	350.5	323	− 7.8
菲律宾	42	42.2	0.5	55.4	54.5	− 1.6
韩国	59	67.5	14.4	186.6	194.9	4.4
泰国	177.9	214.5	20.6	204.1	210.6	3.2
越南	309.1	432.2	39.8	51.3	50.6	− 1.3

资料来源：联合国粮农组织《世界渔业和水产养殖状况 2020》。

---

① 《韩国今年前 9 月紫菜出口额突破 5 亿美元，年出口额有望刷新历史纪录》，韩联社，2021 年 10 月 7 日，https://www.jiemian.com/article/6673745.html。

② 魏悦：《韩国水产品人均消费量高　稳居世界第一》，环球网，2017 年 2 月 13 日，https://world.huanqiu.com/article/9CaKrnK0rHa。

（二）造船业

韩国 2021 年新船订单创八年来新高，2022 年一季度新船订单成交量约占全球市场的 50%。韩国造船业实力强劲，2021 年韩国承接的新船订单量为 1744 万修正总吨，这是自 2013 年以来的最高水平，相较于 2020 年度的新船订单量增长了 112%，与新冠疫情到来之前的 2019 年相比，新船订单量也增长了 82%。① 韩国造船业目前已经走出了前几年订单量少的低迷状态，正在重新迎来跨越式发展的局面。根据克拉克松 2022 年 4 月 5 日发布的数据，第一季度全球新船订单成交量为 920 万修正总吨（CGT），韩国承接了 457 万修正总吨，占全球市场份额的 49.7%，比 2021 年第一季度的 37.2% 上升了 12.5%，见表 4。

表 4　韩国船舶订单及全球占比情况

指标		2019 年	2020 年	2021 年	2022 年第一季度
全球订单	订单量（万修正总吨）	3073	2413	4696	920
	金额（亿美元）	796	497	1071	–
韩国订单及占比	订单量（万修正总吨）	958（31%）	823（34%）	1744（37%）	457（49.7%）
	金额（亿美元）	228（29%）	195（39%）	439（41%）	–

资料来源：『21년 국내 조선업 8년 만에 최대실적 달성』，韩国产业通商资源部报告，原数据来源于克拉克松公司。

从船舶出口情况来看，2016—2021 年，韩国船舶出口额呈现较大波动。2016—2021 年，除了 2017 年和 2021 年呈现正增长，其余年份均呈现负增长。2021 年韩国船舶出口额为 230 亿美元，比 2020 年增长 16.4%，见表 5。

---

① 杨明：《韩国造船业走出低迷　2021 年收获近 8 年来最大新船订单量》，经济日报，2022 年 1 月 11 日，http://paper.ce.cn/pc/content/202201/11/content_228575.html。

表 5 2016—2021 年韩国船舶出口及变化情况

指标	2016 年	2017 年	2018 年	2019 年	2020 年	2021 年
出口额（亿美元）	343	422	213	202	197	230
同比增减（%）	−14.6	23.1	−49.6	−5.2	−2.0	16.4

资料来源：『21년 국내 조선업 8년 만에 최대실적 달성』，韩国产业通商资源部报告，原数据来源于克拉克松公司。

韩国造船业依靠高附加值产品与中国同行竞争。韩国造船产业在全球居领先地位，特别是在液化天然气（LNG）运输船、超大型原油运输船（VLCC）、液化天然气驱动船、环保型运输船等高技术、高附加值船舶领域占据优势。2021 年韩国造船业的订单量虽然落后于中国位居世界第二，但是韩国造船产业所承接的高附加值船舶和绿色能源船舶订单量，仍处在世界第一位。液化天然气船不仅是高科技产品，利润高，而且是低碳船舶，温室气体排放量比普通柴油船低 15%—21%。2021 年，全球 302 艘高附加值新船订单中，韩国以 191 艘订单占全球总量的 65%。韩国高附加值船型中液化天然气运输船的订单量占全球的 89.3%。超大型油轮订单中，韩国造船厂独占全球 88% 的份额，见表 6。除此之外，在绿色船舶市场上，韩国也牢牢地占有 63.6% 的市场份额。

表 6 2021 年韩国高附加值船舶订单及全球占比

区分		集装箱船（1.2 万标箱）	超大型原油运输船（20 万载重吨位）	液化天然气货船（174 立方千米级）	合计
全球订单	万修正总吨	1151	142	647	1940
	艘	194	33	75	302
韩国订单	万修正总吨（比重）	549（48%）	125（88%）	578（89%）	1252（65%）
	艘	95	29	67	191

资料来源：『21년 국내 조선업 8년 만에 최대실적 달성』，韩国产业通商资源部报告，原数据来源于克拉克松公司。

韩国造船业之所以在世界范围内都有很强的竞争力，其原因在于韩国对于造船业技术人员的积累和韩国政府对造船业的重视。韩国政府 2018 年出台"重建海运五年计划"，专门成立韩国海洋振兴公社，提供金融和经营支持，着力打造自动航运船舶和智能型航海系统，旨在通过第四次产业革命实现全球领先。韩政府计划 2025 年投资 1600 亿韩元开发"国际海事机构"定义的三级自动航运船舶。① 2021 年，文在寅总统强调，韩国的目标非常明确，就是凭借绿色智能技术打造稳固的世界第一造船强国，为全球碳中和做出贡献。文在寅介绍，政府将积极扶持加强绿色智能造船技术，力争将韩国在全球绿色船舶的市占率从 2021 年的 66% 提升至 2030 年的 75%。文在寅承诺到 2022 年政府将培养 8000 名造船人才；营造造船大企业和中小企业共同发展的环境；普及低碳核心技术；支持研发无人驾驶船舶技术、安装智能芯片等项目。②

（三）海运业

国际海事组织共有 175 个成员，每两年召开一次大会选举产生 A、B、C 三类共 40 个成员组成的理事会。其中，A 类理事国为 10 个航运大国，B 类理事国为 10 个海上贸易大国，C 类理事国为 20 个代表世界主要地理区域的重要地区代表。自 2001 年起，韩国连续第 11 次当选国际海事组织 A 类理事国。韩国海运业发达，大量的进出口物流量通过海运实现。

2020 年韩国集装箱吞吐量位居全球第四位，仅次于中国、美国和新加坡。联合国贸发会议的统计数据显示，2011 年韩国集装箱吞吐量首次突破 2000 万标箱，2018—2020 年集装箱吞吐量均超过 2800 万标箱。其中，2020 年达到 2842.5 万标箱，全球排名第四。釜山港和仁川港是韩国最重要

---

① 《韩国将斥资 1600 亿韩元开发自主驾驶船舶》，国际船舶网，2020 年 6 月 7 日，http://www.eworldship.com/html/2020/ShipbuildingAbroad_0617/160754.html，访问日期：2021 年 10 月 9 日。

② 韩联社：《文在寅：力争将韩国打造成世界第一造船强国》，2021 年 9 月 10 日，http://bzy.scjg.jl.gov.cn/dbybzxx/zhxw/202109/t20210913_606784.html，访问日期：2021 年 10 月 9 日。

的两大海港。其中，釜山港是韩国第一大港口，位于韩国东南端，起着连接太平洋和亚洲大陆的枢纽作用，2020 年货物吞吐量 4.11 亿吨，在韩港口货物吞吐量中占比 27.2%；集装箱吞吐量 2 182.4 万标箱，占韩港口集装箱吞吐量的 75%。① 仁川港是韩国西海岸的最大港口，也是韩国首都首尔的外港，距首尔不到 40 公里。2020 年货物吞吐量 1.52 亿吨，同比减少 3.2%；集装箱吞吐量 327.2 万标箱，同比增加 6.5%。② 由于全球主要港口的严重瓶颈问题和中国货主更高的报价，2021 年 6—11 月，通过仁川港运输的货物量为 164 万标箱，同比下降了 5.5%，跌至 2021 年近几个月最低点。③
2010—2020 年韩国集装箱吞吐量情况见表 7。

表 7 2010—2020 年韩国集装箱吞吐量情况

单位：万标箱

年份	集装箱吞吐量
2010	1852
2011	2047
2012	2152
2013	2345
2014	2481
2015	2548
2016	2637
2017	2742
2018	2887
2019	2831
2020	2842

资料来源：联合国贸易和发展会议数据库，https://unctadstat.unctad.org/wds/Table Viewer/tableView.aspx?ReportId=13321，访问日期：2021 年 11 月 23 日。

---

① 商务部国际贸易经济合作研究院、中国驻韩国大使馆经济商务处、商务部对外投资和经济合作司：《对外投资合作国别（地区）指南：韩国（2021 年版）》。
② 商务部国际贸易经济合作研究院、中国驻韩国大使馆经济商务处、商务部对外投资和经济合作司：《对外投资合作国别（地区）指南：韩国（2021 年版）》。
③ 《韩国仁川港集装箱运量创六个月新低》，《韩国先驱报》2021 年 12 月 26 日。

海运业重建五年规划推动海运业发展。2018 年 4 月，韩国发布"海运重建五年计划"。该计划的实施为韩国在韩进海运破产后重建其在航运业的竞争力，成为国际航运业领先国家奠定了基础。2021 年 6 月，韩国海洋水产部发布落实"海运重建五年计划"的最新举措，争取在 10 年内实现海运营业收入 70 万亿韩元（约合人民币 4006 亿元），远洋集装箱船装载能力提高到 150 万标箱。根据该计划，产业银行、进出口银行、韩国资产管理公社及韩国海洋振兴公社将提供 15 亿美元的船舶融资，韩有关政府部门还考虑对高效环保船舶公募基金投资人适用"韩国版新政基建课税特例"。韩国政府将多措并举推进落实海运重建计划。一是支持中小型、骨干型货主与韩本土海运公司签署运费低廉的长期运输合同，克服进出口及物流困境，并支持韩海运公司建设和确保全球据点码头数量。二是自 2021 年起以经营租赁方式试点推进韩国型船东项目。计划最多采购 10 艘集装箱船、散装货船等船舶，力促租船价格下降。相关船舶采购数量将在 2025 年增至50 艘。争取韩国可控运力在 2030 年达到 1.4 亿载重吨。三是加快环保船项目的实施步伐，在 2031 年前投入 2540 亿韩元支持零碳船舶技术开发，并研究推进在光阳港建设技术验证中心，力争于 2050 年实现商业化运行。到2024 年在蔚山港建造加气专用码头。到 2030 年改造 528 艘环保船，将国内环保船舶比重提升至 15%。四是支持韩国最大航运公司 HMM（原现代商船）向韩国造船企业追加采购 12 艘 1.3 万标箱级集装箱船。①

（四）旅游业

新冠疫情对全球旅游业产生了严重影响，韩国旅游业也未能幸免。2022 年 1 月 4 日，韩国观光公社（旅游发展局）发布的数据显示，2021 年 1—11 月韩国接待外国游客同比减少 64.3%，为 87.7 万人次，这是自 1984 年

---

① 《韩国政府发布海运重建综合计划》，中国驻釜山总领事馆经贸之窗，2021 年 8 月 5 日，https://investgo.cn/article/gb/gbdt/202108/554476.html，访问日期：2021 年 10 月 11 日。

开始相关统计以来访韩外国游客首次跌破 100 万人次。访韩外国游客 1984 年为 129.7 万人次，此后不断增加，1988 年举办汉城（现首尔）奥运会时超过了 200 万人次，2002 年突破千万人次大关，2019 年为 1750.3 万人次，创下历史新高。其间，来自中国大陆的游客同比减少 76.6%，为 15.9 万人次，日本游客减少 96.7%，为 1.4 万人次。中国台湾、泰国、越南游客分别减少 97.7%、90.1%、76.1%。2021 年 1—11 月，出境的韩国人同比减少 74.2%，为 108.3 万人次。[①]

（五）海上风电与海上制氢

海上风电与海上制氢是全球新兴的海洋产业活动之一，也是很多国家近期非常重视和关注的产业活动。韩国力图成为世界五大海上风电强国之一，韩国海洋水产部提出氢能港口建设方案和海上制氢计划。

1. 海上风电

韩国政府的目标是 2030 年成为世界五大海上风电强国之一。为此制定了三大推进方向，即到 2030 年将三个园区 124 兆瓦规模的海上风电扩大 100 倍，达到 12 吉瓦；国家将积极支持地方政府开发大型园区，改进审批程序以便顺利推进项目；促进大规模民间投资，每年创造 8 万多个工作岗位，使发展收益能够惠及地区居民。

2021 年，韩国产业通商资源部对济州道的浮式海上风电系统开发项目给予 270 亿韩元的资助。济州道计划到 2025 年 4 月研发并制造 8 兆瓦级发电机，在水深 50 米以上海域建设浮式海上风电场，降低对海洋环境和渔业的影响。浮式海上风电研发将与智能城市建设和绿氢项目联系起来，打造生产、储存、利用清洁能源的划时代绿色能源生态系统。作为全球首个并网浮式海上风电场的开发商，2021 年挪威国家石油公司与韩国东西电力公

---

① 《统计：2021 年访韩外国游客或首跌破百万》，韩联社，2022 年 1 月 4 日，https://cn.yna.co.kr/view/MYH20220104010600881，访问日期：2022 年 1 月 15 日。

司（EWP）签署了一项合作协议，将在韩国开发首个商业浮式海上风电场，共同推动韩国能源转型和海上风电产业的发展。①

2. 海上制氢

在韩国第四次氢能经济委员会会议上，海洋水产部提出氢能港口建设方案和海上制氢计划，即到 2040 年建设 14 个具备氢能生产、物流、消费功能的氢能港口；到 2040 年实现海上制氢 12 万吨，占氢总供给量的 10%。为达到上述目标，韩国将颁布相关法律，编制基本计划，阶段性推进技术研发与实践。韩国海洋大学将与韩国船级社、韩国能源技术研究院等组成联盟，计划研发 1 兆瓦级浮式海上风电制氢装备（Hydrogen FPSO），预计到 2030 年完成吉瓦级浮式海上风电制氢装备的研发和验证。

（六）海洋生物医药业

韩国政府计划到 2030 年将国内海洋生物市场规模扩大到 1.2 万亿韩元，缩小与先进国家的技术差距，进口依存度从 2019 年的 70% 降低到 2030 年的 50%。韩国海洋水产部发布《抢占世界海洋生物市场战略（2021—2030）》提出，一要解决企业在海洋生物产业化过程中存在的原材料信息不足、难以大量生产、产品上市审批困难等，计划分阶段支持企业的海洋生物产业化；二要战略性地进行投资研发，选定重点培育技术领域，加强高技术转化。

四、展望

造船业、航运业、旅游业和渔业是韩国的传统优势海洋产业，旅游业

---

① 《Equinor 和 EWP 将合作韩国海上风电项目》，中国石化新闻网，2021 年 11 月 19 日，http://www.sinopecnews.com.cn/xnews/content/2021-11/19/content_7007361.html，访问日期：2022 年 1 月 17 日。

受到新冠疫情的影响最为严重。近年来，韩国积极扶持智能航海技术、海上浮式风电、海上制氢、海洋生物医药等新兴产业发展，抢占全球新兴海洋市场。韩国每十年发布一次海洋水产基本计划，2021 年 1 月，韩国开始实施《第三次海洋水产发展基本计划（2021—2030）》，规划未来海洋经济发展蓝图。随着新冠疫情的缓解，韩国海洋经济将逐步复苏，创新和可持续是其未来海洋经济发展的两个重要方向。

新加坡海洋经济发展情况分析

韦有周　崔晴　徐丛春　梁晨*

　　新加坡位于马来半岛南端、马六甲海峡出入口，北隔柔佛海峡与马来西亚相邻，南隔新加坡海峡与印度尼西亚相望。新加坡由新加坡岛及附近63个小岛组成，其中新加坡岛占全国面积的88.5%。地势低平，平均海拔15米，最高海拔163米，海岸线长193公里。[①]

一、经济社会发展总体情况

　　新加坡凭借地理优势，是亚洲重要的金融、服务和航运中心之一。世界经济论坛《2019年全球竞争力报告》显示，新加坡在全球最具竞争力的141个国家和地区中，列第一位。[②] 2022年3月发布的第31期全球金融中心指数（GFCI）排名显示，新加坡是第六大国际金融中心，仅次于纽约、伦敦、香港、上海和洛杉矶。

---

　　* 　韦有周，上海海洋大学经济管理学院副教授、硕士生导师；崔晴，上海海洋大学经济管理学院硕士研究生；徐丛春，国家海洋信息中心研究员；梁晨，国家海洋信息中心研究实习员。

　　① 　《新加坡国家概况》，外交部，2022年7月，https://www.mfa.gov.cn/web/gjhdq_676201/gj_676203/yz_676205/1206_677076/1206x0_677078/，访问日期：2022年9月11日。

　　② 　世界经济论坛报告，参见《2019年全球竞争力报告》。

（一）宏观经济情况

新加坡经济曾长期高速增长，成为当时的"亚洲四小龙"之一，1960—1984 年 GDP 年均增长 9%。2008 年国际金融危机暴发，新加坡金融业、制造业、旅游业以及对外贸易等遭到冲击，新加坡政府采取积极应对措施，推出一系列刺激政策，经济增长率 2010 年出现反弹，达到 14.5%。但后受到欧洲债务危机的影响，经济增长率再度回落。2017 年 2 月，新加坡发布未来十年经济发展战略，提出经济年均增长 2%—3%、实现包容发展、建设充满机遇的国家等目标。2020 年，受新冠疫情影响，新加坡国内生产总值约 3400 亿美元，比 2019 年减少 5.8%；其中旅游、零售以及对外贸易等领域受疫情影响显著，而增长仍较为强劲的制造业成为新加坡经济的重要支撑。人均国内生产总值也同期缩减，2020 年新加坡人均国内生产总值 5.98 万美元，比 2019 年减少 5.1%。2010—2021 年新加坡 GDP 及增长率情况参见图 1；2010—2021 年新加坡人均 GDP 情况，见图 2。

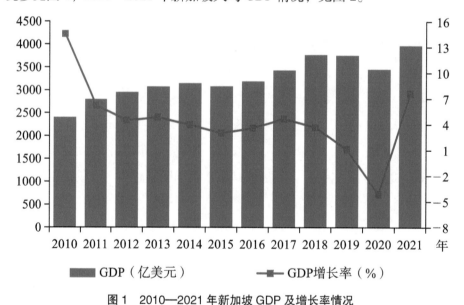

图 1　2010—2021 年新加坡 GDP 及增长率情况

资料来源：作者根据 2022 年世界银行数据库信息制作。

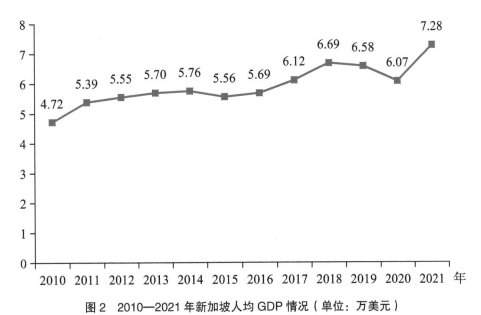

图2 2010—2021年新加坡人均GDP情况（单位：万美元）

资料来源：作者根据2022年世界银行数据库信息制作。

新加坡经济部门以制造业、服务业为主，前者主要包括电子、石油化工、机械设备制造、生物医药等，新加坡是世界第三大炼油中心；后者是经济增长的龙头，主要包括金融服务、零售与批发贸易、饭店旅游、交通运输、商业服务等。

（二）对外经贸情况

新加坡高度依赖中、美、日、欧和周边市场，外贸总额是GDP的3倍，属外贸驱动型经济。2020年对外货物贸易总额约6 923.6亿美元，其中出口3 625.3亿美元，进口3 298.3亿美元。主要进口商品为电子真空管、原油、加工石油产品、办公及数据处理机零件等，主要出口商品为成品油、电子元器件、化工品和工业机械等。主要贸易伙伴为中国、马来西亚、欧盟、印度尼西亚、美国。同时，新加坡在世界贸易中处于非常重要的地位。2020年，新加坡出口总额占世界出口总额的2.1%，进口总额占世界进口总额的 1.9%，世界排名分别为第 14 位和第 15 位。[1] 转口贸易占比高是新加坡独特区位优势的体现，2020 年新加坡转口贸易为 2812 亿新加坡元，占全部出口总额的 54.5%，[2] 显著高于本国出口，见图 3。

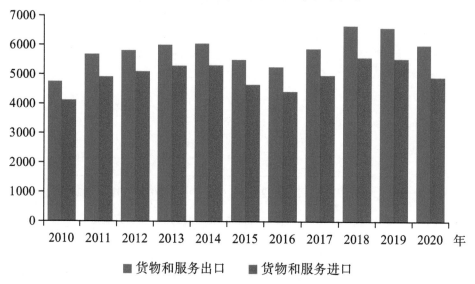

图 3　2010—2020 年新加坡货物和服务进出口额（单位：亿美元，现价）
资料来源：作者根据 2022 年世界银行数据库信息制作。

新加坡制定并实施"区域化经济发展战略"，鼓励开展海外投资。截至 2019 年底，新加坡对外直接投资累计达到 9347 亿新加坡元，中国、印度尼西亚、马来西亚、澳大利亚、英国为前五大对象国，制造业以及金融服务业为主要投资领域。根据国际货币基金组织制定的标准，2020 年末国际投资头寸表中对外直接投资为 1.6 万亿新加坡元。

新加坡也积极吸引海外投资。截至 2019 年底，新加坡共吸引海外直接投资 1.9 万亿新加坡元，前五大资金来源国为美国、日本、英国、荷兰、中国，也集中在制造业以及金融服务业。根据国际货币基金组织制定的标

① 世界贸易组织报告，参见 World Trade Organization, World Trade Statistical Review 2021。
② 新加坡国家统计局报告，参见 Singapore Department of Statistics, Singapore's International Trade 2017-2020。

准，2020 年末国际投资头寸表中外来直接投资为 2.45 万亿新加坡元。

（三）人口情况

殖民统治的历史、交通便捷的地理位置以及移民社会的特性使得新加坡社会呈现出多元文化的特色。2020 年，新加坡总人口 568.6 万人，公民和永久居民 404.4 万人，华人占 74% 左右，其余为马来人、印度人和其他种族。2010—2020 年，人口年均增长率为 1.1%，见图 4。

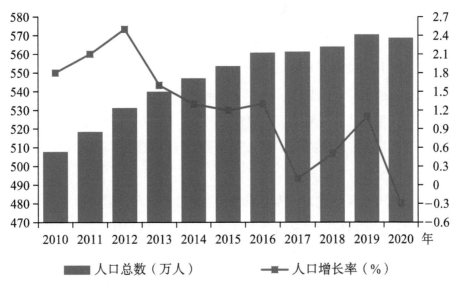

图 4　2010—2020 年新加坡人口总数及增长率

资料来源：作者根据 2022 年世界银行数据库信息制作。

二、主要海洋产业发展情况

新加坡海洋产业主要有海洋渔业、海事产业、滨海旅游业等。其中，海事产业由新加坡航运和港口、海事服务、海上和海洋工程部门（船舶、海洋发动机、石油钻井平台、油田和气田机械和设备的制造和维修）组成，贡献了新加坡国内生产总值的 7%，提供超过 17 万个工作岗位。

（一）海洋渔业

新加坡由于海区有限并不具有充足的渔业资源，近年来，海洋捕捞产量下降趋势明显。虽然新加坡具有气候条件优良的先天优势，养殖产业发展迅速，是世界最大的观赏鱼出口国和东南亚渔业转运中心，但是新加坡生产的水产品产品并不能满足本国消费，主要靠从其他国家进口。

1. 海洋渔业资源 [①]

新加坡处于马来西亚、印度尼西亚之间，领海狭窄，可用于捕捞的海区有限，并不具有丰富的渔业资源优势。新加坡拥有一支小型商业渔船队，由 7 艘离岸渔船和 1 艘近海渔船组成，所有渔船的长度都不到 24 米，均由新加坡人拥有和经营，并获许可在新加坡水域内进行捕鱼活动。新加坡也有一艘公海捕鱼船，接收在区域渔业管理组织（RFMOs）管理水域作业的外国渔船的鱼类转运。新加坡渔船捕捞的鱼全部在国内消费，2016 年当地商业船队从新加坡水域捕捞了约 1235 吨野生鱼。新加坡捕鱼业在进行捕捞活动时不接受政府补贴。

新加坡气候条件优良，渔业养殖风险较低，在苗种繁殖和水产养殖上具有优势。食用鱼生产主要来自柔佛海峡沿岸漂浮的渔网笼子里的沿海养殖。截至 2018 年 6 月，新加坡共有 114 个沿海渔场。养殖的常见海洋食用鱼类包括鲈鱼、石斑鱼、鲷鱼、遮目鱼和鲻鱼；绿贻贝是新加坡贝类生产的主要部分。此外，新加坡具有良好的基础设施和发达的物流运输条件，在东盟国家里扮演了渔业转口贸易商的角色。新加坡充分发挥这两种优势，得已成为世界上最大的观赏鱼出口国和东南亚渔业转运中心。

[①] 东亚海环境管理伙伴关系区域组织报告，参见 Partnerships in Environmental Management for the Seas of East Asia, National State of Oceans and Coasts 2018: Blue Economy Growth SINGAPORE。

2. 渔业生产情况

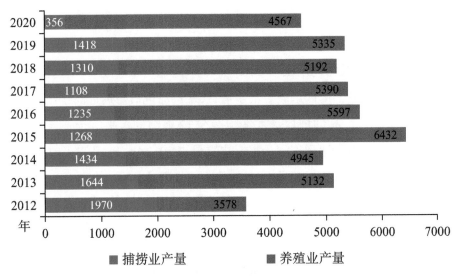

图 5　2012—2020 年新加坡渔业生产情况（单位：吨）

资料来源：作者根据 2022 年新加坡国家统计局数据库信息制作。

新加坡海洋捕捞业产量在 2000 年之前总体维持在 1 万吨以上，进入 21 世纪捕捞业产量出现大幅下滑，2012 年后年产量均不到 2000 吨，受新冠疫情影响，2020 年下降到 356 吨。进入 21 世纪养殖业产量增长明显，2006 年产量超过 8500 吨，为近 20 年来的最大产量，近些年来产量呈现下滑态势。但是总体来说，新加坡的鱼类和海鲜市场以进口商品为主，当地海产品生产远远满足不了消费，见图 5。

海洋捕捞。由于海域面积的限制，新加坡捕捞业发展有限，捕捞产量约占全部渔业产量的 20%。2020 年由于新冠疫情的影响，渔船出行次数减少，捕捞产量出现大幅下降。根据最新数据，2021 年前三季度捕捞量为 244 吨，仍处于低位。

海水养殖。新加坡尽管可用于水产养殖的海洋空间有限，但水产养殖业正在蓬勃发展，已经远远超过了捕捞业的产量，大约是捕捞业产量的 4 倍，水产养殖业的地位越来越重要。2015 年以来水产养殖产量均超过了 5000 吨，2016 年的产量甚至超过 6400 吨，尽管受 2020 年新冠疫情的影响有所下滑，但仍保持 4500 吨的水平，相较于捕捞业产量大幅下滑来看，水产养殖业受新冠疫情影响程度较小。海水食用鱼品种有石斑鱼、鲈鱼、鲷鱼和遮目鱼。①

3. 在全球贸易中的地位

新加坡水产品生产远远满足不了消费，水产品进口量远远高于出口量。2012 年以来，水产品的进口量基本维持在 12 万吨的水平，近两年有上涨趋势，2020 年进口量达到 12.8 万吨；出口量自 2012 年以来下降趋势明显，已经由 2012 年的 2.8 万吨下降到 2020 年的 1.8 万吨，一方面由于新加坡水产品捕捞量的下降，另一方面也说明了国内需求的上涨，见图 6。

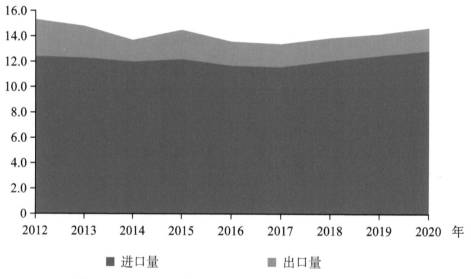

图 6 2012—2020 年新加坡水产品进出口情况（单位：万吨）

资料来源：作者根据 2022 年新加坡国家统计局数据库信息制作。

注：水产品不包括干鱼、盐鱼、卤水鱼。

根据新加坡食品局（SFA）的最新报告，2020 年鱼类和其他海产品（包括所有活的和冷冻的）的进口量约为 13.4 万吨，其中鱼类进口量为 10 万吨，其他海鲜产品为 3.4 万吨。主要的进口国家为越南、印度尼西亚、澳大利亚、

---

① 新加坡食品局报告，参见 Singapore Food Agency, Coastal Fish Farming in Singapore。

印度、泰国、马来西亚、中国（排名不分先后）。[①]

4. 国内海产品的消费

根据新加坡食品局的最新报告，新加坡人均海鲜消费量约为 22 千克，其中鱼类 16 千克，其他海产品 6 千克，超过全球平均人均消费水平，国内养殖业产量仅占国内消费量的 8%。[②] 裕廊渔港（JFP）和圣诺哥渔港（SFP）由新加坡食品局管理，它们是本地采购和进口鱼类和海鲜的批发和配送中心。

5. 海洋渔业管理举措

新加坡捕鱼能力有限，而且水产养殖业也面临着有害藻华和气候变化的威胁。新加坡政府机构为此做了大量工作，一是大力促进合法捕鱼，签署《区域行动计划》，与区域渔业管理组织国家进行鱼类贸易；二是对于商业渔船进行监测，每年进行执照更新，并对商业捕鱼活动的地点以及捕捞的海鲜实施监测和记录；三是为了更好应对赤潮，密切监测水质，并培训养殖场主制订应急计划；四是提高养殖的可持续性，于 2014 年启动了渔业良好水产养殖规范计划等。

（二）海事产业

新加坡海事产业包括海上和海洋工程、港口与航运等产业，是新加坡最具全球竞争力的海洋产业。新加坡政府对此高度重视，近年来持续增加资金扶持和政策引导。交通部高级部长在新加坡议会上表示，新加坡计划到 2024 年在海事产业投入 200 亿新加坡元（约合 149 亿美元），新增投资将增加海事法律、仲裁、船舶管理和海事保险等领域的就业机会。同时，他提出新加坡的目标是成为全球顶级的海事创业中心，成为海事技术的硅

[①] 新加坡食品局报告，参见 Singapore Food Agency, Growing Our Food Future-Annual Report 2020/21。

[②] 新加坡食品局报告，参见 Singapore Food Agency, Growing Our Food Future-Annual Report 2020/21。

谷。到 2025 年，支持的海事科技初创企业数量从 30 家增至 100 家。

1. 海上和海洋工程业

海上和海洋工程业主要由船舶修理部门、造船部门和离岸部门组成，新加坡利用其优越的区位优势和强大的基础设施，成为全球船舶维修中心，海洋和海洋工程业创造的营业额每年在 100 亿新加坡元以上。

（1）产业构成

船舶维修部门。新加坡是一个大型吨位的全球船舶维修中心。新加坡造船厂利用其强大的基础设施、安全记录和项目管理，可以从事近 300 个维修、升级和翻新项目，涉及液化天然气（LNG）运输船、邮轮、超级游艇和专业船舶。

在过去 10 年中，专门停靠新加坡进行维修的船只数量逐步下降。2019 年，共记录了 2652 次船舶维修需求，而 2018 年为 2784 次，减少了 132 艘，跌幅为 4.7%；但维修的船舶总吨位从 2018 年的 2 982.9 万吨增加到 2019 年的 3 325.5 万吨，上涨 11.5%。

2019 年，开展了约 95 个液化天然气项目，其中包括交付一个浮式储存再气化装置（FSRU）转换项目，比 2018 年增加了 24 个项目，增幅为 33.8%，进一步强化了新加坡作为液化天然气相关维修、维护和其他相关工程解决方案的全球中心的作用。2019 年，新加坡还开展了约 16 个与邮轮相关的维修工程，均为嘉年华、皇家加勒比等全球著名邮轮公司的项目。[1]

造船部门。2019 年，新加坡共启动建造 64 艘船舶，总吨位 36 943 吨。虽然船舶艘数比 2018 年高 20.8%，但总吨位比 2018 年低 65.3%。[2] 造船部门主要由胜科集团（Sembcorp Marine）和吉宝集团（Keppel Corp）控制。胜科集团旗下的裕廊造船厂是新加坡第一家提供船舶维修服务和商业造船的造船厂，森巴旺造船厂为该集团的第二家造船厂。除此之外，胜科集团

---

[1]　新加坡海洋产业协会报告，参见 Association of Singapore Marine Industries, Annual Report 2019。

[2]　新加坡海洋产业协会报告，参见 Association of Singapore Marine Industries, Annual Report 2019。

还将在大士（Tuas）地区建造一个最终占地206公顷、服务于全球油气和海事部门的大型综合造船厂。吉宝集团下的吉宝造船厂，目前是浮式生产储油和卸载以及浮式储存再气化装置转换的全球领军企业。2019年，吉宝集团向比利时的扬德努集团（Jan De Nul）交付了四艘拖尾吸漏斗挖泥船，其他产品还包括船员船、安全船、渡轮、风电场船、消防船和巡逻艇。[①]

（2）运营情况

新加坡海上和海洋工程业的营业额由船舶修理部门、造船部门以及离岸部门提供，其中船舶修理部门和离岸部门是主要部门。海上和海洋工程业的营业额自2008年以来呈现出下降态势，2008—2015年营业额大约在150亿新加坡元，近几年则逐渐下降到100亿新加坡元左右。2019年，新加坡海上和海洋工程部门营业额为111亿新加坡元，营业额出现下降的主要原因是外部竞争的影响，使得船舶修理部门、造船部门、离岸部门都出现一定程度的下降。2008—2019年新加坡海上和海洋工程部门营业额见图7。

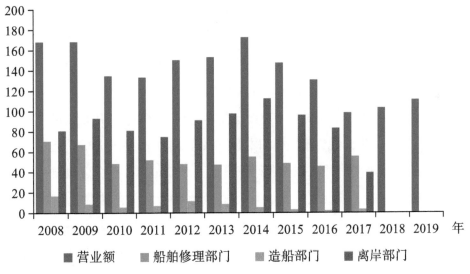

图7 2008—2019年新加坡海上和海洋工程部门营业额（单位：亿新加坡元）

资料来源：作者根据2022年新加坡海洋产业协会数据信息制作。

[①] 新加坡海洋产业协会报告，参见 Association of Singapore Marine Industries, Annual Report 2019。

2. 港口与航运业

新加坡陆上国土面积仅为 718 平方公里，狭小的经济腹地并没有成为新加坡港航运业发展的制约。新加坡依托地处马六甲海峡的咽喉地带的优越区位，形成了特有的航运经济发展模式——以中转业务和转口贸易为主要职能的航运经济发展模式。新加坡港为世界最繁忙的港口和主要转口枢纽之一，有 200 多条航线连接世界 600 多个港口。

（1）港口公司概况

新加坡港口包括位于丹戎巴葛、吉宝、布拉尼、巴西班让、森巴旺和裕廊的码头。这些码头由两家商业港口运营商管理——新加坡港务集团新加坡码头有限公司（PSA）主要负责新加坡主要的集装箱装卸业务，裕廊港私人有限公司主要负责散货和常规货运码头业务。

新加坡港务集团新加坡码头有限公司运营四个集装箱码头，共有 67 个泊位，分别位于丹戎巴葛、吉宝、布拉尼和巴西班让，它们是一个无缝衔接的综合设施。其最新的码头，巴西班让码头可以处理 13 000 个标箱容量的大型集装箱船，该码头第三和第四阶段的扩建于 2015 年启动，完工后将使新加坡港务集团新加坡码头有限公司的总港口容量增加约 50%，达到5000 万标箱，从而加强了新加坡作为世界最大转运中心的地位。港务集团还投资约 35 亿新加坡元，用于建设最先进的基础设施和应用最新的港口技术，将会有自动化的集装箱堆场和由智能系统支持的无人轨道龙门起重机。目前，新加坡港务集团正在大士码头开发一个新港口，整个建设分为四个阶段，第一阶段是先建立一个设有 20 个深水泊位、总容量为每年 2000 万标箱的码头，预计将于 2021 年建成并逐步开放。2040 年大士码头完全建成后，总容量将达到 6500 万标箱，从而满足未来集装箱装卸需求的增长。丹戎巴葛、吉宝、布拉尼码头租约将于 2027 年到期，届时所有集装箱港口活动将在即将建成的大士港合并，由于取消了码头间运输，码头的合并预计将提高港口运营效率。

裕廊港私人有限公司管理的裕廊港是一个多用途港口，也是新加坡和该地区主要的散货和常规货物门户，该港口处理钢铁产品、水泥、工程货物和铜渣等，利用广泛的管道网络和输送系统，实现快速、环保的卸货和装货，推动着当地建筑业的发展；它还被伦敦金属交易所认定为钢材和锡锭等金属交易公司理想的储存和转运中心。裕廊港还有两个独立的驳船码头，供船只向在新加坡停靠的船只运送备件和供应品。裕廊港私人有限公司除了经营主码头外，还经营着海上海洋中心，为从事海上和海上设备制造的公司提供港口服务。

（2）港口运营情况

新加坡货物吞吐量、集装箱吞吐量、船舶到达量（重量计）2011年以来呈现逐步上升的态势，2020年货物吞吐量约5.9亿吨，集装箱吞吐量约3687.1万标箱，船舶到达量约为290 261.5万吨，如表1所示。虽然2020年受新冠疫情影响程度不大，但是以数量计的船舶到达量2020年出现较大幅下降，这说明了2020年船舶到达以载重量较大的船为主。

表1　2011—2020年新加坡港口主要指标

年份	货物吞吐量（万吨）	集装箱吞吐量（万标箱）	船舶到达量（只）	船舶到达量（万吨）
2011	53 117.6	2 993.8	127 998	212 028.2
2012	53 801.2	3 164.9	130 422	225 435.3
2013	56 088.8	3 257.9	139 417	232 612.1
2014	58 126.8	3 386.9	134 883	237 110.7
2015	57 584.6	3 092.2	132 922	250 415.5
2016	59 329.7	3 090.4	138 998	266 269.5
2017	62 768.8	3 366.7	145 147	279 958.5
2018	6 3012.5	3 659.9	140 768	279 196.6
2019	62 652.1	3 719.6	138 297	285 473.4
2020	59 073.8	3 687.1	96 857	290 261.5

资料来源：新加坡海事和港口管理局，参见 Maritime and Port Authority of Singapore, Port Statistics, accessed December 4, 2021, https://www.mpa.gov.sg/who-we-are/newsroom-resources/research-and-statistics。

3. 海事产业管理举措

新加坡海上空间有限，容易发生海上事故，从而导致重大石油泄漏，影响海洋生物多样性。除此之外，船舶产生的海浪严重侵蚀着海岸。为此新加坡政府机构出台了一系列措施，促进海事产业的可持续发展。新加坡海事及港务管理局制定海洋应急行动程序（MEAP），并定期进行应急演习；为了促进安全航行，采用综合无线监控系统，提供广播服务并及时发布水文信息；积极防治船舶污染海洋环境，加入《国际防止船舶造成污染公约》（MARPOL），并完善船舶垃圾接受设施。此外，新加坡海事和港务局与工业界、工会和其他政府机构合作，开发了海洋运输业转型发展规划（ITM），为新加坡海事产业的下一步发展提出了目标并提供了长期计划和战略举措。

（三）滨海旅游业

作为一个高度城市化、土地稀缺的岛国，新加坡的许多沿海景点与传统意义上的滨海旅游截然不同。新加坡著名的沙滩包括圣淘沙岛的海滩、东海岸海滩以及滨海湾金沙滩。新加坡的动物园、植物园、滨海湾金沙娱乐城也吸引了大量的游客。新加坡植物园是其首个联合国教科文组织世界文化遗产，拥有超过两万多种的亚热带、热带的花卉以及树木，它既是专业花圃和原始树林的结合，也是热带岛屿植物繁多茂盛的缩影。

旅游业在新加坡是一个对经济贡献很大的产业，2019 年吸引了超过 1 911.6 万名国际游客，超过新加坡总人口的 3 倍。在世界经济论坛发布的 2020 年旅游业竞争力报告中，2019 年新加坡在 140 个国家中位列第 17 位，在东南亚地区排名第一。2010—2019 年新加坡国际游客到达人数呈现逐渐上升的态势，其中 2018 年 1 850.8 万人次，2019 年 1 911.6 万人次。但是 2020 年由于新冠疫情影响，新加坡的国际游客到达人次出现断崖式下跌，仅为 274.2 万人次。从 2020 年国际游客到达国别结构来看，印度尼西亚 45.7 万人次、中国大陆 35.7 万人次、澳大利亚 20.6 万人次、印度 17.6 万人次、马来西亚 15.4 万人次，这五个国家和地区占其 2020 年国际游客到达人次数的 49.3%。同比下降最大的是中国大陆，下降 90%，印度和印度尼西亚分别下降 88%、85%。[①]根据新加坡国家统计局 2021 年 12 月发布的旅游数据，2021 年 1—10 月新加坡国际游客仅为 17 万人次，世界范围内的病毒流行导致旅游业进入了寒冬。2010—2020 年新加坡国际游客入境情况见表 2。

表 2　2010—2020 年按入境旅游市场划分的国际旅客入境人数

（单位：人次）

年份	入境游客总数	东南亚	大中华区	北亚	南亚	西亚	美洲	欧洲	大洋洲	非洲	其他
2010	11 641 701	4 821 753	1 773 539	890 463	1 046 307	146 556	524 845	1 373 680	989 116	75 388	54
2011	13 171 303	5 414 250	2 307 168	1 072 195	1 091 215	154 293	563 740	1 401 654	1 093 417	73 238	133
2012	14 496 092	5 779 608	2 814 915	1 203 821	1 132 465	146 639	616 368	1 537 509	1 189 179	67 819	7769
2013	15 567 923	6 166 395	3 186 900	1 305 803	1 190 175	156 796	641 445	1 591 341	1 261 148	66 487	1433
2014	15 095 152	6 113 076	2 722 566	1 362 448	1 200 128	170 154	635 269	1 617 377	1 207 910	65 934	290
2015	15 231 469	5 748 155	3 125 632	1 367 113	1 277 920	165 881	657 286	1 635 876	1 186 280	67 302	24
2016	16 403 459	6 007 480	3 821 254	1 350 878	1 378 995	180 545	680 644	1 743 071	1 168 067	72 409	116
2017	17 424 611	6 225 114	4 116 054	1 424 416	1 559 487	174 574	758 653	1 853 903	1 235 686	76 711	13
2018	18 508 302	6 520 966	4 342 801	1 459 611	1 745 337	163 658	861 717	2 063 284	1 267 103	83 805	20
2019	19 116 016	6 624 323	4 571 748	1 530 353	1 713 693	168 902	962 711	2 132 809	1 320 506	90 966	5
2020	2 742 443	896 779	481 980	215 441	218 632	20 815	171 252	489 123	234 054	14 364	3

资料来源：Singapore Department of Statistics, Tourism, https://www.singstat.gov.sg/find-data/search-by-theme/industry/tourism/latest-data, 2021-12-20。

新加坡的旅游收入由购物、住宿、餐饮、观光娱乐游戏以及其他部分组成。旅游收入自 2008 年以来有逐渐上升的态势，其中观光娱乐游戏增长最为明显，由 2008 年的 1.77 亿新加坡元增长到 2019 年的 59.97 亿新加坡元。受到新冠肺炎的影响，2020 年旅游收入出现了大幅下滑，仅为 48.3 亿新加

---

① 新加坡旅游局报告，参见 Singapore Tourism Board, Tourism Sector Performance 2020 Report。

坡元，其中购物 7.0 亿新加坡元、住宿 10.2 亿新加坡元、餐饮 4.5 亿新加坡元、观光娱乐游戏 9.5 亿新加坡元；中国、印度尼西亚、印度、澳大利亚、日本是旅游收入来源的前 5 位的国家。2008—2020 年新加坡旅游收入情况，见表 3。

表 3　2008—2020 年新加坡旅游收入情况

单位：亿新加坡元

年份	购物	住宿	餐饮	观光、娱乐、游戏	其他部分	总和
2008	39.82	36.08	18.48	1.77	58.61	154.75
2009	33.77	28.39	15.12	2.01	47.12	126.42
2010	39.71	36.23	19.03	34.23	54.21	183.41
2011	44.89	43.90	22.39	53.91	57.68	222.77
2012	45.88	50.38	22.46	52.40	59.70	230.81
2013	45.53	53.32	22.94	54.71	58.19	234.69
2014	41.16	53.09	22.63	58.23	60.49	235.60
2015	39.13	46.80	23.19	50.93	57.72	217.77
2016	59.58	59.16	27.87	53.48	57.39	257.48
2017	61.72	60.16	26.49	56.18	63.52	268.07
2018	53.85	56.66	25.93	58.59	74.40	269.42
2019	56.40	55.29	24.97	59.97	80.26	276.89
2020	7.03	10.22	4.54	9.51	17.00	48.30

资料来源：Singapore Tourism Analytics Network, Annual Statistics, December 17, 2021, https://stan.stb.gov.sg/content/stan/en/tourism-statistics.html。

三、结语

作为一个岛国，虽然领海面积不大，但新加坡充分了发挥自身优势，利用并不丰富的海洋资源，努力培育发展海洋产业，形成了特色明显、实力雄厚的海洋经济。新加坡不具有丰富的渔业资源优势，却拥有着得天独厚的气候条件，因此渔业养殖发展优势独具；优越的战略位置，港口资源丰富，使得新加坡成为国际航运和贸易的重要中转站；注重对景点的规划与建设，打造全球著名的旅游胜地，大力发展旅游业，吸引了大量国外游客，带动了新加坡滨海旅游业发展。总之，新加坡既是国际航运中心，又是国际贸易中心，也是国际旅游中心，海洋经济在新加坡国民经济中起着至关重要的作用。

新加坡于 2021 年 2 月启动了 2030 年新加坡绿色发展蓝图（Singapore Green Plan 2030），该计划旨在推动新加坡关于可持续发展的国家议程。虽然 2030 年新加坡绿色发展蓝图主要关注气候变化的绿色方面或陆地基础解决方案，但新加坡可以利用其海洋和沿海资源来补充和加强已做出的努力，以实现长期和可持续的经济增长。

菲律宾海洋产业的现状与主要特点

张洁[*]

菲律宾拥有丰富的海洋资源，但其海洋经济潜力并未完全发挥，这是由资金投入不足、科技研发落后、海洋管理机制碎片化等多种因素导致的。杜特尔特政府任期内，菲律宾双管齐下，在加强国内海洋治理的同时大力拓展国际合作，以提升本国的海洋经济发展水平。

一、菲律宾社会经济发展概况

菲律宾位于亚洲东南部，西濒南海，东临太平洋，总面积 29.97 万平方公里，其中吕宋岛、棉兰老岛、萨马岛等 11 个主要岛屿占全国总面积的 96%。

菲律宾人口约 1.1 亿，马来族占全国人口的 85% 以上。少数民族及外来后裔有华人、阿拉伯人、印度人、西班牙人和美国人，国语是以他加禄语为基础的菲律宾语，英语为官方语言。国民约 85% 信奉天主教。[①]

菲律宾资源种类丰富。在水产资源中，鱼类品种达 2400 多种，金枪鱼资源居世界前列。已开发的海水、淡水渔场面积 2080 平方公里。森林面积

---

* 张洁，中国社会科学院亚太与全球战略研究院研究员。

① 《菲律宾国家概况》，外交部，2021 年 12 月，https://www.fmprc.gov.cn/web/gjhdq_676201/gj_676203/yz_676205/1206_676452/1206x0_676454/。

1579 万公顷，覆盖率达 53%。有乌木、檀木等名贵木材。矿藏主要有铜、金、银、铁、铬、镍等 20 余种。地热资源预计有 20.9 亿桶原油标准能源。巴拉望岛西北部海域有石油储量约 3.5 亿桶。

菲律宾产业分为农林渔猎业、工业和服务业。在农林渔猎业中，热带海产和水果为主要特色产业，包括椰子油、香蕉、鱼和虾、糖及糖制品、椰丝、菠萝和菠萝汁、未加工烟草、天然橡胶、椰子粉粕和海藻等。工业主要包括食品加工、化工产品、无线电通信设备等。服务业是菲律宾的重点产业，主要包括旅游、批发零售、汽车修理行业等。其中，旅游业是菲律宾外汇收入重要来源之一。近年来，服务业增长值占菲律宾国内生产总值（GDP）的 60% 左右。① 但是，2020 年新冠疫情暴发至今，菲律宾旅游业遭受重创，批发零售和汽车修理行业成为服务业收入增长的主要拉动力。根据菲律宾官方数据，2021 年菲律宾国内生产总值同比增长 5.6%，全年工业和服务业分别增长 8.2% 和 5.3%，农业、林业和渔业收缩了 −0.3%。②

菲律宾与 150 个国家和地区有贸易关系，主要贸易伙伴包括中国大陆、日本、美国、中国香港、韩国、新加坡、泰国、中国台湾、印度尼西亚、马来西亚等。菲律宾的主要出口商品是电子产品、机械及运输设备、交通工具零配件、金属元器件等；主要进口商品是电子产品、矿物燃料和润滑油、运输设备、工业机械和设备、钢铁、混合制成品等。③2021 年，菲律宾对外贸易总额为 1 924.2 亿美元，其中出口总额为 746.4 亿美元，年增长14.5%；进口总额 1 177.8 亿美元，比 2021 年增长 31.1%。④

---

① 商务部国际贸易经济合作研究院、中国驻菲律宾大使馆经济商务处、商务部对外投资和经济合作司：《对外投资合作国别（地区）指南：菲律宾（2021 年版）》。

② 《菲律宾 2021 年 GDP 增长达 5.6%》，中国新闻网，2022 年 1 月 27 日，http://m.chinanews.com/wap/detail/zw/gj/2022/01-27/9663582.shtml。

③ 商务部国际贸易经济合作研究院、中国驻菲律宾大使馆经济商务处、商务部对外投资和经济合作司：《对外投资合作国别（地区）指南：菲律宾（2021 年版）》。

④ Highlights of the Philippine Export and Import Statistics December 2021 (Preliminary), Jaunary 27, 2022,Philippine Statistics Authority,accessed June 16, 2022, https://psa.gov.ph/statistics/foreign-trade/fts-release-id/165746.

二、菲律宾海洋经济发展情况：现状与特点

菲律宾拥有丰富的海洋资源。菲律宾海岸线长约 18 533 公里，由 7000 多个岛屿组成。菲律宾位于世界著名的珊瑚礁三角区，该区域是海洋生物多样性的全球热点区域，包含超过 76% 的浅水珊瑚礁物种，37% 的岩礁鱼类，还可见大量的蛏、海龟和全世界最大的红树林。[①]

海洋产业是菲律宾国民经济的重要组成部分，在国民经济总量中占比约 7%。[②] 海洋产业为菲律宾提供了大量的就业机会，直接从事渔业的人数近 200 万（2019 年）[③]，其中从事小规模捕捞活动的渔民达 60 多万。[④]

菲律宾海洋传统产业部门齐全，部分产业特色突出，见图 1。其中，渔业捕捞和养殖业、交通运输业是菲律宾海洋产业的核心部门，船舶制造和维修、港口运营管理、海事教育和培训等部门则为这两个核心部门提供各类支持。菲律宾是世界第八大渔业国、第四大造船国（2017 年）和国际海员主要的来源国。[⑤]

[①] Asaad I., Lundquist C J, Erdmann M V, et al,"Delineating Priority Areas for Marine Biodiversity Conservation in the Coral Triangle," Biological Conservation, 2018, pp.198-211, 转引自缪苗、刘晃、陈军、王佳迪：《"一带一路"背景下中国—菲律宾渔业合作前景分析》，《江苏农业科学》2019 年第 19 期。

[②] 具体数据为 7.5%（2012）、7.1%（2013）、7.0%（2014）、7.1%（2015）、7.0%（2016），参见 Nilda Baling and Romeo Recide, "State of Oceans and Coasts: Philippines," Blue Economy Forum 2017, accessed June 6, 2021, http://pemsea.org/sites/default/files/1h%20Philippines_SOC_Blue%20Economy%20Forum%202017.pdf。

[③] FAO Yearbook: Fishery and Aquaculture Statistics 2019, Food and Agriculter Organization of the United States, accessed June 17, 2022, https://www.fao.org/3/cb7874t/cb7874t.pdf。

[④] Nilda Baling and Romeo Recide,"State of Oceans and Coasts: Philippines," Blue Economy Forum 2017, accessed June 6, 2021, http://pemsea.org/sites/default/files/1h%20Philippines_SOC_Blue%20Economy%20Forum%202017.pdf。

[⑤] 王勤：《东盟区域海洋经济发展与合作的新格局》，《亚太经济》2016 年第 2 期。

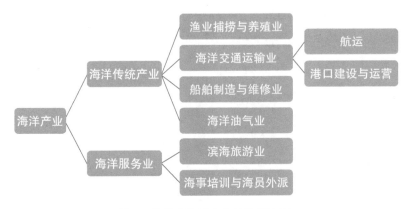

图 1　菲律宾海洋产业结构示意图

资料来源：作者自制。

（一）渔业捕捞与养殖业

菲律宾拥有 2300 种鱼类、上百种海草及上千种海洋无脊椎生物，是全世界海洋及沿岸生态系统特别丰富的国家之一。根据粮农组织《2019 年世界渔业和水产养殖状况》研究报告，2019 年菲律宾海洋捕捞总产量居世界第十位，水产养殖总产量居世界第十位。[①] 近年来，菲律宾渔业产量明显下降，在 2019 年和 2020 年短暂上升后，到 2021 年又明显下降，见表 1。在世界主要鱼类生产国中的排名由 2013 年的第七位跌至 2015 年的第十位，在 2018 年跌出了前十名。[②]

[①] FAO Yearbook: Fishery and Aquaculture Statistics 2019, Food and Agriculter Organization of the United States, accessed June 6, 2021, https://www.fao.org/3/cb7874t/cb7874t.pdf.

[②] Maritime Industry Authourity, Philippines: Maritime Industry Development Plan (2019-2028),December 8,2018,accessed October 10, 2021, https://marina.gov.ph/wp-content/uploads/2018/12/Draft-MIDP-2019-2028_LPE_LMC_26Nov_8Dec2018.pdf.

表 1 菲律宾渔业产量与产值（2011—2021 年）

年份	渔业产量（万吨）	渔业产值（亿比索）
2011	497.6	2246.95
2012	486.5	2377.11
2013	470.5	2445.52
2014	468.9	2419.44
2015	464.9	2397.02
2016	435.6	2289.34
2017	431.2	2439.02
2018	435.7	2653.49
2019	441.5	—
2020	440.0	—
2021	425.1	—

资料来源：2011—2018 年数据根据菲律宾国家统计局历年的《菲律宾渔业统计数据》整理所得，2019—2021 年数据来源见 Fisheries Situation Report, PSA, January to December 2021, accessed June 10, 2022, https://psa.gov.ph/fisheries-special-release/node/166392。

菲律宾渔业主要分为捕捞渔业和水产养殖业，其中捕捞渔业又分为商业渔业和市政渔业。① 商业捕捞鱼类多为加工出口附加值较高的类型，如金枪鱼、沙丁鱼等。市政渔业从业人员最多，占据整个渔业部门总劳动力的 85% 左右，多为个体渔民，是贫困率最高的渔业从业群体。菲律宾渔业捕捞产量自 20 世纪 90 年代开始处于稳定增长态势，到 2009 年达到峰值。此后由于生态环境恶化和过度捕捞导致自然资源减少，加上国际社会和菲

---

① 商业渔业是指捕捞渔船登记吨位在 3 吨以上、主要在深水区域作业（一般为 13 米以上）、需要取得菲律宾渔业与水产资源局捕捞许可的渔业活动。市政渔业是指渔船登记吨位在 3 吨及以下的渔船，通常在沿岸、内水等当地水域作业，只需要从有立法权的地方政府获得许可的渔业活动。在一些分类方法中，还把市政渔业又分为海洋市政渔业和内陆市政渔业，这主要是依据作业水域做出的区别，海洋市政渔业通常指在沿岸或当地水域作业，内陆市政渔业是指在封闭的淡水环境下作业，如湖泊、水库等。因为本文主要研究海洋产业，因此内陆市政渔业不包括在研究和数据统计范围内。——作者注

律宾政府开始对可持续渔业的重视，商业捕捞占比逐年下降，市政捕捞占比基本稳定，见表2，捕捞渔业的产量逐渐回落。[①] 同时，自2013年以来，在政策、资金和技术的支持下，菲律宾水产养殖业的产量和产值都有明显增加。菲律宾渔业从最初的捕捞业为主、水产养殖业为辅的产业格局转变为捕捞业和水产养殖并重的产业格局。2021年底，菲律宾农业部正式启用东南亚渔业发展中心（SEAFDEC）水产养殖基础设施项目，计划进一步提升水产养殖在菲律宾渔业中的占比。[②]

表2　2019—2021年菲律宾渔业三大生产部门的产量

单位：万吨

年份	商业捕鱼	市政捕鱼	养殖业
2019	93.1	112.5	235.8
2020	97.5	110.2	232.3
2021	87.1	113.3	224.6

资料来源：作者根据菲律宾国家统计局的《菲律宾渔业统计数据》整理所得，Fisheries Situation Report, January to December 2021, PSA,March 14, 2022, https://psa.gov.ph/fisheries-special-release/node/166392。

（二）海洋交通运输业

海洋交通运输业是指以船舶为主要工具，从事海洋运输以及为海洋运输提供服务的活动。自2010年以来，菲律宾的海洋运输业稳步成长，旅客运输、货物贸易以及相关服务业等创造的就业机会和创汇数量都在增加。

1. 航运业的发展

航运是菲律宾最主要的基础设施，是保证菲律宾国内人员、物资跨

---

① Fisheries Statistics of the Philippines (2017-2019), Philippine Statistics Authority, accessed June 15, 2022, https://psa.gov.ph/content/fisheries-statistics-philippines.

② "Investing in Infrastructure for Aquaculture Development," Far.Eastern Agriculture, December 13,2021, accessed October 5, 2022, https://www.fareasternagriculture.com/live-stock/aquaculture/investing-in-infrastructure-for-aquaculture-development.

岛流通的重要工具。2016 年，菲律宾国内海运的货物量为 2431 万吨，较 2015 年的 1945 万吨增加了约 25%，客运量为 3090 万人次，较 2015 年的 2048 万人次增加了 50.9%。①这主要受益于菲律宾在 2003 年启动的航海高速公路连接系统（Road Roll-on/Roll-off Terminal System，RRTS），该项目的目标是通过提高陆地高速公路与运输机动车辆的渡轮、港口的对接能力，将吕宋岛、棉兰老岛和米沙鄢群岛，以及沿线诸多省份和城市连接起来，形成全国一体化的机动车运输干线，降低城市间的通行时间和成本。

2017 年 4 月底，菲律宾开通达沃—桑托斯将军城—印度尼西亚毕栋的新海运航线，这是由东盟确定的三条滚装船运优先线路之一，航线的开通不仅缓解了菲律宾国内的海运压力，而且有助于加强沿线国家间的经济联系，促进菲律宾与印度尼西亚的双边贸易和提高人民生活水平。②

以反映一国在全球集装箱航运网络状况的班轮运输连通性指数（LSCI）③看，菲律宾的海洋运输连通能力在稳步提升，但是增速比较缓慢，见表 3。在全球 170 多个国家中排名中，菲律宾处于第 60—70 名之间，作为一个海洋国家来说，这个排名并不算太靠前，而与其他主要东南亚国家相比，差距就更为明显，见表 3。

① Philippines: Maritime Industry Development Plan (2019-2028), Maritime Industry Authourity, December 8, 2018, accessed June 15, 2022,https://marina.gov.ph/wp-content/uploads/2018/12/Draft-MIDP-2019-2028_LPE_LMC_26Nov_8Dec2018.pdf.

② "Davao-GenSan-Bitung RORO Route to Decongest Ports in Manila," April 30, 2017, accessed June 15, 2022, https://www.gensantoday.com/davao-gensan-indonesia-roro-route/#more-413;《菲律宾、印尼计划开通新海运航线》，中国驻菲律宾经商参处，2017 年 1 月 16 日，http://ph.mofcom.gov.cn/article/jmxw/201701/20170102502037.shtml，访问日期：2022 年 6 月 13 日。

③ 班轮运输连通性指数（LSCI），根据集装箱船的配置、集装箱承载能力、船队配置、班轮服务航线、船舶和船队规模等信息计算而得，班轮运输连通性指数数据越大说明联系越紧密。

表 3　主要东南亚国家国际班轮运输连通性指数（LSCI）（2017—2021 年）

国家	2017 年	2018 年	2019 年	2020 年	2021 年
新加坡	104.39	109.68	107.10	111.50	112.25
马来西亚	91.99	93.50	95.49	98.88	99.02
越南	58.41	61.87	64.23	75.27	76.80
泰国	42.90	44.74	51.59	57.91	64.64
印度尼西亚	40.47	44.31	45.51	39.11	33.09
菲律宾	30.47	30.95	31.82	29.54	25.63

资料来源：联合国贸易和发展会议数据库，参见 UNCTADSTAT, Liner Shipping Bilateral Connectivity Index, quarterly, accessed October 6, 2022, https://unctadstat.unctad.org/wds/TableViewer/dimView.aspx。

2. 港口基础设施建设

截至 2017 年，除渔港外，菲律宾约有 1800 多个公共和私人港口。这些港口分为四类：一是菲律宾港口管理局（Philippine Ports Authority）管辖的国有港口和私人港口，截至 2018 年 8 月共有 230 个，其中包括 25 个基地港口（base ports）；二是独立港口管理机构所辖港口，这类管理机构多是为特别经济区的港口运营所设立；三是地方政府机构和私营公司管理的国有港口，多数用途为渔港；四是菲律宾海洋高速公路系统管理的港口。菲律宾主要有七个集装箱港口，总设计能力约为 790 万标箱。[①] 马尼拉港是菲律宾最大的港口，也是菲律宾最重要的国际航运枢纽，此外，达沃国际口岸、苏比克港、宿务国际口岸和八打雁港等也是菲律宾从事国际集装箱货物业务的主要港口。

---

① Philippines: Maritime Industry Development Plan (2019-2028), Maritime Industry Authourity, December 8,2018,accessed June 15, 2022, https://marina.gov.ph/wp-content/uploads/2018/12/Draft-MIDP-2019-2028_LPE_LMC_26Nov_8Dec2018.pdf.

（三）船舶制造与维修业

按总吨位计算，从 2010 年开始菲律宾成为世界第四大造船国家，排名在韩国、中国和日本之后。2015 年，菲律宾完工的船舶数量占全世界的 2.8%，船舶出口占全世界的 1.3%。船舶制造与维修的收入为 15 亿美元，占菲律宾出口总额的 2.6%，雇佣约 4.8 万名员工。

然而，菲律宾的造船业对于本国海洋运输业的支持作用十分有限。这是因为菲律宾主要的三家造船厂都是外国公司投资建立的，即日本常石重工（Tsuneishi Heavy Industries of Japan）、宣布破产前的韩国韩进重工（Hanjin Heavy Industries, Inc. of Korea）和澳大利亚的奥斯塔菲律宾（Austal Philippines of Australia），而它们的主要业务是制造出口型船只，包括散货船、集装箱船和邮轮（常石和韩进）及铝质高速船（奥斯塔）。菲律宾本土的造船企业规模较小，设备老旧，技术水平较低，融资困难，主要从事船舶修理业务，只有少量造船项目，通常还是小型船舶。

（四）海洋服务业

菲律宾邮轮旅游业和海事培训属于特色产业，具有巨大的发展潜力。

1. 以邮轮游为特色的滨海旅游业

菲律宾滨海旅游资源丰富，海滩、雨林、岛屿、潜水胜地享誉世界，每年吸引大量国内外游客。但是，由于国内长期存在武装冲突、绑架和毒品犯罪等安全问题，菲律宾的旅游业发展缓慢，潜力挖掘不足。

近年来，邮轮游在亚洲、欧洲和北美洲等地区快速发展，菲律宾很多沿海景点成为国际邮轮的目的地和停靠站。2016 年，菲律宾旅游部推出了《2016—2022 年国家邮轮旅游发展战略与行动计划》（The National Cruise Tourism Development Strategy and Action Plan 2016-2022），提出将菲律宾境内邮轮游的人数能够从 2015 年的 7 万人左右增加到 2022 年的 50 万人。为此，菲律宾旅游部计划将马尼拉、长滩岛、巴拉望、伊洛克斯、卡加延和巴丹斯打造为重点邮轮港口。

2. 海事培训与海员外派

菲律宾一直是全球外派海员主要的来源国之一。2016 年，遍布世界的菲律宾海员人数高达 442 820 人。根据菲律宾劳工和就业部海外就业署（POEA）的统计，2017 年外派船员为菲律宾创汇 55.87 亿美元。[①] 菲律宾海洋工业局是海事专业人员培训的主管机构，海事教育机构和训练中心主要负责为国内和海外航运公司，以及商业渔业经营者培养合格的海员。

三、菲律宾海洋产业面临的主要问题

菲律宾拥有丰富的海洋资源，经过多年经营，形成了较为完整的海洋传统产业部门，部分产业特色突出。但是，菲律宾的海洋产业也面临一系列问题，包括渔业产量连年下降，港口、船舶等基础设施陈旧老化，海洋生态环境破坏严重，新兴产业发展落后等。这种现状主要是由资金投入不足、科技研发落后、海洋管理机制碎片化等多种因素导致的。

（一）资金与技术投入不足，现代海洋产业体系尚未建立

菲律宾的海洋经济生产总值规模较小。[②] 海洋产业部门以传统的渔业、旅游业、交通运输业和船舶制造等为主，这些部门在技术开发、人才培养、资金投入等方面需要增量提质；至于新能源、海洋工程装备制造、海洋生物等新兴产业基本还处于起步阶段；海洋服务业发展不足，未能对传统与新兴海洋产业的发展起到"输血"作用。

[①] Philippines: Maritime Industry Development Plan (2019-2028), Maritime Industry Authourity, December 8,2018, accessed June 15, 2022, https://marina.gov.ph/wp-content/uploads/2018/12/Draft-MIDP-2019-2028_LPE_LMC_26Nov_8Dec2018.pdf.

[②] 2019 年，菲律宾 GDP 构成中，农业、工业和服务业占比分别为 8.3%、30.3% 和 61.4%，参见商务部国际贸易经济合作研究院、中国驻菲律宾大使馆经济商务处、商务部对外投资和经济合作司：《对外投资合作国别（地区）指南：菲律宾（2020）》。

（二）海洋产业部门发展不平衡，相互利益不一致，制约海洋产业的整体发展

菲律宾的港口建设、邮轮旅游业和水产养殖业发展较快，渔业、海洋油气业和船舶制造业面临发展困境。由于缺乏整体布局和统筹，一些产业的发展对另一些产业带来较大冲击。例如，水产养殖的快速增长破坏了沿岸海域的环境，尤其是开挖沿岸养殖场对红树林生态破坏严重；潜水等旅游项目开发加剧了珊瑚白化等海洋生态问题发生，进而影响到滨海旅游业的可持续性发展。又如，海洋基础设施是海洋产业发展的基础，海洋经济越发达，对基础设施的建设水平要求越高。虽然菲律宾近年来加大了对海上交通运输业的投资，但是总体的海上互联互通仍然发展缓慢，港口设施陈旧、拥堵问题严重，客、货轮船破旧，已经成为制约渔业、滨海旅游业发展的重要因素。

（三）制度性因素"捆绑"海洋产业的发展动力

首一，包括宪法在内的一系列保护民族经济的法律条款阻碍了贸易和投资自由。由于修宪问题复杂敏感，菲律宾历届政府的修宪努力都以失败告终。其二，海洋产业缺乏总体规划，各产业部门的政策落实不到位，中央与地方的分权进一步加大了行政管理的碎片化。例如，在2011—2017年，选择在菲律宾注册的外国船队数量出现下降，这主要是由于菲律宾船舶登记制度缺乏吸引力造成的。菲律宾船舶登记程序烦琐、需要提供的文件材料庞杂以及处理时间的冗长等因素都增加了企业的经营成本。

四、菲律宾海洋产业的政策革新与发展前景

2016年杜特尔特政府上台后，试图通过制订宏观国家规划和出台微观产业政策释放海洋产业发展潜力，同时希望通过拓展国际合作，引入先进

技术与海外投资，助推本国海洋产业的提质增速。

（一）增强国民海洋意识

2017年，杜特尔特总统签署第316号公告，将每年的9月定为菲律宾的"海洋和群岛国家觉醒月"，意在体现国家对海洋问题的重视，促进国民对海洋环境的保护。[①]

（二）加强对海洋产业的统筹管理

在新的国家总体发展战略中，菲律宾政府对海洋部门做出系列规划，指明发展方向与重点，见表4。2016年10月11日，杜特尔特总统签署第五号行政命令批准实施菲律宾"雄心2040"（AmBisyon Natin 2040）。该愿景以改善基础设施为"第一要务"，计划通过建设桥梁、港口、公路等基础设施拉动经济、提高人民生活水平，争取使菲律宾在2040年进入中等收入国家行列。除了港口等基础设施建设，该愿景中与海洋经济发展的相关内容还包括，为促进和支持菲律宾公民的工作与生活的平衡，改变城市交通拥挤情况，把陆路和水运系统连接起来，加强现有的陆水运输网的效率；为增加和维持鱼类生产以及保护船员和船只的投资，改进渔船，划定渔场边界，发展和加强海上人员和船只安全的管理，确保海洋资源的可持续性发展。[②]

---

① "September is Maritime Awareness Month," September 21,2017, accessed October 5, 2022, https://faspselib.denr.gov.ph/sites/default/files//170921_PhilStar_Romero_September%20is%20maritime%20awareness%20month.pdf.

② AmBisyon Natin 2040, accessed April 15, 2021, http://2040.neda.gov.ph/wp-content/uploads/2016/04/A-Long-Term-Vision-for-the-Philippines.pdf.

表 4　菲律宾出台的主要涉海国家战略与产业规划

类型	年份	名称
宏观规划	2016	菲律宾"雄心 2040"
	2016	《菲律宾发展计划（2017—2022）》
	2018	《菲律宾海洋产业发展规划（2019—2028）》
渔业	2016	《国家渔业综合发展规划（2016—2020）》
交通运输业	2016	《菲律宾运输战略（2017—2022）》
旅游业	2016	《国家邮轮旅游发展战略与行动计划（2016—2022）》
油气业	2018	《菲律宾传统能源勘探计划》

资料来源：作者自制。

此后，菲律宾经济发展署又通过了《菲律宾发展计划（2017—2022）》（Philippine Development Plan 2017-2022）。该计划涉及海洋经济的政策包括改善基础设施、建立包括渔业在内的农业产业价值链、减少贫困并推动区域经济发展等。而 2018 年出台的《菲律宾海洋产业发展规划（2019—2028）》（Philippines: Maritime Industry Development Plan 2019-2028，MIDP）则是菲律宾第一次制定的有关海洋产业的综合性规划，目的是指明发展方向，实现菲律宾海洋产业的全球竞争力和可持续性增长。

2018 年 9 月，菲律宾国家海岸监测委员会秘书处（NCWCS）宣布将制订新的《国家海洋计划》。新版的《国家海洋计划》将重新定位国家发展战略，把海洋的开发和保护纳入国家发展战略；吸纳有利于把海洋资源投放在创造财富、创造就业、海事安全和国家安全上的建议和策略。

具体在渔业方面，2016 年出台的《国家渔业综合发展规划（2016—2020）》（Comprehensive National Fisheries Industry Development Plan 2016-2020）的目标是加强对渔民、渔船的信息化管理，为渔民提供金融贷款服务，解决渔民的贫困化问题；在海洋旅游业方面，《国家邮轮旅游发展战略与行动计划（2016—2022）》的目标是促进旅游业的可持续性发展，将菲律宾打造成为世界邮轮航线的目的地；在海上交通运输业方面，菲律宾在发布《菲律宾运输战略（2017—2022）》（Philippine Transport Strategy 2017-2022）之后，① 又在 2019 年初提出"蓝色菲律宾"议程，确定了航运业的总体愿景、关键原则和具体行动步骤，目的是进一步推动航运业的发展；在船舶制造与维修方面，2019 年 3 月，菲律宾海洋工业局表示，正在加强《国内船舶发展法案 2004》（Domestic Shipping Development Act of 2004）的实施，希望通过新的税收优惠方案改善菲律宾投资环境，吸引更多私有化部门参与船舶建造及维修工作；② 在海洋油气业方面，2018 年 11 月，菲律宾能源部正式启动《菲律宾传统能源勘探计划》，鼓励有关各方投资、勘探、开采菲律宾的油气资源，尤其是促进在有油气资源但尚未开始勘探的政府划定区域和能源投资方自选区域内的勘探活动。③

（三）加强国际合作，吸引外来资金与技术助力菲律宾海洋产业发展

杜特尔特政府高度重视相关国际合作，希望能够吸引外资、加强技术合作，将菲律宾建设成为全球海洋交通枢纽，中日韩三国是菲律宾开展合作的重点国家。

菲律宾与日本建立了长期友好的合作关系。2006 年，菲日签署了经济伙伴关系协议，在此基础上，形成了战略伙伴关系。杜特尔特执政后与安

---

① Philippine Transport Strategy 2017-2022, NEDA, accessed April 15, 2021, http://www.neda.gov.ph/wp-content/uploads/2018/01/Abridged-PDP-2017-2022_Updated-as-of-01052018.pdf.

② "Philippines Looks to Attract Shipbuilding," March 3, 2019, accessed April 16, 2022,https://www.marinelink.com/news/phillipines-propel-shipbuilding-463522?cid=4.

③ Kris Crismundo, " DOE Opens Application for Exploration Contracts," PNA, November 22,2018, accessed May 11,2021, https://www.pna.gov.ph/articles/1054645.

倍政府开展全面合作，其中包括涉海领域。① 作为菲律宾的最大援助国和最大出口目的地，日本对菲律宾的援助主要集中于高速公路和铁路的建设，在海洋方面，则以海上执法项目为主。此外，菲律宾还计划与亚洲开发银行、日本海外经济合作协会等组织合作，为渔业发展纲要的实施和渔港设施的建设工程进行融资。②

杜特尔特政府与韩国的海上合作在最初的安全领域的基础上不断拓展，在 2018 年 6 月的联合声明中，韩日双方表示将在气候、环境、海洋、安保等领域加强合作，共创未来发展动力。③ 同时，两国还签署了五个谅解备忘录，韩国政府承诺在六年内为菲律宾提供 10 亿美元的优惠贷款以支持菲律宾的基础设施项目，包括总造价 92 亿菲律宾比索的宿务国际集装箱港口项目。④ 2019 年 12 月，菲律宾与韩国又达成首份《渔业合作谅解备忘录》，双方计划共同促进渔业和水产养殖业，为此在科学、技术、经济和贸易等领域进行合作。⑤

自 2016 年下半年双边关系转圜后，中菲逐步恢复了海洋领域的合作。2018 年 11 月底，两国签署的《中华人民共和国政府和菲律宾共和国政府

---

① 主要包括十个方面：建设以首都圈和地方大都市为中心高质量交通基础设施网络；强化治安、应对恐怖袭击，以及海上安全等执法能力，包括扩大就业、人才培养等在内的产业振兴；改善能源结构；改进信息通信系统；改善有利于吸引海外投资的投资环境；加强制造业等产业；缩小收入差距，加大对社会保障、教育等人文领域的投资；强化脆弱的基础设施及社会管理体系以应对灾害风险；开发棉兰老岛；构筑持久和平。参见白纯如：《安倍政府对菲律宾援助外交、方针、路径及评估》，《现代日本经济》2019 年第 5 期。

② 吴崇伯、吴若男：《中菲渔业合作前景探析》，《广西财经学院学报》2018 年第 5 期。

③ 《韩菲领导人会晤并发布联合声明》，韩联社，2018 年 6 月 4 日，https://m-cn.yna.co.kr/view/ACK20180604006300881，访问日期：2021 年 6 月 12 日。

④ 《韩国将为宿务新国际集装箱港口项目提供融资》，中国驻菲律宾大使馆经济商务处，2017 年 7 月 5 日，http://ph.mofcom.gov.cn/article/jmxw/201707/20170702604862.shtml，访问日期：2021 年 8 月 12 日。

⑤ 《菲律宾与韩国首次签署渔业合作》，中国驻菲律宾大使馆经济商务处，2019 年 12 月 5 日，http://ph.mofcom.gov.cn/article/jmxw/201912/20191202919590.shtml，访问日期：2021 年 8 月 12 日。

联合声明》中多处提及双方在海洋合作方面取得的进展以及未来的合作意愿，合作领域包括渔业、海上油气勘探和开发、矿产、能源及其他海洋资源可持续利用、海洋环境保护和人力资源开发等。①

在渔业方面，中菲合作进展最快。中国和菲律宾都是渔业大国，渔业在两国都是重要产业，发展渔业对促进两国渔民就业增收、繁荣农村经济和社会发展具有重要意义。② 2017 年 11 月和 2018 年 11 月两国发表的联合声明中都包括了加强双边渔业合作的内容。③ 2017 年中菲渔业联合委员会恢复召开并举行了第二次会议，双方讨论了渔业合作的基本原则和政府支持措施，确定以鱼类种质资源转让、渔业技术能力建设为合作重点。④为支持菲方开展水产养殖，中方为菲方近百名渔业从业人员提供了深水网箱、池塘养殖、种苗繁育、营养饲料、海洋藻类等技术培训，并派员赴菲交流。中方在 2017 年向菲律宾巴拉望和达沃地区捐赠 10 万尾东星斑鱼苗，2018 年继续捐赠 10 万尾东星斑鱼苗，2019 年初捐赠 1.5 万尾淡水鱼苗。⑤

① 《中华人民共和国与菲律宾共和国联合声明》，外交部，2018 年 11 月 21 日，https://www.fmprc.gov.cn/web/gjhdq_676201/gj_676203/yz_676205/1206_676452/1207_676464/t1615198.shtml，访问日期：2021 年 8 月 12 日。

② 《第二次中菲渔业联委会在菲律宾马尼拉召开》，中国供销合作网，2017 年 5 月 1 日，http://www.chinacoop.gov.cn/HTML/2017/05/01/115288.html，访问日期：2021 年 8 月 12 日。

③ 《中华人民共和国政府和菲律宾共和国政府联合声明》，外交部，2017 年 11 月 16 日，https://www.fmprc.gov.cn/web/gjhdq_676201/gj_676203/yz_676205/1206_676452/1207_676464/t1511205.shtml；《中华人民共和国与菲律宾共和国联合声明》，外交部，2018 年 11 月 21 日，https://www.fmprc.gov.cn/web/gjhdq_676201/gj_676203/yz_676205/1206_676452/1207_676464/t1615198.shtml，访问日期：2021 年 8 月 12 日。

④ 根据 2004 年 9 月在北京签署的《中国农业部和菲律宾农业部关于渔业合作的谅解备忘录》要求，2005 年第一次中菲渔业联委会成立并在马尼拉举行第一次会议。2017 年 4 月联委会第二次会议恢复召开，2019 年 7 月联委会第三次会议召开，参见《第二次中菲渔业联委会在菲律宾马尼拉召开》，中国供销合作网，2017 年 5 月 1 日，http://www.chinacoop.gov.cn/HTML/2017/05/01/115288.html，访问日期：2021 年 7 月 6 日。

⑤ 《中华人民共和国与菲律宾共和国联合声明》，外交部，2018 年 11 月 21 日，https://www.fmprc.gov.cn/web/gjhdq_676201/gj_676203/yz_676205/1206_676452/1207_676464/t1615198.shtml，访问日期：2021 年 8 月 12 日。

此外，中方渔业企业还在菲律宾达沃市等地的附近海域建设深远海抗风浪网箱养殖基地，创造了 300 多个就业岗位。2019 年 7 月，中菲渔业联合委员会第三次会议举行，双方就中方继续向菲方赠送东星斑等鱼苗，开展各类渔业合作达成共识。①

中菲关系恢复正常化后，两国建立了南海问题双边磋商机制，并在该机制下建立油气事务工作组，负责磋商南海油气资源共同开发事宜。经过多次磋商，2018 年 11 月底，中菲签署了《关于油气开发合作的谅解备忘录》，重点确定了推进油气开发合作的工作机制。② 根据该备忘录，中菲于 2019 年 8 月成立油气合作政府间联合指导委员会和企业间工作组，推动共同开发尽快取得实质性进展。10 月，该委员会召开了第一次会议。③ 由于共同开发涉及争议海域，不仅是经济问题，更是高度敏感的政治问题，因此困难重重，很难一蹴而就。④

除了政府间合作，中国企业也在积极尝试投资菲律宾的海洋产业，但是进展相对缓慢。未来，菲律宾国内的不同声音以及域外因素的干扰仍会在很大程度上阻碍中菲的深度合作。

---

① 交流内容主要包括：渔业技术培训和交流，南海渔业资源养护合作，渔业资源开发，水产养殖，水产品冷储加工和市场贸易，海洋藻类科技与产业合作，打击非法、不报告、不受管制（IUU）捕捞，中菲南海问题磋商机制渔业事务工作组等，参见《中菲渔业联合委员会第三次会议在北京召开》，中国农业农村部新闻办公室，2019 年 7 月 25 日，http://www.yyj.moa.gov.cn/gzdt/201907/t20190725_6321596.htm，访问日期：2021 年 9 月 2 日。

② 《中华人民共和国与菲律宾共和国联合声明》，外交部，2018 年 11 月 21 日，https://www.fmprc.gov.cn/web/gjhdq_676201/gj_676203/yz_676205/1206_676452/1207_676464/t1615198.shtml，访问日期：2021 年 8 月 12 日。

③ 《中华人民共和国政府和菲律宾共和国政府关于油气开发合作的谅解备忘录》，外交部，2018 年 11 月 27 日，https://www.fmprc.gov.cn/web/wjb_673085/zzjg_673183/bjhysws_674671/bhfg_674677/t1616639.shtml，访问日期：2021 年 8 月 12 日；《中国—菲律宾油气开发合作政府间联合指导委员会第一次会议在北京召开》，外交部，2019 年 10 月 29 日，http://new.fmprc.gov.cn/web/wjbxw_673019/t1711665.shtml，访问日期：2021 年 8 月 12 日。

④ 中菲南海油气资源共同开发问题情况复杂，国内外已有很多专门著述研究，故本文不再进行详细论述。

五、结语

总体来看，菲律宾拥有丰富的海洋资源，但是海洋产业结构和技术革新有待大幅提升，在依靠菲律宾自身政策调整与投入的同时，外部的投资合作是重要动力。鉴于此，未来中国应利用自身技术与资金优势，有针对性地加强与菲律宾的海洋合作，为增进双边政治与安全互信，实现互利共赢创造新机遇。

印度尼西亚海洋经济发展情况分析

张智一　刘禹希*

印度尼西亚共和国（Republic of Indonesia），简称印尼，位于亚洲东南部，别号"千岛之国"，实际拥有大小岛屿 17 508 个，以巴厘岛最为闪耀。作为全球最大的群岛国家，印尼地跨南北两个半球、横卧两洋两洲（太平洋、印度洋；亚洲、大洋洲），扼守马六甲海峡、巽他海峡、龙目海峡等重要的国际贸易通道。印尼是东盟第一大国，2020 年人口、国土面积和经济总量均占其 40% 左右，印尼陆地面积 190 万平方公里，海洋面积 317 万平方公里。[①] 该国富含石油、天然气，以及煤、锡、铝矾土、镍、铜、金、银等矿产资源。矿业在印尼经济中占有重要地位，产值占 GDP 的 10% 左右。

一、国家社会经济发展概况

印尼作为东南亚人口最多的国家，其经济发展也走在区域前列，虽在一定程度上受到新冠疫情影响，但在其政府的一系列刺激政策下，经济正在复苏。外贸是其经济的重要部分，政府为鼓励和推动非油气产品出口，

---

* 张智一，上海商学院讲师；刘禹希，国家海洋信息中心研究实习员。

① 商务部国际贸易经济合作研究院、中国驻印尼大使馆经济商务处、商务部对外投资和经济合作司：《对外投资合作国别（地区）指南：印度尼西亚（2021 年版）》。

简化出口手续，降低关税，2021 年全年，印尼累计出口 2 315.4 亿美元，累计进口 1962 亿美元，预计 2022 年贸易顺差将收窄。

（一）人口情况

印尼是世界第四人口大国。2010—2021 年，印尼人口总量呈现明显增长趋势，但自 2014 年开始，人口年增长率呈下降趋势。2021 年 12 月 30 日，印尼内政部通过人口和民事登记总局发布了 2021 年第二季度的人口数据，数据显示，印尼总人口达到 27 387.98 万人，与 2020 年相比，人口增加了 252.99 万人。印尼省级人口最多的是西爪哇省，为 4 822.01 万人；东爪哇紧随其后，有 4106 万人；再紧随其后的是中爪哇，多达 3731 万人。人口最少的省份是北加里曼丹，人口为 69.80 万人。

（二）宏观经济情况

印尼是东盟最大的经济体，国内生产总值多年位居东盟第一。农业、工业、服务业均在国民经济中发挥重要作用。2008 年以来，面对国际金融危机，印尼政府应对得当，经济仍保持较快增长。2014 年以来，受全球经济不景气和美联储调整货币政策等影响，经济增长有所放缓。近年印尼政府陆续出台一系列刺激经济政策，经济显现加速复苏迹象，保持较快增长。印尼中央统计局的数据显示，受新冠疫情影响，2020 年印尼国内生产总值为 1.06 万亿美元，同比下降 2.07%，① 2021 年印尼国内生产总值同比增长 3.69%，名义 GDP 扩大至 16 970.79 万亿印尼卢比，仍是东盟内部唯一一个 GDP 超过万亿美元的国家，是东盟地区排名第二的泰国的两倍多。2022 年印尼经济加快复苏，第一季度国内生产总值同比增长 5.01%，高于市场预期，

---

① 商务部国际贸易经济合作研究院、中国驻印尼大使馆经济商务处、商务部对外投资和经济合作司：《对外投资合作国别（地区）指南：印度尼西亚（2021 年版）》。

相比 2020 年萎缩 2.07% 的经济表现有了明显改善。

（三）贸易情况

外贸在印尼国民经济中占重要地位，政府采取一系列措施鼓励和推动非油气产品出口，简化出口手续，降低关税。印尼中央统计局公布的 2021 年 12 月及全年印尼进出口贸易数据显示，2021 年全年，印尼累计出口 2 315.40 亿美元，同比增长 41.88%。其中，油气产品出口 122.80 亿美元，同比增长 48.78%，占比 5.30%；印尼累计进口 1962 亿美元，同比增长 38.59%。其中，非油气产品进口 1 706.70 亿美元，同比增长 34.05%。2021 年印尼非油气产品前三大进口来源国分别是中国（557.40 亿美元，占比 32.66%），日本（146.10 亿美元，占比 8.56%）和泰国（90.80 亿美元，占比 5.32%）。印尼自东盟进口 293.10 亿美元，占比 17.17%；自欧盟进口 109.70 亿美元，占比 6.43%。2021 年全年贸易顺差为 353.40 亿美元，这是自 2007 年（顺差 396.30 亿美元）以来的最高水平，主要受益于新冠疫情后期全球经济复苏背景下大宗商品价格飙升。预计其 2022 年贸易顺差将收窄，因为随着供应增加，作为印尼主要出口商品的煤炭、毛棕榈油的价格将回落至正常水平，出口额将因此承压。与此同时，印尼经济复苏需要进口更多的消费品和原材料，进口额将更快增长。

二、主要海洋产业发展情况分析

印尼海洋经济在第一、第二、第三产业均有较好表现，作为海洋资源丰富的东南亚国家，其海洋经济发展条件得天独厚，当地充足的人力资源、较高的英语普及率，以及政府政策等均促进了不同海洋产业的发展。世界银行在《海洋繁荣——印度尼西亚蓝色经济改革》报告中指出，海洋已成为印度尼西亚实现繁荣的核心要素。印尼国内协同促进海洋经济发展，印尼合作社和中小企业部与印尼海洋学士联合会（ISKINDO）①签署了合作协议，未来将以合作社的形式协同发展海洋经济，合作范围包括海洋经济（特别是渔业）管理研究、人力资源培养、提高生产和营销能力等。

（一）海洋渔业

2020年，渔业对印尼GDP（431万亿印尼卢比）的贡献率为2.80%。此外，该部门的另一个贡献可以从其在确保国家粮食安全和稳定方面的作用来分析。该部门的产品通常被社会消费，也可作为可广泛消费的高营养替代食品。

1. 捕捞渔业

根据印尼中央统计局的数据，2020年传统登岸地为651处，与2019年相比下降了1.36%，其主要出产水产品品种达28种。2018年至2020年总产量分别为53.39万吨、53.20万吨与54.25万吨，2020年产量较上年增长1.97%；2020年总产值为9.69万亿印尼卢比，较2019年增长1800亿印尼卢比。2020年内最高产量出现在第三季度，为17万吨，价值2.97万亿印尼卢比。印尼出产的水产品品种丰富，2020年出产最多的鱼类品种为竹荚鱼，其产量达3.80万吨，价值为5060亿印尼卢比，长尾金枪鱼与鲣鱼为产量排名第二和第三的品种。

2020年，印尼全国19个省共有101个活跃的渔业机构。2020年，大多数渔业设施（约60家）都处于活跃状态。101家渔业机构记录的工人总数为14 716人，其中男性工人14 247人（96.81%），女性工人469人（3.19%），永久性工人3062人（20.81%），非永久性工人11 654人（79.19%）。女性工人主要从事非生产性工作，而男性工人主要从事生产性工作。2020年渔业机构产值达到2.77万亿印尼卢比，产量187 272吨，相当于总收入的97.41%。从总产量来看，大多数机构使用围网作为渔具，产量为67 981吨；

---

① 印尼海洋学士联合会是由61所大学约35 000名海洋专业校友组成的专业组织，于2015年6月8日由六所大学联合发起，旨在为政府海洋发展战略问题提供建议。

就商品类型而言，鲣鱼、虾和金枪鱼等商品占主导地位，产量分别达到20 907 吨、20 174 吨、15 200 吨和 13 吨。从销货区域上看，2020 年渔业机构的渔获主要用于国内消费，高达 113 844 吨（61%）；此外，还有一部分产品用于出口，共计 71 208 吨（38%）。

根据 2013 年农业普查和 2018 年人口普查中农业调查的结果，印尼的捕捞渔业家庭数量在过去五年中实际上有所减少。捕捞渔户数量从 2013 年的 86.45 万户下降到 2018 年的 78 万户，约下降了 10%。渔户数量的下降是一个"警报"，表明渔业部门越来越不受欢迎。对于渔民来说，把其他行业作为新的主要工作并不容易，因为他们有一些局限性，比如受教育水平低，还需要进一步提升来获取新的技能和知识。①

2. 养殖渔业

2020 年印尼有 283 家水产养殖机构处于活跃状态。从机构所在地来看，大多数机构位于东爪哇省，有 129 家公司（45.58%）。2020 年，13 个省份共有 186 个半咸水养殖机构，其中的 166 家公司吸收的员工总数为 6787 人，其中男性员工 6102 人（89.91%），女性员工 685 人；5260 人（77.50%）是永久工人，1527 人是非永久工人（22.50%）。2020 年，半咸水养殖机构总收入达到 3 万亿印尼卢比，养殖产值达到 2.98 万亿印尼卢比，总产量为 3.96 万吨，其中虾为最广泛被养殖的品种，总产量为 33 255 吨，产值为 2.60 万亿印尼卢比。与此同时，半咸水养殖机构在 2020 年的总支出达到 1.09 万亿印尼卢比，其中大部分支出用于生产设施，达到 6640 亿印尼卢比，其次是燃料、水、电和天然气支出，达到 1610 亿印尼卢比。

2020 年印尼有 26 个海水养殖机构，分布在 11 个省份，共吸收工人2136 人，其中男性工人 1467 人（68.68%），女性工人 669 人（31.32%）；1483 名（69.43%）工人拥有永久身份，653 名工人拥有非永久身份（30.57%）。

---

① 根据《2020 年印尼渔业统计报告》整理，参见 Badan Pusat Statistik, Statistik Perusahaan Perikanan 2020, November 29, 2021, https://www.bps.go.id/publication/2021/11/29/19818990830fa979adb29e8b/statistics-of-fishery-establishment-2020.html。

海水养殖机构总收入达到2120亿印尼卢比，其总产值达到2110亿印尼卢比，其中还包含了价值140亿印尼卢比的珍珠蚌和价值1730亿印尼卢比的珍珠。与此同时，这些机构的总支出达到1280亿印尼卢比，其中大部分支出用于470亿印尼卢比的工人工资和120亿印尼卢比的生产设施支出。[①]

（二）海洋交通运输业

2020年，印尼港口到港船舶数达到76万艘，比2019年减少了20.08%；船舶总吨位为16.2亿总吨，平均吨位为22.6万总吨，较2019年上升14.88%。2020年上船乘客1258万人、下船乘客1270万人，与2019年相比，上船和下船乘客分别减少了55.78%和54.94%。

2020年印尼国内航次装卸货物量分别为1.47亿总吨与2.50亿总吨，与2019年相比，装货量下降8%，卸货量增加6.93%，在国际航行中，装货和卸货量为1.46亿总吨与0.74亿总吨，分别下降11.83%和上升2.73%。大多数港口活动在21个省份的25个战略港口进行，港口活动包括国内和国际航行的货物和旅客运输。25个战略港口2020年的总装卸量分别为8 643.20万总吨与17 042.90万总吨，其中国内货物卸货和装货的构成分别为46.41%和22.58%，国际货物卸货和装货构成分别达到64.53%和34.64%。其主要港口为以下四个：勃拉湾港（Belawan）、丹绒布绿港（Tanjung Priok）、丹戎佩拉港（Tanjung Perak）和马卡萨港（Makassar）。与2019年相比，25个战略港口的国内航行装货量增加了3.86%。四个主要港口的装货量有所下降，勃拉湾港（Belawan）下降了82.81%，丹绒布绿港（Tanjung Priok）下降了18.67%，丹戎佩拉港（Tanjung Perak）增长11.74%，马卡萨港（Makassar）增长15.44%。

---

① 根据《2020年印尼渔业统计报告》整理，参见 Badan Pusat Statistik, Statistik Perusahaan Perikanan 2020, November 29, 2021, https://www.bps.go.id/publication/2021/11/29/19818 990830fa979adb29e8b/statistics-of-fishery-establishment-2020.html。

由于新冠疫情的影响，国家海洋运输部门也面临着严峻的挑战。第一，与中国、新加坡和韩国等国相比，进出口货物量大幅减少了约 14%—18%；支持进出口的国际/国内货物下降约 5%—10%。第二，由于船舶消毒、船员健康相关因素以及船舶航行历史检查，港口的清关程序显著增加。第三，由于实施了隔离和居家工作（WFH）政策，可进行工作的工作人员数量有所下降。第四，由于可协助的工作人员数量减少，船舶停靠过程变得缓慢。这也导致其他相关行业的业绩下降，包括物流、保险、造船厂、零部件行业及印尼的海运教育和培训机构。①

（三）船舶和海洋工程装备制造业

印尼船舶和海洋工程装备制造业发展呈现各分支全面开花的趋势。其船用设备方面，包括船用齿轮链、锚、船舶设备和设备部件、渔船的设备和零件、其他摩托船部件等，产值为 18 268.81 亿印尼卢比，约合 1.27 亿美元。在船只生产方面：（1）渡轮生产在 10 500 吨位上下均有产出，从总产值上看，10 500 吨以下船只是其主要生产产品，各吨位船只总产值为 16 147.62 亿印尼卢比，约合 1.13 亿美元；（2）客轮产值为 449 亿印尼卢比，约合 312 万美元；（3）游览船和其他水上交通工具产值为 26 913.27 亿印尼卢比，约合 1.88 亿美元；（4）油轮仅生产一艘，且吨位小于 7500 吨，产值为 969.32 亿印尼卢比，约合 675.42 万美元；（5）双桅大帆船产量近 300 艘，产值为 32 186.63 亿印尼卢比，约合 2.24 亿美元；（6）捕鱼船吨位为 750 吨以上的船只产品总产值为 772.84 亿印尼卢比，约合 538.52 万美元。② 2019 年印尼船只等商品数量和价值表见表 1。

---

① 根据《2020 年印尼海洋交通统计报告》整理，参见 Badan Pusat Statistik, Statistik Transportasi Laut 2020, November 29, 2021, https://www.bps.go.id/publication/2021/11/29/202325f179558956de2d3fad/statistik-transportasi-laut-2020.html。

② 根据《2020 年印尼工业统计年鉴》整理，参见 Badan Pusat Statistik, Statistik Industri Manufaktur Bahan Baku 2019, September 30, 2021, https://www.bps.go.id/publication/2021/09/30/6b755466140d3d5b6edf21e4/statistik-industri-manufaktur-bahan-baku-2019.html。

表 1　2019 年印尼船只等商品数量和价值表

项目	计量单位	数量	金额（万印尼卢比）
船用齿轮链	吨	6324	60 460 796
锚	吨	19	101 876
船舶设备和设备部件的制造	/	245	508 220
其他阀门和管道	/	33 417 960	26 364 959
渡轮 ≤ 10 500 吨	吨	442	159 926 154
渡轮 >10 500 吨	艘	5	1 550 000
客轮	艘	4	1 400 000
客轮	/	22	3 090 000
游览船和其他水上交通工具	吨	422	269 132 654
油轮 ≤ 7500 吨	艘	1	9 693 185
双桅大帆船	艘	289	321 866 342
捕鱼船 >750 吨	艘	12	1 020 000
捕鱼船 >750 吨	/	87	6 708 435
渔船的设备和零件	/	2	19 025 015
悬挂 / 拖船	艘	187	302 944 553
悬挂 / 拖船	/	-	60 731 045
矿船	艘	9	1 660 000
浮动码头（自驱动机）	艘	101	1 493 750
巡逻船	艘	3	1 620 000
浮动跑道	条	42	1 898 212
其他摩托船部件	艘	23 909 140	76 227 245
其他运输设备的服务和维修	/	140 763	69 780 829

资料来源：根据《2020 年印尼工业统计年鉴》整理，参见 Statistics Indonesia, Statistik Industri Manufaktur Bahan Baku 2019，September 30，2021，https://www.bps.go.id/publication/ 2021/09/30/6b755466140d3d5b6edf21e4/statistik-industri-manufaktur-bahan-baku-2019.html。

（四）海洋油气业

印尼的沿海地区蕴藏着丰富的石油、天然气、矿物和矿产资源。2019年，石油探明储量为 25 亿桶（约 3 亿吨），较上一年下降约 21.3%，约占世界石油探明储量的 0.1%。在已探明的石油总储量中，17.12 亿桶（占68.94%）位于陆上区块，7.51 亿桶（占 30%）位于海上区块。2019 年，印尼原油日产量降至 74.5 万桶，全年产量为 2.76 亿桶（3820 万吨）。天然气在印尼油气总产量中的占比越来越高，预计 2020 年将增至 70%，2050年将增至 86%，天然气在印尼油气工业中的地位越发重要。[①]

2020 年印尼石油和天然气开采公司的总产值为 373.02 万亿印尼卢比，较 2015 年增长 6%。然而需要注意的是，2015—2020 年，此项产值呈现了上涨后回落的趋势，峰值为 2018 年的 603.19 万亿印尼卢比，此后出现大幅下降，2020 年产值更是遭遇断崖式下降，较 2018 年和 2019 年分别下降38.16% 与 33.65%。其中，提供采矿业服务的价值在 2015—2020 年呈现较大波动，但是总体上仍有一定上升趋势，较 2015 年增长 38.66%，峰值为2018 年的 2.95 万亿印尼卢比，而后，2019 年与 2020 年均较前期有一定下降，见表 2。

表 2　2015—2020 年印尼石油和天然气开采公司的产值

（单位：亿印尼卢比）

项目	2015 年	2017 年	2018 年	2019 年	2020 年
提供产品价值	3 528 113.5	5 335 424.05	6 031 871.14	5 621 888.14	3 730 208.14
提供电力的价值	66.35	77.04	93.38	87.03	81.39
提供采矿服务的价值	18 540.15	14 510.72	29 495.25	27 489.57	25 708.25

资料来源：根据《2015—2020 年印尼石油天然气开采统计年鉴》整理，参见 Statistics Indonesia, Statistik Pertambangan Minyak Dan Gas Bumi 2015 – 2020, December 16, 2021, https://www.bps.go.id/publication/2021/12/16/650ea4290853fd0cb9d4d726/statistik-pertambangan-minyak-dan-gas-bumi-2015-2020.html.

---

① 卫培：《印尼油气工业状况与投资环境分析》，《国际石油经济》2020 年第 9 期。

行业内公司工人总数自 2015 年呈现出波动下降的趋势，2018 年达到峰值 23 827 人，2020 年雇佣人数较低，仅 21 029 人。在员工结构方面，其占比最高的工人受教育程度为本科，高中或同等学力及以下人员次之，研究生占比最低，见表 3。①

表 3 2015—2020 年按教育程度划分的石油和天然气开采公司工人人数

（单位：人）

受教育程度	2015 年	2017 年	2018 年	2019 年	2020 年
高中或同等学力及以下	6962	7181	7317	6819	6377
大专	3165	3264	3326	3100	2899
本科	9721	10 025	10 216	9521	8904
研究生	904	932	950	886	829
总计	22 767	23 419	23 827	22 345	21 029

资料来源：根据《2015—2020 年印尼石油天然气开采统计年鉴》整理，参见 Statistics Indonesia, Statistik Pertambangan Minyak Dan Gas Bumi 2015 – 2020, December 16, 2021, https://www.bps.go.id/publication/2021/12/16/650ea4290853fd0cb9d4d726/statistik-pertambangan-minyak-dan-gas-bumi-2015---2020.html。

（五）滨海旅游业

印尼旅游资源非常丰富，拥有许多风景秀丽的热带自然景观、丰富多彩的民族文化和历史遗迹，发展旅游业具有得天独厚的条件。旅游业在增加收入、创造就业机会和发展国家基础设施方面发挥着足够大的作用。印尼以举办艺术和文化展览、表演当地文化艺术等方式发展旅游业。新冠疫情延续两年多，印尼旅游业遭受重创，特别是以旅游业为最重要支柱产业的巴厘岛，经济更是一片萧条。但在抗击新冠疫情和面临各种挑战的情况

① 根据《2015—2020 年印尼石油天然气开采统计年鉴》整理，参见 Statistik Pertambangan Minyak Dan Gas Bumi 2015 – 2020, Badan Pusat Statistik, December 16, 2021, https://www.bps.go.id/publication/2021/12/16/650ea4290853fd0cb9d4d726/statistik-pertambangan-minyak-dan-gas-bumi-2015 – 2020.html。

下，2022 年世界经济论坛发布的《2021 年世界各国旅游竞争力指数》（TTCI）显示，印尼在 117 个国家中成功攀升了 12 位，总排名第 32 位，在亚太地区，印尼的旅游业排第八位，印尼是排名相当高的东南亚国家，超越了泰国、马来西亚等邻国。

1. 国内旅游情况

在国内居民旅行方面，2020 年的出行量达到 5.19 亿次，比 2019 年的 7.22 亿次下降了 28%。按每月出行次数计算，2019 年 6 月国内游客最多，主要是源于开斋节和学校假期，游客达到 7869 万人次；12 月的出行次数排第二位，主要因素是圣诞节和学校假期，出行量达到 6983 万次。与 2019 年相比，2020 年 3—12 月的出行次数低于 2019 年同期。[①] 2022 年，在印尼政府一系列刺激政策的拉动下，大量国内游客选择在周末或假期，拥向巴厘岛、日惹等著名景区。印尼旅游部门预计，2022 年国内游客有望达到 2.6 亿人次，旅游业收入约 17 亿美元，创造近 40 万个就业机会。

2. 国际游客情况

2019 年之前，前往印尼的国际游客持续增加，2019 年国际游客人数达到 1611 万人次。受新冠疫情影响，2020 年到访印尼的国际游客人数为 402 万人次，比 2019 年下降了 75%。2021 年国际旅游市场一片萧条，与 2021 年相比，2022 年入境的外国游客有所增加。印尼中央统计局公布的数据显示，2022 年前两个月，入境外国游客达 33.6 万人次。随着 3 月初恢复落地签政策，印尼 2022 年有望吸引外国游客 180 万—360 万人次。

2020 年的乘客出境调查（PES）结果显示，访问印尼的国际游客主要是商务经理，占 60%，其次是专业人士和政府官员、文书、技术人员，分别占 10% 和 9%，见图 1。从访问目的来看，访问印尼的国际游客中，出于

---

① 根据《2015—2020 年印尼石油天然气开采统计年鉴》整理，参见 Badan Pusat Statistik, Statistik Pertambangan Minyak Dan Gas Bumi 2015 – 2020, December 16, 2021, https://www.bps.go.id/publication/2021/12/16/650ea4290853fd0cb9d4d726/statistik-pertambangan-minyak-dan-gas-bumi-2015---2020.html。

商务目的的国际游客占 55.60%，其目的包括参加会议、奖励旅游、大型企业会议、活动展览及节事活动（MICE）等；剩下的 44.40% 是出于个人目的，包括度假、拜访朋友和亲戚等其他个人目的。

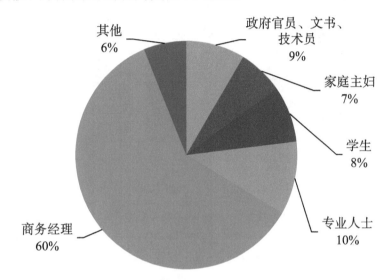

图1 2020 年按主要职业分列的国际游客比例（单位：%）

资料来源：根据《2020 年印尼国际旅客统计年鉴》整理，参见 Statistics Indonesia, Statistik Kunjungan Wisatawan Mancanegara 2021, April 28, 2022, https://www.bps. go.id/publication/2022/04/28/d79faad2c263388e94e160ee/statistik-kunjungan-wisatawan-mancanegara-2021.html。

从停留时间来看，2020 年国际游客在印尼的平均停留时间比 2019 年增加了 4.75 个百分点，从 8.87 天增加到 13.62 天。就性别而言，2019—2020 年，男性游客在印尼停留的时间比女性游客长。2020 年，与前一年相比，印尼男性和女性游客的平均停留时间分别增加了 5.55 和 3.68 个百分点。从年龄分组情况来看，35—44 岁的国际游客在印尼的平均停留时间最长，达到 14.30 天，而 55—64 岁的国际游客的平均停留时间最短，为 11.11 天。而在 2019 年，在印尼的平均停留时间最长的是 25 岁以下的国际游客，为 9.67 天，见图 2。

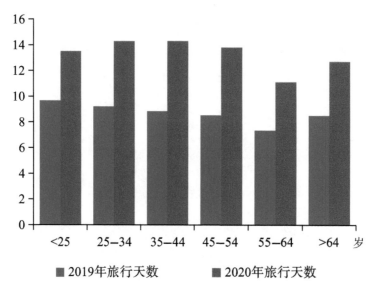

图 2　2019—2020 年按年龄组划分的国际游客平均停留时间（单位：天）

资料来源：根据《2020 年印尼国际旅客统计年鉴》整理，参见 Badan Pusat Statistik, Statistics, Statistik Kunjungan Wisatawan Mancanegara 2021, Indonesia, https://www. bps.go.id/publication/2022/04/28/d79faad2c263388e94e160ee/statistik-kunjungan-wisatawan-mancanegara-2021.html。

从国际游客的平均支出来看，2020 年国际游客每次访问的平均支出增加了 89%，从 1 145.64 美元增加到 2 165.02 美元。国际游客每天的平均支出为 158.95 美元，比 2019 年国际游客每天的平均支出增加了 23%。

3. 旅游基础设施建设情况

加强旅游基础设施建设是印尼促进旅游业复苏的举措之一。2021 年 3 月 2 日，印尼旅游发展公司（ITDC）与两家印尼建筑国企联合体就龙目岛曼达利卡城市旅游基础设施项目（MUTIP）签署两项建筑合同，价值 1.7 万亿印尼卢比（约 1.2 亿美元），由亚投行（AIIB）全额融资，是亚投行在印尼的首笔独立融资，也是亚投行在旅游基础设施开发领域的首笔融资。印尼旅游与创意经济部表示，2022 年世界经济论坛发布的旅游竞争力排名的提升能够提高印尼在世界的声誉，希望投资者可以投资旅游业，尤其在五个超级优先目的地，即北苏门答腊省的多巴湖、中爪哇省的婆罗浮屠，西努沙登加拉省的曼达利卡、东努沙登加拉省的纳闽巴霍和北苏拉威西省的利库邦。

三、结语

印尼是东盟最大的经济体，其海洋产业的各个领域均有较好的发展，第一产业的海洋渔业和养殖业对 GDP 贡献率达到 2.80%，2020 年捕捞出产最多的鱼类品种为竹荚鱼、长尾金枪鱼与鲣鱼，养殖最为广泛的品种为虾类。对于印尼而言，海洋交通运输业及滨海旅游业，有着较高地位，但新冠疫情的影响让这两个产业的发展蒙上了一层阴影，增长严重受阻；船舶和海洋工程装备制造业与海洋油气业发展也作为较为重要的产业而存在，新冠疫情前也有较好的发展，但国际大环境的影响和本国的影响均使得其产业发展受到一定阻碍。在新冠疫情常态化防控背景下，印尼因其丰富的海洋资源、独特的景观，以及积极的推广政策等，海洋产业的发展仍有较大发展空间。印尼在坚持发展优势行业、积极发展海洋产业的背景下，在未来的东盟及世界经济中，仍会有重要的位置。

欧洲篇

欧盟海洋经济发展情况分析

郑莉　赵鹏　李先杰[*]

欧洲联盟简称欧盟（EU），总部设在比利时首都布鲁塞尔，是由欧洲共同体发展而来的，创始成员国有六个，分别为联邦德国、法国、意大利、荷兰、比利时和卢森堡。欧盟自成立以来共经历七次扩张，现有 27 个成员国，[①] 分别为奥地利、比利时、保加利亚、塞浦路斯、捷克、克罗地亚、丹麦、爱沙尼亚、芬兰、法国、德国、希腊、匈牙利、爱尔兰、意大利、拉脱维亚、罗马尼亚、立陶宛、卢森堡、马耳他、荷兰、波兰、葡萄牙、斯洛伐克、斯洛文尼亚、西班牙、瑞典。[②] 英国已于 2021 年 1 月 1 日正式退出欧盟关税同盟和单一市场，结束了其 47 年的欧盟成员国身份。

---

　　* 郑莉，国家海洋信息中心副研究员；赵鹏，国家海洋信息中心研究员；李先杰，国家海洋信息中心助理研究员。
　　① 商务部国际贸易经济合作研究院、中国驻欧盟使团经济商务处、商务部对外投资和经济合作司：《对外投资合作国别（地区）指南：欧盟（2020 年版）》。
　　② 《欧盟概况》，外交部，2021 年 7 月，https://www.mfa.gov.cn/web/gjhdq_676201/gjhdqzz_681964/1206_679930/1206x0_679932/，访问日期：2022 年 1 月 5 日。

一、经济社会发展总体情况

2020 年，新冠疫情的暴发使欧盟整体经济受到较大冲击，欧盟 27 国的国民经济自 2009 年以来首次下跌，同比实际缩减了 5.9%；对外贸易总额为 54 380.1 亿欧元，较 2019 年下降 11.8%；人口总数为 44 805.5 万人，比 2019 年增长 0.1%。

（一）宏观经济情况

根据欧盟统计局数据，2020 年欧盟 27 国（不含英国，以下简称欧盟）的国内生产总值约 13.4 万亿欧元，比 2019 年减少 5.9%。[①] 2011—2020 年，国内生产总值年均增长率为 0.7%（2010 年不变价）。GDP 排名前五的国家依次为德国、法国、意大利、西班牙、荷兰。2010—2020 年欧盟 27 国GDP 及增长率见图 1。

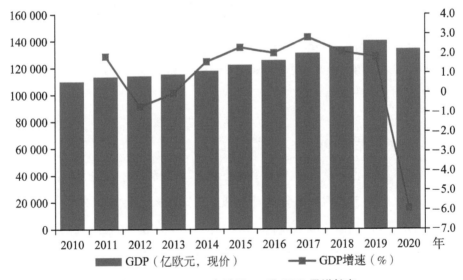

图 1 2010—2020 年欧盟 27 国 GDP 及增长率

资料来源：欧盟统计局网站，https://ec.europa.eu/eurostat/web/main/data/database，访问日期：2022 年 2 月 8 日。

---

① 由于 2020 年英国"脱欧"，此处为欧盟 27 国统计值的同比增速。——作者注

2020年，欧盟人均国内生产总值约2.99万欧元，比2019年减少6.0%。2011—2020年，人均国内生产总值年均增长率为0.6%（2010年不变价），见图2。人均GDP排名前五的国家依次为卢森堡、爱尔兰、丹麦、瑞典、荷兰。

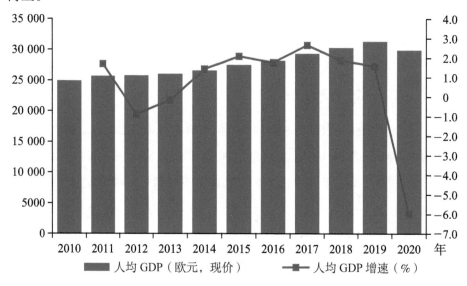

图2　2010—2020年欧盟27国人均GDP及增长率

资料来源：欧盟统计局网站，https://ec.europa.eu/eurostat/web/main/data/database，访问日期：2022年2月8日。

（二）贸易情况

目前欧盟与世界大多数国家和地区建立了关系，并缔结了贸易、经贸合作或联系国协定。根据欧盟统计局数据，2020年，欧盟对外贸易总额为54 380.1亿欧元，较2019年下降11.82%；出口额28 106.0亿欧元，同比下降10.9%；进口额26 274.1亿欧元，同比下降12.8%；贸易顺差达1831.9亿欧元，较2019年增长29.8%，见图3。从贸易类型来看，货物贸易占欧盟对外贸易的主导地位，其中2020年欧盟货物贸易额占比66.1%，服务贸易额占比32.9%。2020年，欧盟前十大货物贸易伙伴分别是美国、中国、瑞士、俄罗斯、土耳其、日本、挪威、韩国、印度、加拿大。其中欧盟第一大出口目的地是美国，第一大进口来源地是中国。

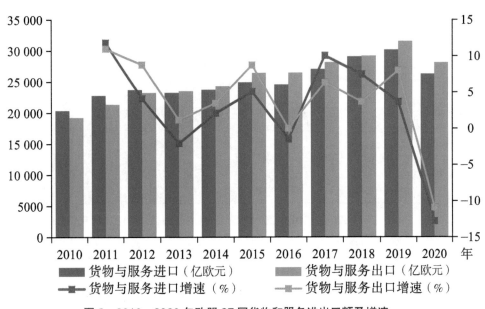

图3 2010—2020年欧盟27国货物和服务进出口额及增速

资料来源：欧盟统计局网站，https://ec.europa.eu/eurostat/web/main/data/database，访问日期：2022年2月8日。

（三）人口情况

根据欧盟统计局数据，2020年，欧盟27个成员国人口总数为44 805.5万人，比2019年增长0.1%，见图4。人口数排名前五的国家依次为德国、法国、意大利、西班牙、波兰。其他人口总数超过千万的欧盟成员国还有罗马尼亚、荷兰、比利时、希腊、捷克和葡萄牙。2020年欧盟总就业人员为19 225.0万人，比2019年下降1.3%。就业人数排名前五的国家依次为德国、法国、意大利、西班牙、波兰。

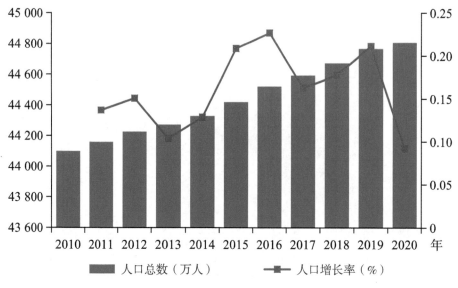

图 4　2010—2020 年欧盟人口总数及增长率

资料来源：欧盟统计局网站，https://ec.europa.eu/eurostat/web/main/data/database，访问日期：2022 年 2 月 8 日。

二、欧盟海洋经济总体情况

欧盟首次在全球提出蓝色增长战略，并于 2018 年发布了首份欧盟蓝色经济年度报告，旨在描述欧盟蓝色经济的范围和规模，为政策制定者和利益攸关方寻求海洋、海洋和沿海资源的可持续发展提供参考。2021 年欧盟委员会发布第四份年报《蓝色经济报告 2021》，报告指出欧盟蓝色经济包括基于海洋、海洋和海岸或与之相关的所有部门和跨部门的经济活动。其中海洋活动包括在海洋、海洋和沿海地区开展的活动，如海洋生物资源、海洋矿物、海洋可再生能源开发，海水淡化，海上运输和沿海旅游；海洋相关活动包括使用海洋产品和（或）生产海洋产品和服务的活动，或以海洋为基础的活动，如海鲜加工、生物技术、造船和维修、港口活动、技术和设备、数字服务等。[1]

----

① European Commission, Blue Economy Report 2021, accessed February 15, 2022, https://blueindicators.ec.europa.eu/published-reports_en.

　　欧盟成员国中有 23 个国家临海，沿海地区承载了欧盟近一半的人口，创造了欧盟国家约 50% 的国内生产总值。当前，海洋经济已成为欧盟国民经济的重要驱动力。据欧盟委员会统计数据，2020 年，欧盟 27 国蓝色经济的七个传统海洋产业创造了 1 840.9 亿欧元的总增加值（Gross Value Added, GVA），与 2009 年相比增长了 19.7%，占欧盟 GDP 总量的 1.4%。2009—2020 年，欧盟蓝色经济总体呈现先略降后缓慢上升的态势，见图 5。蓝色经济增加值排名前五的国家依次为西班牙、德国、意大利、法国、丹麦。欧盟蓝色经济总营业收入为 6 610.0 亿欧元，相比 2009 年增长 14.4%。就业方面，欧盟蓝色经济创造的直接就业人数近 445.6 万人，占欧盟就业总数的 2.3%，与 2009 年基本持平。蓝色经济就业排名前五的国家依次为西班牙、希腊、意大利、德国、法国。①

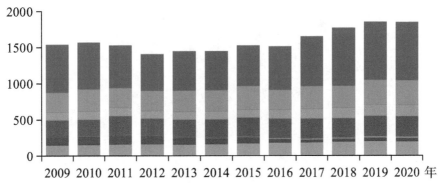

图 5　2009—2020 年欧盟蓝色经济活动构成变化（单位：亿欧元）

资料来源：欧盟委员会蓝色经济数据库，https://blueindicators.ec.europa.eu/access-online-dashboard，访问日期：2022 年 2 月 15 日。

―――――――――

① European Commission, Blue Indicators Online Dashboard, accessed February 15, 2022, https://blueindicators.ec.europa.eu/access-online-dashboard.

从产业构成看，2020 年欧盟蓝色经济三大支柱产业分别为滨海旅游业、海洋运输业和港口仓储业，这三大海洋产业增加值依次为 801.1 亿欧元、343.1 亿欧元和 279.4 亿欧元，分别占蓝色经济比重依次为 43.5%、18.6% 和 15.2%；海洋生物资源开发产业增加值 195.1 亿欧元，占蓝色经济比重 10.6%；造船修理业增加值 156.5 亿欧元，占蓝色经济比重 8.5%；海洋矿物油气开采业增加值 46.7 亿欧元，占蓝色经济比重 2.5%；海洋可再生能源业（海上风电）增加值 19.1 亿欧元，占蓝色经济比重 1.0%，见图 6。

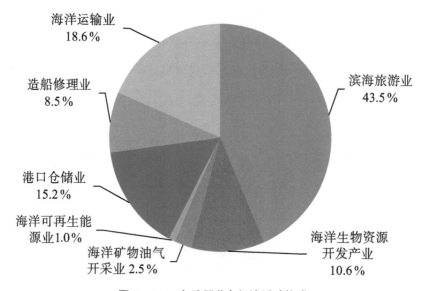

图 6 2020 年欧盟蓝色经济活动构成

资料来源：欧盟委员会蓝色经济数据库，https://blueindicators.ec.europa.eu/access-online-dashboard，访问日期：2022 年 2 月 15 日。

自 20 世纪 90 年代以来，随着一系列海洋政策的实施，欧盟已构建了成熟的海洋与蓝色经济发展战略体系。2006 年，欧盟颁布的《欧盟海洋政策绿皮书》提出了欧盟发展海洋经济的战略目标；2007 年，欧盟发布首份海洋蓝皮书《欧盟综合性海洋政策》；2009 年，欧盟出台第二份海洋蓝皮书《欧盟综合海洋政策的国际拓展》；2012 年，欧盟发布《蓝色增长：海洋及关联领域可持续增长的机遇》战略；2014 年，欧盟推出《蓝色经济创新：发挥海洋在就业和经济增长方面的潜力》计划；2016 年，欧盟发布《国际海洋治理：我们海洋未来的议程》；2017 年，欧盟制定《蓝色经济战略：在蓝色经济中实现更可持续的经济增长与就业》。2018 年以来，欧盟加强对海洋融资引导和支持，相继发布了《可持续蓝色经济金融原则》《蓝色经济中的不可持续金融》和《蓝色经济可持续性标准》，先后成立了欧洲海洋与渔业基金和蓝色投资基金，运用基金扶持海洋产业发展。

三、欧盟主要海洋产业发展情况

欧盟传统海洋产业发展步调不一，总体呈增长态势。海洋新兴产业方兴未艾，发展潜力巨大。

（一）传统海洋产业

2009—2020 年，除海洋矿物油气开采业外，其他传统海洋产业的增加值都保持增长态势。其中，海洋生物资源开发产业、造船修理业和滨海旅游业的增加值现价增速达到了 20% 以上；而海上矿物油气开采业由于受低油价和转向脱碳可替代能源趋势的影响，其增加值下降了 58.3%。2009—2020 年的就业增长主要集中在海上运输业（增长 12.8%）和港口仓储业（增长 0.3%），造船修理业和海洋生物资源开发业的就业人数相较于 2013—2014 年最低值有所增长，尚未恢复到 2009 年水平。

1. 滨海旅游业

滨海旅游业主要包括住宿、交通和其他支出。受到全球经济和金融危机的影响，2009—2015 年，欧盟滨海旅游业就业人数逐渐减少；然而 2016—2019 年，滨海旅游强劲复苏增长；2020 年受新冠疫情影响，滨海旅游业小幅下跌 0.3%。2020 年，滨海旅游业增加值和就业人数均排名第一，分别占欧盟蓝色经济增加值的 43.5%（801.1 亿欧元）和总就业人员的

62.9%（280.5 万）。27 个成员国中，西班牙滨海旅游业在就业岗位和增加值中占比最高，分别为 26.8% 和 23.2%。

2. 海洋运输业

海洋运输业主要包括旅客运输、货物运输和运输服务等活动。海运在欧盟经济和贸易中发挥着关键作用，约占全球货物运输的 80%，占欧盟内部贸易的三分之一。自 2016 年以来，海上运输业从下跌中开始复苏。2020年，海上运输业增加值排名第二，增加值占比 18.6%，共为近 40.3 万人提供了直接就业岗位（占 9.0%，排名第三）。27 个成员国中，德国是海运行业的领军者，提供了 30.6% 的工作岗位和 31.7% 的增加值，见图 7。

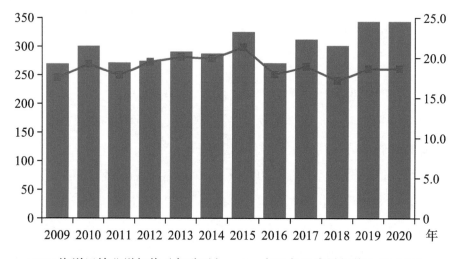

图 7　2009—2020 年欧盟海洋运输业增加值与占蓝色经济比重变化情况

资料来源：欧盟委员会蓝色经济数据库，https://blueindicators.ec.europa.eu/access-online-dashboard，访问日期：2022 年 2 月 15 日。

3. 港口仓储业

港口仓储业主要包括货物装卸与仓储、港口与水务工程等。自 2009 年以来，港口仓储业的增加值和就业均有所增长。2020 年，港口仓储业增加值排名第三，仅次于滨海旅游业和海洋运输业，占欧盟蓝色经济增加值的15.2%；就业方面，港口仓储业为38.3万人提供了直接就业岗位（占8.6%，排名第四）。27个成员国中，德国港口仓储业在增加值（17.2%）和就业岗位（17.6%）中占比最高，见图8。

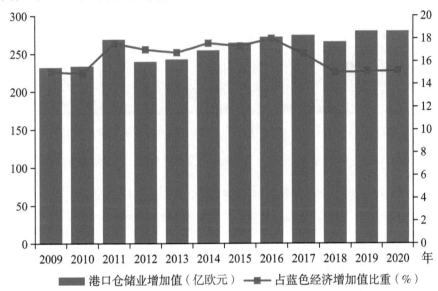

图8 2009—2020年欧盟港口仓储业增加值与占蓝色经济比重变化情况

资料来源：欧盟委员会蓝色经济数据库，https://blueindicators.ec.europa.eu/access-online-dashboard，访问日期：2022年2月15日。

近年来，欧盟港口发展态势良好并积极推进港口无碳转型。联合国贸易和发展会议数据显示，2010—2020年，欧盟港口集装箱吞吐量总体呈上升态势，占全球港口集装箱吞吐量的比重在10%以上，见图9。2021年，欧盟发布的《大西洋行动计划2.0》指出，许多日益增长的重要产业都与港口活动密切相关，因此大西洋港口对这些产业的可持续发展以及向无碳经济转型等方面具有重要作用，使其更富潜力。计划提出将大西洋港口作为蓝色经济的门户和枢纽，将港口作为大西洋行动中的贸易门户，利用港口促进商业发展。

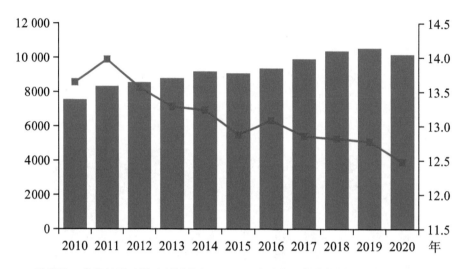

■ 欧盟港口集装箱吞吐量（万标箱）　■ 欧盟港口集装箱吞吐量占全球比重（%）

图 9　2010—2020 年欧盟港口集装箱吞吐量及占全球比重变化情况

资料来源：联合国贸易和发展会议数据库，http://unctadstat.unctad.org/EN/，访问日期：
2021 年 11 月 18 日。

4. 海洋生物资源开发产业

海洋生物资源开发产业包括海洋捕捞、海水产养殖、鱼类甲壳类及软
体动物的加工与批发零售等。[①] 2009—2020 年，海洋生物资源开发业经济
形势（特别是东北大西洋及附近水域）表现有所改善，部分原因是鱼类资
源状况较好和捕鱼机会的增加，以及平均市场价格的提高和燃料等作业费
用的减少。

2020 年，海洋生物资源开发产业增加值排名第四，占欧盟蓝色经济增
加值比重均为 10.6%；同时为 54.6 万人提供了直接就业岗位（占 12.2%，
排名第二）。27 个成员国中，西班牙海洋生物资源开发业所提供就业岗位
（占 20.0%）和增加值（占 18.7%）最高。欧盟海洋渔业生产结构主要以捕
捞为主，海洋捕捞占渔业总产量的 80% 以上，近年来随着对海洋渔业资源

---

　　①　由于有限的数据可用性，海洋生物资源开发产业统计不包括生物技术和生物能源行
业。——作者注

保护力度的加大以及海水养殖的逐步兴起，海洋捕捞比重略有下降。2019年，海洋渔业总产量 503.2 万吨，相比 2010 年下降 10.3%，年均复合增速 –1.2%；占全球海洋渔业总产量的 4.0%，相较于 2010 年下降了 0.4 个百分点。2009—2020 年欧盟海洋生物资源开发产业增加值与占蓝色经济比重变化情况见图 10。

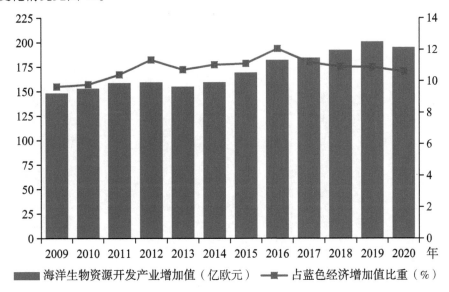

图 10　2009—2020 年欧盟海洋生物资源开发产业增加值与占蓝色经济比重变化情况

资料来源：欧盟委员会蓝色经济数据库，https://blueindicators.ec.europa.eu/access-online-dashboard，访问日期：2022 年 2 月 15 日。

欧盟的渔业采取"共同渔业"管理模式，近年来，随着共同渔业政策的实施，欧盟渔业发展取得重大进展，东北大西洋的鱼类资源增加，捕捞压力降低，船队盈利能力提高。[1] 新冠疫情对欧盟的渔业和水产养殖业产生了严重负面影响，2020 年欧盟大部分地区渔业和水产养殖部门几乎陷入停滞。虽然欧盟反应迅速，并对渔业、加工和水产养殖部门采取了一系列

---

① European Commission Maritime Affairs and Fisheries, Strategic Plan 2020-2024, accessed December 27, 2021, https://ec.europa.eu/info/files/strategic-plans-2020-2024-maritime-affairs-and-fisheries_en.

具体支持措施,但未来几年复苏仍需努力。为支持欧洲蓝色经济的绿色复苏,欧盟于 2021 年批准建立了欧洲海洋、渔业和水产养殖基金,总预算 61 亿欧元,为保护、管理和可持续利用海洋及其资源提供财政支持,并为实现欧洲绿色协议目标做出贡献。2010—2019 年欧盟海洋捕捞与海水养殖产量增长情况见图 11。

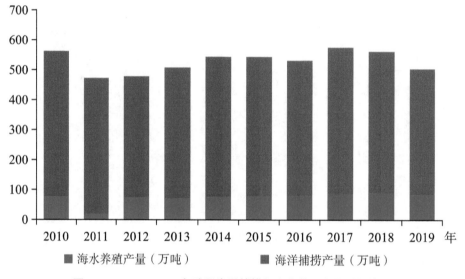

图 11   2010—2019 年欧盟海洋捕捞与海水养殖产量增长情况

资料来源:粮农组织数据库,https://www.fao.org/fishery/statistics-query/en/home,访问日期:2021 年 12 月 15 日。

5. 造船修理业

造船修理业包括船舶及浮动构筑物建造、娱乐和运动船只建造、船舶修理和养护等活动。自 2009 年以来,造船修理业的就业人数显著下降,但该产业从 2015 年的近期低点开始扩张,正处于复苏阶段,就业形势较好。2020 年,造船修理业为 29.9 万人提供了直接就业岗位(占 6.7%,排名第五),比 2015 年增长 13.3%。该产业在欧盟蓝色经济中的占比较低,产业增加值占欧盟蓝色经济增加值的 8.5%。27 个成员国中,德国造船修理业在增加值(20.3%)和就业岗位(14.5%)中占比最高。2009—2020 年欧盟造船修理业增加值与占蓝色经济比重变化情况见图 12。

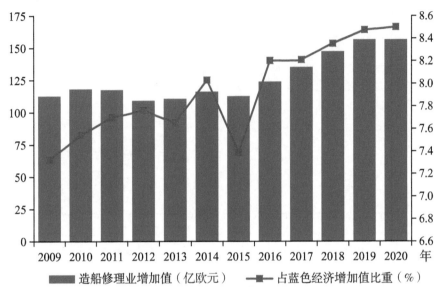

图 12　2009—2020 年欧盟造船修理业增加值与占蓝色经济比重变化情况

资料来源：欧盟委员会蓝色经济数据库，https://blueindicators.ec.europa.eu/access-online-dashboard，访问日期：2022 年 2 月 15 日。

6. 海洋矿物油气开采业

海洋矿物油气开采业包括海上油气开采、沙砾开采和相关辅助活动等。目前欧洲大部分石油和天然气开采发生在海上，大多位于北海海域。由于产量下降和成本上升，以及"欧洲绿色协议"（EGD）对清洁能源的推动，2009—2020 年海洋矿物油气开采业呈现衰退态势。2020 年，海洋矿物油气开采业增加值排名第六，其中增加值占比 2.5%（46.7 亿欧元）；同时为 1.0 万人提供了直接就业岗位（占 0.2%，比 2009 年下降 0.6 个百分点），是增长率最低的产业。27 个成员国中，丹麦海上矿物油气开采发展水平处于领先地位，增加值占比 11.5%，就业岗位占比 6.2%。2009—2020 年欧盟海洋矿物油气开采业增加值与占蓝色经济比重变化情况见图 13。

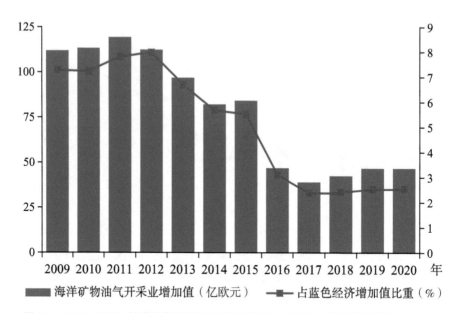

图 13　2009—2020 年欧盟海洋矿物油气开采业增加值与占蓝色经济比重变化情况

资料来源：欧盟委员会蓝色经济数据库，https://blueindicators.ec.europa.eu/access-online-dashboard，访问日期：2022 年 2 月 15 日。

7. 海洋可再生能源业

海上风电是目前唯一一种被广泛采用的海洋可再生能源的商业应用。[①] 截至 2021 年 6 月，欧洲海上风电总装机容量为 25 吉瓦，相当于 12 个国家或地区的 5402 台并网风力涡轮机，是世界上海上风电的领导者，其装机容量占世界总容量的 90% 以上。2020 年，欧洲新增 2.9 吉瓦的海上装机容量，356 台新的海上风力涡轮机并网且分布在 9 个风电场。[②] 据统计，2020 年，欧盟海上风电增加值排名末位，其中增加值仅占 0.8%（15 亿欧元）；就业方面，该产业提供就业岗位数排名倒数第二，但增长率最高，达 2639.7%。27 个成员国中，德国海上风电发展水平处于领先地位，增加

---

①　基于数据可得性限制，海洋可再生能源产业统计数据目前仅包括海上风能。——作者注

②　Wind Europe, Offshore Wind in Europe-Key Trends and Statistics 2020, accessed February 8, 2021, https://windeurope.org/intelligence-platform/product/offshore-wind-in-europe-key-trends-and-statistics-2020/.

值占 48.2%，就业岗位占 60.4%。2009—2020 年欧盟海洋可再生能源业增加值与占蓝色经济比重变化情况见图 14。

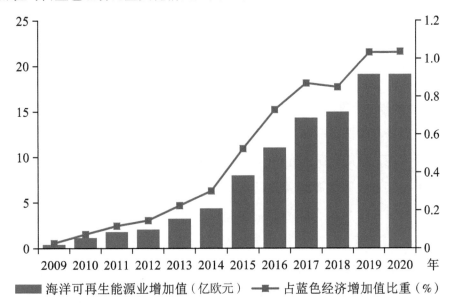

图 14　2009—2020 年欧盟海洋可再生能源业增加值与占蓝色经济比重变化情况

资料来源：欧盟委员会蓝色经济数据库，https://blueindicators.ec.europa.eu/access-online-dashboard，访问日期：2022 年 2 月 15 日。

2020 年，欧盟委员会发布《海上可再生能源战略》，提出了欧盟海上可再生能源的中长期发展目标。为助力欧盟实现到 2050 年的碳中和目标，该战略提出到 2030 年海上风电装机容量从当前的 12 吉瓦提高至 60 吉瓦以上，到 2050 年进一步提高到 300 吉瓦，并部署 40 吉瓦的海洋能及其他新兴技术（如浮动式海上风电和太阳能）作为补充。欧盟委员会估计，这将需要到 2050 年投入近 8000 亿欧元资金。该战略提出了实现上述目标的政策和监管建议，包括在海洋空间规划、海上可再生能源及电网基础设施、海上可再生能源监管框架、撬动私营投资、技术研究创新、供应链与价值链等六方面将采取的关键行动。①

---

　　①　先进能源科技战略情报研究中心：《欧盟发布〈海上可再生能源战略〉明确中长期发展目标》，2021 年 3 月 19 日，http://www.chinalubricant.com/news/show-104139.html。

（二）海洋新兴产业

海洋新兴产业为欧盟蓝色经济提供了巨大的增长潜力和就业机会，尤其是海洋能源技术处于全球领先地位。新兴海洋能源、海洋生物技术和机器人技术（人工智能）等在欧盟向碳中和、循环及生物多样性经济转型中发挥重要作用。[①]

1. 新兴海洋能源

新兴海洋能源是一种尚未开发的可再生能源，包括浮动海上风能，波浪和潮汐能，浮动太阳能光伏能源（FPV）和海上氢发电。新兴海洋可再生能源在实现欧盟能源脱碳方面具有巨大潜力，有助于欧盟到2050年实现碳中和的目标。海洋能装机容量仍然很小，通常尚未商业化，但欧盟正在采取相关措施。2020年初，全球海洋能源总装机容量为528兆瓦，其中66%的波浪能装机容量安装在欧盟；潮汐能项目494兆瓦（其中法国为240兆瓦），大部分位于欧洲水域（78%），平均分布在欧盟27国和英国（分别为13.3兆瓦和13.7兆瓦）。但与海上风电相比，欧盟海洋能源技术的发展仍多处于研发与示范阶段。自2009年以来，欧盟为浮式海上风电研发项目提供了超过7800万欧元资助。

2. 海洋生物技术业

藻类、细菌、真菌和无脊椎动物是蓝色生物经济中被用作原料的重要海洋资源。自2014年以来，通过欧洲区域发展基金（European Regional Development Fund, ERDF）和"地平线2020"（Horizon 2020）已在支持海洋生物技术的项目中投入了约2.62亿欧元。作为塑料和其他石化应用的植物替代品供应商，蓝色生物技术和蓝色生物经济发挥至关重要的作用。该行业仍处于起步阶段，最引人注目的子行业是藻类生产。欧洲生产藻类的公司数量在过去十年显著增加（150%），法国、西班牙和葡萄牙的总营

[①] European Commission, The EU Blue Economy Report 2021, accessed June 3, 2021, https://op.europa.eu/en/publication-detail/-/publication/0b0c5bfd-c737-11eb-a925-01aa75ed71a1.

业额为 1070 万欧元。2022 年，欧盟委员会将采用藻类战略来促进该行业的发展。

3. 海水淡化业

截至 2021 年 1 月，欧盟有 2309 家海水淡化工厂（主要分布在地中海沿岸），每天生产淡水大约 920 万立方米，主要用于市政供水、饮用水、工业和灌溉。2000—2009 年，欧洲的海水淡化能力显著增长，在工程、采购和建设（EPC）方面的总投资达到了 40 亿欧元，新产能为 458 万立方米/天。2010—2019 年，新投产产能为 84 万立方米/天，投资 6.3 亿欧元。自 2010 年以来，大部分新增装机容量都是中小型工厂。欧盟成员国中，海水淡化能力最强的是西班牙，占欧盟总海水淡化能力的 65%。

4. 海底采矿业

欧盟是第三大工业矿产生产国，但高度依赖金属矿产的进口，特别是钴、铂、钛、稀土等"高科技"金属的进口。海洋矿物有助于满足未来快速增长的原材料需求的供应，包括稀土元素和钴等金属。欧洲联盟资助了一系列研究项目，旨在增加对深海海洋矿物资源和生态系统了解，以更好地了解深海矿物对环境的潜在影响，以及如何减轻这些影响。欧盟水域的深海采矿活动仍处于勘探阶段，没有商业性深海海底采矿项目。

5. 海上防御、安全和监视

2019 年，欧洲海军造船业的营业额达到 260 亿欧元，占欧洲国防总收入的 23%。新冠疫情对欧盟海军部门造成了冲击，不仅打击了商业活动，还对供应安全、劳动力和未来研发投资水平产生了负面影响。据估计，2020 年上半年，欧洲的军舰新订单吨位比 2019 年减少了 62%，价值减少了 77%。通过使用大量的数据和信息，欧洲海事安全局（European Maritime Safety Agency，EMSA）每天接收近 3000 万条监测信息和卫星图像，用于维护欧盟水域的海上安全、船舶检测、特征检测、活动检测、溢油检测和风浪信息，为搜救任务提供便利或防止事故发生。自 2018 年以来，欧盟委员会提供了约 115 万欧元资助，鼓励海上安全、渔业、国防、海关、执法和海洋环境保护等不同部门间信息共享。

6. 海洋研究和教育

研究和教育是绿色和数字化双转型的关键推动因素。初步评估显示，"地平线 2020"项目对蓝色经济的大部分投资都集中在海洋观测、蓝色增长和蓝色生物技术上。2007—2019 年，欧盟在波浪能和潮汐能方面的公共和私人研发支出达 38.4 亿欧元。对于下一个长期研究计划"欧洲地平线"（2021—2027 年），至少 35% 将用于与气候相关的行动和支持海运业向气候中和的过渡。欧盟拟制定一项技能战略以解决海洋产业（特别是造船业和海上可再生能源）变化的主要驱动力。欧盟委员会已启动几项倡议以缩小蓝色经济所需的职业技能差距，其中欧洲海洋联盟（EU4Ocean）倡议将不同的组织、项目和人员联系在一起，共同促进海洋知识普及和海洋可持续管理。

7. 海洋基础设施

全球约有 378 条海底电缆，长度超过 120 万公里，其中 205 条连接到欧盟，其中丹麦连接电缆数量最多，法国连接电缆长度最长。由于新冠疫情暴发及对海底电缆提供数据和电信交换的依赖，海底电缆网络（占国际数据传输和通信的 99%）的经济重要性于 2020 年进一步增强。近年来，海洋机器人越来越多地应用于监视、工业和商业用途。海洋系统是机器人市场中最有价值的领域之一，2019 年全球海洋机器人市场价值 22.09 亿欧元，预计到 2025 年将达 43.90 亿欧元。但由于研发成本高、通信和导航等水下操作的复杂性及技术原因，海洋机器人大规模应用一直受限。

四、欧盟主要国别蓝色经济发展情况

为进一步了解欧洲主要大国海洋经济发展情况，本报告选取了德国、法国、葡萄牙三个国家，概述了这三个国家海洋经济发展情况。

（一）德国海洋经济情况

德国位于欧洲大陆中部，是欧洲最大经济体和世界第四经济强国（仅次于美、中、日），人口超过 8000 万，是欧盟人口最多的国家。德国经济发展对外依存度高，工业基础雄厚，服务业发达，根据德国联邦统计局数据，2019 年德国国内生产总值 34 352 亿欧元，经济增长 0.6%。[①] 2020 年，新冠疫情使德国面临二战结束以来最严重的经济衰退，国内生产总值下降 5.0%。

1. 海洋经济总体情况

欧盟委员会公布的数据显示，2020 年德国蓝色经济增加值为 32 172.6 欧元，在 27 个欧盟成员国中排名第二，仅次于西班牙。蓝色经济增加值相比 2009 年增长了 28.6%。

2020 年，德国海运业增加值 122.2 亿欧元，占蓝色经济比重 38.0%；港口仓储业增加值 62.7 亿欧元，占蓝色经济比重 19.5%；滨海旅游业增加值 54.1 亿欧元，占蓝色经济比重 16.8%；造船修理业增加值 38.8 亿欧元，占蓝色经济比重 12.0%；海洋生物资源开发产业增加值 31.4 亿欧元，占蓝色经济比重 9.8%；海洋可再生能源业增加值 12.2 亿欧元，占蓝色经济比重 3.8%；海洋矿物油气开采业增加值 0.4 亿欧元，占蓝色经济比重 0.10%，见图 15。

从产业构成看，海洋运输业、港口仓储业、滨海旅游业占比最大，三者增加值之和占蓝色经济比重超过 70%。其次为造船修理业 12.0%、海洋渔业 9.8%。海洋可再生能源业和矿物油气开采业占比很小，但由于近年来德国海上风电产业迅猛发展，海洋可再生能源业占比大幅提高，由 2010 年的不到 0.1% 增加到 2020 年的 3.8%。

---

① 商务部国际贸易经济合作研究院、中国驻德国大使馆经济商务处、商务部对外投资和经济合作司：《对外投资合作国别（地区）指南：德国（2020 年版）》。

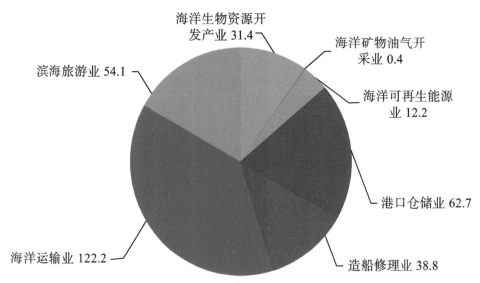

图 15 2020 年德国蓝色经济活动构成（单位：亿欧元）

资料来源：欧盟委员会蓝色经济数据库，https://blueindicators.ec.europa.eu/access-online-dashboard，访问日期：2022 年 2 月 15 日。

从提供就业岗位看，滨海旅游业贡献最大，2020 年就业人数为 18.9 万人；其次是海洋运输业 13.5 万人；港口仓储业 8.9 万人等，见表 1。

表 1 2020 年德国蓝色经济各产业增加值及就业人数

产业	海洋运输业	港口仓储业	滨海旅游业	造船修理业	海洋生物资源开发产业	海洋可再生能源业	海洋矿物油气开采
增加值（亿欧元）	122.2	62.7	54.1	38.8	31.4	12.2	0.4
就业人数（万人）	13.5	8.9	18.9	5.0	5.5	0.8	0.03

资料来源：欧盟委员会蓝色经济数据库，https://blueindicators.ec.europa.eu/access-online-dashboard，访问日期：2022 年 2 月 15 日。

2017 年 3 月，德国联邦经济与能源部发布了《海洋议程 2025：德国作为海洋产业中心的未来》（Maritime Agenda 2025: The Future of Germany as a Maritime Industry Hub）（以下简称《议程 2025》）。《议程 2025》从海运业的价值链、船舶、港口、海上风电四个方面分析了德国海事行业，同时对德国海运业未来的发展做出长期计划,旨在加强德国海运业的竞争力,促进德国经济增长、提高就业潜力、保护海洋资源和环境。《议程2025》明确了九个关键行动领域,包括巩固扩大技术领先地位、增强国际竞争力、扩大基础设施建设、塑造海上运输的可持续性、利用海事技术促进能源转型、海事利用数字化、加强德国海事专业知识、发展海军和海岸警卫队造船的工业能力、在制定欧盟蓝色经济增长战略中发挥积极作用等。

2. 主要海洋产业情况

德国海运业、港口仓储业、滨海旅游业发展态势良好,这三个产海洋产业增加值之和占德国蓝色经济总增加值的比重超过70%,其中海上风电产业迅猛发展,海洋可再生能源业占比由2010年的不到0.1%增加到2020年的3.8%。

(1)海洋运输业

海洋运输业是德国蓝色经济的重要组成部分,2009—2020年,德国海运业总体呈现弱"V"形走势,2009—2016年呈下滑趋势,2017—2020年有所回升。2020年德国海运业增加值达122.2亿欧元,营业额约500亿欧元,[1] 创造工作岗位高达40万个,其中直接提供就业岗位13.54万个。德国海运行业遍布全国,尤其是巴登－符腾堡州、巴伐利亚州和北莱茵－威斯特法伦州。

德国有超过360家航运公司,运营船只约为2700艘。根据船东国籍,德国是世界排名第四的航运国,拥有全球近1/3的集装箱运输能力。德国商船队是世界上高现代化、年轻化程度的船队之一,涵盖集装箱运输、货船、散货船等工业活动。[2]

---

① BMWI, Maritime Agenda 2025: The Future of Germany as a Maritime Industry Hub, January 1, 2017, https://www.bmwi.de/Redaktion/EN/Publikationen/maritime-agenda-2025.html.

② BMWI, Maritime Agenda 2025: The Future of Germany as a Maritime Industry Hub, January 1, 2017, https://www.bmwi.de/Redaktion/EN/Publikationen/maritime-agenda-2025.html.

（2）港口仓储业

德国有超过 200 家的港口公司，海港运营商年服务船只数超过 12 万艘，处理约 2/3 的对外海港贸易，包括原材料、农产品、车辆等。2009—2017 年，德国港口仓储业增加值虽偶尔出现小幅下降，但总体稳步增加。2018 年受国际大环境影响，港口仓储业出现大幅下降，增加值降幅达 18.4%。据《议程 2025》预测，预计到 2030 年德国海港的货运量将有所回升。

（3）滨海旅游业

滨海旅游业是德国蓝色经济第三大支柱产业，占蓝色经济比重保持在 16%—18%，并提供了近 1/3 的就业。当然，2020 年新冠疫情全球暴发，对德国旅游业也带来了重创，据德国联邦统计局发布数据，2020 年，在德国拥有 10 个或 10 个以上床位的住宿场所和拥有 10 个或 10 个以上床位的旅游营地过夜人数总计 3.023 亿人次，与 2019 年相比下降 39.0%；2020 年 12 月，过夜游客总数为 670 万人次，与 2019 年同期相比下降 78.4%。

（4）造船修理业

德国造船业主要从事远洋和内河邮轮建造，以及海军舰船、渡船和滚装船，以技术先进闻名。通过专注于高科技领域，德国造船业在与作为全球造船主导力量的亚洲造船业相比时确保了一定的竞争优势。除此之外，德国造船业研制的"绿色航运"具有较大市场潜力，德国工业 4.0 和数字化发展为船舶制造业带来了机遇与挑战。在德国，大约有 2800 家企业和 20 万员工活跃在造船和船舶技术领域。从近十年增加值看，德国造船业总体稳步增长。2020 年新冠疫情对邮轮和客运行业的打击给德国船企带来了许多不确定性，全球新造船需求或将在较长时间内保持在较低水平。由于造船业周期较长，新冠疫情暴发前德国拥有超过四年的订单工作量，因此疫情对造船业的冲击还未完全体现，但德国造船业已开始"未雨绸缪"，为造船业即将到来的危机提前做好准备。

（5）海洋生物资源开发产业

在德国北部和东部沿海地区，渔业一直是经济中传统而重要的行业之一，每年为本国消费者提供超过 130 万吨水产品。① 2020 年，德国海洋生物资源开发产业增加值达到 31.4 亿欧元，占蓝色经济比重 9.8%，与 2019 年持平，渔业就业人员约 5.5 万人。

德国北部濒临北海和波罗的海，是德国重要的捕鱼区，2020 年，德国捕捞业增加值约为 0.58 亿欧元。相比捕捞业，德国的海水养殖规模非常小，主要养殖种类是贻贝，几乎没有养殖海水鱼类，主要是由于德国北部沿海很浅，不适合开展网箱养殖，2020 年，贻贝养殖业增加值约为 0.17 亿欧元。水产品加工行业以简单的冷冻储存为主，约占 80%，其次罐头和腌制产品，2020 年，德国水产品加工业增加值约为 5.82 亿欧元。水产品进出口及贸易增加值约为 24.2 亿欧元。

（6）海洋可再生能源业

2011 年 6 月，德国决定在 2022 年前关闭所有 17 座核电站，大幅推动可再生能源发展。德国不仅把发展可再生能源作为确保能源安全、能源多元化供应的重要战略选择，而且实施为减少碳排放、解决环境问题的重要措施。在政策与社会经济环境驱动下，德国海上风电迅速发展。2010—2019 年是德国海上风电飞速扩张时期，海上风电产业增加值由 2010 年的 8.5 亿欧元增加至 2019 年的 1 216.1 亿欧元，10 年间增长了 140 多倍。

为使海上风电装机容量的扩张"按计划"发展，德国政府设置了容量拍卖上限，防止电网开发和储能技术发展的速度跟不上装机容量扩张速度，造成严重的弃风现象。2018 年德国海上风电累计装机容量已经达到了 2020 年的目标为 6.5 吉瓦，因此，随后两年新增并网装机容量放缓甚至下降，但风电机组技术含量大幅提高，大容量风电机组占比越来越大，海上风电行业成本有下降趋势。

---

① 薛辉利、何丰、周凡：《德国渔业概况》，《中国水产》2014 年第 6 期，第 34—35 页。

（二）法国海洋经济情况

法国位于欧洲西部，边境线总长度为 5695 公里，其中海岸线 2700 公里。法国是欧盟面积最大国家，人口数排名欧盟第二。2018 年下半年以来，受国际贸易环境恶化、欧元区经济放缓、油价上涨、"黄马甲"运动等因素影响，法国经济下行压力加大。2020 年以来，新冠疫情给法国经济带来较大影响，2020 年国内生产总值为 2.1 万亿欧元，下降 8.2%。[①]

1. 海洋经济总体情况

自 1997 年以来，法国海洋开发研究院（Ifremer, Institut Français de Recherche pour l'Exploitation de la Mer）发布《法国海洋经济数据报告》，评估法国海洋相关活动在生产和就业方面的经济作用。[②] 由于法国海洋开发研究院最新发布数据为 2011 年海洋统计指标数据，为了解法国海洋经济最新情况，本报告采用欧盟委员会发布的法国海洋产业统计数据展开分析。据欧盟委员会统计数据，2020 年，法国蓝色经济的六大海洋产业创造了 224.3 亿欧元的总增加值（GVA），在 27 个欧盟成员国中排名第四，与 2009 年相比增长了 12.2%，占法国 GDP 总量的 1.0%。2009—2020 年，法国蓝色经济总体呈现先升后降再缓慢上升的态势。法国蓝色经济总营业收入为 819.5 亿欧元，相比 2009 年增长 20.5%。就业方面，法国蓝色经济创造的直接就业人数近 36.9 万人，占法国就业总数的 1.4%，与 2009 年基本持平。从提供就业岗位看，海洋旅游业贡献最大，其次是海洋生物资源开发产业和造船修理业。

从产业构成看，2020 年法国蓝色经济三大支柱产业分别为滨海旅游业、港口仓储业和造船修理业，这三大海洋产业增加值占比超过 80%，增加

---

① 《法国国家概况》，外交部，2021 年 7 月，https://www.mfa.gov.cn/web/gjhdq_676201/gj_676203/oz_678770/1206_679134/1206x0_679136/，访问日期：2022 年 1 月 18 日。

② Ifremer, French Marine Economic Data 2013, October, 2014, https://demf.ifremer.fr/en/reports/2013.

值依次为 113.5 亿欧元、33.6 亿欧元和 33.2 亿欧元，占蓝色经济比重依
次为 50.6%、15.0% 和 14.8%；海洋生物资源开发产业增加值 28.9 亿欧元，
占蓝色经济比重 12.9%；海洋运输业增加值 14.7 亿欧元，占蓝色经济比
重 6.5%；海洋矿物油气开采业增加值 0.4 亿欧元，占蓝色经济比重 0.2%，
见图 16。

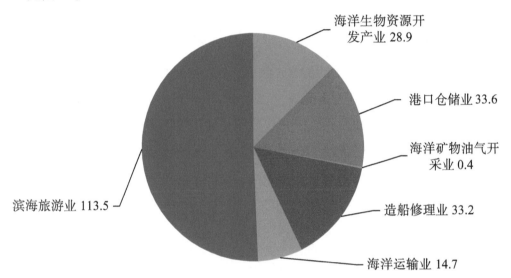

图 16　2020 年法国蓝色经济活动构成（单位：亿欧元）

资料来源：欧盟委员会蓝色经济数据库，https://blueindicators.ec.europa.eu/access-online-dashboard，访问日期：2022 年 2 月 15 日。

为促进海洋经济发展，法国出台了海洋相关政策。法国于 2009 年正式
出台了第一部《法国海洋政策蓝皮书》，对未来海洋领域发展进行了总体
规划。在此基础上，法国于 2017 年制定了《海洋和沿海地区国家战略》，
确立了四大发展目标：促进海洋和沿海地区的生态改革，发展可持续的蓝
色经济，保护海洋生态环境和具有吸引力的沿海地区，提高法国的影响力。
在传统海洋领域（渔业等）和新兴海洋领域（可再生能源等），海洋政策
重视和支持科研创新与教育，从而进一步发掘海洋的经济潜力以及促进海

洋经济的可持续发展。①

2. 主要海洋产业情况

法国滨海旅游业、港口仓储业和造船修理业是法国蓝色经济三大支柱产业，这三大海洋产业增加值占法国蓝色经济增加值的比重超过80%，其中造船修理业受到国家政策支持其发展速度显著提高，比2009年增长127.5%。

（1）滨海旅游业

法国是世界第一大旅游目的地国，其南部地中海沿岸风景秀丽、气候宜人，滨海旅游业是法国海洋经济一个重要产业，但受全球经济低迷和金融危机的影响，2009—2015年，法国滨海旅游业就业人数波动减少；然而2016—2019年，滨海旅游复苏增长；2020年受新冠疫情影响，滨海旅游业基本持平。2020年，滨海旅游业增加值和就业人数均排名第一，分别占法国蓝色经济增加值的50.6%（113.5亿欧元）和总就业人员的54.3%（20.3万）。

（2）港口仓储业

法国的主要海港有马赛港、勒阿弗尔港和敦刻尔克港。②据统计，2019年，法国七大沿海港口装卸总吨位达3.12亿吨；集装箱装卸总吨数达4740万吨、数量495万20尺集装箱（EVP）；散装货物卸载量达6470万吨。③2009—2020年，港口仓储业增加值先大幅上升后波动小跌。2020年，港口仓储业增加值排名第二，仅次于滨海旅游业，占法国蓝色经济增加值的15.0%；就业方面，港口仓储业为3.6万人提供了直接就业岗位（占9.7%，排名第四）。

---

① 张庆：《2007年以来的法国海洋政策评析》，硕士学位论文，北京外国语大学，2019。

② 《法国国家概况》，外交部，2022年6月，https://www.mfa.gov.cn/web/gjhdq_676201/gj_676203/oz_678770/1206_679134/1206x0_679136/，访问日期：2022年1月18日。

③ 商务部国际贸易经济合作研究院、中国驻欧盟使团经济商务处、商务部对外投资和经济合作司：《对外投资合作国别（地区）指南：欧盟（2020年版）》。

（3）造船修理业

自 2009 年以来，法国造船修理业的就业人数增加态势，该产业尽管在 2014—2015 年出现低点，但之后逐渐扩张复苏，就业形势较好。法国 2017 年发布的《海洋和沿海地区国家战略》中提出重点发展造船和修船业，对产业的发展起到积极提振推动作用。2020 年，造船修理业为 4.1 万人提供了直接就业岗位（占 11.0%，排名第三），比 2015 年增长 24.1%。造船修理业增加值占法国蓝色经济总增加值的 14.8%，排名第三，比 2009 年增长显著，增速达 127.5%。

（4）海洋生物资源开发产业

2009—2020 年，法国海洋生物资源开发产业呈现先升后降态势。2020 年，海洋生物资源开发产业增加值 29 亿欧元，排名所有产业第四，占法国蓝色经济增加值的 12.9%；同时为 6.0 万人提供了直接就业岗位（占 16.0%，比 2009 年降低 1.8 个百分点），是增长率最低的产业。法国海洋渔业生产结构主要以捕捞为主，海洋捕捞产量占海洋渔业总产量的 80% 以上，近 10 年来海洋捕养比略有下降。2019 年，法国海洋渔业总产量 63 万吨，相比 2010 年增长 8.3%，年均复合增速 0.9%；占欧盟海洋渔业总产量的 12.6%，相较于 2010 年增加了 2.2 个百分点。

（5）海洋运输业

法国(除首都巴黎外)大部分的农业、工业、旅游业等分布在其沿海地区，其海洋运输业也非常发达。据统计，法国的海洋运输承担了本国 60% 以上的进出口贸易。自 2016 年以来，法国海上运输业从下跌中开始缓慢复苏。2020 年，海上运输业增加值占比 6.5%，排名第五，共为近 3.4 万人提供了直接就业岗位（占 9.0%，排名第五）。

（6）海洋矿物油气开采业

法国海洋矿物油气开采业包括海上油气开采、沙砾开采和相关辅助活动等。2009—2020 年海洋矿物油气开采业呈现先降后反弹的发展态势。2020 年，海洋矿物油气开采业增加值排名第六，其中增加值占蓝色经济总增加值的 0.2%（0.4 亿欧元）；同时为 200 人提供了直接就业岗位（占 0.04%，排名第六）。法国是欧洲的海洋大国之一，其多项海洋开发技术处于全球领先水平，如潜水（深潜）技术、海洋勘探技术。依托这些先进的海洋开发技术，法国成功参与了多国的海上油气开发项目。

（三）葡萄牙海洋经济情况

葡萄牙位于欧洲大陆西南角，西、南两面濒临大西洋，拥有马德拉和亚速尔两个离岛，海岸线为 1793 公里，[①] 海洋占葡萄牙疆域的 90%，陆地仅占 10%，葡萄牙在联合国教科文组织海洋研究排名中位列第六，海洋科研人员占人口比例更是位居全球第二，[②] 仅次于挪威，海洋经济发展对葡萄牙至关重要。海洋经济同样是葡萄牙国内经济的重要组成部分。

1. 海洋经济总体情况

根据欧盟委员会发布蓝色经济产业数据，2020 年葡萄牙蓝色经济增加值达到 57.7 亿欧元，占国内生产总值的比重日益增加，由 2009 年的 1.9% 提高至 2020 年的 2.9%。

从产业构成看，2020 年，葡萄牙滨海旅游业增加值 44.5 亿欧元，占蓝色经济比重 77.0%；海洋生物资源开发产业增加值 7.3 亿欧元，占蓝色经济比重 12.7%；港口仓储业增加值 3.7 亿欧元，占蓝色经济比重 6.4%；造船修理业增加值 1.3 亿欧元，占蓝色经济比重 2.2%；海洋运输业增加值 1.0 亿欧元，占蓝色经济比重 1.7%；海洋矿物油气开采业增加值 0.02 亿欧元，占蓝色经济比重 0.04%，见图 17。

---

① 中华人民共和国驻葡萄牙共和国大使馆经济商务处：《葡萄牙渔业发展概况及中葡渔业合作建议》，2014 年 12 月 3 日，https://www.pt.mofcom.gov.cn。

② 中华人民共和国驻葡萄牙共和国大使馆经济商务处：《葡萄牙政府将拨款 2.52 亿欧元用于海洋领域建设》，2021 年 4 月 14 日，https://www.pt.mofcom.gov.cn。

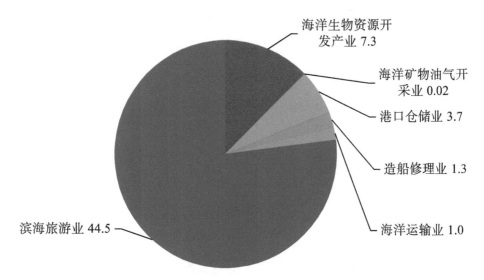

海洋生物资源开发产业 7.3

海洋矿物油气开采业 0.02

港口仓储业 3.7

造船修理业 1.3

海洋运输业 1.0

滨海旅游业 44.5

图 17 2020 年葡萄牙蓝色经济活动构成（单位：亿欧元）

资料来源：欧盟委员会蓝色经济数据库，https://blueindicators.ec.europa.eu/access-online-dashboard，访问日期：2022 年 2 月 15 日。

葡萄牙高度重视海洋经济的发展，葡萄牙政府于 2021 年 4 月表示，在 2030 年前，将通过《复苏和弹性计划》（Recovery and Resilience Plan，PRR）拨款 2.52 亿欧元用于海洋领域建设，其中将为亚速尔自治区拨款 3000 万欧元，推动落实其海洋产业集群项目规划；另外，2.22 亿欧元将拨付其他地区，旨在推动海洋经济发展的各类企业提供资金支持，改善捕捞等海洋活动安全条件等。①

2. 主要海洋产业情况

葡萄牙海洋科研人员仅次于挪威，位居全球第二，分产业看，滨海旅游业、海洋生物资源开发产业、港口仓储业是葡萄牙蓝色经济三大支柱产业，这三大海洋产业增加值占葡萄牙蓝色经济增加值的比重超过 90%，其中滨海旅游业占比最大，且发展势头良好。

①　中国驻葡萄牙大使馆经济商务处：《葡萄牙政府将拨款 2.52 亿欧元用于海洋领域建设》，2021 年 4 月 14 日，https://www.pt.mofcom.gov.cn。

（1）滨海旅游业

2020 年，葡萄牙滨海旅游业增加值 44.5 亿欧元，比 2019 年减少 0.7%。2009—2020 年，滨海旅游业增加值年均增速 6.7%（现价），在蓝色经济比重逐渐上升，从 2009 年 65.1% 上升至 2020 年 77%。

（2）海洋生物资源开发产业

2020 年，葡萄牙海洋生物资源开发产业增加值 7.3 亿欧元，比 2019 年减少 7.8%。2009—2020 年，海洋生物资源开发产业增加值年均增速 1.2%，在蓝色经济比重稳中有降，从 2009 年 19.1% 下降至 2020 年 12.7%。

（3）港口仓储业

2020 年，葡萄牙港口仓储业增加值 3.7 亿欧元，比 2019 年减少 0.2%。2009—2020 年，港口仓储业增加值年均增速 1.5%（现价），在蓝色经济比重呈下降趋势，从 2009 年 9.2% 下降至 2020 年 6.4%。

葡萄牙大陆的港口包括北部的雷索斯港、维亚纳堡港；中部的阿威罗港、菲格拉达福什港；里斯本地区的里斯本港和塞图巴尔港；阿莲特茹地区的西内斯港；阿尔加维地区的法鲁港和波尔蒂芒港，共计 9 个港口。亚速尔自治区有 8 个港口，马德拉自治区有 3 个。葡萄牙运输管理局（Autoridade da Mobilidade e dos Transportes, AMT）的数据显示，2020年葡萄牙港口货物吞吐量为 8185 万吨，较 2019 年减少 522 万吨，同比下降 6%。2020 年，葡萄牙国际标准集装箱吞吐量为 280 万标箱。根据葡萄牙国家统计局的数据，2019 年葡萄牙水路客运量为 185.67 万人次，同比增长 2.2%。[①]

（4）造船修理业

2020 年，葡萄牙造船修理业增加值 1.3 亿欧元，比 2019 年增长 2.5%。2009—2020 年，造船修理业增加值年均下降 1.2%（现价），在蓝色经济比

---

① 商务部国际贸易经济合作研究院、中国驻葡萄牙大使馆经济商务处、商务部对外投资和经济合作司：《对外投资合作国别（地区）指南：葡萄牙（2021 年版）》。

重呈下降趋势，从 2009 年 4.3% 下降至 2020 年 2.2%。

（5）海洋运输业

葡萄牙海岸线较长，海洋运输非常发达。2020 年，葡萄牙海洋运输业增加值 1.0 亿欧元，比 2019 年增长 27.7%。2009—2020 年，海洋运输业增加值年均增长 2.6%（现价），在蓝色经济中的比重稳定在 2% 左右。

（6）海洋矿物油气开采业

2020 年，葡萄牙海洋矿物油气开采业增加值 0.02 亿欧元，和 2019 年持平。2009—2020 年，海洋矿物油气开采业增加值年均增长 2.5%（现价），在蓝色经济比重较低，稳定在 0.05% 左右。

五、结语

欧盟首次在全球提出蓝色增长战略，尽管 2020 年新冠疫情的暴发使欧盟整体经济受到较大冲击，欧盟国民经济同比实际缩减了 5.9%（2009 年以来首次下跌）。但是，欧盟蓝色经济总体呈良好发展态势，已成为当前欧盟国民经济的重要驱动力，蓝色经济的 GVA、就业增长速度总体表现好于同期国民经济指标，这对于重振欧盟经济、提升复原能力具有积极意义和深远影响。

从海洋经济整体发展情况看，蓝色经济传统部门占欧盟 27 国 GDP 的 1.4% 左右，并提供约 445.6 万个直接就业岗位，即占欧盟 27 国总就业人数的 2.3%。从欧盟蓝色经济海洋产业构成看，2020 年排名前三的海洋产业分别为滨海旅游业（占比 43.5%）、海洋运输业（占比 18.6%）和港口仓储业（占比 10.6%）；从主要海洋产业增长潜力看，2009—2020 年增速排名前三的产业分别为海上风电、造船修理业和海洋生物资源开发产业，增速分别为 4599.2%、38.9% 和 31.6%。一些蓝色新兴产业部门虽然未纳入官方统计口径，但随着全球对碳减排重视程度的逐日提高及蓝色经济增长的需求看，其市场发展潜力巨大，如海洋可再生能源、蓝色生物技术和藻类生产等正在增加新市场并创造就业机会。

　　从主要国家海洋经济发展情况看，德国是欧盟 27 个成员国中 GDP 和人口最多的国家，蓝色经济总增加值排名第二。分产业看，其海运业、港口仓储业、滨海旅游业占比最大，三者增加值之和占德国蓝色经济总增加值的比重超过 70%，其中海上风电产业迅猛发展，海洋可再生能源业占比由 2010 年的不到 0.1% 增加到 2020 年的 3.8%。法国是欧盟 27 成员国中 GDP 和人口排名第二国家，蓝色经济总增加值排名第四。分产业看，滨海旅游业、港口仓储业和造船修理业是法国蓝色经济三大支柱产业，这三大海洋产业增加值占法国蓝色经济增加值的比重超过 80%，其中造船修理业受到国家政策支持其发展速度显著提高，比 2009 年增长 127.5%。葡萄牙海洋科研人员仅次于挪威位居全球第二，分产业看，滨海旅游业、海洋生物资源开发产业、港口仓储业是葡萄牙蓝色经济三大支柱产业，这三大海洋产业增加值占葡萄牙蓝色经济增加值的比重超过 90%，其中滨海旅游业占比最大，且发展势头良好。

挪威海洋经济发展情况分析

梁晨　林香红　吕慧铭*

挪威位于欧洲大陆西北角，斯堪的纳维亚半岛西部，西面与北面濒临北大西洋，东面与俄罗斯、芬兰和瑞典接壤，南面与丹麦隔海相望。国土面积38.5万平方公里，其中本土面积32.4万平方公里、斯瓦尔巴德群岛6.1万平方公里、扬马延岛377平方公里，挪威国土面积在欧洲排名第六（仅次于俄罗斯、乌克兰、法国、西班牙、瑞典），[1]海岸线长21 192公里（包括峡湾），全国设11郡356市镇。[2]

一、社会经济发展总体情况

在油气出口巨额收益的支撑下，近年来挪威经济状况良好，失业率和通胀率维持在较低水平。2020年全球暴发新冠疫情后，挪威实行较严格防控措施，疫情形势总体可控，社会基本面保持稳定，经济较快实现止

* 梁晨，国家海洋信息中心研究实习员；林香红，国家海洋信息中心副研究员；吕慧铭，国家海洋信息中心助理研究员。

① 商务部国际贸易经济合作研究院、中国驻挪威大使馆经济商务处、商务部对外投资和经济合作司：《对外投资合作国别（地区）指南：挪威（2020版）》。

② 《挪威国家概况》，外交部，2021年6月，https://www.mfa.gov.cn/web/gjhdq_676201/gj_676203/oz_678770/1206_679546/1206x0_679548/，访问日期：2021年12月17日。

跌复苏。

（一）人口情况

2020 年挪威人口总数为 537.95 万人，比 2019 年增长了约 3.16 万人，移民是人口增加的主要原因。2011—2020 年，人口年均增长率为 0.59%。2020 年，挪威劳动力总数为 283.67 万人，比 2019 年增长了 0.25%。2010—2020 年挪威人口、劳动力总数及增长率见图 1。

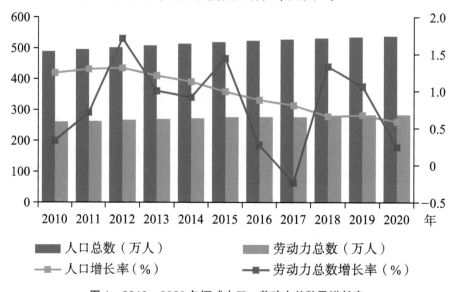

图 1　2010—2020 年挪威人口、劳动力总数及增长率

资料来源：世界银行，https://data.worldbank.org.cn/，访问日期：2021 年 12 月 1 日。

（二）宏观经济情况

从国内生产总值来看，2020 年，挪威国内生产总值约 3 625.22 亿美元，比 2019 年减少 0.77%。2011—2019 年，国内生产总值年均增长率为 1.56%。2010—2020 年挪威 GDP 及增长率数据见图 2。从人均国内生产总值来看，2020 年，挪威人均国内生产总值约 6.74 万美元，比 2019 年减少 1.35%，见图 3。

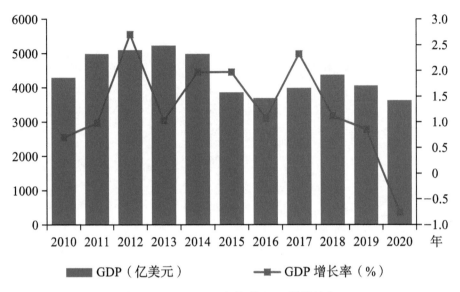

图2 2010—2020年挪威GDP及增长率

资料来源：世界银行，https://data.worldbank.org.cn/，访问日期：2021年12月1日。

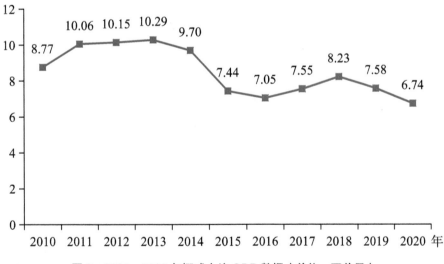

图3 2010—2020年挪威人均GDP数据（单位：万美元）

资料来源：世界银行，https://data.worldbank.org.cn/，访问日期：2021年12月1日。

从挪威主要产业增加值占GDP比重来看，挪威是一个主要发展服务业的国家，2009—2020年其服务业增加值占GDP比重皆在50%以上，且于2020年超过60%，其间挪威主要产业增加值占GDP比重见表1。

表 1　2009—2020 年挪威农业、工业、服务业增加值占 GDP 比重

单位：%

年份	农业增加值占比	工业增加值占比	服务业增加值占比
2009	1.30	34.30	53.65
2010	1.57	34.77	52.73
2011	1.34	37.03	51.07
2012	1.13	36.84	51.62
2013	1.32	35.64	52.56
2014	1.44	34.03	53.95
2015	1.54	31.01	56.45
2016	2.09	27.94	58.40
2017	1.98	29.79	56.84
2018	1.86	31.79	55.30
2019	1.93	28.84	58.05
2020	1.88	25.88	60.41

资料来源：世界银行，https://data.worldbank.org.cn/，访问日期：2021 年 12 月 16 日。

从全球竞争力排名来看，世界经济论坛《2019 年全球竞争力报告》显示，挪威在全球最具竞争力的 141 个国家和地区中，排第 17 位。[①] 考虑到 2020 年的特殊形势，世界经济论坛暂停发布"全球竞争力指数"排名。

（三）贸易情况

挪威提倡自由贸易，发展外向型经济。2020 年，货物和服务出口额为 1 170.58 亿美元，比 2019 年降低 20.21%；货物和服务进口额为 1 190.80 亿美元，比 2019 年降低 15.03%。挪威主管贸易的政府部门是外交部和贸工渔业部（由贸工部、渔业部合并而成）。挪威主要贸易伙伴有瑞典、英国、德国、荷兰、法国、美国、丹麦、意大利、加拿大、中国，其中瑞典、德国、

[①]　The Global Competitiveness Report 2019, World Economic Forum, pp. xiii.

英国、丹麦等欧洲国家是挪威最重要的贸易伙伴。2010—2020年挪威货物和服务进出口额见图4。

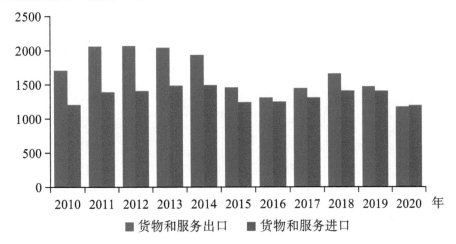

图4　2010—2020年挪威货物和服务进出口额（单位：亿美元，现价）

资料来源：世界银行，https://data.worldbank.org.cn/，访问日期：2021年12月1日。

二、主要海洋产业发展情况

挪威的渔业、油气和港口资源较为丰富，主要海洋产业包括海洋渔业、海洋油气业、船舶及海工装备、海运及海事金融等，产业优势突出，发展水平位于世界前列。由于本身市场容量有限，挪威的大部分涉海产品均出口到国外。

（一）海洋渔业

挪威海岸线长，拥有很多海港和峡湾，渔业资源丰富，在挪威出口商品中水产品占据着重要的分量。

1. 海水养殖和海洋捕捞产量分别位居欧洲第一和第二

挪威海洋渔业有近1000年的历史，1964年挪威建立了渔业部。作为传统的海洋渔业强国，其政府和企业高度重视渔业的可持续发展。联合国粮农组织（FAO）的数据显示，2019 年，挪威海水养殖产量达到 145.27 万吨，占欧洲的 53.76%，位居欧洲第一；海洋捕捞产量 230.90 万吨，占欧洲的 17.30%，位居欧洲第二。2011—2019 年挪威海产品产量见表 2。

表 2　2011—2019 年挪威海产品产量

单位：万吨

年份	挪威海水养殖产量	挪威海洋捕捞产量
2011	114.38	228.97
2012	132.10	214.12
2013	124.78	208.64
2014	133.24	229.51
2015	138.08	230.35
2016	132.61	203.04
2017	130.84	239.27
2018	135.48	249.32
2019	145.27	230.90

资料来源：联合国粮农组织（FAO），https://www.fao.org/fishery/statistics/home，访问日期：2021 年 12 月 1 日。

2. 提出挪威水产品发展市场计划，捍卫市场地位

面对新冠疫情影响，挪威海鲜委员会提出了 2021 年挪威水产品发展市场计划，提出要加强和捍卫挪威海产品在核心市场中的地位，明确市场投资的优先级。在这一计划中，大西洋鲑和其他鲑鳟鱼类的核心市场为法国、德国和意大利，而中国则是其中上层鱼类和贝类产品的核心市场。"挪威海鲜委员会将投资 2.66 亿挪威克朗进行全球市场营销，重点是核心市场的推广。"①

_____

① NORWEIGIAN SEAFOOD COUNCIL, "Slik blir Sjømatrådets markedsplaner for 2021," 2020-10-01, https://seafood.no/aktuelt/nyheter/slik-blir-sjomatradets-markedsplaner-for-2021/.

3. 挪威海产品需求强，出口额再创纪录

2020 年挪威出口了 120 万吨养殖鱼类，出口价值 742 亿挪威克朗，出口量增加 3%。按价值计算，捕捞渔业占海产品出口总额的 30%，而按数量计算则占 55.1%，出口量 150 万吨，同比增加不到 1%，出口额 315 亿挪威克朗。① 2021 年上半年挪威海产品出口额达到 537 亿挪威克朗，同比增长 6.46 亿挪威克朗，创下历史最高纪录。挪威海产局首席执行官（CEO）雷纳特·拉森（Renate Larsen）表示，市场对健康、安全和可持续挪威海产品的强劲需求是挪威再次创下出口纪录的重要原因。② 2021 年 1—10 月，挪威海产品出口总额共计 968 亿挪威克朗，同比增长 16%。其中 10 月挪威海产品出口额达 121 亿挪威克朗，同比增长 15%，创下单月出口新纪录，其中三文鱼出口 80 亿挪威克朗，同比增长 24%。③ 根据挪威海产局的统计数据，2020 年末，海水养殖有 4.36 亿条三文鱼，与 2019 年的数字基本一致，鱼的平均重量从 1.8 千克增加到 1.9 千克；海水养殖鳟鱼的数量却同比减少了 15%，至 3.8 万吨；鲑鱼饲料的销售量上升了 14%，达到 16.1 万吨。④

（二）海洋油气业

自 20 世纪 60 年代北海发现油气资源以来，挪威油气产业取得长足发展，也使得它成为欧洲能源生产和出口大国。

1. 多次发现油气资源，行业发展充满活力

挪威海上石油、天然气资源丰富，2018 年 10 月，挪威石油公司宣布

---

① 《2020 年挪威各类主要海产品出口数据统计》，中国农业信息网，2021 年 1 月，http://www.agri.cn/V20/SC/myyj/202101/t20210129_7604988.htm，访问日期：2021 年 12 月 17 日。

② 《挪威海产半年出口总额创新纪录》，中国农业信息网，2021 年 7 月，http://www.agri.cn/V20/ZX/sjny/202107/t20210714_7726579.htm，访问日期：2021 年 12 月 17 日。

③ 商务部：《2021 年 1—10 月，挪海产品出口总额共计 968 亿挪威克朗》，2021 年 11 月，http://no.mofcom.gov.cn/article/jmxw/202111/20211103218487.shtml，访问日期：2021 年 12 月 17 日。

④ 《去年 12 月挪威养殖三文鱼数量同比增加 8%》，《当代水产》2021 年第 46 卷第 2 期。

在北极巴伦支海一处油田附近发现了新的油田，可开采石油量在 1200 万—2500 万桶。2019 年 3 月，挪威国家石油公司和挪威油气收益管理公司、美国康菲石油公司，以及西班牙国家石油公司共同在北海 Telesto 钻井 Visund A 平台附近的挪威大陆架上发现石油，初步估计石油储量在 200 万—450 万立方米，可开采 12 万—28 万桶石油。2019 年 11 月，挪威国家石油公司 Equinor 在北海挪威大陆架的 Fram 油田西南 3.2 公里处的 Echino South 勘探井（35/11–23）中发现了油气，估计可采资源量为 600 万—1600 万立方米油当量，相当于 3800 万—10000 万桶石油当量。[①]

2. 在政策上高度重视环保

挪威是欧洲主要产油国，挪威大陆架上的海上油气设备每年排放约 1300 万吨二氧化碳。目前挪威政府的碳税加上欧盟碳交易框架内的费用，总计为 117 美元 / 吨二氧化碳。挪威政府已经确认，将在 2030 年把本国碳税提升到 235 美元 / 吨二氧化碳。挪威政府专门制定了《污染控制法》，对油气生产的程序有严格规定，可能引起污染的项目，需要申请获得许可证方可运作。挪威在油气开发利用过程中注重环境保护的同时还不断追求技术进步。挪威海洋石油勘探开发过程中的环境控制、二氧化碳捕捉与储存技术在国际上均处于领先地位，二氧化碳捕捉与储存、浮式海上风电技术以及采用氢燃料都将成为挪威油气工业降低碳排放的重要手段。

（三）航运和海工

挪威港口众多，为航运业发展打下了良好的基础，除了在传统的航运业追求稳定发展，挪威在货船技术和海底电缆项目等方面也在不断追求突破。

1. 港口数量众多，集装箱吞吐量九年年均增长超 5%

挪威拥有奥斯陆、卑尔根、特隆海姆等多个港口，其中卑尔根港是挪

---

① "Oil and gas discovery in the North Sea", Equinor, 2019, www.equinor.com/en/news/2019-11-06-echino-south.html.

威最大的港口，也是挪威最主要的货物吞吐港，2019年第四季度，挪威港口吞吐量为4765万吨，其中卑尔根港达1346万吨。①

世界银行数据显示，2019年挪威港口集装箱吞吐量超83.61万标箱，比2018年增长4.41%。2009—2019年，挪威港口集装箱吞吐量年均增长率为5.17%，2018年超过80万标箱，见图5。

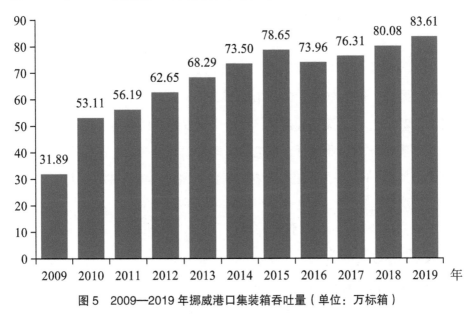

图5 2009—2019年挪威港口集装箱吞吐量（单位：万标箱）

资料来源：联合国贸发委，https://unctadstat.unctad.org/wds/TableViewer/tableView.aspx?ReportId=13321，访问日期：2021年12月1日。

2. 货船技术发展较快，支持全球航运脱碳进程

2021年初，挪威Havyard集团将利用数字映射技术结合氢能系统和船舶设计方面的专业知识开发一种新的零排放氢动力大型货物运输船概念，用于在欧洲港口之间运输货物。

2021年11月，全球首艘零排放全自动集装箱船"雅苒·伯克兰"（Yara Birkeland）号正式投入运营，该船每年将能够减少1000吨碳排放，负责将

① 商务部国际贸易经济合作研究院、中国驻挪威大使馆经济商务处、商务部对外投资和经济合作司：《对外投资国别（地区）指南：挪威（2020版）》。

雅苒在波什格伦工厂生产的化肥产品运输至布雷维克（Brevik）和拉尔维克（Larvik）港口，初期每周航行两次。雅苒波什格伦工厂是挪威最大的二氧化碳来源之一，使用这艘集装箱船意味着减少该公司在波什格伦工厂的二氧化碳排放。从 2022 年起，该船将进行载人商业运营，开始为期两年的技术测试期，最终目标是实现完全自主。

3. 多个海底电缆项目取得突破进展

2021 年 5 月，挪威和德国的 NordLink 项目正式投运仪式举行，此项目将用于德国风能与挪威水力发电之间的交换，全长 623 公里，包括 516 公里海底电缆，传输容量 1400 兆瓦，预计将为大约 360 万个家庭提供零碳能源。2021 年 6 月，英国和挪威已完成全世界最长海底电缆的铺设工程。目前该电缆已开始商业运行，该电缆初始最大容量为 700 兆瓦，在三个月内逐渐增加到 1400 兆瓦，进行全容量满负荷运转，将提供足够 140 万户家庭使用的清洁电力。

（四）海上风电

在挪威，海上风电是发展较快的一个重要海洋产业。在技术方面，挪威国家石油公司（Equinor）利用数十年海上油气方面的专业经验，开创了海上风电 Hywind 漂浮式平台技术，建成世界首个完全投入运营的浮式海上风电场 Hywind Scotland，该风电场已为英国 2.2 万多户家庭供电。2021 年 6 月，挪威的风捕捉系统推出了一个巨大的浮动风力涡轮机，这个浮动风力涡轮机由 117 个小型涡轮机组成，高度超过 1000 英尺（约 305 米），每年产生的能量将是目前最大的单个涡轮机的 5 倍，且同时能够降低海上风能的成本，预计可以为 8 万户家庭提供电力。在政策方面，挪威政府于 2020 年 6 月公布了一系列旨在推动经济增长的措施，包括建立一个环保能源研究中心，以及向一个关于开发海上风电供应链和交付模式的项目拨款，新的研究中心将汇集工业界、研究所和学术界的精英，以解决与挪威海上风电发展相关的问题，这将有助于启动一个更大的项目，以加强产业合作，并为快速增长的市场开发供应链和交付模式。除了在技术和政策方面不断突破创新，挪威在国际合作方面也为行业发展争取机会。2019 年，挪威国家石油公司（Equinor）和韩国国家石油公司（KNOC）签署谅解备忘录，共同探索在韩国开发商业级海上漂浮风力发电的机会。同年又与比利时海洋工程公司 DEME Offshore 公司合作参与挪威北海规划的 Hywind Tampen 浮动风电场的研究。2021 年 11 月，挪威海上风电巨头 Aker 的可再生能源子公司 Aker Horizons 与越南富强公司合作，在越南南部朔庄省建设一个 1.4 吉瓦的海上风电场。

三、结语

挪威的经济门类并不齐全，但独具特色，优势产业如海洋油气、航运、海工装备、海洋渔业等位居世界前列，这主要得益于丰富的资源、先进的管理模式和高科技投入所带来的经济效益。为进一步提升在全球海洋经济领域的核心竞争力和影响力，挪威近几年成立了可持续海洋经济高级别小组，在《自然》杂志上发表特别合集，利用海上油气等领域丰富的开发经验发展海上风电。此外，挪威虽然不是欧盟成员国，但非常注重加强与欧盟、联合国等国际组织的合作，并定期举办国际海事展，加强与世界各国的海洋经济合作，不断提升挪威企业在全球海洋市场的良好的信用和竞争力。

英国海洋经济发展情况分析

梁晨　　姚荔*

英国是大西洋上的岛国，位于欧洲西部，由大不列颠岛（包括英格兰、苏格兰、威尔士）、爱尔兰岛东北部和一些小岛组成，隔北海、多佛尔海峡、英吉利海峡与欧洲大陆相望。海岸线曲折，总长 11 450 公里。① 其间良港密布，近岸海域油气、渔业等海洋资源非常丰饶。长久以来，海洋经济为英国的经济贡献了巨大力量。

一、社会经济发展总体情况

英国是世界第五大经济体，欧洲第二大经济体。② 总体来看，近年来英国经济发展基本保持健康平稳，显示出较强韧性。受新冠疫情影响，英国经济增速短期内大幅下滑，不确定性增加，但长期发展基础仍然稳固。③

---

　* 　梁晨，国家海洋信息中心研究实习员；姚荔，国家海洋信息中心助理研究员。

　① 　《英国国家概况》，外交部，2021 年 7 月，https://www.fmprc.gov.cn/web/gjhdq_676201/gj_676203/oz_678770/1206_679906/1206x0_679908/，访问日期：2021 年 12 月 19 日。

　② 　中国贸促会：《英国海洋产业》，2019 年 10 月，http://www.ccpit.org/Contents/Channel_4102/2020/1028/1302226/content_1302226.htm，访问日期：2021 年 12 月 31 日。

　③ 　商务部国际贸易经济合作研究院、中国驻英国大使馆经济商务处、商务部对外投资和经济合作司：《对外投资合作国别指南：英国（2020 年版）》。

英政府和央行为应对疫情连续下调基准利率，扩大量化宽松规模，提供贷款便利，推出减税及就业帮扶举措。① 2021 年，英国经济亦逐渐企稳，英国政府对内着力刺激投资，鼓励创新，对外积极与贸易伙伴商签自贸协定，全力推动后疫情时代经济复苏，并塑造参与全球竞争新优势。②

（一）人口情况

近年来英国人口总数持续增长，但增速略有下降。2020 年英国人口总数为 6 721.53 万人，比 2019 年增长了 37.90 万人，2011—2020 年，人口年均增长率为 0.68%。2020 年，英国劳动力总数为 3 473.83 万人，比 2019 年增长了 0.29%。2010—2020 年英国人口、劳动力的总数及增长率见图 1。

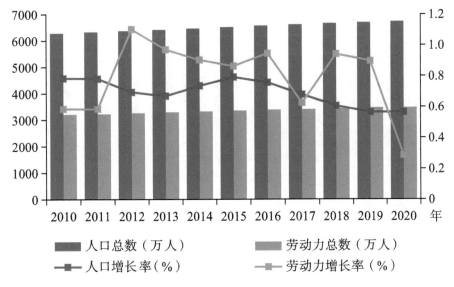

图 1　2010—2020 年英国人口、劳动力的总数及增长率

资料来源：世界银行，https://data.worldbank.org.cn/，访问日期：2021 年 12 月 17 日。

---

① 外交部：《英国国家概况》，2021 年 7 月，https://www.fmprc.gov.cn/web/gjhdq_676201/gj_676203/oz_678770/1206_679906/1206x0_679908/，访问日期：2021 年 12 月 19 日。

② 商务部国际贸易经济合作研究院、中国驻英国大使馆经济商务处、商务部对外投资和经济合作司：《对外投资合作国别指南：英国（2021）》。

（二）宏观经济情况

从国内生产总值来看，2020 年，英国国内生产总值约 27 641.98 亿美元，比 2019 年减少 9.69%。2011—2019 年，国内生产总值年均增长率为 2.02%，见图 2。从人均国内生产总值来看，2020 年，英国人均国内生产总值约 4.11 万美元，比 2019 年减少 10.20%（世界银行），见图 3。2021 年，英国国内生产总值增长 7.5%，[①] 达到二战以来最快增长，继 2020 年萎缩超 9% 后强劲反弹，下降趋势将扭转，成为 2021 年世界增长最快的主要经济体。

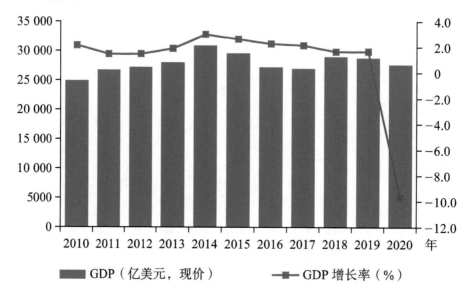

图 2　2010—2020 年英国 GDP 及增长率数据

资料来源：世界银行，https://data.worldbank.org.cn/，访问日期：2021 年 12 月 17 日。

---

① 英国国家统计局，https://www.ons.gov.uk/。

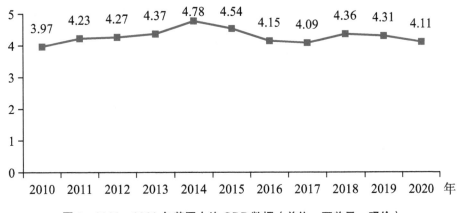

图3 2010—2020年英国人均GDP数据（单位：万美元，现价）

资料来源：世界银行，https://data.worldbank.org.cn/，访问日期：2021年12月17日。

从英国主要产业增加值占GDP比重来看，英国是一个主要发展服务业的国家，2009—2020年其服务业增加值占GDP比重皆在70%左右，且于2020年占比高达72.79%，这10年的英国主要产业增加值占GDP比重见表1。

表1 2009—2020年英国农业、工业、服务业增加值占GDP比重

单位：%

年份	农业增加值占比	工业增加值占比	服务业增加值占比
2009	0.69	18.92	71.44
2010	0.61	18.99	70.47
2011	0.70	18.72	69.85
2012	0.64	18.69	70.03
2013	0.64	18.93	69.67
2014	0.75	18.55	69.87
2015	0.65	18.42	70.12
2016	0.58	17.85	70.68
2017	0.57	18.17	70.40

续表

年份	农业增加值占比	工业增加值占比	服务业增加值占比
2018	0.57	18.12	70.50
2019	0.59	17.83	70.90
2020	0.57	16.92	72.79

资料来源：世界银行，https://data.worldbank.org.cn/，访问日期：2021 年 12 月 27 日。

从全球竞争力排名来看，世界经济论坛《2019 年全球竞争力报告》显示，英国在全球最具竞争力的 141 个国家和地区中，排第 9 位。[①] 考虑到 2020 年的特殊形势，世界经济论坛暂停发布"全球竞争力指数"排名。

（三）贸易情况

英国重视自由贸易，2020 年，货物和服务出口额为 7 714.81 亿美元，比 2019 年降低 13.57%；货物和服务进口额为 7 672.93 亿美元，比 2019 年降低 16.52%。2016 年英国公投"脱欧"后，新成立的英国国际贸易部负责制定贸易和投资政策框架及牵头对外贸易投资安排谈判，并下设贸易政策总司、国际贸易投资总司和出口融资局等机构。2021 年 1 月 1 日脱欧过渡期结束后，英国再次以独立身份成为世界贸易组织成员，截至 2021 年 5 月 31 日，英国已与近 70 个国家签署了贸易协定，除欧盟外，主要贸易协定伙伴还包括瑞士、日本、冰岛、挪威、加拿大、土耳其、新加坡和韩国等。[②] 2010—2020 年英国货物和服务进出口额见图 4。

---

① The Global Competitiveness Report 2019 , World Economic Forum, p. xiii.

② 商务部国际贸易经济合作研究院、中国驻英国大使馆经济商务处、商务部对外投资和经济合作司：《对外投资合作国别指南：英国（2021 年版）》。

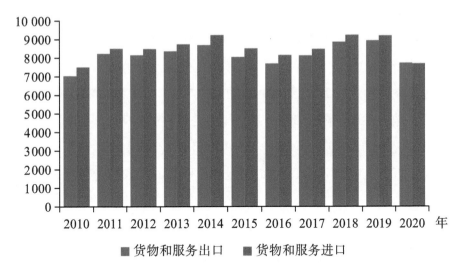

图4　2010—2020 年英国货物和服务进出口额（单位：亿美元，现价）

资料来源：世界银行，https://data.worldbank.org.cn/，访问日期：2021 年 12 月 17 日。

二、主要海洋产业发展情况

英国作为历史悠久、基础雄厚、四面环海的岛国，在发展海洋经济方面拥有先天的优势。英国是世界领先的海洋国家之一，其经济高度依赖海洋。英国的海洋产业多样，渔业、造船业等行业为英国的制造业产出、就业、出口和税收作出了重大贡献。

（一）海洋渔业

英国四面环海，海岸线长，渔港众多，渔业资源丰富，种类繁多，其渔业资源主要来源于由北大西洋暖流与东格陵兰寒流交汇形成的北海渔场，主要产鲱鱼、鲭鱼、鳕鱼等，拥有良好的码头、储运和鱼类加工设施，为海水养殖及捕捞产业的发展奠定了良好的基础。

1. 海水养殖及捕捞产量在欧洲排名靠前

大不列颠群岛周围的海洋都是水深不到 200 米的大陆架，不仅适于鱼类繁衍生长，而且便于捕捞作业。① 根据苏格兰政府的统计数据，英国的水产养殖业主要由苏格兰水域的活动驱动，每年为苏格兰经济贡献 18 亿英镑，并支持 9000 个就业岗位。② 联合国粮农组织的数据显示，2019 年，英国海水养殖产量达到 21.05 万吨，占欧洲的 7.79%，仅次于挪威和西班牙，位居欧洲第三；海洋捕捞产量 61.88 万吨，占欧洲的 4.64%，位居欧洲第七。《英国渔业报告 2020》显示，与 2019 年相比，受限制捕鱼政策及新冠疫情影响，2020 年英国渔民总数减少了 6%。③ 2010—2019 年英国海产品产量见图 5。

图 5 2010—2019 年英国海产品产量（单位：万吨）

资料来源：联合国粮农组织数据库，https://www.fao.org/fishery/statistics/home，访问日期：2021 年 12 月 20 日。

---

① 林香红、高健、何广顺、李巧稚、刘彬：《英国海洋经济与海洋政策研究》，《海洋开发与管理》2014 年第 11 期。

② "The Blue Opportunity Unlocking a Depth of Sustainable Wealth under the Ocean," Global Underwater Hub, 2022.

③ UK Sea Fisheries Statistics 2020, Marine Management Organisation, p. 11.

2. 英国政府多措并举推进渔业创新发展

2019 年，英国环境部部长宣布成立价值 1000 万英镑的研发基金，大力推动人工智能和机器人在渔业的使用，为整个行业带来变革。2021 年 11 月，英国政府社区重建基金为苏格兰海洋科学协会提供 40.7 万英镑的资金支持，用于在苏格兰奥本附近开办一所海藻学院，这将是英国首个专门的海藻产业服务机构，能够为该行业的初创企业提供咨询、培训及技术服务，推动英国海藻养殖业发展。2021 年 12 月，英国政府宣布资助 7500 万英镑用于促进渔业基础设施建设升级改造，推动英国港口和加工设施现代化，提高沿岸社区渔业技能，使其受益于更好的基础设施、更强大的供应链、新的就业机会和技能投资。①

（二）海洋能源产业

英国海域辽阔，得天独厚的地理环境使英国发展海洋可再生能源具有天然的优势，拥有丰富、优质的风能资源，并因此成为世界上波浪和潮流技术的领先者。

1. 海洋能发展趋势向好

英国的海洋能资源主要分布在英格兰的西南部（康沃尔、索伦特以及怀特岛）、威尔士以及苏格兰的高地和海岛地区。②海洋能虽然开发难度大，但作为可再生的清洁能源，其开发利用受到了英国的重视，基于丰富的海洋能资源和政府的大力支持，英国在海洋能的科研、开发和利用上走在全

---

① Department for Environment, Food & Rural Affairs, Office of the Secretary of State for Scotland, Office of the Secretary of State for Wales, Lord Offord of Garvel, The Rt Hon Michael Gove MP, The Rt Hon Simon Clarke MP, The Rt Hon George Eustice MP, and The Rt Hon Simon Hart MP, "£75 Million Boost to Modernise UK Fishing Industry and Level Up Coastal Communities," 2021, https://www.gov.uk/government/news/75-million-boost-to-modernise-uk-fishing-industry-and-level-up-coastal-communities.

② 韦有周、杜晓凤、邹青萍：《英国海洋经济及相关产业最新发展状况研究》，《海洋经济》2020 年第 10 期。

世界的最前沿。2020 年 10 月,欧洲海洋能源中心(EMEC)宣布与"Perperpuus
潮汐能中心"(PTEC)合作在怀特岛附近开发建设大型潮汐能发电站,
PTEC 潜在扩建能力可达 300 兆瓦,欧洲海洋能源中心将在其 2016 年建设
基础上进行进一步潜力开发和设施优化。

　　欧盟发布的《2021 年度蓝色经济报告》显示,2020 年,全球海洋能总
装机容量 528 兆瓦,潮汐能装机 494 兆瓦,除潮汐能以外的海洋能总装机
容量达到 34 兆瓦,其中英国达到 13.7 兆瓦。[①] 英国可再生能源领域专家表
示,在未来的几十年中,英国可以利用可再生能源领域,为英国的经济带
来数十亿美元收益,并在全球应对气候变化方面发挥领导作用。

2. 政府大力支持发展海上风电

　　英国拥有世界上较为成熟的海上风电市场,2018 年海上风电发电量已
达到 2.67 万吉瓦,占英国全部发电量的 8%。[②] 截至 2021 年 3 月,英国有
14 吉瓦的海上风电场已完全投产或在建。[③] 近些年英国政府多次采取措施
助力海上风电发展,于 2020 年公布《绿色工业革命十点计划:更好地重
建、支持绿色工业并加速实现净零排放》,计划通过海上风力发电为每家
每户供电,并在到 2030 年实现风力发电量翻两番,达到 40 吉瓦,包括 1
吉瓦的创新型海上浮动风能。除在政策上进行引导和制定目标,英国政府
在 2021 年也为发展海上风电投入了大量资金,陆续资助了海上风电制造商
建造海上风能部件工厂、投资 1.6 亿英镑(约合 14 亿元人民币)用于开发
和安装能够实现大规模生产的浮式海上风电涡轮机。英国可再生能源协会

---

　　① "Facts and figures on Offshore Renewable Energy Sources in Europe," Joint Research
Centre, 2020.

　　② 韦有周、杜晓凤、邹青萍:《英国海洋经济及相关产业最新发展状况研究》,《海
洋经济》2020 年第 10 期。

　　③ 《英国驻华大使馆资本投资主管卢嘉贤:英国海上风电市场、政策及投资机会》,
北极星风力发电网,2021 年 10 月,https://news.bjx.com.cn/html/20211019/1182288.shtml,访问
日期:2021 年 12 月 31 日。

的报告显示，2021年全球海上风电管道①（pipeline）总容量增加200吉瓦，达到517吉瓦，其中，英国拥有86吉瓦管道容量，位居世界第一。得益于英国政府近几年都在积极推进海上风电项目的进行，海上风电发展趋势向好。2022年4月，英国政府出台《英国能源安全战略》，旨在令英国摆脱对俄罗斯化石燃料的依赖，推动英国实现能源自给自足，并在长期内降低能源价格。该战略显示，英国的目标是到2050年将核电装机容量增加两倍，并加速建设海上风电场。②

（三）海运业

由于地理位置优越，英国在全球海运业始终处于心脏地带，港口成为英国开展对外经济交往的最重要基础设施。为了海运业的良好发展，拥有众多港口的英国近几年越来越重视绿色航运，为此也做出了很多尝试与努力。

1. 地理位置优越，港口众多

英国大小港口众多，其中重要商业港口为100个，年吞吐量在100万吨以上的港口52个。海运承担了95%的对外贸易运输，从英国多数港口往欧洲主要海港（如阿姆斯特丹、布鲁塞尔、巴黎、汉堡等）的货物可一天到达。③此外，海运在旅游和休闲行业也发挥着关键作用，2016年有近200万邮轮乘客通过英国港口。④世界银行数据显示，2019年英国港口集装箱吞吐量为1 027.65万标箱，比2018年降低0.35%。2011—2019年，英

---

① "管道"是各阶段海上风电项目的集合，包括待拍卖的海上风能区、开发商持有的海上风能租赁区、运营项目、退役项目。——作者注

② Department for Business, Energy & Industrial Strategy and Prime Minister's Office, British Energy Security Strategy, 2022, https://assets.publishing.service.gov.uk/government/uploads/system/uploads/attachment_data/file/1067835/british-energy-security-strategy-web.pdf.

③ 商务部国际贸易经济合作研究院、中国驻英国大使馆经济商务处、商务部对外投资和经济合作司：《对外投资合作国别指南：英国（2021）》。

④ Maritime 2050, Department for Transport, 2019, p.44, https://assets.publishing.service.gov.uk/government/uploads/system/uploads/attachment_data/file/872194/Maritime_2050_Report.pdf.

国港口集装箱吞吐量年均增长率为 2.51%，自 2016 年起超过 1000 万标箱。2009—2019 年英国港口集装箱吞吐量（万标箱）见图 6。

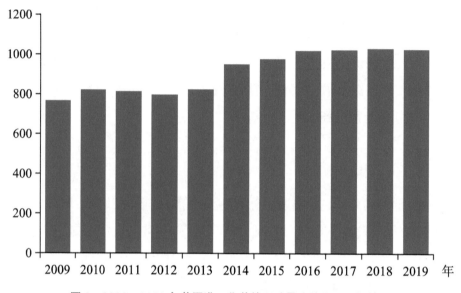

图 6　2009—2019 年英国港口集装箱吞吐量（单位：万标箱）

资料来源：世界银行，https://data.worldbank.org.cn/，访问日期：2021 年 12 月 17 日。

为了能够让港口在英国脱欧后继续稳定发展，英国政府采取了一系列的措施。2019 年 8 月，英国政府承诺提供 3000 万英镑以确保英国港口脱欧后贸易依然顺利进行，提高港口容量和效率。[①] 2021 年 3 月，英国政府批准了在八个地区建设自由贸易港，新的自由港将设在东米德兰兹机场、费利克斯托、哈里奇、亨伯、利物浦市区、普利茅斯、索伦特、泰晤士和蒂赛德。这些地区的发展将得益于税收减免，简化的海关程序和更广泛的政府支持。[②]

---

① Department for Transport and The Rt Hon Grant Shapps MP, "Government Pledges £30 Million to Bolster Ports for Brexit," 2019, https://www.gov.uk/government/news/government-pledges-30-million-to-bolster-ports-for-brexit.

② 《英国批准在八个地区建设自由贸易港》，见道网，2021 年 3 月，https://www.seetao.com/details/68604.html，访问日期：2021 年 12 月 31 日。

2. 大力发展绿色航运

随着全球贸易量的增加，航运可能会成为越来越多的温室气体来源，这意味着全球需要向零排放航运过渡。英国为此也做出很多努力与尝试，2021 年 3 月 22 日，政府投资 2000 万英镑鼓励科学家和学者与英国航运、港口和造船厂合作，旨在将创新的绿色海运理念变为现实。[1] 2021 年 5 月，英国政府将航运纳入国家碳预算，成为全球第一个将国际航运和航空纳入其国家碳预算的国家，此举是英国减排计划的一部分，英国计划到 2035 年将碳排放量减少 78%，到 2050 年将碳净排放量减少为零。[2]

近年来，全球对航运业减少污染和温室气体排放的重视达到了前所未有的高度，英国《海事 2050》（Maritime 2050）梳理了现有的几种解决方案，减少航运业排放的解决方案可以从用污染较少的燃料替代品、废气排放处理以及提高燃料效能三个方面来考虑，见图 7。

（四）海事服务业

英国的海事保险、经济、法律、教育处于全球领先地位，拥有较高的海事仲裁能力国际声誉，还拥有涉海金融服务业领域的全球领导者及世界重要船贷市场——伦敦金融城，英国的海事服务业在海洋产业发展过程中起到了不可或缺的作用。

1. 海事仲裁能力国际声誉较高

在解决海事纠纷方面，英国法律的应用比世界上任何一个国家的法律都要广泛，伦敦是世界国际海事法律服务中心，在海事法律服务的发展过

---

[1] Department for Transport, Innovate UK, Robert Courts MP, and The Rt Hon Grant Shapps MP, "£20 Million Fund to Propel Green Shipbuilding Launched", 2021, https://www.gov.uk/government/news/20-million-fund-to-propel-green-shipbuilding-launched.

[2] 《英国政府将航运纳入国家碳预算》，信德海事网，2021 年 5 月，https://www.xindemarinenews.com/topic/yazaishuiguanli/29407.html，访问日期：2021 年 12 月 31 日。

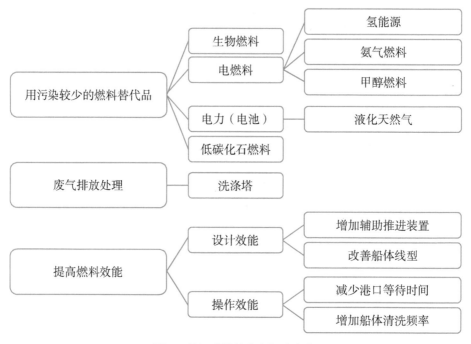

图 7　航运减排的选定解决方案

资料来源：Maritime 2050, Department for Transport, 2019, p.158, https://assets.publishing.service. gov.uk/government/uploads/system/uploads/attachment_data/file/872194/Maritime_2050_ Report.pdf。

程中，伦敦成立了海事仲裁员协会，专门负责解决全球各类海事纠纷，因其拥有大量专家、价格相对便宜、具有语言优势，在国际上获得了较高的声誉。2015 年，超九成的国际海事纠纷都选择在伦敦进行仲裁，仅仲裁每年就给英国带来 300 亿英镑的收入。① 2019 年，伦敦在全球海事仲裁市场占有率达 80%。如表 2 所示，2021 年，伦敦海事仲裁员协会成员共收到 2777 份任命，公布裁决数量 531 份。

---

①　《华高莱斯丨海事帝国——英国（五）：以伦敦为例，探究英国海事产业的秘密》，搜狐网，2020 年 9 月，https://www.sohu.com/a/420734965_120168591，访问日期：2021 年 12 月 31 日。

表 2　2015—2021 年伦敦海事仲裁员协会仲裁数据

单位：份

年份	2015	2016	2017	2018	2019	2020	2021
任命总数	3160	2944	2533	2599	2952	3010	2777
裁决数量	553	535	480	508	529	523	531

资料来源：伦敦海事仲裁员协会（LMAA），https://lmaa.london/wp-content/uploads/2022/03/Statistics-up-to-2021-for-website.pdf，访问日期：2022 年 4 月 8 日。

2. 涉海金融服务业竞争力强

金融服务部门是国家的一个重要部门，其在海洋领域同样拥有专业能力帮助企业应对日益复杂的监管和多变的金融环境，提升英国的海洋领域竞争力。伦敦金融城不仅是世界著名金融中心，金融业从业人员规模世界第一，拥有现代化金融服务体系，也是世界重要船贷市场，船舶经纪占世界的 40%。[1]英国政府长期采用低息贷款、免征关税等一系列政策来激励船舶投资，有着较强的竞争力和影响力。英国海事官网显示，英国占有全球海上保险费和船舶经纪交易的最大份额，分别占全球市场的 35% 和 26%。[2]

三、政策支持海洋产业发展情况

近几年英国政府及相关部门多次发布了与海洋产业相关的报告，2018年 3 月发布《海洋未来》预见报告（Future of the Sea），在海洋经济发展、海洋环境保护、全球海洋事务合作、海洋科学四个方面分析阐述了英国海洋战略的现状和未来需求。2019 年 1 月英国发布《海事 2050》，旨在保

---

[1]　杨钒、关伟、王利、杜鹏：《海洋中心城市研究与建设进展》，《海洋经济》2020年第 10 期。

[2]　《海事商务服务》，英国海事网，https://www.maritimeuk.org/about/our-sector/maritime-business-services，访问日期：2021 年 12 月 31 日。

持英国在未来 30 年里全球海事行业领导者地位和海事行业蓬勃发展的长远态势。2020 年 7 月，英国国家海洋中心发布《2020—2025 战略重点：定义未来》（Strategic Priorities 2020-2025: Defining Our Future）阐述了中心在未来五年内的战略，旨在通过增进对海洋的认知，应对人类和地球面临的重大环境、资源挑战。2020 年 11 月，英国首相宣布了"绿色工业革命"发展计划，涵盖清洁能源、交通、自然和创新技术等方面和领域，将动用超过 120 亿英镑的政府资金，将在全国支持及创造多达 25 万个高技能绿色就业岗位。该计划包括海上风能、绿色航运、碳捕获、自然环境保护等 10 项内容。2021 年 3 月发布的北海过渡协议（North Sea Transition Deal，NSTD），旨在最大限度地发挥英国石油和天然气行业从全球转向清洁增长的优势。这些报告不仅体现了英国政府在发展海洋产业的决心，还为其指明了发展方向——注重环保与经济效益的双赢。

四、结语

英国凭借先进的海洋观念，很早就成为典型的海洋强国，其海运、造船、海事服务等传统的海洋产业在领先的基础上正在向服务型转化，占据全球产业价值链的高端环节。近些年英国在海运、油气等多个海洋产业的政策指导中强调保护生态，同时聚焦发展海上风电、海洋能等海洋可再生能源产业，这些产业相对于海洋资源来说更看重海洋科技的发展水平，也代表着英国海洋经济发展的未来方向。

美洲篇

美国海洋经济发展情况分析

徐丛春　夏颖颖　刘佳*

美国位于北美洲中部，北与加拿大接壤，南靠墨西哥湾，西临太平洋，东濒大西洋，面积937万平方公里，本土东西长4500公里，南北宽2700公里，海岸线长22 680公里。领土还包括北美洲西北部的阿拉斯加和太平洋中部的夏威夷群岛。①

一、经济社会发展总体情况

美国具有高度发达的现代市场经济，自19世纪末以来，一直是全球最大的经济体，其国内生产总值居世界首位，遥遥领先于世界各国。农业、科技、金融、军事是美国长期保持世界领先的四大支柱。2020年全球暴发新冠疫情，美国经济也受到巨大冲击，2020年美国经济同比实际缩减了3.5%，是2009年以来首次下跌，也是1946年以来最大跌幅。《华盛顿邮报》

---

* 徐丛春，国家海洋信息中心研究员；夏颖颖，国家海洋信息中心助理研究员；刘佳，国家海洋信息中心研究员。

① 《美国国家概况》，外交部，2021年8月更新，https://www.fmprc.gov.cn/web/gjhdq_676201/gj_676203/bmz_679954/1206_680528/1206x0_680530/，访问日期：2021年12月1日。

称，总体而言，美国经济在 2020 年下半年处于复苏状态，技术性衰退很可能已经结束，但经济完全恢复还有很长的路要走。①

（一）宏观经济情况

2020 年，美国国内生产总值约 209 366 亿美元（现价），按照 2010 年不变价计算，约为 192 782 亿美元，比 2019 年减少 3.5%。2010—2019 年，国内生产总值年均增长率为 2.3%（按 2010 年不变价计算）。2011—2019 年，人均国内生产总值年均增长率为 1.59%（按 2010 年不变价计算）。2020 年，美国人均国内生产总值约 6.4 万美元（现价），比 2019 年减少 3.8%。2010—2020 年美国 GDP、人均 GDP 及其增长率见表 1。

表 1　2010—2020 年美国 GDP、人均 GDP 及其增长率

年份	GDP（亿美元，现价）	GDP 增长率（%）	人均 GDP （美元，现价）	人均 GDP 增长率（%）
2010	149 920.5	2.6	48 466.7	1.7
2011	155 425.8	1.6	49 882.6	0.8
2012	161 970.1	2.2	51 602.9	1.5
2013	167 848.5	1.8	53 106.5	1.1
2014	175 271.6	2.5	55 050.0	1.8
2015	182 383.0	3.1	56 863.4	2.3
2016	187 450.8	1.7	58 021.4	1.0
2017	195 429.8	2.3	60 109.7	1.7
2018	206 118.6	3.0	63 064.4	2.5
2019	214 332.2	2.2	65 279.5	1.7
2020	209 366.0	−3.5	63 543.6	−3.8

资料来源：世界银行数据库，https://data.worldbank.org.cn/，访问日期：2021 年 11 月 23 日。

---

① 《美国 2020 年 GDP 增长：−3.5%》，环球网，2021 年 1 月 29 日，https://www.sohu.com/a/447397800_162522，访问日期：2021 年 12 月 1 日。

（二）贸易情况

2020 年，美国货物贸易总额 37 858 亿美元，较 2019 年下降 9.2%；其中出口额 14 351 亿美元，同比下降 13.2%；进口额 23 507 亿美元，同比下降 6.6%；逆差 9156 亿美元，增长 5.9%。2020 年美国服务贸易总额 11 504 亿美元，较 2019 年下降 21.4%；其中出口额 6921 亿美元，同比下降 21.0%；进口额 4583 亿美元，同比下降 22.1%；顺差 2339 亿美元，同比下降 18.6%。2020 年美国总贸易逆差达 6787 亿美元，较 2019 年增加 17.7%，贸易逆差占美国国内生产总值的比重为 3.2%，高于 2019 年的 2.7%，创 2008 年国际金融危机以来新高。[①] 美国主要出口商品为汽车、大豆、精炼石油、飞行器、原油、集成电路等，主要进口商品是汽车、原油、广播设备、计算机、汽车零件等。2020 年，美国前五大货物贸易伙伴为中国、墨西哥、加拿大、日本、德国，其中前五大货物出口市场为加拿大、墨西哥、中国、日本、英国，前五大货物进口来源地为中国、墨西哥、加拿大、日本、德国。[②] 2010—2020 年美国货物和服务进出口情况见表 2。

表 2 2010—2020 年美国货物和服务进出口情况

年份	货物和服务出口（亿美元）	货物和服务出口增长率（%）	货物和服务进口（亿美元）	货物和服务进口增长率（%）
2010	18 723.2	17.6	23 754.0	19.5
2011	21 435.6	14.5	26 980.7	13.6
2012	22 474.5	4.8	27 733.6	2.8
2013	23 132.4	2.9	27 600.6	-0.5
2014	23 922.7	3.4	28 764.1	4.2
2015	22 797.5	-4.7	27 710.1	-3.7

① 《2020 年美国贸易逆差升至 12 年来新高》，参考消息网，2021 年 2 月 7 日，http://www.cankaoxiaoxi.com/finance/20210207/2434320.shtml，访问日期：2021 年 12 月 1 日。

② 《美国国家概况》，外交部，2021 年 8 月更新，https://www.fmprc.gov.cn/web/gjhdq_676201/gj_676203/bmz_679954/1206_680528/1206x0_680530/，访问日期：2021 年 12 月 1 日。

续表

年份	货物和服务出口（亿美元）	货物和服务出口增长率（%）	货物和服务进口（亿美元）	货物和服务进口增长率（%）
2016	22 379.2	-1.8	27 190.9	-1.9
2017	23 873.9	6.7	29 011.8	6.7
2018	25 393.8	6.4	31 193.2	7.5
2019	25 282.7	-0.4	31 051.3	-0.5
2020	21 272.5	-15.9	28 089.6	-9.5

资料来源：世界银行数据库，https://data.worldbank.org.cn/，访问日期：2021 年 11 月 23 日。

（三）人口情况

美国人口普查局 2021 年 4 月 26 日发布的最新人口普查结果显示，2020 年美国人口 3.31 亿，比 2010 年增加 7.4%，为 20 世纪 30 年代经济大萧条以来最低增幅。2010—2020 年 10 年间人口增加了 2270 万人，低于 2000—2010 年 10 年间人口增长数量 2730 万人。[1] 人口专家认为，主要原因是较低的出生率，加上移民流入的下降和人口年龄结构的变化。2008 年国际金融危机是美国人口增幅降低的重要原因。受那场危机影响，美国出生率降低，不少墨西哥移民返回家乡。另外，美国前总统特朗普大幅收紧移民政策也对美国人口变化产生相当大影响。

美国约有 1.27 亿人居住在沿海各县，占总人口的五分之二。2010—2016 年，墨西哥湾沿岸邻海各县的人口增长了 24.5%，是全美增长最快的地区，平均增长率为 14.8%。[2] 美国人口普查局最新人口普查结果显示，

---

[1] Dan Merica and Liz Stark, "Census Bureau announces 331 Million People in US, Texas will Add Two Congressional Seats", CNN, April 26, 2021, https://edition.cnn.com/2021/04/26/politics/us-census-2020-results/index.html.

[2] National Oceanic and Atmospheric Administration, "NOAA Blue Economy Strategic Plan 2021-2025", NOAA, January, 2021, https://aambpublicoceanservice.blob.core.windows.net/oceanserviceprod/economy/Blue-Economy%20Strategic-Plan.pdf.

2020 年美国有 13 个州以及哥伦比亚特区人口增长均超过十分之一,犹他州人口增长最快,增长了 18.4%,其次是爱达荷州、得克萨斯州、北达科他州、内华达州和科罗拉多州。据美国人口普查局官员介绍,来自其他州的移民增加、国际移民和出生率是人口变化的重要影响因素。[①]

2020 年,美国劳动力总数为 16 516.4 万人,比 2019 年减少了 1.3%。路透社称,调查显示,2020 年下半年,贫困人口增加 2.4 个百分点,达到 11.8%,贫困人口数量增加了 810 万人,劳动力市场持续疲软,贫困加剧。[②] 2010—2020 年美国人口总数、劳动力总数及其增长率见表 3。

表 3 2010—2020 年美国人口总数、劳动力总数及其增长率

年份	人口总数 (万人)	人口增长率 (%)	劳动力总数 (万人)	劳动力增长率 (%)
2010	30 932.7	0.83	15 690.9	−0.13
2011	31 158.3	0.73	15 698.9	0.05
2012	31 387.8	0.73	15 867.0	1.07
2013	31 606.0	0.69	15 878.6	0.07
2014	31 838.6	0.73	15 958.5	0.50
2015	32 073.9	0.74	16 065.6	0.67
2016	32 307.2	0.72	16 261.8	1.22
2017	32 512.2	0.63	16 432.7	1.05
2018	32 683.8	0.53	16 555.1	0.75
2019	32 833.0	0.46	16 732.9	1.07
2020	32 948.4	0.35	16 516.4	−1.29

资料来源:世界银行数据库,https://data.worldbank.org.cn/,访问日期:2021 年 11 月 23 日。

① Kenneth Terrell, "13 States That Grew the Fastest in the 2020 Census", AARP, April 27, 2021, https://www.aarp.org/politics-society/government-elections/info-2021/census-2020-data-results.html.

② 《美国 2020 年 GDP 增长:-3.5%》,环球网,2021 年 1 月 29 日,https://www.sohu.com/a/447397800_162522,访问日期:2021 年 12 月 1 日。

二、海洋经济总体情况

早在 2000 年，美国国家海洋和大气管理局（National Oceanic and Atmospheric Administration，NOAA）启动了国家海洋经济项目（National Ocean Economics Program，NOEP），通过开展美国海洋和海岸带经济研究，旨在将人类活动的性质、范围、价值与海洋和海岸环境联系起来，为美国提供最新的海洋和海岸带自然资源和社会经济数据，并预测美国海洋和海岸带经济的发展趋势。[①]

2021 年 6 月 8 日，美国国家海洋和大气管理局和美国商务部经济分析局（Bureau of Economic Analysis，BEA）共同发布了首个海洋经济卫星账户官方统计数据。[②] 海洋经济卫星账户的地理范围包括专属经济区内的大西洋、太平洋和北冰洋海域，以及墨西哥湾、切萨皮克湾、普吉特湾、长岛湾、旧金山湾等边缘海、海岸及五大湖区域，同时根据海洋经济活动属性将海洋经济划分为 10 个类别，即海洋生物资源、海洋与海岸建筑、海洋科研与教育、海洋采矿、海洋运输和仓储、海洋专业与技术服务、海岸公共设施、海洋船舶制造、海洋旅游和娱乐及国防和公共管理。

根据海洋经济卫星账户发布的数据，2019 年美国海洋经济总体表现好于国民经济，其中海洋经济增加值 3 965.4 亿美元（现价），占美国 GDP 比重 1.9%，海洋经济实际 GDP 增速 4.2%，高于美国 GDP 增速两个百分点，海洋经济总产出、薪酬、就业增长速度也分别高于国民经济相应指标 3.3、2.9、1.9 个百分点。2014—2019 年，美国海洋经济总体呈现"V"形走势，五年年均增速 0.8%，2016 年受页岩气革命等影响，海洋油气业产量、价格波动下滑，海洋经济增速 −1.1%，为五年的最低点。2014—2019 年美国海

---

① Center for the Blue Economy, "The National Ocean Economics Program," May 18, 2019, http://www.oceaneconomics.org/About/.

② U.S. Bureau of Economic Analysis, "Marine Economy Satellite Account, 2014-2019," BEA, June 8, 2021, https://www.bea.gov/news/2021/marine-economy-satellite-account-2014-2019.

洋经济增加值情况见表 4。

表 4　2014—2019 年美国海洋经济增加值情况

单位：亿美元

产业类别	2014 年	2015 年	2016 年	2017 年	2018 年	2019 年
海洋经济	3 697.7	3 543.2	3 495.1	3 586.2	3 777.7	3 965.4
海洋生物资源	118.6	123.2	127.0	126.3	132.5	136.6
海洋与海岸建筑	31.3	32.5	36.7	34.3	36.3	42.8
海洋科研与教育	60.8	65.1	66.2	67.2	67.5	72.7
海洋运输和仓储	231.8	237.8	224.4	230.2	247.1	260.2
海洋专业与技术服务	31.9	35.3	36.4	33.5	34.5	31.2
海洋采矿	803.7	535.8	443.6	469.6	541.7	574.0
海岸公共设施	75.9	81.8	79.0	77.4	78.3	79.8
海洋船舶制造	64.0	79.6	107.8	98.9	100.4	122.4
海洋旅游和娱乐	1 210.5	1 277.5	1 288.9	1 364.6	1 438.9	1 493.6
国防和公共管理	1 069.3	1 074.8	1 085.3	1 084.1	1 100.6	1 152.1

资料来源：U.S. Bureau of Economic Analysis, https://www.bea.gov/news/2021/marine-economy-satellite-account-2014-2019，访问日期：2021 年 12 月 23 日。

从产业构成看，2019 年，海洋旅游和娱乐增加值 1 493.6 亿美元，占海洋经济增加值比重 37.7%；国防和公共管理增加值 1 152.1 亿美元，占海洋经济比重 29.1%；海洋采矿增加值 574.0 亿美元，占海洋经济比重 14.5%；海洋运输与仓储增加值 260.2 亿美元，占海洋经济比重 6.6%；海洋生物资源增加值 136.6 亿美元，占海洋经济比重 3.4%；海洋船舶制造增加值 122.4 亿美元，占海洋经济比重 3.1%。海岸公共设施、海洋科研与教育、海洋与海岸建筑、海洋专业与技术服务占海洋经济比重较低，分别为 2.0%、1.8%、1.1% 和 0.8%。

2014—2019 年，美国海洋经济活动构成总体上变化不大，部分活动呈现较大波动，如海洋旅游和娱乐、海洋船舶制造比重上升较快，分别比 2014 年上升了 5.0 个、1.4 个百分点，海洋采矿比重下滑明显，比 2014 年下降了 7.2 个百分点。2014—2019 年美国海洋经济活动构成变化见表 5。

表 5　2014—2019 年美国海洋经济活动构成变化

单位：%

产业类别	2014 年	2015 年	2016 年	2017 年	2018 年	2019 年
海洋生物资源	3.2	3.5	3.6	3.5	3.5	3.4
海洋与海岸建筑	0.8	0.9	1.0	1.0	1.0	1.1
海洋科研与教育	1.6	1.8	1.9	1.9	1.8	1.8
海洋运输和仓储	6.3	6.7	6.4	6.4	6.5	6.6
海洋专业与技术服务	0.9	1.0	1.0	0.9	0.9	0.8
海洋采矿	21.7	15.1	12.7	13.1	14.3	14.5
海岸公共设施	2.1	2.3	2.3	2.2	2.1	2.0
海洋船舶制造	1.7	2.2	3.1	2.8	2.7	3.1
海洋旅游和娱乐	32.7	36.1	36.9	38.1	38.1	37.7
国防和公共管理	28.9	30.3	31.1	30.2	29.1	29.1

资料来源：U.S. Bureau of Economic Analysis, https://www.bea.gov/news/2021/marine-economy-satellite-account-2014-2019，访问日期：2021 年 12 月 23 日。

2021 年 1 月 19 日，美国国家海洋和大气管理局发布了《蓝色经济战略计划（2021—2025 年）》（Blue Economy Strategic Plan for 2021–2025），该战略计划提出美国国家海洋和大气管理局通过其内部行动重点推进以下五个领域：海上运输、海洋勘探、海产品竞争力、旅游休闲业以及海岸复原力，进而为推动美国蓝色经济发展及促进全球海洋经济发展制定了路线图。同时，美国国家海洋和大气管理局持续通过各种强有力的措施为美国蓝色经济作出贡献。美国国家海洋和大气管理局利用了充满活力的公私合作关系，创新的科学、技术、工程和数学（STEM）教育和推广，变革性的海洋科学以及新兴技术，监测并最大限度地发挥海洋、沿海地区和五大湖资源对经济的可持续贡献，进一步支持蓝色经济行业的发展。自 2017 年以来，美国国家海洋和大气管理局领导层一直支持推进美国蓝色经济，为其提供最高预算并将其列入推广优先事项。推进这一优先领域的一个重要里程碑是

2019 年 11 月的白宫海洋科技（S&T）合作峰会，美国国家海洋和大气管理局在会上安排了十多项海洋科技合作计划，以提升美国的竞争力，促进安全与繁荣。同时，美国国家海洋和大气管理局在实施《2018 年国家海洋政策》《2018 年 STEM 教育国家战略计划》《2019 年美国专属经济区以及阿拉斯加海岸线和近海海洋制图备忘录》《2020 年美国专属经济区测绘、勘探和描述国家战略》《2020 年促进海产品竞争力和经济增长行政令》，以及《2020 年应对海洋废弃物全球挑战联邦战略》方面发挥了主导作用。通过上述举措和其他举措，美国国家海洋和大气管理局一直在推动美国蓝色经济的发展，并为国家应对日益依赖数据和技术的经济做好准备。五年期的美国国家海洋和大气管理局蓝色经济战略计划与这些举措相一致。①

三、主要海洋产业发展情况

结合 2021 年发布的海洋经济卫星账户官方统计数据，本报告重点介绍海洋生物资源、海洋运输和仓储、海洋船舶制造、海洋采矿、海洋旅游与娱乐等海洋产业。

（一）海洋生物资源

海洋生物资源产业包括商业捕鱼和贸易、海产品加工、水产养殖和海洋生物制药。2019 年，海洋生物资源增加值 136.6 亿美元，比上年减少 0.1%。2014—2019 年，海洋生物资源增加值年均增速 0.3%，在海洋经济比重略有上升，从 2014 年 3.2% 上升至 2019 年 3.4%。② 与美国的高产农业相似，

---

① National Oceanic and Atmospheric Administration, "NOAA Blue Economy Strategic Plan 2021-2025", NOAA, January, 2021, https://aambpublicoceanservice.blob.core.windows.net/oceanserviceprod/economy/Blue-Economy%20Strategic-Plan.pdf.

② U.S. Bureau of Economic Analysis, "Marine Economy Satellite Account, 2014-2019," BEA, June 8, 2021, https://www.bea.gov/news/2021/marine-economy-satellite-account-2014-2019.

海洋生物资源业虽然 GDP 占比相对较小，却提供了美国所需海产品的全部国内供给，同时也对沿海渔业文化的塑造具有重要意义，如加利福尼亚州蒙特雷的罐头工厂街、华盛顿州西雅图的派克市场。其中，商业捕鱼和海鲜市场是生物资源中最大的行业，占海洋生物资源增加值的 58.2%，相比 2014 年下降了 0.4 个百分点；其次是海产品加工，占海洋生物资源增加值的 32.5%，相比 2014 年上升了 1.6 个百分点；再次是海洋生物医药，占海洋生物资源增加值的 8.8%，相比 2014 年上升了 2.0%，年均增速 8.4%，增速最为显著；鱼类动物性食品占比最低，仅占海洋生物资源增加值的 0.5%，与 2014 年基本持平。2020 年，美国海洋渔业遭遇到新冠疫情等前所未有的挑战，对整个行业产生了深远影响。与 2015—2019 年的五年平均值比较，2020 年美国商业捕鱼上岸收入下降 22%，所有地区均出现显著下降，休闲租赁行业的全国旅行量下降了 17% 以上。[①]

美国海洋渔业生产结构主要以捕捞为主，2010—2019 年海洋捕捞占渔业总产量的 96.2%，随着对海洋渔业资源保护力度的加大以及海水养殖的逐步兴起，海洋捕捞比重略有下降。2019 年，海洋渔业总产量 502 万吨，相比 2014 年减少 2.5%，年均增速 –0.5%，占全球渔业总产量的 4.5%，相较于 2014 年下降了 0.4 个百分点。其中，海洋捕捞产量 478 万吨，相比 2014 年减少 3.7%，年均增速 –0.7%，占全球海洋捕捞产量的 6.0%，相较于 2014 年下降了 0.3 个百分点；海水养殖产量 23.6 万吨，相比 2014 年增长 28.2%，年均增速 5.1%，占全球海水养殖产量的 0.7%，相较于 2014 年略有提升。2014—2019 年美国海洋渔业产量增长情况见表 6。

---

① National Oceanic and Atmospheric Administration (NOAA), "COVID-19 Impacts on U.S. Fishing and Seafood Industries Show Broad Declines in 2020," NOAA FISHERIES, December 14, 2021, https://www.fisheries.noaa.gov/feature-story/covid-19-impacts-us-fishing-and-seafood-industries-show-broad-declines-2020.

表6 2014—2019年美国海洋渔业产量增长情况

单位：万吨

年份	渔业总产量	海洋捕捞产量	海水养殖产量
2014	514.5	496.2	18.4
2015	520.3	502.0	18.3
2016	507.4	488.0	19.4
2017	520.8	501.7	19.0
2018	492.6	472.2	20.4
2019	501.7	478.1	23.6

资料来源：粮农组织，https://www.fao.org/faostat/en/#data，访问日期：2021年12月15日。

（二）海洋运输与仓储

海洋运输与仓储主要包括货物运输、旅客运输、仓储服务等活动。2019年，海洋运输与仓储业增加值260.2亿美元，比2018年增长6.2%。尽管2014—2019年海洋运输与仓储业年均增速-1.7%，但占海洋经济比重总体保持上升态势，由2014年的6.3%上升至2019年的6.6%。[①]其中，货运增加值164.8亿美元，2014—2019年年均增速-3.5%，占海洋运输与仓储比重由2014年的65.5%下滑至2019年的63.3%；客运增加值73.0亿美元，占海洋运输与仓储比重由2014年的28.5%略降到2019年的28.0%；仓储增加值22.5亿美元，2014—2019年年均增速8.4%，显著高于海洋运输与仓储的平均增速，占海洋运输与仓储比重快速增长，由2014年的6.0%上升至2019年的8.6%。

根据联合国贸易和发展会议数据库统计，2020年美国港口集装箱吞吐量5496万标箱，占全球的6.7%。2010—2019年，美国港口集装箱吞吐量年均增速2.7%，相较于全球集装箱增速4.0%，速度趋缓，直接导致美国港

---

① U.S. Bureau of Economic Analysis, "Marine Economy Satellite Account, 2014 -2019," BEA, June 8, 2021, https://www. BEA.gov/news/2021/marine-economy-satellite-account-2014-2019.

口集装箱吞吐量占全球占比有所下滑，从2010年的7.6%降至2020年6.7%，回落了0.9个百分点。2010—2020年美国港口集装箱吞吐量及占全球比重情况见表7。

表7 2010—2020年美国港口集装箱吞吐量及占全球比重情况

年份	港口集装箱吞吐量（万标箱）	港口集装箱吞吐量占全球比重（%）
2010	4203	7.6
2011	4255	7.1
2012	4354	6.9
2013	4434	6.7
2014	4623	6.7
2015	4789	6.8
2016	4844	6.8
2017	5213	6.8
2018	5478	6.8
2019	5552	6.7
2020	5496	6.7

资料来源：联合国贸易与发展会议数据库，https://unctadstat.unctad.org/wds/Report Folders/reportFolders.aspx，访问日期：2021年11月18日。

（三）海洋船舶制造

美国是造船业发展较早的一个国家。早在美国独立以前，北美殖民地的造船业就已经具有相当的规模，18世纪50年代，已有船厂100多家，主要是建造小型木帆船，每年可造船300多艘。美国独立后，资本主义经济发展迅速，美国的舰船建造业也得到了进一步发展。1800年建成的朴次茅斯海军船厂是美国第一家海军船厂。20世纪初，为海军建造舰船的主要船厂已达21家。二次世界大战的暴发，大量的军事订货使美国舰船工业出现新的发展机会。进入20世纪90年代，随着海军舰船订货量的削减，许多船厂处境非常艰难。1993年，克林顿总统向国会正式提出了发展船舶工业的策略和措施，即《振兴美国造船工业、进军国际船舶市场》报告，船舶工业作为振兴美国经济战略性基础产业，再次受到美国政府的高度重视和支持。2018年，在特朗普政府推行贸易保护主义和反全球化政策下，为振兴美国造船业解决更多就业，美国参议员罗杰·威克（Roger Wicker）和国会议员约翰·加拉门迪（John Garamendi）提出了《振兴美国造船业法案》，即"到2040年在美国建造50艘以上的船舶，要求美国30%的液化天然气出口必须由挂美国旗的船舶运输"。这项法案得到美国造船供应商协会、海事官员、钢铁行业的代表等各方支持，各方相信这一法案对于提升美国海事、航海的国际竞争力，确保"国船国造、国货国运"战略实施具有重要意义。①

考虑到民用造船特别是货船建造利润相对较低，美国海洋船舶建造主要方向是舰艇、航母等军用船舶，美国军用造船业处于世界第一，拥有最先进的造船技术和综合实力。而美国的民用造船业只是中日韩的零头，几乎可以被忽略，仅占有0.3%的民用船舶市场。根据2021年发布的海洋经济卫星账户官方统计数据，海洋船舶制造业包括驳船和其他无缆船舶、军舰、渔船、拖船、摩托艇等船舶的建造、维护和修理，不包括娱乐性船舶的建造、维护和修理。2019年，海洋船舶制造增加值122.4亿美元，比上年增长23.4%。2014—2019年，海洋船舶制造增加值年均增速15.1%，占海洋经济比重逐年上升，从2014年的1.7%上升至2019年的3.1%，是美国海洋经济中增长速度较快的海洋产业。② 其中，军用船舶建造在海洋船舶制造业中占据重要地位，2019年军用船舶建造增加值107.8亿美元，比上年增长30.7%，2014—2019年年均增速19.5%，在海洋船舶制造业中比重占绝对优势，并不断增长，从2014年的74.1%增至2019年的88.0%，提高

---

① 《国船国造？美国欲重振造船业》，国际船舶网，http://www.eworldship.com/html/2018/ShipbuildingAbroad_0525/139510.html，访问日期：2018年5月25日。

② U.S. Bureau of Economic Analysis, "Marine Economy Satellite Account, 2014-2019", June 8, 2021, https://www. BEA.gov/news/2021/marine-economy-satellite-account-2014-2019.

了近 14 个百分点。

（四）海洋采矿

　　海洋采矿包括石油、天然气勘探开采，以及海岸海域环境中的砂和砾石开采。美国海域石油储量丰富。美国地质勘探局估计，仅东海岸海域就可能蕴藏 1 万亿立方米天然气和将近 40 亿桶原油，墨西哥湾地区集中了美国大部分石油和天然气海上钻井平台，石油产量约占全国总产量的四分之一。据估计，美国在墨西哥湾的石油储量约有 700 亿桶，其中 400 亿桶储藏在没有发掘的深水区。美国作为世界上最早进行海上石油开发的国家，从 19 世纪末美国在海上打下第一口油井，到 20 世纪中叶美国海洋石油开采正式兴起，从 1982 年海洋石油开采禁令，到 2008 年的解禁，美国在海洋石油开采领域一直深深地影响着世界。2010 年，英国石油公司位于墨西哥湾的一座钻探平台发生爆炸事故，11 名作业人员死亡，大量原油泄漏，造成美国历史上最严重的海上油井原油污染事件。这次事件后，美国政府强化对海洋油气钻探的管制。时任总统贝拉克·奥巴马在任期尾声把美国联邦政府管辖海域的 94% 列为钻探禁区。但 2017 年 4 月时任总统特朗普签署一项行政令，要求重新评估奥巴马政府颁布的大西洋、太平洋和北极水域钻探禁令，以加大海洋油气开采力度。2018 年 1 月，美国内政部公布了 2019—2024 年外大陆架油气发展计划，美国联邦政府所属海域的 90% 将租给能源开发商用于钻探，但这份新计划遭到美国部分沿海州市和环保组织的批评。①

　　2019 年，海洋采矿增加值 574 亿美元，比 2018 年增长 14.5%。其中，油气勘探开采与加工业作为海洋采矿的核心产业，2019 年增加值占海洋采矿增加值的比重达到 97.0%。墨西哥湾中部、阿拉斯加半岛海域、加利福

---

　　① 新华社：《特朗普政府扩大海洋油气开采计划惹争议》，新华丝路网，2018 年 1 月 22 日，https://www.imsilkroad.com/news/p/80834.html，访问日期：2021 年 12 月 1 日。

尼亚外侧海域是美国海洋油气的三大主产区，其中占比最大的是墨西哥湾。受低油价的持续影响，美国石油公司暂缓部分钻井计划，受钻井活动减少、油价走低等因素影响，2020年美国原油产量164.4万桶/天，为2017年以来首次下降，比2019年减少了13.4%。① 尽管如此，美国原油产量仍名列全球前茅，2020年美国原油产量占北美洲50%，占全球6.7%。受全球油价下跌持续影响，海洋采矿在海洋经济比重大幅下降，从2014年21.7%降至2019年14.5%，2014—2019年海洋采矿年均增速-0.6%，对美国海洋经济形成较大的冲击。② 此外，建筑用石灰岩、砂石主要分布在美国沿海各州。一般而言，像加利福尼亚州、华盛顿州、佛罗里达州、得克萨斯州等经济发达、海岸线漫长的地区，石灰岩和砂石生产规模最大。

（五）海洋旅游与娱乐

海洋旅游与娱乐包括以海洋资源为基础吸引或支持的广泛旅游和娱乐活动，如导游服务、海上休闲垂钓、海上划船划桨、滨海餐饮服务、酒店住宿、其他水上活动和海岸康体活动等。由于酒店住宿等很多活动与滨海旅游相关但不总是海洋依赖型，因此美国仅考虑具有临近海岸邮政编码的企业来获取这部分经济数据。同时，由于滨海旅游娱乐属于劳动力密集型产业，对劳动力的技能要求相对不高，且许多活动具有季节性，但该产业吸纳就业人员远超其他五大产业从业人员之和。2018年，海洋旅游与娱乐共提供就业岗位250万个，其中新增就业岗位5.4万个，创造了约1430亿美元的增加值，同比增速2.3%，高于美国同期GDP1.6%的增速。从空间分布来看，美国海洋旅游与娱乐广泛分布于太平洋沿岸、大西洋沿

---

① Clarksons research, "Offshore Intelligence Monthly", October, 2021, https://www.crsl.com/acatalog/offshore-intelligence-monthly-single-sub.html#enqanchor.

② U.S. Bureau of Economic Analysis, "Marine Economy Satellite Account, 2014-2019", June 8, 2021, https://www.bea.gov/news/2021/marine-economy-satellite-account-2014-2019.

岸以及夏威夷群岛海域。其中，加利福尼亚州、佛罗里达州、纽约州、夏威夷州、新泽西州五个州就业贡献最大，合计超过海洋旅游与娱乐业总就业人数的一半以上；而纽约州、加利福尼亚州、佛罗里达州、夏威夷州和华盛顿州五个州贡献最大，合计超过海洋旅游与娱乐增加值的一半以上。[①] 2019 年，海洋旅游与娱乐增加值为 1494 亿美元，比 2018 年增长 1.7%。2014—2019 年，海洋旅游与娱乐年均增速 1.9%，在海洋经济比重逐年上升，从 2014 年 32.7% 上升至 2019 年 37.7%，是带动美国海洋经济稳步增长的重要产业。[②]

（六）其他海洋产业

海上风电。美国海上风电发展长期停滞，此前国防部曾反对在加州水域发展海上风电，认为其干扰近海的大规模军事训练。从 2020 年开始，美国海上风电呈现出快速增长态势，2020 年美国海上风电累计装机容量 42 兆瓦，比 2019 年增长 40%。[③] 2021 年 5 月 11 日，美国内政部部长德布·哈兰和商务部部长吉娜·瑞蒙多宣布葡萄园岛海上风电项目的建设和运营获得批准，这是美国第一个大型海上风电项目。这个 800 兆瓦的葡萄园岛风力发电项目将有助于美国政府实现到 2030 年海上风力发电达到 3000 兆瓦的目标，并将有望为美国创造 3600 个工作岗位，为 40 万个家庭和企业提供充足的电力。[④] 2021 年 5 月 25 日，美国内政部部长德布·哈兰、国家气候顾问吉娜·麦卡锡、国防部副部长科林·卡尔、加利福尼亚州州长

---

① NOAA Office for Coastal Management, "Tourism and Recreation", 2021, https://coast. noaa.gov/states/fast-facts/tourism-and-recreation.html.

② U.S. Bureau of Economic Analysis, "Marine Economy Satellite Account, 2014-2019", June 8, 2021, https://www. BEA.gov/news/2021/marine-economy-satellite-account-2014-2019.

③ GWEC, Global Wind Report 2021, March 31, 2021, https://gwec.net/global-wind-report-2021/.

④ Statement: America's First Major Offshore Wind Project Approved, May 11, 2021, https:// environmentamericacenter.org/news/ame/statement-america%E2%80%99s-first-major-offshore-wind-project-approved.

加文·纽森共同宣布，将在加州北部和中部沿海地区推进海上风力发电。此次采用"全政府"方式，内政部与国防部协调，确定了"莫罗湾（Morro Bay）399"区域，即在加州中部海岸、莫罗湾西北部约 399 平方英里的海域建设 3 吉瓦海上风电场。同时，内政部正在推进位于加州北部的"洪堡（Humboldt）风能蕴藏区"作为海上风电待开发区。这些区域可为电网提供高达 4.6 吉瓦的清洁能源，为 160 万户家庭供电。①

海洋信息服务。2021 年 12 月，美国国家海洋和大气管理局发布《2015—2020 年海洋企业研究报告》指出，这些提供海洋观测和测量手段的企业或为海洋数据增值的中介机构，它们是以知识为基础的新蓝色经济的关键组成部分，在支持不断增长和变化的蓝色经济对海洋信息的需求方面发挥着重要作用。随着全球蓝色经济预期全面增长面临的重大机遇，近五年来与之相关的企业集群成长迅速， 2020 年海洋信息服务相关企业数量达 814 家，覆盖 45 个州、哥伦比亚特区和两个海外领土，雇佣就业人数 24.5 万人，年收入 71 亿美元，出口创汇 14 亿美元。这些海洋企业集群高度受出口驱动，大约 22% 的海洋企业收入来自出口销售。集群中的企业出口到全球各地，其中亚太和欧洲是最重要的市场，自 2015 年以来，这两个地区的重要性都在增加。此外，市场多元化大幅增加，将海上可再生能源作为其主要市场部门之一的企业增加了一倍多，达到 57%，而 2015 年为 27%。② 同时，为支持新蓝色经济企业集群的快速增长，美国国家海洋和大气管理局、综合海洋观测系统（Integrated Ocean Observing System，IOOS）和经济分析局积极提供信息与指导，为参与新蓝色经济的美国公司提供创新和商业成功的举措。2021 年 9 月，美国国家海洋和

① The Business Network for Offshore Wind, "Biden Administration Advances California Offshore Wind", May 25, 2021, https://www.offshorewindus.org/2021/05/25/biden-administration-advances-california-offshore-wind/.

② IOOS, "2015-2020 Ocean Enterprise Study Report", December 7, 2021, https://ioos.noaa.gov/project/ocean-enterprise-study/.

大气管理局的综合海洋观测系统办公室宣布 11 项新的五年合作协议，以支持美国气候、沿海、海洋和五大湖观测能力的持续增长与现代化。[①] 预期未来，海洋信息服务相关企业将充分利用与蓝色经济进一步增长相关的机会，通过创新的解决方案来满足其海洋信息需求，进而实现更长足的发展。

四、结语

美国是世界上海洋资源开发利用最早、开发程度最高的国家，海洋资源十分丰富，海洋综合实力居于世界首位。尽管 2020 年新冠疫情的暴发使美国经济受到巨大冲击，美国经济同比实际缩减了 3.5%，不仅是 2009 年以来首次下跌，也是 1946 年以来最大跌幅。但是，美国海洋经济总体呈现良好发展态势，海洋经济 GDP、总产出、薪酬、就业增长速度总体表现好于同期国民经济指标，对于重振美国经济、提升复原能力具有积极意义和深远影响。

从美国海洋产业增加值构成来看，2019 年位居前六的海洋产业依次为海洋旅游和娱乐业（37.7%）、国防和公共管理业（29.1%）、海洋采矿（14.5%）、海洋运输和仓储业（6.6%）、海洋生物资源业（3.4%）、海洋船舶制造业（3.1%）。从主要海洋产业增长潜力来看，海洋船舶制造业增长速度排在各产业之首，2014—2019 年五年年均增速 15.1%，呈现出较高的增长潜力；而海洋运输与仓储业表现欠佳，2014—2019 年 5 年年均增速仅为 –1.7%。与此同时，尽管海上风电、海洋信息服务业尚未纳入官方统计口径，但从目前全球气候变化对碳减排、碳中和的需求，以及蓝色经济增长对海洋信息的需求来看，两个产业呈现出旺盛的发展潜力，

[①] NOAA, "NOAA Awards \$41 Million for Ocean Observing," September 14, 2021, https://www.noaa.gov/news-release/noaa-awards-41-million-for-ocean-observing.

美国国家海洋和大气管理局、经济分析局等部门协同私营机构也在积极推
动相关企业的创新发展，上述产业有望在未来成为美国海洋经济中的重要
增长点。

加拿大海洋经济发展情况分析

刘禹希　　林香红*

加拿大位于北美洲北部，地理位置优越，被三大洋环绕，东临大西洋，西濒太平洋，北靠北冰洋达北极圈，西北邻美国阿拉斯加州，南接美国本土。国土面积辽阔，为 998 万平方公里，是世界上面积第二大国家，且海岸线绵长，约 24 万公里，是名副其实的海洋国家。[①]

一、社会经济发展情况

加拿大经济基础扎实，金融机构监管严格，制造业与服务业发达，对外国投资具有较强的吸引力，是西方七大工业国之一。2020 年加拿大 GDP 为 16 440.37 亿美元，在全球排名第九位。

（一）宏观经济情况

2010—2020 年加拿大 GDP 呈现波动上升态势，2013 年达到 18 465.97

---

*　刘禹希，国家海洋信息中心研究实习员；林香红，国家海洋信息中心副研究员。

①　《加拿大国家概况》，外交部，2022 年 6 月，https://www.mfa.gov.cn/web/gjhdq_676201/gj_676203/bmz_679954/1206_680426/1206x0_680428/，访问日期：2022 年 10 月 8 日。

亿美元（现价），为近 10 年峰值，随后有所下降，2017—2019 年加拿大GDP 保持稳定增长。① 受新冠疫情影响，2020 年加拿大 GDP 较 2019 年略有回落，同比增速首次出现负值，见图 1。2020 年第一、第二和第三产业在经济中的占比为 1.7%、28.5%、69.8%。② 能源资源行业、制造业、农业、金融保险业、专业服务业是加拿大国民经济的支柱产业。

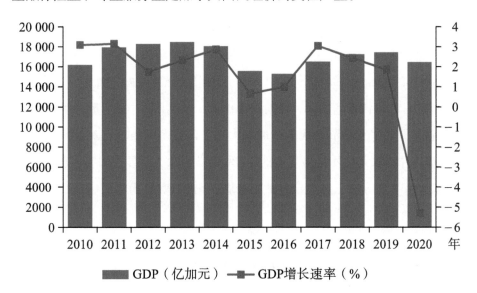

图 1　2010—2020 年加拿大 GDP 及变化情况

资料来源：世界银行，访问日期：2021 年 12 月 28 日。

（二）人口情况

根据加拿大统计局 2021 年第四季度人口普查数据，加拿大总人口为3 852.6 万人。③ 受地理和气候影响，加拿大各地区人口分布不均，超过八

① 资料来源：世界银行数据库，https://data.worldbank.org.cn，访问日期：2021 年 12月 28 日。

② 商务部国际贸易经济合作研究院、中国驻加拿大大使馆经济商务处、商务部对外投资和经济合作司：《对外投资国别（地区）指南：加拿大（2021 年版）》。

③ 资料来源：加拿大统计局，https://www.statcan.gc.ca，访问日期：2022 年 4 月 5 日。

成的人口居住在靠近美国北部边界线 160 公里宽的狭长地带中，其中安大略、魁北克、不列颠哥伦比亚、阿尔伯塔、曼尼托巴、萨斯喀彻温为六个人口超过 100 万的省份。

（三）贸易发展概况

加拿大市场开放程度较高，是世界多个贸易组织成员国，与美国、墨西哥、欧盟等国家和地区签订了贸易协定。2020 年，加拿大货物进出口总额为 10 642 亿加元，同比下降 10.9%；其中出口 5 224.2 亿加元，同比下降 12.3%；进口 5 417.6 亿加元，同比下降 9.9%。[①] 美国、中国、墨西哥、日本、英国是加拿大前五的贸易伙伴。加拿大高度依赖美国市场，2020 年加美双边贸易额占加拿大对外贸易总额的 60.8%。[②] 加拿大主要出口商品为原油、客用机动车及零部件、黄金、木材及木浆等，进口商品为客用机动车、原油、成品油、数据处理设备等。

二、海洋经济总体发展情况

加拿大渔业与海洋部（Fisheries and Oceans Canada，DFO）将海洋经济分为私营海洋部门和公共海洋部门两部分。私营海洋部门包括海洋渔业、海上风电及油气业、海洋交通运输、海洋旅游及娱乐、海洋基础设施五类；公共海洋部门包括国防部、渔业及海洋部、其他政府部门、地方部门、大学、非政府组织六类。

加拿大渔业与海洋部综合考虑了海洋经济的直接（direct）影响、间接

---

① 《加拿大国家概况》，外交部，2021 年 8 月，https://www.mfa.gov.cn/gjhdq_676201/gj_676203/bmz_679954/1206_680426/1206x0_680428/，访问日期：2022 年 4 月 19 日。
② 商务部国际贸易经济合作研究院、中国驻加拿大大使馆经济商务处、商务部对外投资和经济合作司：《对外投资国别（地区）指南：加拿大（2021 年版）》。

（indirect）影响和引致（induce）影响，① 从这三个方面估算了加拿大海洋经济对国家经济和就业的贡献情况。下文的分析中，若无特别说明，均代表总体影响，即直接、间接、引致三者之和。

从海洋经济总产值来看，见表 1，2018 年为 361.1 亿加元，较 2014 年增长 12.3%，约占加拿大 GDP 总量的 1.6%。其中，直接影响、间接影响和引致影响分别占 55.5%、25.1%、19.4%。从海洋产业部门来看，海洋私营部门增加值占海洋经济产值的 83.1%，海洋渔业、海洋油气业、海洋交通运输业产值位居前三；在公共海洋部门中，国防部、渔业及海洋部的增加值占比为 78.7%。

表 1　2014—2018 年加拿大海洋经济总产值

类别	部门	2014	2015	2016	2017	2018
增加值 （亿加元）	私营部门	271.4	237.6	246.6	282.7	300.2
	公共部门	50.1	50.9	50.5	58.7	61.0
	合计	321.5	288.5	297.1	341.4	361.1
就业人数 （人）	私营部门	213 681	213 679	218 021	233 186	237 482
	公共部门	53 597	53 739	52 176	58 676	60 851
	合计	267 278	267 418	270 197	291 862	298 333

资料来源：加拿大渔业与海洋部，访问日期：2021 年 12 月 21 日。

从就业贡献来看，见表 2，2018 年海洋经济就业人数达到 29.8 万人，比 2014 年增长 11.6%，约占加拿大全国就业人数的 1.6%，其中，直接拉动就业人数占 48.1%，间接和引致影响拉动的就业人数分别占 29.8%、22.1%。

---

① Sylcain Ganter, "Canada's Oceans and the Economic Contribution of Marine Sectors," Government of Canada, July 19, 2021, https://statcan.gc.ca.

表2 2018年加拿大海洋经济主要统计指标

类别	部门	直接 （Direct）	间接 （Indirect）	引致 （Induced）	合计 （Total）
增加值 （亿加元）	私营部门	169.8	78.4	51.9	300.2
	公共部门	30.6	12.2	18.2	61.0
	合计	200.5	90.6	70.1	361.1
就业人数 （人）	私营部门	113 676	74 995	48 810	237 482
	公共部门	29 931	13 863	17 057	60 851
	合计	143 608	88 859	65 867	298 333

资料来源：加拿大渔业与海洋部，访问日期：2021年12月21日。

三、主要海洋产业发展情况

海洋渔业、海洋油气业、海洋交通运输业、滨海旅游业是加拿大的支柱海洋产业，2018年四者增加值和为273.58亿加元，占加拿大海洋经济的75.76%；四个海洋产业创造就业岗位超过22万个，占加拿大海洋总就业人数的74.42%。

（一）海洋渔业

加拿大渔业与海洋部将海洋渔业统计分为商业捕鱼、水产养殖、渔业加工三类。2018年加拿大海洋渔业增加值为76.3亿加元，拉动就业人数达6.5万人。加拿大的商业渔业贡献了超过半数的海洋渔业增加值，2018年为34.5亿加元。但渔业加工创造了更多的就业岗位，2018年就业岗位为3万余个，占海洋渔业就业总人数的47.5%，见表3。

表 3　2014—2018 年加拿大海洋渔业增加值及就业人数

	渔业分类	2014 年	2015 年	2016 年	2017 年	2018 年
增加值（亿加元）	商业捕鱼	25.8	29.6	30.9	35.9	34.5
	水产养殖	7.8	8.8	12.9	13.9	14.1
	渔业加工	24.1	26.8	28.4	29.3	27.6
	合计	57.7	65.2	72.2	79.1	76.2
就业人数（人）	商业捕鱼	24 776	24 795	25 359	24 384	23 420
	水产养殖	8257	9266	9781	10 654	10 863
	渔业加工	30 574	32 407	33 941	32 636	30 713
	合计	63 608	66 468	69 081	67 674	64 996

资料来源：加拿大渔业与海洋部，访问日期：2021 年 12 月 21 日。

2019 年加拿大海洋渔业总产量为 92.1 万吨，较 2018 年稍有回落，同比减少 5.8%。加拿大海洋渔业超过八成的产量是海洋捕捞贡献的，产量为 74.4 万吨，海水养殖业产量为 17.7 万吨。如图 2 所示，2010 年后海洋捕捞产量波动下降，从 2010 年的 94.8 万吨下降至 74.4 万吨。2012 年海洋捕捞量首次出现大幅下降，2013 年虽然海洋捕捞产量有所回升，但仍是负增长。2010 年至 2019 年加拿大海水养殖产量呈现波动变化，2015 年海水养殖产量增速最快，为 35.9%，2016 年后加拿大海水养殖产量逐年递减，总体稳定在 18 万吨左右。加拿大商业渔业注重科学研究，2021 年加拿大政府和爱德华王子岛通过了大西洋渔业基金，总金额超过 300 万美元，重点是创新技术，提高水产养殖、捕捞和海产品加工产业的生产力，并促进加拿大海洋渔业的可持续发展。①

① Government of Canada, "Government of Canada and Province of Prince Edward Island Invest More than $3M in the Fish and Seafood Sector," January 20, 2021, https://www.canada.ca/en/fisheries-oceans/news/2021/01/government-of-canada-and-province-of-prince-edward-island-invest-more-than-3m-in-the-fish-and-seafood-sector.html.

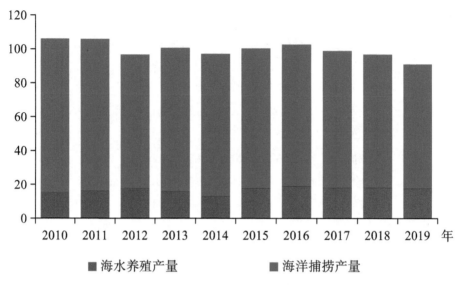

图 2 2010—2019 年加拿大海水养殖与海洋捕捞情况（单位：万吨）

资料来源：联合国粮农组织数据库，访问日期：2021 年 12 月 9 日。

（二）海洋交通运输业

根据加拿大交通部统计，截至 2019 年末，加拿大共有 555 个港口，主要港口为温哥华港、蒙特利尔港、哈利法克斯港等。圣劳伦斯河、圣劳伦斯湾、哈德逊湾和詹姆斯湾，以及北极西北航道是加拿大的主要航道。2018 年加拿大港口基础设施建设产业增加值达 5.4 亿加元，海洋交通运输业是加拿大蓝色经济发展的重要动力之一。

2014—2018 年加拿大海洋交通运输业的增加值，总体呈现平稳上升的态势，2018 年海洋交通运输业增加值为 75.1 亿加元，拉动就业人数 68 762 人，约占加拿大私营海洋部门就业人数的 28.9%，见表 4。

表 4 2014—2018 年加拿大海洋交通运输业增加值及就业人数

年份	2014	2015	2016	2017	2018
增加值（亿加元）	62.4	65.9	65.1	70.9	75.1
就业人数（人）	56 891	59 994	60 598	64 886	68 762

资料来源：加拿大渔业与海洋部，访问日期：2022 年 4 月 5 日。

船队运力情况。2014—2021 年间，加拿大船队运力水平浮动在 9000 千载重吨上下，2016 年加拿大船队运力为近年间最高水平，约为 10 270 千载重吨。随后出现回落，2019 年船队运力水平逐渐回升，2021 年加拿大船队运力为 9 781.39 千载重吨，见图 3。

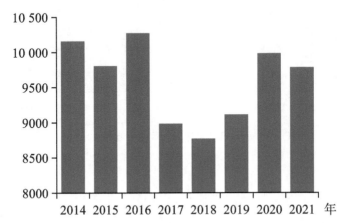

图 3 2014—2021 年加拿大船队运力变化情况（单位：千载重吨）

资料来源：联合国贸易和发展委员会，访问日期：2021 年 12 月 10 日。

港口服务保障情况。2011—2019 年，加拿大港口吞吐量总体呈现逐渐增长态势。2019 年港口集装箱吞吐量达 690.16 万标箱，2020 年受全球新冠疫情影响回落至 619.6 万标箱，同比降低了 10.2%，略低于 2017 年港口集装箱吞吐量水平，在全球港口集装箱吞吐量排名中位居第 28 位，见图 4。

（三）海洋油气业

加拿大油气资源储量丰富，原油已探明储量 1677 亿桶，仅次于委内瑞拉和沙特位列世界第三位；天然气探明储量约 2.1 万亿立方米，位居世界第 17 位，2019 年加拿大是世界第四大天然气生产国。[①] 2018 年海洋油气

---

① 商务部国际贸易经济合作研究院、中国驻加拿大大使馆经济商务处、商务部对外投资和经济合作司：《对外投资国别（地区）指南：加拿大（2021 版）》。

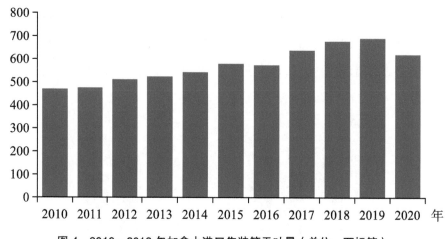

图 4 2010—2019 年加拿大港口集装箱吞吐量（单位：万标箱）

资料来源：联合国贸易和发展会议数据库，访问日期：2021 年 12 月 10 日。

业的增加值达 75.18 亿加元，创造了 1.5 万个就业岗位。

海洋石油生产情况。加拿大与美国是北美洲海洋石油的主要生产国，根据克拉克松数据库最新数据，2020 年加拿大海洋石油产量占北美洲海洋石油产量的 23% 左右。如图 5 所示，2013 年以来全球海洋石油产量总体呈现波动上升趋势，受新冠疫情影响，2020 年海洋石油产量出现回落。2020 年加拿大海洋石油产量达 515 万桶，预测 2021 年和 2022 年加拿大海洋石油产量为 548 万桶和 560 万桶。[1] 2022 年加拿大政府已正式批准国家首个海上石油开采项目——北湾海上石油开采项目，该项目价值 120 亿美元，由挪威国家石油公司及其合作伙伴开发，水下钻探深度超过 1000 米，计划于 2028 年开始运营，预计每天可产 20 万桶石油。[2]

---

[1]　Clarksons Research, "Offshore Intelligence Monthly," Vol. 11, No. 10 (October, 2021), https://www.clarksons.net.

[2]　证券时报网：《加拿大政府批准北湾海上石油开采项目》，2022 年 4 月 7 日，https://kuaixun.stcn.com/cj/202204/t20220407_4327704.html，访问日期：2023 年 2 月 10 日。

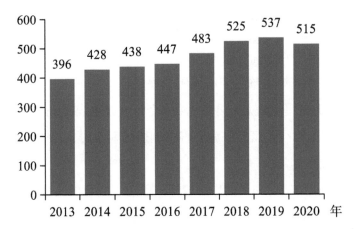

图5 2013—2020 年加拿大海洋石油产量（单位：万桶）

资料来源：克拉克松数据库，访问日期：2021 年 11 月 24 日。

海洋天然气生产情况。加拿大同样是北美天然气的主要生产国之一，2020 年加拿大海上天然气占北美天然气产量的 17% 左右。2013 年以来全球海上天然气产量持续增加，新冠疫情同样对海上天然气的生产造成影响。2020 年加拿大海上天然气产量为 169.2 亿立方米，预计 2021 年海上天然气产量达 174.8 亿立方米[1]，见图6。

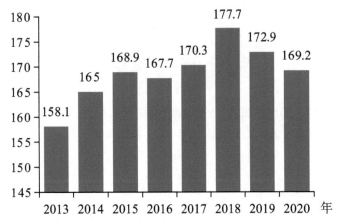

图6 2013—2020 年加拿大海洋天然气产量（单位：亿立方米）

资料来源：克拉克松数据库，访问日期：2021 年 11 月 24 日。

---

① Clarksons Research, "Offshore Intelligence Monthly," Vol.11, No.10 (October, 2021), https://www.clarksons.net.

（四）滨海旅游业

加拿大的滨海旅游业主要包括邮轮业、游艇旅游、休闲渔业和潜水等休闲活动。2018 年加拿大滨海旅游业增加值约为 47 亿加元，约占海洋生产总值的 13%；创造就业岗位 6.4 万个，占加海洋产业总就业人数的 21.3%。其中 3.9 万个是滨海旅游业直接创造的就业岗位，位于加拿大所有海洋产业首位。

滨海旅游业的辐射和带动作用较强，创造了较高的间接价值，2018 年滨海旅游业间接增加值为 14.1 亿加元，占滨海旅游业总增加值的 30% 左右，见图 7。滨海旅游业的发展受海洋生物多样性、沿海环境等多因素影响，加拿大计划采取更具包容性和持久性的方式推动滨海旅游业的长期发展。①

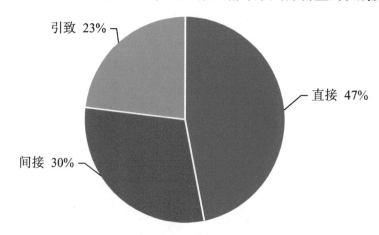

图 7　2018 年加拿大滨海旅游业直接、间接和引致影响构成

资料来源：加拿大渔业与海洋部，访问日期：2022 年 4 月 5 日。

（五）船舶和海洋工程装备制造业

加拿大的造船业历史悠久，早在 19 世纪中叶就开始大量制造帆船。20

---

① Blue Economy Strategy Your oceans Your voice Your future Engagement Paper, Fisheries and Oceans Canada, June 15, 2021, https://www.dfo-mpo.gc.ca/about-notre-suject/blue-economy-economie-bleue/engagement-paper-document-mobilisation/part1-eng.html.

世纪八九十年代加拿大造船业大幅度增长，生产效率普遍提升。2010年，加拿大启动了"国家造船战略"（National Shipbuilding Strategy）这一长期的造船计划，更新联邦船队、建立持续发展的工业基地，振兴船舶和海工业，该战略从人力资源、技术、工业发展等多方面促进海洋产业发展。2018年，加拿大船舶和海工装备制造业增加值为21.2亿加元，创造1.9万个就业岗位。截至2020年，已公布的造船合同为加拿大创造的国内生产总值已经超过130亿美元，每年提供就业岗位约1.5万个。①

四、结语

加拿大致力于海洋保护和海洋产业的繁荣与发展，2018年加拿大海洋经济总产值占加拿大GDP的1.7%，为社会提供就业岗位近30万个。与此同时，加拿大海洋经济发展也面临诸多问题，包括气候变化影响海洋产业发展、沿海基础设施短缺制约海洋经济发展、海洋经济新技术使用及推广困难、相关数据较为缺乏、政府对海洋经济项目的支持不足等，未来加拿大蓝色经济战略将考虑加强原住民的参与方式、确定并解决海洋经济发展的阻碍因素、提高涉海从业人员数量及专业水平，从而全面促进加拿大蓝色经济的蓬勃发展。②

---

① Blue Economy Strategy Your oceans Your voice Your future Engagement Paper, Fisheries and Oceans Canada, June 15, 2021, https://www.dfo-mpo.gc.ca/about-notre-suject/blue-economy-economie-bleue/engagement-paper-document-mobilisation/part1-eng.html.

② Blue Economy Strategy Your oceans Your voice Your future Engagement Paper, Fisheries and Oceans Canada, June 15, 2021, https://www.dfo-mpo.gc.ca/about-notre-suject/blue-economy-economie-bleue/engagement-paper-document-mobilisation/part1-eng.html.

阿根廷海洋经济发展情况分析

李明昕　韦有周*

阿根廷位于南美洲南部，面积 278.04 万平方公里（不包括马尔维纳斯群岛及阿根廷主张的南极领土），在拉美地区仅次于巴西，是该地区第二大国。阿根廷东濒大西洋，西同智利以安第斯山脉为界，北部和东部与玻利维亚、巴拉圭、巴西、乌拉圭接壤。南北长 3694 公里，东西宽 1423 公里，陆上边界线总长 25 728 公里，海岸线长 4725 公里。

一、社会经济发展总体情况

阿根廷是南美洲仅次于巴西的第二大经济体，近年来，人口规模持续增加，经济增长相对停滞。阿根廷是一个基础设施相对完善、社会比较稳定的国家，投资环境较为宽松，多年来积极推动对外开放，根据世界银行发布的《2020 年营商环境》报告，阿根廷在 190 个国家（地区）中排名第 126 位。

（一）宏观经济情况

近年来，阿根廷经济形势持续低迷。从国内生产总值来看，2020 年，

---

　　*　李明昕，国家海洋信息中心副研究员；韦有周，上海海洋大学经济管理学院副教授、硕士生导师。

阿根廷国内生产总值约 3 830.7 亿美元（现价），比 2019 年减少 9.91%（可比价）。2011—2020 年，国内生产总值年均增长率为 -0.71%（可比价）。从人均国内生产总值来看，2020 年，阿根廷人均国内生产总值约 0.8 万美元（现价），比 2019 年减少 10.8%（可比价）。2010—2020 年阿根廷国内生产总值及增长率数据见图 1； 2010—2020 年阿根廷人均国内生产总值数据见图 2。

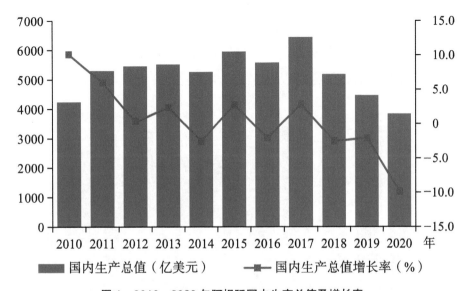

图 1 2010—2020 年阿根廷国内生产总值及增长率

资料来源: 世界银行数据库, https://data.worldbank.org.cn, 访问日期: 2021 年 12 月 1 日。

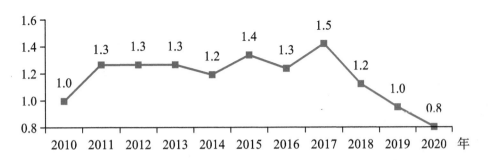

图 2 2010—2020 年阿根廷人均国内生产总值数据（单位：万美元）

资料来源: 世界银行数据库, https://data.worldbank.org.cn, 访问日期: 2021 年 12 月 1 日。

（二）贸易情况

阿根廷的主要贸易伙伴为巴西、中国、美国、德国、智利、欧盟、墨西哥、越南等。阿根廷是世界贸易组织的创始成员之一，对所有世界贸易组织成员给予最惠国待遇。1991 年，阿根廷与巴西、巴拉圭、乌拉圭共同成立南方共同市场（以下简称南共市），旨在实现货物、服务、资本和人员在成员国之间的自由流动，自 1995 年 1 月起，南共市成员实施共同对外关税政策。2020 年，阿根廷货物和服务出口额 641.8 亿美元，比 2019 年下降 19.1%；货物和服务进口额为 521.4 亿美元，比 2019 年下降 21.3%。2010—2020 年阿根廷货物和服务进出口额，见图 3。

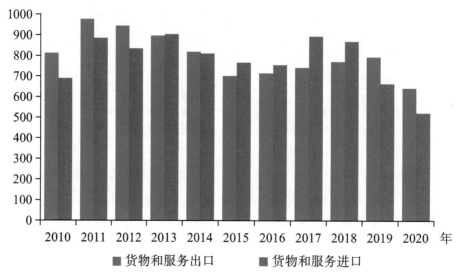

图 3　2010—2020 年阿根廷货物和服务进出口额（单位：亿美元）

资料来源：世界银行数据库，https://data.worldbank.org.cn，访问日期：2021 年 12 月 1 日。

（三）人口情况

2020 年阿根廷人口总数为 4 537.7 万人，2011—2020 年，人口年均增长率为 1.1%。2020 年，阿根廷劳动力总数为 1 919.1 万人，2011—2020 年，劳动力年均增长率为 0.5%。2010—2020 年阿根廷人口总数及增长率见图 4；2010—2020 年阿根廷劳动力总数及增长率见图 5。

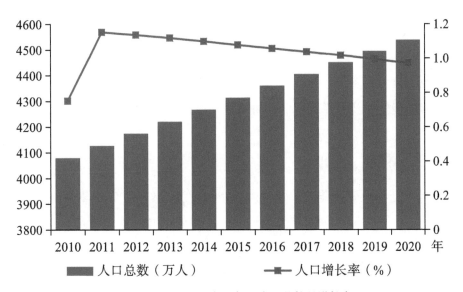

图4　2010—2020年阿根廷人口总数及增长率

资料来源: 世界银行数据库, https://data.worldbank.org.cn, 访问日期: 2021年12月1日。

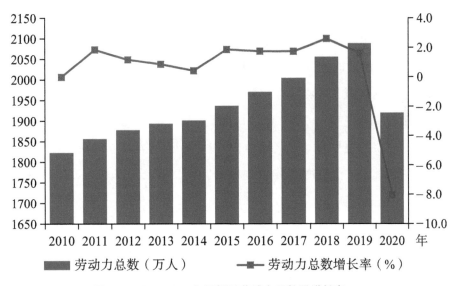

图5　2010—2020年阿根廷劳动力总数及增长率

资料来源: 世界银行数据库, https://data.worldbank.org.cn, 访问日期: 2021年12月1日。

二、主要海洋产业发展情况

阿根廷海洋资源丰富,开发利用空间较大,主要海洋产业包括海洋渔业、海洋交通运输业及海洋旅游业,海洋油气业近两年发展迅速。

(一)海洋渔业

阿根廷渔业资源丰富。渔业生产 60% 在南部,近 50% 集中在马德普拉塔港口。[①] 阿根廷东南部海域处于巴塔哥尼亚大陆架,为南半球最大的陆架海域,也是鱼类种群适宜的栖息地;阿根廷北部海域渔业生产力强,起源于赤道的高温高盐的巴西暖流及南赤道支流与起源于南极环流的低温低盐的福克兰寒流在此处交汇。[②] 阿根廷海洋渔业资源可利用的品种多达 300 种,其中阿根廷滑柔鱼、阿根廷无须鳕、牟氏红虾、南美尖尾无须鳕、巴塔哥尼亚扇贝等为主要捕捞品种。[③]

阿根廷海洋渔业以海洋捕捞为主,在 20 世纪 60 年代后,其海洋捕捞开始由近海转向远海。进入 21 世纪,阿根廷海洋捕捞产量并不稳定,2006 年达到峰值 113.8 万吨,至 2012 年逐步下降到 72.4 万吨,此后基本维持在 80 万吨左右。2019 年,阿根廷海洋捕捞产量 80.1 万吨,占南美洲比重 8.7%,见图 6,居全球第 20 位和南美洲第三位,在南美洲仅次于秘鲁和智利。阿根廷海水养殖规模非常小,2015—2019 年,每年海水养殖产量不超过百吨。

---

① 商务部国际贸易经济合作研究院、中国驻阿根廷大使馆经济商务处、商务部对外投资和经济合作司:《对外投资国别(地区)指南:阿根廷(2020 年版)》。

② 邹磊磊:《从阿根廷渔业发展看与中国的渔业合作》,《拉丁美洲研究》2016 年第 38 卷第 6 期。

③ 邹磊磊:《从阿根廷渔业发展看与中国的渔业合作》,《拉丁美洲研究》2016 年第 38 卷第 6 期。

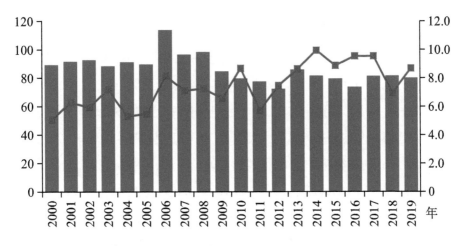

图 6　2000—2019 年阿根廷海洋捕捞产量及占南美洲比重

资料来源：联合国粮农组织数据库（统计口径为鱼类，甲壳类和软体动物等），
https://www.fao.org/fishery/statistics/zh，访问日期：2022 年 1 月 28 日。

　　1998 年，阿根廷颁布《联邦渔业法》，将个人可转让配额制度作为渔业产出控制的重要手段，在总可捕捞量确定的前提下，以渔民、渔船、渔业公司为捕捞单元，给予其在确定的时期和区域内捕捞确定数量的渔业资源的权利，从而避免了捕捞过程中的无序竞争。由于配额制度的实施必须拥有渔业资源的动态数据和完备的渔业监督机制，一直到 2009 年阿根廷才真正针对阿根廷无须鳕在内的四种鱼类种群实施个人可转让配额制度。[①]

　　中阿两国政府重视并持续推进双方渔业合作，2010 年签署《中华人民共和国农业部和阿根廷共和国农牧渔业部渔业合作协议》，并在中阿农业合作委员会下设渔业合作分委会，定期召开会议，协调两国捕捞作业，推动养殖、水产品加工等领域交流。2021 年，中国农业农村部与阿根廷农业部举行渔业合作会谈，拟联合开展海域资源调查、水产养殖技术合作与培训等合作事项。

――――――――――

　　① 邹磊磊：《从阿根廷渔业发展看与中国的渔业合作》，《拉丁美洲研究》2016 年第 38 卷第 6 期。

（二）海洋交通运输业

阿根廷超过 90% 的外贸运输是以水运完成的，截至 2019 年，阿根廷共有 45 个海港。[①] 其中，布宜诺斯艾利斯港是阿根廷最重要的港口，是阿根廷对外贸易的主要中转枢纽，与乌拉圭、巴西等邻国大型港口互联互通；圣马丁港是阿根廷第一大粮港和世界第三大粮港；罗萨里奥港是阿根廷第二大粮港。

2020 年，阿根廷港口船舶到港数量近 1 万艘，主要包括液体散货船、干散货船、客船和集装箱船，占比分别为 36.0%、33.2%、11.3%、9.6%。2020 年，阿根廷港口集装箱吞吐量世界排名第 44 位，达 199.0 万标箱，与 2010 年基本持平，与 2015 年低谷水平相比有所回升。根据联合国贸发会议数据库的双边连接指数，阿根廷海洋交通运输主要合作国家或地区包括巴西、乌拉圭、中国、中国香港、新加坡、韩国、马来西亚、南非、德国、比利时。2010—2020 年阿根廷港口集装箱吞吐量见图 7；2020 年阿根廷港口船舶运输情况见表 1。

图 7　2010—2020 年阿根廷港口集装箱吞吐量（单位：万标箱）

资料来源：联合国贸发会议数据库，http://unctadstat.unctad.org/EN，访问日期：2022 年 1 月 28 日。

---

① 商务部国际贸易经济合作研究院、中国驻阿根廷大使馆经济商务处、商务部对外投资和经济合作司：《对外投资国别（地区）指南：阿根廷（2020 年版）》。

表 1　2020 年阿根廷港口船舶运输情况

	船舶到达数量（艘）	港口停靠中值时间（天）	平均船龄（年）	到港船舶平均总吨（总吨）	到港船舶最大总吨（总吨）	到港船舶平均载货量（载重吨）	到港船舶最大载货量（载重吨）	到港集装箱船平均运力（标箱）	到港集装箱船最大运力（标箱）
所有船只	9594	1.88	13	25 007	137 936	38 157	163 038	4649	11 923
液体散货船	3455	1.51	13	15 244	85 445	25 212	163 038	—	—
液化石油气船	58	1.86	11	20 421	48 425	23 357	54 901	—	—
液化天然气船	36	1.35	9	104 966	122 166	86 064	100 000	—	—
干散货船	3186	2.97	9	32 918	53 978	58 087	95 308	—	—
干杂货船	648	1.06	27	11 417	54 725	15 694	73 296	—	—
滚装船	203	—	21	35 130	71 177	13 003	27 965	—	—
集装箱船	920	1.44	13	50 194	119 441	—	—	4649	11 923
客船	1088	—	17	15 350	137 936	—	—	—	—

资料来源：联合国贸发会议数据库，http://unctadstat.unctad.org/EN，访问日期：2022 年 1 月 28 日。

阿根廷于 20 世纪 90 年代启动港口私有化改革，其中布宜诺斯艾利斯港港内各码头分拆进行招标，码头特许权被授予三家外资公司，合同于 2022 年到期。其他国有港口则将所有权彻底移交各省，由省政府牵头成立非国有性质的港口管理委员会，独立自主运营，形成了以布兰卡港、克肯港等为代表的一批具有自主管理权的港口。①

————————

① 安源：《阿根廷交通领域特许经营发展及启示》，《国际工程与劳务》2021 年第 6 期。

（三）海洋旅游业

阿根廷海岸线漫长，海滨城市众多，可以开展海洋文化旅游、海上观光旅游、海岛旅游、海洋生态旅游、海洋节庆旅游等多种形式旅游。例如，蒂格雷、马德普拉塔、马德林港、乌斯怀亚是较为受欢迎的几座城市。蒂格雷位于阿根廷东北部大布宜诺斯艾利斯的北部，巴拉那河三角洲上，摩托艇是游览城市风光的最佳方式；位于布宜诺斯艾利斯省大西洋海岸的马德普拉塔每年都以其沙滩和文化吸引着数百万游客前来度假；马德林港是阿根廷沿海著名的海滨胜地，游客可游览巴尔德斯半岛，巴尔德斯半岛因其生物多样性被列为世界遗产，成为一个自然保护区，半岛的海岸线上栖息着海狮、海象、海豹和麦哲伦企鹅，游客还可以乘船去附近海域赏鲸；乌斯怀亚是阿根廷火地岛省的首府，位于大火地岛南岸，远眺比格尔海峡，旅游景点包括火地岛国家公园和拉帕塔西亚湾，野生动物景点包括当地的鸟类如企鹅，还有海豹和虎鲸。

旅游业是阿根廷的支柱产业。2019 年，阿根廷旅游业增加值占国内生产总值的 10% 左右。2016—2019 年，阿根廷入境游客数量逐年增长，2019 年，阿根廷入境游客数量约 740 万人次；新冠疫情后，旅游业受到巨大冲击，2020 年和 2021 年入境游客数量分别降至 209 万人次和 30 万人次。入境的国际游客主要来自欧洲、美国、加拿大、巴西、乌拉圭、智利、巴拉圭、玻利维亚。① 2016—2020 年，采用航运（含海运和河运）交通方式的入境游客数量占比约 15%，2021 年降至约 10%。2016—2021 年阿根廷采用各类交通方式的入境游客数量见图 8。

---

① 作者根据阿根廷旅游和体育部数据计算。

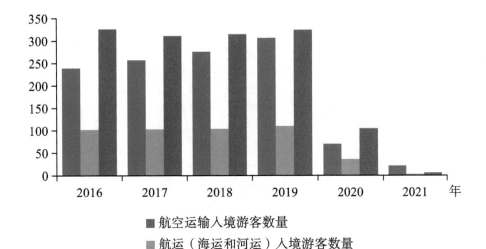

图8 2016—2021年阿根廷采用各类交通方式的入境游客数量（单位：万人次）

资料来源：阿根廷旅游和体育部旅游公开数据集，https://datos.yvera.gob.ar/dataset/turismo-receptivo，访问日期：2022年4月28日。

　　根据阿根廷旅游和体育部数据，2012—2019年，到访阿根廷沿海地区的阿根廷国内游客数量处于400万—600万人次之间，占比国内游客比重约为15%—20%；疫情以来，到访阿根廷沿海地区的阿根廷国内游客数量骤减，2020年、2021年游客数量分别为183万人次、321万人次，占国内游客比重分别为14.9%、17.9%，见图9。从旅游天数情况来看，到访阿根廷沿海地区的阿根廷国内游客平均过夜天数较短，多在四天以上，阿根廷国内游客平均过夜天数数量长期在五天以上，见图10。

　　近年来，阿根廷与中国的旅游合作愈加密切，2021年，阿根廷旅游和体育部与中国携程集团签署为期五年的战略合作备忘录，将在旅行营销、产品、大数据等领域深入合作，全面优化游客在阿根廷的旅行体验。

（四）海洋油气业

　　阿根廷海上盆地面积广袤，海洋油气资源丰富。阿根廷海洋油气资

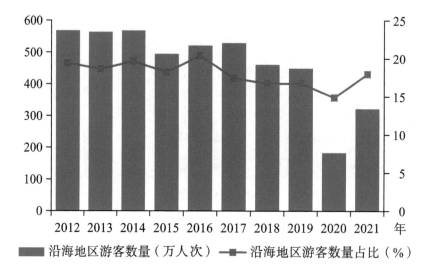

图 9　2012—2021 年阿根廷到访沿海地区国内游客数量及占比

资料来源：阿根廷旅游和体育部旅游公开数据集，https://datos.yvera.gob.ar/dataset/ turismo-receptivo，访问日期：2022 年 4 月 28 日。

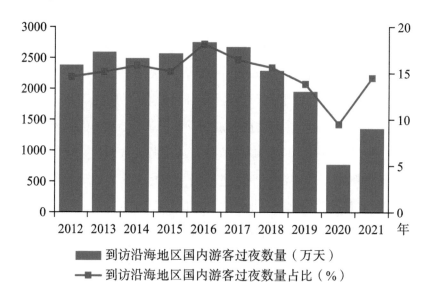

图 10　2012—2021 年阿根廷到访沿海地区国内游客过夜数量及占比

资料来源：阿根廷旅游和体育部旅游公开数据集，https://datos.yvera.gob.ar/dataset/ turismo-receptivo，访问日期：2022 年 4 月 28 日。

源勘探仍处于早期阶段，勘探工作主要集中在奥斯和圣乔治盆地，广袤的大西洋陆源断陷发育区和南部斯科舍褶皱冲断带勘探活动较少，勘探潜力巨大。①

　　早在20世纪上半叶，欧美油气巨头就已经陆续进入阿根廷海域开发油气，但长期以来，阿根廷海上油气井主要集中在距海岸100米内的浅海区域，大量的深海油气资源尚未开发。2019年，阿根廷政府对18个区域的海上油气项目进行招标，中标的13家公司中3家为阿根廷国内企业，10家为外资企业，包括挪威国家石油、法国道达尔能源、英国石油、壳牌石油等，承诺投资金额达7.24亿美元。2022年，阿根廷政府宣布，将一项近海石油天然气项目的特许经营权延长10年，该项目位于阿火地岛省和圣克鲁斯省附近的南部海洋盆地，由法国道达尔能源、德国石油和天然气股份有限公司和阿根廷泛美能源组成的联营体运营，联营体承诺将对该项目追加投资7亿美元。2022年，阿根廷国家油气公司（YPF）公布消息，即将启动阿根廷首个深海油气项目"CAN100"，预计原油产能将达到20万桶/日。

三、结语

　　阿根廷作为南美洲大国和全球重要新兴市场，拥有优越的地理位置和丰富的海洋资源。现阶段，阿根廷海洋产业较为依赖海洋资源的初级利用和开发，海洋旅游业等经济活动受新冠疫情冲击影响较大，海洋油气资源勘探力度有待提升，产业发展面临着转型升级需求。展望未来，促进可持续发展和开拓创新是阿根廷海洋产业发展的重要方向，总体而言，阿根廷海洋经济发展空间较为广阔。

---

　　① 雷闪、姜向强：《阿根廷油气勘探开发及投资环境新动向》，《国际石油经济》2019年第27卷第12期。

智利海洋经济发展情况分析

李明昕[*]

智利位于南美洲西南部，安第斯山脉西麓。东邻玻利维亚和阿根廷，北界秘鲁，西濒太平洋，南与南极洲隔海相望。智利是世界上最狭长的国家，面积 756 715 平方公里，海岸线总长约 1 万公里[①]。

一、社会经济发展总体情况

智利是拉美经济较发达的国家之一。矿业、林业、渔业和农业是国民经济四大支柱。智利经济多年保持较快增长，其综合竞争力、经济自由化程度、市场开放度、国际信用等级均为拉美翘楚，被视为拉美经济发展样板。近年来，受国际经济复苏乏力、本国经济结构性问题影响，智利经济发展面临一定挑战。

（一）宏观经济情况

从国内生产总值来看，2020 年，智利国内生产总值约 2 529.4 亿美元（现

---

[*] 李明昕，国家海洋信息中心副研究员。
[①] 《智利国家概况》，外交部，2021 年 3 月，https://www.mfa.gov.cn/web/gjhdq_676201/gj_676203/nmz_680924/1206_681216/1206x0_681218/，访问日期：2021 年 11 月 16 日。

价），比 2019 年减少 5.8%。2011—2020 年，国内生产总值年均增长率为 2.1%（可比价）。从人均国内生产总值来看，2020 年，智利人均国内生产总值约 1.3 万美元（现价），比 2019 年减少 6.6%。2010—2020 年智利国内生产总值及增长率数据见图 1；2010—2020 年智利人均国内生产总值数据见图 2。

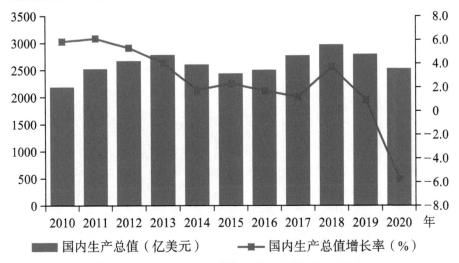

图 1 2010—2020 年智利国内生产总值及增长率数据

资料来源：世界银行数据库数据，https://data.worldbank.org.cn，访问日期：2021 年 12 月 1 日。

图 2 2010—2020 年智利人均国内生产总值数据（单位：万美元）

资料来源：世界银行数据库数据，https://data.worldbank.org.cn，访问日期：2021 年 12 月 1 日。

（二）贸易情况

智利主要贸易伙伴为中国、美国、欧盟等，中国是智利最大的贸易伙伴。智利积极对外商签自由贸易协定，是世界上最开放的经济体之一，每年对外贸易的 95% 均在自由贸易协定下完成。[①] 2020 年，智利货物和服务出口额近 800 亿美元，比 2019 年增长 2.3%；货物和服务进口额为 664.3 亿美元，比 2019 年降低 17.1%，见图 3。

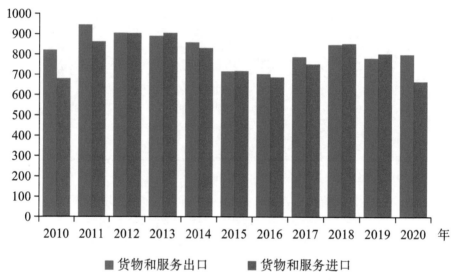

图 3　2010—2020 年智利货物和服务进出口额（单位：亿美元，现价）

资料来源：世界银行数据库数据，https://data.worldbank.org.cn，访问日期：2021 年 12 月 1 日。

（三）人口情况

2020 年智利人口总数为 1 911.6 万人，2011—2020 年，人口年均增长率为 1.1%。2020 年，智利劳动力总数为 886 万人，2011—2020 年，劳动力年均增长率为 1.0%。2010—2020 年智利人口总数及增长率见图 4；

[①]　商务部国际贸易经济合作研究院、中国驻智利大使馆经济商务处、商务部对外投资和经济合作司：《对外投资国别（地区）指南：智利（2020 年版）》。

2010—2020 年智利劳动力总数及增长率见图 5。

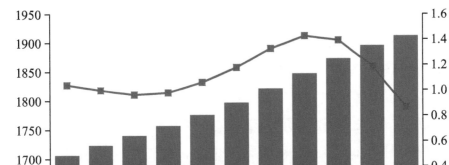

人口总数（万人）　　人口增长率（%）

图 4　2010—2020 年智利人口总数及增长率

资料来源：世界银行数据库数据，https://data.worldbank.org.cn，访问日期：2021 年 12 月 1 日。

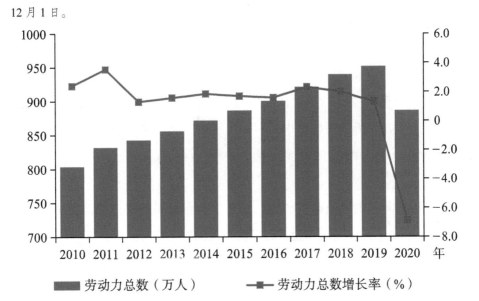

劳动力总数（万人）　　劳动力总数增长率（%）

图 5　2010—2020 年智利劳动力总数及增长率

资料来源：世界银行数据库数据，https://data.worldbank.org.cn，访问日期：2021 年 12 月 1 日。

二、主要海洋产业发展情况

近年来，智利高度重视海洋经济发展。2018 年，智利制定通过《智利国家海洋政策愿景》，提出使海洋产业成为智利经济活动的支柱之一，主要内容包括海洋的可持续性，保护和养护海洋；社会经济资源意识；所进行活动的安全；自然科学研究实验和教育；禁止非法捕鱼；防控海洋污染，特别是塑料污染；气候变化对海洋的影响等。智利主要海洋产业包括海洋渔业、海洋交通运输业、海洋旅游业等。

（一）海洋渔业

智利海洋渔业管理主要由国家渔业和水产养殖局负责，通过全面监测和健康管理，促进该领域的可持续性，保护水生生物资源及其环境，促进遵守标准。智利国家渔业和水产养殖局的管理主要包括综合检查和信息服务。其中，综合检查包括出口产品安全管控、水产养殖管控、环境管控、捕捞管控等；信息服务包括信息和咨询服务、程序和认证服务等。智利根据法规建立渔业和水产养殖登记册，必须登记才能从事相关产业活动。智利水产养殖重视保障当地社区利益，如由于项目缺乏当地社区居民许可，2021 年智利最高法院要求政府部门撤销三文鱼苗供应商西兰海水养殖（Sealand Aquaculture）在智利最南部麦哲伦区建设大型三文鱼鱼苗生产基地的申请。

智利是世界主要渔业生产国。联合国粮农组织数据显示，2000—2016年，智利海产品产量呈下降趋势，2017—2019 年有所回升。其中，海洋捕捞产量与 21 世纪初水平相比大幅下降，海水养殖产量快速上升。智利海产品产量 2004 年达到最高点 559.8 万吨，2019 年为 335.5 万吨，居全球第十位，南美洲第二位，占南美洲比重 29.2%，在南美洲仅次于秘鲁。2019 年，智利海洋捕捞产量 197.2 万吨，位居全球第十位，南美洲第二位，占南美洲比重 21.4%，在南美洲仅次于秘鲁；海水养殖产量 138.3 万吨，位居全球第五位，南美洲第 1 位，占南美洲比重 61.3%。2000—2019 年智利海洋捕捞和海水养殖产量及占南美洲比重见图 6。

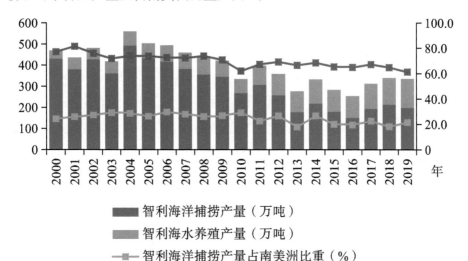

图 6　2000—2019 年智利海洋捕捞和海水养殖产量及占南美洲比重

资料来源：联合国粮农组织数据库（统计口径为鱼类，甲壳类和软体动物等），https://www.fao.org/fishery/statistics/zh，访问日期：2022 年 1 月 28 日。

　　智利是世界上人工养殖三文鱼（大西洋鲑）的主要生产国，其三文鱼养殖业是发展中国家渔业经济实现产业升级的成功案例①。从产业规模来看，2020 年全球养殖三文鱼年产量超过 200 万吨，智利、挪威集中了全球超过 80% 的产量，其中智利占比约 30%，位居全球第二，仅次于挪威。随着智利三文鱼的质量不断提升，价格也趋近挪威三文鱼，在市场上受到热捧。从出口情况来看，智利三文鱼养殖业的传统市场为美国、巴西和日本，而如今的发展方向瞄准亚洲其他市场。

　　智利三文鱼主要在大型海水网箱中养殖，全年均可捕获，经过冷冻、

① 许罕多、罗斯丹：《智利鲑鱼养殖产业升级路径及对中国海水养殖产业发展的启示》，《海洋开发与管理》2010 年第 27 卷第 3 期。

熏制、罐头、鱼油、腌制等加工或以鲜活状态出口，产品类型多样①，但也面临疾病和海洋灾害等风险。2008 年末智利三文鱼暴发传染性疾病，产量急剧下降，此后，智利三文鱼养殖更加注意卫生防疫措施，但是由于抗生素使用量较高，受到一定批评。2016 年和 2021 年，智利三文鱼生产均因赤潮灾害大量受损。2020 年，智利三文鱼企业智利水产（AquaChile）、奥彻利斯（Australis）等组成了智利三文鱼协会，旨在加强智利三文鱼养殖，从长远发展的角度保护环境健康、提高竞争力。2019 年，联想控股的佳沃集团完成对智利三文鱼企业奥彻利斯的收购，是智利三文鱼养殖业迄今最大宗收购案。

（二）海洋交通运输业

智利公共工程部下属的港口工程局进行港口和沿海基础设施管理，执行国家公共投资体系有关流程，监督、审计和批准在国家层面开发的港口工程项目，监督港口和疏浚公共工程的技术和行政管理。智利的港口管理经历了数十年的现代化进程，为避免垄断，智利港口公司在多经营方计划下推进港口管理。智利海事领土和商船总局保障航行安全，推动有关海洋生态环境和海洋自然资源保护。

智利主要港口包括位于智利中部的瓦尔帕莱索港、圣安东尼奥港，位于智利北部的阿里卡港、伊基克港等。其中，瓦尔帕莱索港是智利第二大城市和南美地区重要的太平洋港口。② 2020 年，智利港口船舶到港数量超过 2 万艘，以客船为主，客船到港数量占比达 61.9%，其次是集装箱船、干散货船和液体散货船，到港数量占比分别为 9.3%、9.3%、9.1%。2010—2018 年，智利港口集装箱吞吐量稳步增长，2018 年达到高点 466 万标箱，

---

① 任灿丽、高晶晶：《智利大西洋鲑养殖业的成功经验及启示》，《海洋开发与管理》2016 年第 33 卷第 5 期。

② 刘大勇：《智利瓦尔帕莱索港口介绍》，《航海技术》2015 年第 3 期。

近年有所回落，2020 年降至 419 万标箱，世界排名第 35 位。根据联合国贸发会议数据库的双边联通指数，智利海洋交通运输主要合作国家或地区包括秘鲁、哥伦比亚、中国、巴拿马、墨西哥。智利航运巨头南美船运公司（CSAV）成立于 1872 年，是拉美最大的航运公司，也是世界上最古老的航运公司之一，经营航运及相关配套服务。2020 年智利港口船舶运输情况参见表 1；2010—2020 年智利港口集装箱吞吐量参见图 7。

表 1 2020 年智利港口船舶运输情况

	船舶到达数量（艘）	港口停靠中值时间（天）	平均船龄（年）	到港船舶平均总吨（总吨）	到港船舶最大总吨（总吨）	到港船舶平均载货量（载重吨）	到港船舶最大载货量（载重吨）	到港集装箱船平均运力（标箱）	到港集装箱船最大运力（标箱）
所有船只	20 669	1.44	8	14 731	141 754	36 079	209 546	6360	14 500
液体散货船	1874	1.35	11	22 709	84 908	38 597	164 772	—	—
液化石油气船	83	1.96	8	28 330	48 502	32 617	55 047	—	—
液化天然气船	42	1.07	6	110 992	128 917	89 129	100 000	—	—
干散货船	1920	2.53	8	31 817	108 237	55 409	209 546	—	—
干杂货船	1430	1.74	24	10 870	54 725	14 892	73 296	—	—
滚装船	597	—	21	32 467	75 283	13 396	30 438	—	—
集装箱船	1924	1.05	11	67 952	141 754	—	—	6360	14 500
客船	12 799	—	5	2200	121 878				

资料来源：联合国贸发会议数据库，http://unctadstat.unctad.org/EN，访问日期：2022 年 1 月 28 日。

图 7 2010—2020 年智利港口集装箱吞吐量（单位：万标箱）

资料来源：联合国贸发会议数据库，http://unctadstat.unctad.org/EN，访问日期：2022
年 1 月 28 日。

（三）海洋旅游业

2005 年，智利制定了《国家旅游政策》，其目标是将智利定位为有吸
引力的旅游目的地，将自然和特殊利益的旅游业，特别是长途市场的旅游
业作为发展重点，同时，扩大和多样化旅游产品供应和国内旅游机会。智
利将旅游业可持续发展作为重要的发展方向，制定了旅游可持续发展方案，
促进相关优秀做法的推广实施，鼓励民营机构开展旅游服务，尽量减少对
环境的影响，加强弘扬文化遗产，加强地方经济。智利国家旅游局通过颁
发"可持续旅游标签"（S 标签）来表彰该国最可持续的旅游服务，这一
标签由智利国家旅游可持续发展委员会进行评估。

智利是典型的海洋国家，狭长而沿海，海洋旅游城市星罗棋布，海洋
旅游自然和人文资源丰富，包括沿海沙滩、峡湾景观、海岛景观、冰山景观、
海洋生物景观、港口景观、海上娱乐运动、海洋文化节庆活动、海洋美食等。
2017 年，智利国内外游客停留夜数达 923.5 万，其中首都区、瓦尔帕莱索
区超过 100 万。2017 年，智利共接待外国游客 645 万人次，主要来自巴西、
阿根廷等周边国家，以及北美和欧洲地区。

智利邮轮旅游活动独具特色，根据智利国家旅游局信息，智利邮轮旅

游主要包括智利巴塔哥尼亚邮轮旅游、国际邮轮旅游等。智利巴塔哥尼亚邮轮旅游路线涉及蒙特港、火地岛、蓬塔阿雷纳斯、麦哲伦海峡、比格尔海峡、威廉斯港、合恩角国家公园等。国际邮轮旅游一般从欧洲、美国和澳大利亚等地出发，沿太平洋航行，到达智利瓦尔帕莱索、拉塞雷纳和科金博、蒙特港。此外，智利巴塔哥尼亚地区蓬塔阿雷纳斯位于智利南端，是从南美洲进入南极旅游的主要港口。

（四）其他海洋产业

智利持续推进海底光缆建设，不断加强与亚洲地区的联系。2019 年，智利交通和电信部启动海底光缆"亚洲—南美洲数字桥梁"项目，与拉美开发银行签署了技术合作协议，获得 300 万美元的可行性研究融资，海底光缆预计长度为 2.4 万公里，项目旨在搭建南美洲与亚洲之间的数字连接，同时增强智利各生产领域的能力，如三文鱼养殖等。此外，由于智利部分地区淡水缺乏，智利矿业公司不断推进海水利用，建设海水淡化厂。

三、结语

智利持续推动海洋经济可持续发展，不断完善海洋经济相关法律法规和政策，海洋产业管理机制较为健全。渔业登记管理、可持续旅游标签等系列举措已取得良好成效。智利海洋渔业发达，海洋捕捞、海水养殖产量居世界前列，海洋交通运输业发展稳定，海洋旅游产品丰富且具有特色，海底光缆建设和海水利用加快推进。总体而言，智利海洋经济发展具有较为良好的前景。

大洋洲篇

澳大利亚海洋经济发展情况分析

张玉洁　林香红　刘禹希*

澳大利亚位于南太平洋和印度洋之间，由澳大利亚大陆、塔斯马尼亚岛等岛屿和海外领土组成，海岸线长 36 735 公里。澳大利亚大陆面积 769 万平方公里，南北长约 3700 公里，东西宽约 4000 公里，按照面积计算，澳大利亚为全球第六大国，仅次于俄罗斯、加拿大、中国、美国与巴西。[①]澳大利亚 85% 以上的人口都集中在海岸附近。

一、社会经济发展总体情况

近年来澳大利亚经济状况良好，失业率和通胀率维持在较低水平。2020 年全球暴发新冠疫情后，澳大利亚实行较严格防控措施，疫情形势总体可控，社会基本面保持稳定，经济较快实现止跌复苏。

---

　　*　张玉洁，国家海洋信息中心副研究员；林香红，国家海洋信息中心副研究员；刘禹希，国家海洋信息中心研究实习员。
　　①　商务部国际贸易经济合作研究院、中国驻澳大利亚大使馆经济商务处、商务部对外投资和经济合作司：《对外投资国别（地区）指南：澳大利亚（2021 年版）》。

（一）宏观经济情况

从国内生产总值来看，2011—2019 年，澳大利亚国内生产总值年均增长率为 2.65%（按 2010 年不变价计算）。2020 年，澳大利亚 GDP 约 13 309.67 亿美元（现价），比 2019 年减少 4.70%，见图 1。

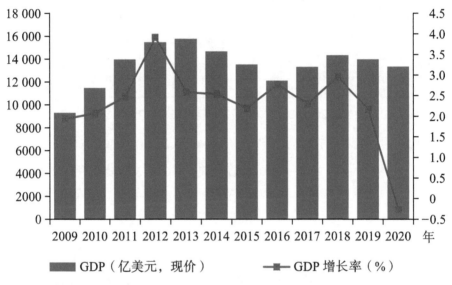

图 1 2009—2020 年澳大利亚 GDP 及增长率

资料来源：世界银行数据库，https://data.worldbank.org.cn/，访问日期：2021 年 11 月 23 日。

从人均国内生产总值来看，2011—2019 年，人均 GDP 年均增长率为 1.06%（按 2010 年不变价计算）。2020 年，澳大利亚人均国内生产总值约 5.18 万美元，比 2019 年减少 5.89%（现价），见图 2。

（二）贸易情况

澳大利亚对国际贸易依赖较大。2020 年，货物和服务出口额 2 990.42 亿美元，比 2019 年降低 12.67%；货物和服务进口额 2 490.68 亿美元，比 2019 年降低 15.70%，见图 3。澳大利亚主要贸易伙伴依次为中国、日本、美国、韩国、新加坡、新西兰、英国、印度、马来西亚、泰国、德国等。

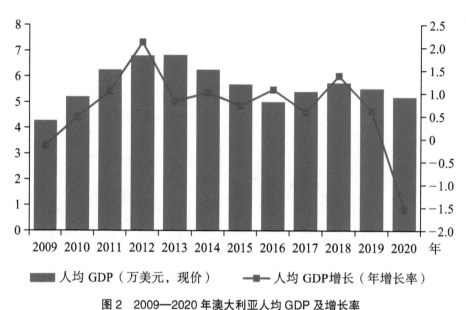

图 2　2009—2020 年澳大利亚人均 GDP 及增长率

资料来源: 世界银行数据库, https://data.worldbank.org.cn/, 访问日期: 2021 年 11 月 23 日。

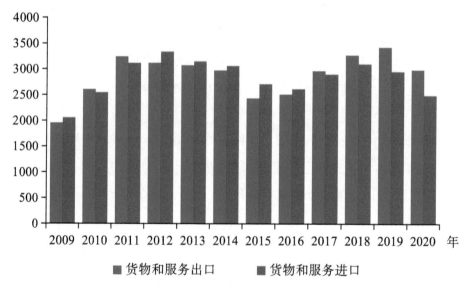

图 3　2009—2020 年澳大利亚货物和服务进出口额（单位: 亿美元, 现价）

资料来源: 世界银行数据库, https://data.worldbank.org.cn/, 访问日期: 2021 年 11 月 23 日。

（三）人口情况

2020 年澳大利亚人口总数为 2569 万人，比 2019 年增长了 32 万人。2011—2020 年，人口年均增长率为 1.55%，见图 4。2020 年，澳大利亚劳动力总数为 1345 万人，比 2019 年减少 0.35%，见图 5。

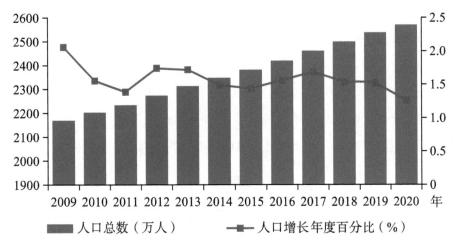

图 4　2009—2020 年澳大利亚人口总数及增长率

资料来源：世界银行数据库，https://data.worldbank.org.cn/，访问日期：2021 年 11 月 23 日。

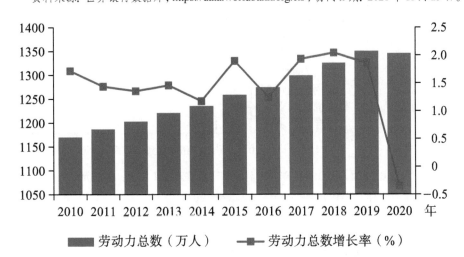

图 5　2010—2020 年澳大利亚劳动力总数及增长率

资料来源：世界银行数据库，https://data.worldbank.org.cn/，访问日期：2021 年 11 月 23 日。

二、海洋经济总体发展情况

2021 年 7 月 2 日，澳大利亚海洋科学研究所（AIMS）发布的《海洋产业指数报告》显示，2017—2018 财年，澳大利亚海洋产业的经济产值估计为 812 亿澳大利亚元（以下简称澳元），超过了农业部门（589 亿澳元）、煤炭开采（697 亿澳元）和重型土木工程建设（685 亿澳元）。海洋经济增加值 692 亿澳元，占国内生产总值的 3.7%。澳大利亚的海洋经济产值在 2015—2016 财年至 2017—2018 财年增长了 1/4 以上，这主要得益于澳大利亚天然气产量大幅增加。图 6 显示了 2017—2018 财年海洋相关活动的经济产出。新冠疫情给澳大利亚经济带来的损失，尚未有官方数据发布。

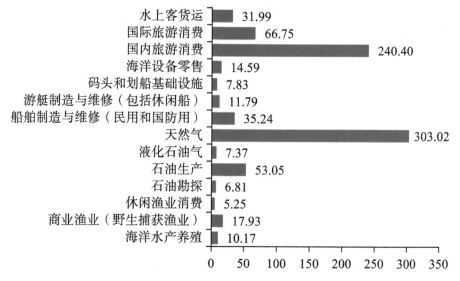

图 6　2017—2018 财年澳大利亚海洋经济产值（单位：亿澳元）

资料来源：The AIMS Index of Marine Industry 2020。

（一）海洋渔业

《澳大利亚渔业与水产养殖统计 2020》报告显示，2019—2020 财年，澳大利亚水产养殖产量约 10.6 万吨，增长 11%，占海产品总产量的 38%，捕捞渔业产量为 17.9 万吨，较上一财年略有增加，但产值下降明显。捕捞渔业产值下降主要受与中国的贸易影响，岩龙虾和鲍鱼的出口额仅有 14 亿澳元，下降了 8%。澳大利亚本地海产品人均消费量从 13.5 千克下降至 12.4 千克，进口海产品比例从 66% 下降至 62%。

1. 大力发展水产养殖业

2017—2018 财年，澳大利亚野生捕捞渔业经济产值为 17.92 亿澳元。①三个主要野生渔获量管辖区为西澳大利亚州（5.54 亿澳元）、英联邦海域（3.90 亿澳元）和南澳大利亚州（2.64 亿澳元）。岩龙虾、对虾、鲍鱼占所有野生捕捞渔业经济产值的 64%。2017—2018 财年商业渔业经济产值见图 7。

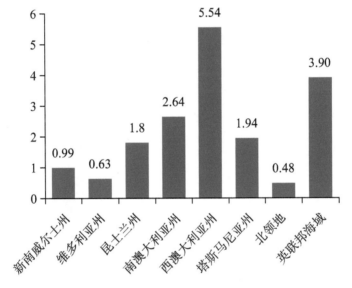

图 7 2017—2018 财年商业渔业经济产值（单位：亿澳元）

资料来源：The AIMS Index of Marine Industry 2020。

2017—2018 财年，澳大利亚水产养殖行业的经济产出为 14 亿澳元。据估计，其中约有 10 亿澳元（占水产养殖总额的 72%）来自海洋水产养殖。

---

① Australian Government, "Australian institute of marine science, The AIMS Index of Marine Industry 2020, July 2, 2021, https://www.aims.gov.au/sites/default/files/2021-07/The%20 AIMS%20Index%20of%20Marine%20Industry_final_21Jan2021_web.pdf.

鲑鱼、金枪鱼和牡蛎生产对海洋水产养殖的经济产值贡献最大。现阶段澳大利亚水产养殖业主要分布在内陆和近海地区，未来将向远海地区（超过3 英里海岸线的外海）拓展，政府将进行环境和资源收益方面的评估，鼓励企业使用最新技术不断挖掘深远海水产养殖业的潜力。根据最新的渔业和水产养殖统计数据，新冠疫情期间，澳大利亚在 2019—2020 财年水产养殖业的生产总值仍增长了 10%。

塔斯马尼亚州是最具水产养殖发展潜力的地区，也是澳大利亚最大的水产养殖业所在地。2019—2020 财年，塔斯马尼亚州水产养殖业总值约 9.31 亿澳元，较上年增长 7%。2021 年 9 月，澳大利亚联邦政府与塔斯马尼亚州政府达成一项框架协议，将通过政府层面的支持促进发展塔斯马尼亚地区联邦水域的深远海水产养殖业。① 2017—2018 财年海水产养殖经济产值见图 8。

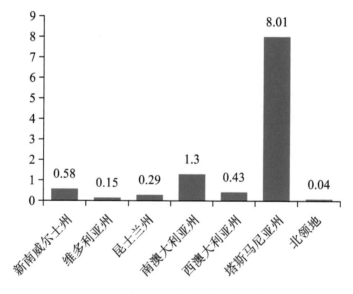

图 8　2017—2018 财年海水产养殖经济产值（单位：亿澳元）

资料来源：The AIMS Index of Marine Industry 2020。

---

① 张亚峰、史会剑、时唯伟等：《澳大利亚生态环境保护的经验与启示》，《环境与可持续发展》2018 年第 5 期。

2. 加强立法监管，推动休闲渔业发展

在澳大利亚，一个多世纪以来，休闲渔业的管理已被列入立法范围。在澳大利亚的立法中，休闲渔业和商业渔业是明确区分的，休闲渔业指通过任何方式得到鱼，除购买之外，休闲渔业的渔获物出售也是不合法的。[①] 法律和相关条例对钓鱼方式、数量、规格、渔具和时间等都有明确规定。

根据 2003 年澳大利亚所做的全国休闲渔业和本土渔业的调查，参加垂钓活动的游钓者越来越多，花在钓鱼活动中的费用达 18 亿澳元。澳大利亚政府每年都进行一系列专项经济研究。带纹旗鱼是新南威尔士重要的比赛鱼种，仅这一品种在休闲渔业中所产生的经济价值相当于这种鱼在延绳钓业中的 27 倍。在所有调查中，休闲渔业产生的价值比一般渔业生产创造的价值要高得多。因此，通过资源的再分配，推动休闲渔业的发展可以获得更大的经济利益。

2017—2018 财年，海洋休闲渔业的产值为 5.26 亿澳元。澳大利亚最具价值的海洋休闲渔业州和领地为维多利亚州（1.89 亿澳元）、新南威尔士州 / 澳大利亚首都领地（1.02 亿澳元）、昆士兰州（9300 万澳元）和西澳大利亚州（9300 万澳元）。各州和领地之间的消费差异主要由人口差异造成。2017—2018 财年海洋休闲渔业活动经济产值见图 9。

3. 加强海洋渔业资源的开发与保护

澳大利亚政府长期致力于海洋环境保护、可持续应用和生物多样性保护，截至 2017 年共有 194 处海域属于保护范围，总面积近 65 万平方公里，包括海洋公园、鱼类栖息保留地、禁渔区和鱼类保护区等。[②] 此外，澳大利亚政府对渔业实行配额管理，建设人工鱼礁，保护海洋渔业资源；设立

---

① 刘雅丹：《澳大利亚休闲渔业概况及其发展策略研究》，《中国水产》2003 年第 3 期。

② 杨振姣、王斌：《澳大利亚：多措并举推动海洋产业发展》，中国海洋信息网，2017 年 8 月 18 日，http://www.nmdis.org.cn/c/2017-08-18/54007.shtml，访问日期：2022 年 10 月 9 日。

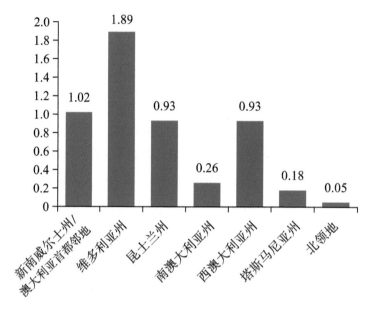

图 9 2017—2018 财年海洋休闲渔业活动经济产值（单位：亿澳元）

资料来源：The AIMS Index of Marine Industry 2020。

海洋生态保护区，对珊瑚礁、海草、湿地等海洋生态系统进行保护；重视发展水产养殖业，以减少捕捞量，保护海洋渔业资源。①

（二）海洋油气业

海洋油气业是澳大利亚 2017—2018 财年海洋经济产出的最大贡献产业，澳大利亚海洋科学研究院根据油气类型、开发生产的状态，将其详细分为石油勘探、石油生产、液化石油气生产、天然气生产四个方面。2017—2018 财年，澳大利亚海上石油产值为 53 亿澳元，其中大部分来源于西澳大利亚州，为近海石油产出；澳大利亚液化石油气和天然气的产值为 460 亿澳元，西澳大利亚州同样是海上液化石油气生产的最大贡献者。

---

① 周乐萍：《澳大利亚海洋经济发展特性及启示》，《海洋开发与管理》2021 年第 9 期。

1. 油气资源丰富

澳大利亚 20 世纪 60 年代就已发现其海上油气资源，并在近海区进行了广泛的测量，开展了大比例尺的基线调查，确定有开发远景的海域，目前澳大利亚油气产量的 90% 产自近海海域。澳大利亚石油工业发展前景广阔，特别是在其西北海岸，不断发现有商业开发价值的石油和天然气，为油气业的发展提供了巨大潜力。但受全球气候变暖影响，石油和天然气价格大幅下跌，也导致 2020 年 2—5 月期间澳大利亚石油和天然气开采行业约 9000 人失业。

2. 开发中注重保护

在澳大利亚，矿产资源是属于国民的，由澳大利亚政府进行监管。澳大利亚早在 1967 年就颁布了《水下石油勘探法》用来保护海洋油气资源。该法规定了澳大利亚政府不能直接进行海洋油气资源勘探，政府制作参与海洋油气资源的许可证，政府只在油气资源勘探开发方面进行宏观监管，对于参与开发油气资源的公司批准许可证。澳大利亚市场需求旺盛，在开采资源时，要求尽最大努力减少对开采区域的破坏。

（三）海洋旅游业

2017—2018 财年，澳大利亚海洋旅游业产值估计为 307 亿澳元，其中国际海洋旅游产值为 67 亿澳元，国内海洋旅游产值为 240 亿澳元。海洋旅游业高产值地区集中在昆士兰州、新南威尔士州和维多利亚州。

1. 旅游资源得天独厚

澳大利亚地处南半球，季节特性较为独特，其国内春季为 9—11 月，夏季 12—2 月，秋季为 3—5 月，冬季则为 6—8 月，正因如此，许多境外游客选择在相反季节前往澳大利亚进行旅游，体验迥然不同的季节感受。得益于季节特性，境外游客一直是澳大利亚海洋旅游行业重要游客来源。

2. 发展遭遇瓶颈

受 2019 年特大山火灾害影响以及 2020 新冠疫情冲击，澳大利亚境外游客数量大幅下降，海洋旅游行业陷入发展瓶颈，许多旅游企业通过减薪和裁员等方式降低运营成本，依靠政府补贴勉强维持运营。2019 年 3 月至 2020 年 3 月，澳大利亚海洋旅游行业从业人员数量减少过万，截至 2020 年 9 月，更是有约 3.3 万家相关企业面临破产。2019—2020 年度，澳大利亚大堡礁海洋公园的游客数量仅为疫情前的 7 成。

3. 开发的同时注重可持续发展

海洋保护对推动澳大利亚海洋旅游产业的进一步发展将产生积极的作用。1975 年澳大利亚政府通过《大堡礁海洋公园法》，将这一地区的大部分纳入国家公园范围，对生态环境和原住民文化进行全面保护。为有效管理大堡礁，由大堡礁海洋公园管理局和州政府共同管理旅游和其他活动，产业、科研人员、政府和社团参与管理。在保护的同时，修复和恢复大堡礁的自然生态也被列入日程，如在岛上修建"海龟康复中心"、恢复受损的珊瑚群等。

（四）海上风电

目前太阳能和风能是澳大利亚成本最低的新建电力来源，澳大利亚的可再生能源市场规模位于世界前列。2019 年 11 月澳大利亚风能和光伏发电量首次超过 50%，堪称澳大利亚可再生能源发展的重要里程碑。[①]

1. 新规推动可再生能源的发展

澳大利亚风能资源优越，多位于海岸沿线，西澳大利亚州、南澳大利亚州、维多利亚州、塔斯马尼亚州、新南威尔士州、昆士兰州的高地地区具有良好的风资源。2021 年 9 月澳大利亚政府宣布出台新法案——《海

[①] 刘夏、郭紫墨：《澳大利风能行业概况》，北极星电力发电网，2019 年 12 月 2 日，https://newsbjx.com.cn/html/20191202/1025067.shtml，访问日期：2023 年 7 月 12 日。

上电力基础设施法案 2021》，为海上电力项目的建设、运营、维护及退役建立框架。该法案涵盖海上输电电缆和海上可再生能源发电的基础设施项目，包括海上风电。该法案的出台将加速澳大利亚海上电力基础设施项目发展。①

2. 相关项目持续推进

澳大利亚首个海上风电项目"南方之星"获得了维多利亚州政府 1950 万澳元的拨款，预计最早可在 2025 年投入建设，装机总容量可达 2.2 吉瓦。该项目位于英联邦水域内吉普斯兰中部海岸 7—26 公里，开发商在 2019 年 3 月获得英联邦政府在该海域进行海上风电研究和勘探的许可证，海域面积约占 496 平方公里，项目计划安装不超过 400 台海上风机和 4 座海上升压站，预计投资总额为 80 亿—100 亿澳元。项目建设完成后，发电能力足以满足 120 万户家庭用电需求，相当于该州用电量的 18%。项目在施工过程中将创造约 2000 个直接工作岗位和 10 000 个间接工作岗位，项目投运后将会提供 300 个全职岗位。②

三、结语

作为全球唯一独占整个大陆的国家，澳大利亚海岸线较长，海洋资源丰富，为海洋产业发展提供了有利条件，从长远看来，其发展前景良好。海洋产业不仅促进了澳大利亚的经济发展，也为澳大利亚提供了更多的就业机会。此外，澳大利亚将海洋产业的发展建立在生态系统可持续发展的基础上，为海洋产业的可持续发展提供保障。受山火以及新冠疫情影响，

---

① 游锡火：《澳大利亚海洋产业发展战略及对中国的启示》，《未来与发展》2020 年第 4 期。

② 欧洲海上风电：《澳大利亚首个海上风电项目获得阶段性进展》，2020 年 4 月 23 日，http://ms.mbd.baidu.com/r/NYK73Fmcve?f=cp&u=0abd90a4ab577f86，访问日期：2022 年 10 月 9 日。

自 2019 年澳大利亚海洋产业暂时陷入了发展困境，海洋旅游业影响最大。

由于各种原因，澳大利亚海洋产业产值可能被低估，一是因为产业范围不全，很多高科技高附加值的新兴海洋产业并未纳入统计的范畴，如海洋生物医药业、海洋能源开发、海洋生物资源开发、海洋科研、海洋咨询业等，同时因为部分信息属于国家机密，如军事船舶制造、海军建设、海洋安全等产业也未纳入统计范畴。二是由于产业中的统计数据和产业定义不明确，也可能低估海洋产业产值，如海洋渔业只包括海水养殖、商业养殖、休闲渔业，水产品加工则涉及多个行业，难以统计，造成渔业统计产值比实际产值低。

新西兰海洋经济发展情况分析

张玉洁　郑莉*

新西兰位于南太平洋，西隔塔斯曼海，距离澳大利亚东海岸最近处约
1500 公里。全国由南、北两个大岛和斯图尔特岛及其附近一些小岛组成。
南北岛之间是库克海峡。新西兰海岸线长达 1.5 万公里，领海面积约为 400
万平方公里，是其陆地面积的 15 倍，拥有 120 万平方公里的专属经济区，
比陆地面积大 3 倍。①

一、社会经济发展总体情况

新西兰以农牧业为主，农牧产品出口约占出口总量的 50%。羊肉和奶
制品出口量居世界第一位，羊毛出口量居世界第三位。2020 年全球暴发新
冠疫情后，新西兰实行较严格防控措施，疫情形势总体可控，社会基本面
保持稳定。

---

*　张玉洁，国家海洋信息中心副研究员；郑莉，国家海洋信息中心副研究员。
①　商务部国际贸易经济合作研究院、中国驻新西兰大使馆经济商务处、商务部对外投
资和经济合作司：《对外投资国别（地区）指南：新西兰（2020 年版）》。

（一）宏观经济情况

从国内生产总值来看，2020 年，新西兰国内生产总值约 2 108.9 亿美元（现价），比 2019 年增长 1.0%（2010 年不变价）。2011—2019 年，国内生产总值年均增长率为 3.0%（2010 年不变价）。从人均国内生产总值来看，2020 年，新西兰人均国内生产总值约 4.2 万美元（现价），比 2019 年减少 1.1%（2010 年不变价）。2011—2019 年，人均国内生产总值年均增长率为 1.5%（2010 年不变价）。

（二）贸易情况

自 2018 年中以来，国际市场对新西兰商品和服务需求逐渐减少，不确定性加剧和国际贸易下滑导致新西兰经济增长放缓。2020 年，新西兰货物和服务出口额 504.3 亿美元，比 2019 年降低 11.8%；货物和服务进口额 478.7 亿美元，比 2019 年降低 17.1%。主要进口石油、机电产品、汽车、电子设备、纺织品等，出口乳制品、肉类、林产品、原油、水果和鱼类等。主要贸易伙伴为中国、欧盟、澳大利亚、美国、日本、韩国、新加坡。2009—2020 年新西兰货物和服务进出口额见图 1。

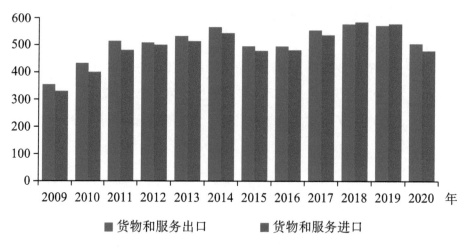

图 1　2009—2020 年新西兰货物和服务进出口额（单位：亿美元，现价）

资料来源：世界银行数据库，https://data.worldbank.org.cn/，访问日期：2021 年 11 月 23 日。

（三）人口情况

2020 年新西兰人口总数为 508.4 万人，比 2019 年增加了 10.5 万人。2011—2020 年，人口年均增长率为 1.6%。新西兰的城市化程度很高，57% 以上的人口居住在超过 3 万人的城市中。根据 2018 年人口普查，新西兰人主要定居在奥克兰地区（157 万）、惠灵顿地区（50 万）和坎特伯雷地区（59 万），奥克兰地区人口数量约占全国总人口数的 1/3。2020 年，新西兰劳动力总数为 284.8 万人，比 2019 年增长了 2.2%。2009—2020 年新西兰人口总数及增长率见图 2。

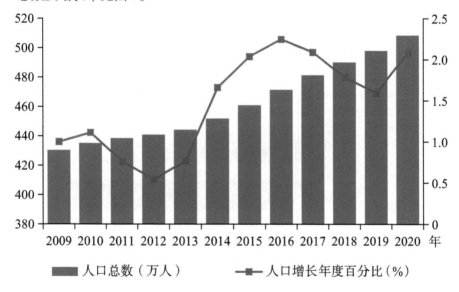

图 2 2009—2020 年新西兰人口总数及增长率

资料来源：世界银行数据库，http://data.worldbank.org.cn，访问日期：2021 年 11 月 23 日。

二、主要海洋产业发展情况

新西兰的海洋产业包括海洋渔业（捕捞和水产养殖）、航运业、海洋旅游和娱乐、海洋矿业、海洋服务、研究与教育、政府与国防、海洋制造及海洋建筑等。现有的海洋经济统计主要包括前五类，因此统计低估了海洋经济对国民经济的贡献。

根据新西兰统计局发布的海洋经济统计核算数据，2018 年新西兰海洋经济增加值为 38.6 亿新西兰元，占国内生产总值的 1.3%。其中航运业占比最大，占到海洋经济增加值的 37.2%，其次为海洋渔业（捕捞和水产养殖），占比 29.3%。图 3 显示了 2018 年这些海洋相关活动的增加值。新西兰约有 3.4 万名员工从事海洋经济相关工作，其中从事航运、捕捞和水产养殖的员工分别占员工总数的 47.5% 和 44.4%。

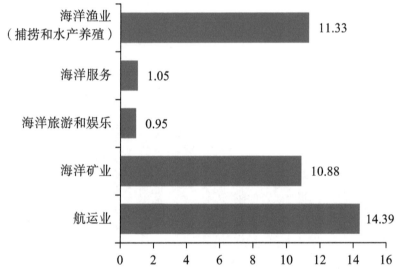

图 3   2018 年新西兰海洋经济各海洋产业增加值（单位：亿新西兰元）

资料来源：新西兰统计局网站，www.stats.govt.nz，访问日期：2021 年 2 月 28 日。

（一）海洋渔业

新西兰 90% 以上的水产品产量来源于捕捞业，其国内三大企业水产品产量占全国总产量的 40%—50%。2018 年捕捞和水产养殖产业增加值为 11.3 亿新西兰元，较 2017 年增长 4.8%。海洋渔业是新西兰海洋经济的第二大产业，仅次于航运（海洋交通运输业），2018 年捕捞和水产养殖产业增加值占全部海洋经济增加值的 29.3%。

1. 海洋渔业资源优势得天独厚

"新西兰在渔业资源开发方面有着得天独厚的优势，其专属经济区海域内沿岸大陆架的浅海区面积较小，深海区面积较大，渔业资源相当丰富，生长着上千种鱼类，其中可以商业捕捞的鱼类数量达上百种，年可捕捞量约50万吨。新西兰每年商业性捕捞和养殖的鱼类、贝类产量为60万—65万吨，其中超过半数供出口。新西兰主要渔业资源有七种：鲷（Sparidae）、大西洋胸棘鲷（Hoplostethus atlanticus）、黑鳍蛇鲭（Thyrsitoides marleyi）、鲣（Katsuwonus pelamis）、金枪鱼（Tuna）、红拟褐鳕（Pseudophycis bachus）和新西兰双柔鱼（Nototodarus sloani）。"[①] 联合国粮农组织数据显示，2019年，新西兰海水养殖产量达到11.3万吨，海洋捕捞产量41.1万吨。2020年，渔业产品出口总额为16.8亿新西兰元。[②] 2009—2018年新西兰海洋渔业增加值见图4。

2. 实行渔业配额管理制度

新西兰渔业实行配额管理制度。20世纪80年代初，新西兰近海渔业资源严重衰退，远洋渔业资源开发也日趋饱和，在双重压力下，为更好地管控渔业资源，新西兰政府采取渔业配额管理制度：将其专属经济区划分为10个配额管理区（quota management area），再按渔区、水深、作业方式等分成若干个"鱼类种群"，每年对各鱼类种群进行评估，作为政府调整总可捕量时的决策依据。一般采用最大固定产量（maximum constant yield）和当年产量（current annual yield）作为最大持续产量的参考指标。[③]

---

① 张馨月、刘勤：《新西兰渔业发展概况及对中国渔业发展的启示》，《渔业信息与战略》2021年第8期。

② 粮农组织：《新西兰渔业和水产养殖情况》，http://www.fao.org/fishery/facp/NZL/e，访问日期：2021年12月2日。

③ 刘丹阳、尚福华、宫民：《新西兰渔业配额管理制度简述》，《黑龙江水产》2020年第2期。

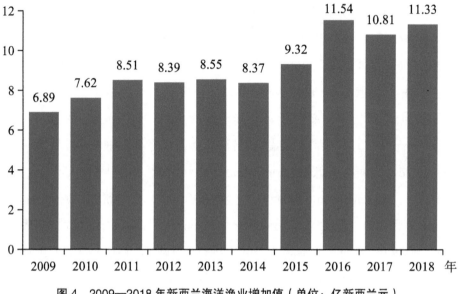

图 4　2009—2018 年新西兰海洋渔业增加值（单位：亿新西兰元）

资料来源：新西兰统计局网站，https://www.stats.govt.nz/indicators/marine-economy/，2021 年 2 月 28 日。

（二）航运业

航运业是新西兰海洋经济的第一大产业，主要包括船舶建造、游艇建造、国际海洋运输、沿海水上运输、装卸、港口经营和水上运输码头。

1. 港口资源众多

新西兰进出口货物均依靠海运运输，因此港口众多，设施发达。新西兰的主要港口共有 13 个，其中奥克兰港、陶朗加港和克赖斯特彻奇立特顿港是最大的三个港口，港口吞吐能力约为 4800 万吨。联合国贸发会议数据库显示，2020 年新西兰集装箱吞吐量达 317.4 万标箱，比 2019 年减少 1.7%。2010—2020 年，新西兰集装箱吞吐量年均增长率为 3.5%。2010—2020 年新西兰集装箱吞吐量见图 5。

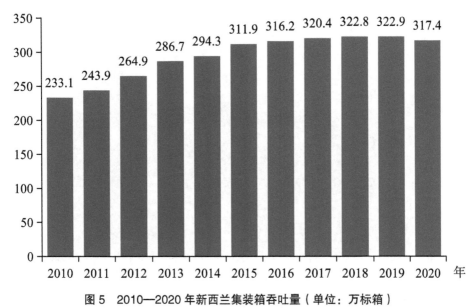

图5 2010—2020年新西兰集装箱吞吐量（单位：万标箱）

资料来源：联合国贸发会议数据库，https://unctadstat.unctad.org/wds/ReportFolders/reportFolders.aspx?sCS_ChosenLang=en，访问日期：2022年1月24日。

2. 航运业稳居第一大产业

2018年其产业增加值达到了14.39亿新西兰元，占全部海洋经济增加值的37.2%，位居第一。2018年航运业就业人数为16 203人，占海洋经济从业人员总数的47.5%。2009—2018年新西兰航运业增加值见图6。

（三）海洋旅游与娱乐

新西兰海洋旅游和娱乐的范围包括休闲渔业、沿海和海洋旅游、邮轮、休闲工艺服务、码头和海洋设备零售；餐饮、住宿和娱乐或旅游服务依赖于海洋环境的运作也在其范围内。

1. 海洋旅游资源丰富

新西兰的滨海旅游资源非常丰富，位于北岛北部的"岛屿湾"由很多远离海岸的岛屿组成，美丽的海滩景致成为新西兰著名的风景区之一。太平洋东海岸上的海湾和沙滩安静温柔，白色细沙松软细腻；塔斯曼西海岸

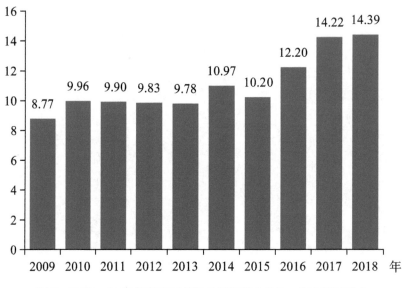

图 6　2009—2018 年新西兰航运业增加值（单位：亿新西兰元）

资料来源：新西兰统计局网站，www.stats.govt.nz，访问日期：2021 年 2 月 28 日。

较为崎岖、原始和绚丽，海岸上有着陡峭的悬崖、风化的石头，以及层层叠叠的黑沙，呈现出不同的风格。此外，新西兰的观赏海洋动植物等生态旅游活动逐渐流行，豪拉基湾属于太平洋海域，面积约 4000 平方公里，环抱着奥克兰和科罗曼德（Coromandel）地区，这里是观赏鲸鱼嬉戏的好去处；位于南岛东海岸的凯库拉（Kaikoura）是世界上为数不多可观察到抹香鲸出没的地方之一。在马尔堡海峡、阿卡罗瓦港、奥玛鲁和斯图尔特岛可以看到蓝眼企鹅；在但尼丁以南的奥塔哥半岛以及奥塔哥南海岸一带看到黄眼企鹅。在惠灵顿附近的帕利斯尔角（Cape Palliser）和怀拉拉帕海岸的城堡角（Castlepoint Scenic Reserve）可以看到海豹的身影。在新西兰的海岸线上约有 80 多种海鸟筑巢繁衍，也是人们观赏鸟类的好去处。[1]

2. 海洋旅游业发展情况

2009—2018 年，海洋旅游业增加值增长了 3 倍。2018 年，海洋旅游

---

① 王晓梅：《新西兰渔业中的生态管理机制研究》，《黑龙江水产》2020 年第 6 期。

和娱乐对国内生产总值贡献 0.95 亿新西兰元，平均有 1026 人从事海洋旅游和娱乐工作岗位，占据了全部海洋经济就业岗位的 3.9%。新西兰游客主要来源地为澳大利亚、中国、美国和英国等，其中澳大利亚是新西兰第一大旅游客源国，2020 年澳大利亚访新西兰游客 36 万人次；美国是新西兰第三大旅游客源国，2020 年美国访新西兰游客 12.5 万人次。旅游业受新冠疫情影响显著，2020 年赴新西兰外国游客 99.6 万人次，比 2019 年减少约 80%。

为促进旅游业的发展，新西兰政府推出"2025 旅游计划"，旨在提高新西兰旅游业的竞争力，使旅游业在 2025 年实现 410 亿新西兰元的收入。据新西兰商业、创新和就业部发布 2018—2024 年旅游业发展预测，预计来新游客年均增长率 4.6%，到 2024 年达 510 万人次，游客在新西兰支出将达 148 亿新西兰元。2009—2018 年海洋旅游业增加值见图 7。

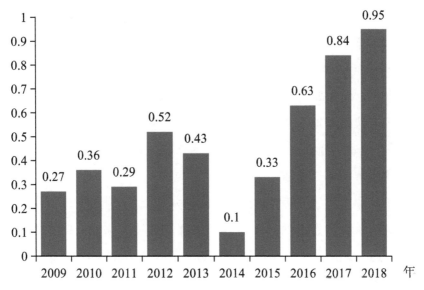

图 7 2009—2018 年海洋旅游业增加值（单位：亿新西兰元）

资料来源：新西兰统计局网站，www.stats.govt.nz，2021 年 2 月 28 日。

3. 注重海洋旅游资源保护

新西兰丰富、得天独厚的海洋旅游资源,既得益于先天的优越自然环境,也来自新西兰政府与社会公众对海洋资源的高度保护。新西兰的海洋管理以保持海洋环境健康并满足利益相关者的需求为导向,全国 9.5% 的海域面积是各类海洋保护区。新西兰政府致力于保护整个范围内自然海洋栖息地和生态系统,形成了由环保部、保育部、交通部、第一产业部等部门组成的海洋综合管理体系,制定了《资源管理法》《渔业管理法》《专属经济区及大陆架环境影响法》等法律,严格保护海洋环境与海洋生态系统。[①]

(四)海洋矿业

新西兰的海上矿产包括石油开采、天然气和石油天然气开采和勘探、油页岩开采等活动。2018 年海洋矿业对国内生产总值的贡献为 10.9 亿新西兰元,占海洋经济增加值的 28.2%,仅次于海洋渔业与水产养殖业。

1. 海洋矿业资源情况

自 20 世纪 70 年代以来,新西兰一直在进行石油开采和相关活动。矿物开采处于发展的较早阶段。石油和天然气开采主要集中在塔拉纳基地区。2014 年,塔拉纳基地区共有五个海上油田,尽管 2015 年还没有从新西兰水域开采矿物,但正在对潜在地点进行调查和探索。

2. 海洋矿业发展情况

海洋矿业提供了 1005 个职位,仅占从事海洋经济所有工作人数的3.6%。新西兰大多数石油和天然气开采都是近海开采的,而在世界范围内仅有大约 1/3 的石油和天然气来自近海开采。2009—2018 年海洋矿业增加值见图 8。

---

① 杜群:《新西兰〈资源管理法〉述评》,《世界环境》1999 年第 1 期。

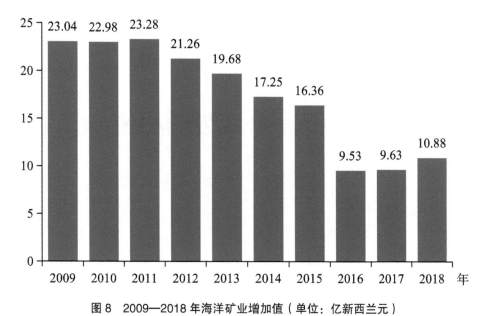

图 8 2009—2018 年海洋矿业增加值（单位：亿新西兰元）

资料来源：新西兰统计局网站，www.stats.govt.nz，访问日期：2021 年 2 月 28 日。

三、结语

新西兰是南太平洋上的一个岛国，海洋资源丰富，几乎所有的出口活动都离不开海洋，是一个名副其实的海洋国家。渔业和航运业是新西兰海洋经济的支柱产业，海洋旅游和娱乐业增加值还较小。值得注意的是，虽然新西兰是发达国家，但渔业和水产养殖一直占据着海洋经济较大的比重。由于从一些行业中剥离出海洋部分比较困难，新西兰海洋经济对国家生产总值的贡献总体上存在着低估问题。

太平洋岛国海洋经济发展情况分析

林香红　　魏晋*

太平洋岛国指分布在大洋洲除澳大利亚和新西兰之外的 14 个独立的小岛屿国家，按国土面积从大到小排列，依次是巴布亚新几内亚（简称巴新）、所罗门群岛、斐济、瓦努阿图、萨摩亚、基里巴斯、汤加、密克罗尼西亚联邦、帕劳、纽埃、库克群岛、马绍尔群岛、图瓦卢和瑙鲁[①]。太平洋岛国有时也被称为南太岛国。

一、太平洋岛国社会经济发展概况

根据世界银行和中国外交部发布的统计数据测算，14 个太平洋岛国的国土面积共计 52.85 万平方公里（2018 年），人口总数为 1 165.69 万人（2020 年）；国内生产总值（GDP）达到 333.83 万美元，[②] 人均 GDP 最高为 1.88 万美元（库克群岛 2019 年），详见表 1。这 14 个国家之间，国土面积、

---

*　　林香红，国家海洋信息中心副研究员；魏晋，国家海洋信息中心助理研究员。

①　　徐秀军：《地区主义与地区秩序：以南太平洋地区为例》，社会科学文献出版社，2013 年，第 4—5 页。

②　　各国统计数据年份不同，最新年份为 2018—2020 年，采用最新年份统计数据相加，详见表 1。——作者注

人口总数、GDP 和人均 GDP 差异悬殊，巴新的国土面积、人口总数和经济总量分别占 14 个太平洋岛国的 87.58%、76.75% 和 70.67%，但由于人口众多，巴新的人均 GDP 较低。人口基数和经济规模较小的帕劳、纽埃和库克群岛的人均 GDP 均达到巴新的 5 倍以上。

表 1 太平洋岛国社会经济情况

序号	国家	国土面积（平方公里）（2018年）	人口情况			国内生产总值（GDP）			人均国内生产总值	
			2020年人口总数（万人）	2019年人口增长率（%）	2020年人口增长率（%）	GDP（亿美元）	2019年GDP增长率（%）	2020年GDP增长率（%）	2019年人均GDP（万美元）	2020年人均GDP（万美元）
1	巴布亚新几内亚	462 840	894.70	1.95	1.93	235.92（2020年）	5.86	−3.88	0.28	0.26
2	所罗门群岛	28 900	68.69	2.57	2.51	15.51（2020年）	1.20	−4.32	0.23	0.23
3	斐济	18 270	89.64	0.73	0.73	43.76（2020年）	−0.45	−19.05	0.62	0.49
4	瓦努阿图	12 190	30.72	2.43	2.39	8.55（2020年）	3.26	−9.24	0.31	0.28
5	萨摩亚	2840	19.84	0.49	0.67	8.07（2020年）	3.58	−2.74	0.43	0.41
6	基里巴斯	810	11.94	1.51	1.55	2.00（2020年）	2.25	2.54	0.17	0.17
7	汤加	750	10.57	1.25	1.14	5.12（2019年）	0.73	—	0.49	—
8	密克罗尼西亚联邦	700	11.50	1.03	1.06	4.08（2019年）	1.20		0.36	
9	帕劳	460	1.81	0.50	0.50	2.68（2019年）	−4.25		1.49	
10	纽埃	260	16.30	无	无	0.29（2018年）	—		1.66	

续表

序号	国家	国土面积（平方公里）（2018年）	人口情况			国内生产总值（GDP）			人均国内生产总值	
			2020年人口总数（万人）	2019年人口增长率（%）	2020年人口增长率（%）	GDP（亿美元）	2019年GDP增长率（%）	2020年GDP增长率（%）	2019年人均GDP（万美元）	2020年人均GDP（万美元）
11	库克群岛	240	1.79	无	无	3.79（2019年）	–	–	1.88	–
12	马绍尔群岛	180	5.92	0.65	0.68	2.39（2019年）	6.53	–	0.41	–
13	图瓦卢	30	1.18	1.30	1.17	0.49（2020年）	9.76	4.40	0.41	0.41
14	瑙鲁	20	1.08	0.80	0.65	1.18（2019年）	0.00	–	1.10	–
	合计	528 490	1 165.69	–	–	333.83	–	–	–	–

资料来源：除库克群岛和纽埃外，其他国家数据来源于世界银行，世界发展指标，访问日期为 2021 年 11 月 23 日。库克群岛和纽埃为非联合国成员，数据来源于"国家概况"，外交部，2021 年 8 月。作者于 2021 年 12 月整理。

二、太平洋岛国海洋产业发展现状分析

太平洋岛国经济结构单一，就业和经济增长严重依赖于海洋及其资源。1982 年《联合国海洋法公约》给太平洋岛国带来了巨大的海洋红利，[1] 他们拥有 2200 多万平方公里的专属经济区（EEZ）[2]，丰富的海洋资源为海洋经济发展提供了广阔空间。太平洋岛国的海洋经济活动包括海洋捕捞、

---

[1] 陈晓晨、王海媚：《21 世纪以来中国的太平洋岛国研究：历史、现实与未来——陈晓晨研究员访谈》，《国际政治研究》2020 年第 4 期。

[2] 赵少峰、王文哲：《大国竞合背景下中国与太平洋岛国的合作》，《前沿》2020 年第 3 期。

海洋旅游、深海采矿、离岸油气开发等，渔业和旅游是太平洋岛国的主要经济活动。长期以来，太平洋岛国严重依赖海洋捕捞业和海洋旅游业带来的经济收入，且是世界著名的金枪鱼产地和旅游胜地。新冠疫情给全球经济社会发展带来巨大冲击，也重创了太平洋岛国的支柱海洋产业，大部分海洋产业因此陷入低迷或萧条，但各国也在采取多种举措降低影响。

（一）海洋渔业

渔业对太平洋地区的食品安全、生计和经济发展至关重要。太平洋岛国持续发展国内产业，国内和本地船队在太平洋岛国及其专属经济区内的捕捞份额稳步增长。根据 2021 年联合国粮农组织的统计数据，对太平洋岛国海洋渔业总产量、水产品出口情况、国别发展情况进行分析。研究结果如下。

从海洋渔业总产量来看，2019 年 14 个太平洋岛国海洋渔业总产量首次超过 100 万吨，比 2011 年增长 84.97%。除 2013 年出现小幅下降外，2011—2019 年太平洋岛国海洋渔业总产量整体呈稳步增长态势，见表 2。

表 2　2011—2019 年太平洋岛国海洋渔业产量

单位：吨

国家	2011 年	2012 年	2013 年	2014 年	2015 年	2016 年	2017 年	2018 年	2019 年
巴布亚新几内亚	172 203	245 536	203 027	246 754	225 492	312 771	318 888	324 425	277 389
基里巴斯	67 220	86 070	83 792	120 551	149 638	178 055	166 338	201 801	228 687
密克罗尼西亚联邦	37 340	48 416	37 266	52 491	71 562	88 681	101 412	131 302	184 329
马绍尔群岛	93 272	75 452	80 642	78 728	89 717	65 230	70 318	78 365	101 655
所罗门群岛	45 938	45 882	48 521	85 880	85 196	81 224	61 672	67 972	75 025
斐济	43 940	44 813	40 501	41 271	39 225	42 785	45 108	41 683	45 684

续表

国家	2011 年	2012 年	2013 年	2014 年	2015 年	2016 年	2017 年	2018 年	2019 年
瓦努阿图	59 330	66 708	64 935	73 754	87 469	48 999	30 758	39 105	44 652
瑙鲁	540	493	523	530	530	530	530	531	33 502
萨摩亚	11 451	11 961	11 254	7555	8700	8808	10 853	9741	10 805
图瓦卢	11 854	176 22	12 926	7382	6150	7686	7480	12 836	8349
库克群岛	6688	8362	3848	3821	5416	2221	4160	4460	6415
帕劳	1024	941	907	893	874	842	3476	3910	5370
汤加	2380	2587	1977	2007	1846	1685	1470	1322	1308
纽埃	6	7	38	38	38	38	38	38	38
合计	553 185	654 850	590 157	721 655	771 854	839 555	822 500	917 490	1 023 208

资料来源：作者根据 2021 年联合国粮农组织数据库信息整理。

从渔业产品出口情况来看，2018 年 12 个太平洋岛国（FAO 数据库中没有纽埃和瑙鲁的统计数据）渔业产品出口额达到 8.86 亿美元，比 2010 年增长 88.78%。2010—2018 年，太平洋岛国渔业产品出口额稳步增长，未出现过下滑，见表 3。

表 3　2010—2018 年太平洋岛国海产品出口额

单位：万美元

国家	2010 年	2011 年	2012 年	2013 年	2014 年	2015 年	2016 年	2017 年	2018 年
巴布亚新几内亚	12 795	16 772	11 718	15 428	13 771	15 288	16 951	29 087	26 025
瓦努阿图	6034	4544	6773	6199	7790	10 060	7317	9441	12 277
基里巴斯	2846	4723	6072	6831	10 861	12 014	13 307	14 517	11 887
密克罗尼西亚联邦	2816	3940	6387	3635	5495	6790	5423	8552	11 569
斐济	11 830	11 609	5522	7979	10 889	7649	8687	8386	9826
马绍尔群岛	5406	8974	12 685	12 039	9655	7268	7521	8218	7170
所罗门群岛	1995	2229	4101	3701	5390	6213	8054	5903	6030
萨摩亚	1315	779	799	554	252	1343	1701	1317	1313

国家	2010 年	2011 年	2012 年	2013 年	2014 年	2015 年	2016 年	2017 年	2018 年
图瓦卢	1167	889	1438	1856	832	549	795	697	1237
库克群岛	190	178	707	488	714	519	627	10 54	756
汤加	513	494	523	267	674	457	467	392	412
帕劳	26	20	36	43	62	51	43	129	96
合计	46 932	55 151	56 759	59 019	66 384	68 200	70 894	87 694	88 597

资料来源：作者根据 2021 年联合国粮农组织数据库信息整理。

从国别发展情况来看，2019 年，巴新、基里巴斯、密克罗尼西亚联邦和马绍尔群岛是太平洋海洋渔业产量的主要贡献者，产量排名居前四位，这四个国家的产量占太平洋岛国海洋渔业总产量的 77.41%，见表 2。2018年，渔业产品出口额排名前四位的国家分别为巴新、瓦努阿图、基里巴斯和密克罗尼西亚联邦，这四个国家的渔业产品出口额占太平洋岛国渔业产品总出口额近七成，见表 3。巴新的金枪鱼资源非常丰富，2018 年巴新渔业产品出口总额已超过 2.6 亿美元。

此外，渔业收入也是各国 GDP 的重要贡献之一。例如，2019 年密克罗尼西亚联邦 GDP 为 3.65 亿美元，主要收入来源为《密美自由联系协定》和捕鱼许可证收入；[1] 2019 年萨摩亚渔业产值约合 1685 万美元，约占GDP 的 2%。[2] 瑙鲁政府每年的捕鱼许可证收入为 600 万—800 万澳元。为降低新冠疫情影响，汤加放宽海洋捕捞限制，允许 2020 年 7 月 1 日至 9 月30 日捕捞和出口海参以增加居民收入。2020 年以来，因新冠疫情不断蔓延，太平洋岛国的 600 多名渔业观察员[3] 均按照防疫规定回到本国，无法登船

---

[1]　商务部国际贸易经济合作研究院、中国驻密克罗尼西亚联邦大使馆、商务部对外投资和经济合作司：《对外投资合作国别（地区）指南：密克罗尼西亚联邦（2020 年版）》

[2]　商务部国际贸易经济合作研究院、中国驻密克罗尼西亚联邦大使馆、商务部对外投资和经济合作司：《对外投资合作国别（地区）指南：密克罗尼西亚联邦（2020 年版）》

[3]　渔业观察员是由政府主管部门正式授权，派驻在本国远洋渔船，或按照区域性渔业协定和其相应的渔业管理组织的规定，派驻在规定作业海域的其他国家渔船上，监测捕捞活动的官员。

继续履行职责，派遣渔业观察员是防范非法、不报告、不管制（IUU）捕捞活动的重要方式，多个环境保护非政府组织对此表示担忧。

许多太平洋国家高度依赖海洋资源以获取食物和收入，以促进经济发展。全球约 2/3 的金枪鱼捕获自太平洋岛国的专属经济区，太平洋岛国获得的捕鱼许可费超过三亿美元。联合国粮农组织对中西太平洋 22 个岛国的渔业资源进行调查，发现中西太平洋岛国沿岸渔业资源被高强度开发，存在过度捕捞的迹象。[①] 斐济外海渔业由于过度捕捞，导致鱼群的捕捞量损失明显。此外，本区域也存在非法捕捞现象，电子监控大规模应用一直进展缓慢。

（二）旅游业

旅游业是太平洋岛国的支柱产业，也是各国政府增加收入、解决就业和创汇的重要行业，为太平洋岛国的社会经济稳定和发展做出了巨大贡献。斐济、瓦努阿图、萨摩亚、汤加、巴新等多个国家旅游资源都非常丰富，是全球著名的旅游目的地。澳大利亚和新西兰是太平洋岛国旅游业的最主要国际客源。还有一些国家和地区的旅游业尚处于开发阶段或因政治环境不稳定影响了旅游业的发展，例如密克罗尼西亚联邦和所罗门群岛。新冠疫情对旅游业及其上下游产业都产生了极大影响。2020 年，受到新冠疫情影响，许多国家封锁了边境，禁止一切船舶停靠，直接阻断了人员的流动，往来国际航班和船只也大幅减少，旅游业就业人员收入大幅下降，部分人员转向了传统的种植业和捕捞活动。下文以斐济、瓦努阿图和巴新为例对太平洋岛国的旅游业发展情况进行国别分析。

在斐济，旅游业对国民生产总值的贡献率高达 40%，全国约 1/3 的劳动力直接或间接从事旅游业。斐济政府视旅游业为国家经济未来发展的"主

---

① 丁琪、陈新军、耿婷、黄博：《基于渔获统计的太平洋岛国渔业资源开发利用现状评价》，《生态学报》2016 年第 8 期。

要驱动力"，制定了《斐济旅游发展战略》，通过改善旅游业基础设施、行业整合协调发展、保护生态环境等措施，吸引更多海外游客来斐，进一步增加旅游收入，保持行业持续发展①。斐济旅游业收入约20.65亿斐元，同比增长2.7%，斐济共接待游客约89万人次，同比增长2.8%（斐济统计局，2019）。赴斐济游客主要来自澳大利亚、新西兰、美国、中国和欧盟等。其中，澳大利亚、新西兰和美国的游客分别占游客总数的41%、23%、10.8%。新冠疫情对斐济经济造成重大影响，作为支柱产业的旅游业首当其冲，2020年第一季度来斐游客人数环比锐减36.6%，旅游业及上下游产业出现失业潮②。2020年7月，斐济推出针对休闲船舶的"蓝色通道计划"，对满足全部条件的船舶开放边境，但全年接待外国游客人数仍出现大幅下滑，仅为14.7万人次。在关闭国门近20个月后，斐济于2021年12月1日正式向旅游伙伴国恢复国际旅游入境。2022年，斐济国家旅游局公布2022—2024全球国际市场战略计划。

旅游业对瓦努阿图GDP和就业的贡献率分别为46.1%和39.3%（2017），瓦努阿图饭店床位2000余张，房间使用率年平均57%以上。2018年，赴瓦努阿图旅客约35.9万人次，其中航空旅客11.5万人次，邮轮旅客24.4万人次。主要游客来源地为澳大利亚、法属新喀里多尼亚、新西兰③。瓦努阿图发布了《2019—2030年可持续旅游业政策》④，并主办了可持续岛屿旅游会议，2020年4月，瓦努阿图启动了旅游业复苏计划。2021年5月，瓦努阿图旅游商务部启动瓦努阿图国家旅游预订平台项目。该项目由澳大

① 驻斐济经商参处：《斐济旅游业概况》，2017年8月1日，http://fj.mofcom.gov.cn/article/catalog/sshzhd/201708/20170802618807.shtml。
② 商务部国际贸易经济合作研究院、中国驻斐济共和国大使馆、商务部对外投资和经济合作司：《对外投资合作国别（地区）指南：斐济（2021年版）》。
③ 《瓦努阿图金融环境分析》，绿野移民，2021年09月14日，https://www.gfcvisa.com/20514.html。
④ 瓦努阿图旅行记：《瓦努阿图推动疫情后旅游业复苏》，2021年1月27日，https://www.163.com/dy/article/G1BFKOD60544N7RG.html。

利亚提供资助,旨在协助复苏瓦努阿图旅游业。该项目将创建一个一体化线上电子商务旅游中心,为 6 个省的 500 家企业(旅游观光、住宿、交通、手工艺品)提供展示平台。

巴新旅游业资源丰富,但开发程度较低。巴新旅游促进局和世界银行共同统计数据显示,2018 年巴新共接待外国访客 94 627 人次,创汇 2.06 亿美元,约占 GDP 的 0.84%[①]。2017 年,巴新政府从世界银行贷款 2000 万美元,用于旅游基础设施建设。新冠疫情发生以来,国际游客数量特别是来自澳大利亚、新西兰和日本的游客锐减,邮轮被禁止靠岸,对旅游业产生较大打击。

(三)海洋矿业

海底矿产资源主要分为多金属结核、多金属或海底块状硫化物和富钴铁锰结壳 3 种。当前矿业公司、前沿投资者和某些南太岛国对太平洋深海采矿活动的兴趣与日俱增,已对克拉里昂—克利珀顿区、太平洋岛国专属经济区内的多金属结核开展了初步勘探活动,见表 4。

表 4 关注深海多金属结核开采的太平洋岛国

国家	蕴藏矿产资源的专属经济区	相关活动
库克群岛	富含高钴锰结核,已取得勘探许可	当地政府对深海采矿关注度较高。库克群岛在 2016 年取得国际海底管理局合约,批准其在克拉里昂—克利珀顿区进行深海采矿勘探。
基里巴斯	拥有该地区最大专属经济区,具有多金属结核开采潜力。未取得深海采矿许可	国有马拉瓦研究和勘探有限公司已取得国际海底管理局合约,批准其在克拉里昂—克利珀顿区进行多金属结核勘探。深绿金属公司为项目申请提供了准备协助及资金支持。

---

① 商务部国际贸易经济合作研究院、中国驻巴布亚新几内亚大使馆经济商务处、商务部对外投资和经济合作司:《对外投资合作国别(地区)指南:巴布亚新几内亚(2021 年版)》。

国家	蕴藏矿产资源的专属经济区	相关活动
瑙鲁	无数据显示专属经济区内蕴藏多金属结核资源	瑙鲁海洋资源公司（NORI）是隶属于深绿金属的子公司，已取得国际海底管理局合约，批准其在克拉里昂—克利珀顿区进行多金属结核勘探。深绿公司为项目申请提供了准备协助及资金支持，并担任瑙鲁海洋资源公司董事会成员。
帕劳	专属经济区内"可能"蕴藏多金属结核资源。未取得深海采矿许可	帕劳始终大力提倡海洋保护，80%的专属经济区被划为海洋保护区。
汤加	专属经济区内未发现多金属结核资源	汤加近海采矿有限公司已取得国际海底管理局合约，批准其在克拉里昂—克利珀顿区进行多金属结核勘探，该公司是隶属于深绿金属的子公司。
图瓦卢	专属经济区内已探明存在多金属结核资源，但丰度和等级与其他地区相比较低。未取得深海采矿许可	对于资助克拉里昂—克利珀顿区深海采矿活动表示关注。

资料来源：Chin, A and Hari, K (2020), "Predicting the impacts of mining of deep sea polymetallic nodules in the Pacific Ocean: A review of Scientific literature," Deep Sea Mining Campaign and Mining Watch Canada, p.13。

深海采矿的可行性和经济效益尚缺乏事实根据，关注深海多金属结核开采的太平洋岛国当前在太平洋地区进行的深海采矿活动仅限于勘探。国际海底管理局已批准了18家企业的多金属结核勘探合约。鹦鹉螺矿业（Nautilus Minerals Group）和深绿金属（DeepGreen Metals）等外国矿产企业已与各国政府合作开采多金属结核。巴新的索尔瓦拉一号（Solwara 1）项目是全球首个得到批准的深海采矿项目，却给该国带来了重大的负面经济影响，由于巴布亚新几内亚为项目投入大笔资金，鹦鹉螺矿业公司宣布破产后，巴新政府负债1.25亿美元，相当于该国2018年卫生预算的1/3。库克群岛于2019年出台了《海底采矿法》，允许利益相关者在保护区内开展海底采矿，2020年库克群岛政府重新开放海底矿产勘探许可证申请，但规定相关勘探工作必须在确保环境影响最低的前提下进行。鹦鹉螺矿业公司在汤加海底 1700 米左右区域探测到较丰富的铜、镍等矿产资源。2020 年，加拿大深绿金属公司收购了汤加近海矿业有限公司，计划从海底提取钴和其他电池用金属。受水深、离岸距离、海底高压，以及低温等因素的影响，该地区海底矿产资源开采在技术上具有较大挑战性。

太平洋岛国对深海采矿的认知不同，有的认为此活动可带动区域经济发展，可供应全球各国发展所需的金属资源，但也有国家认为会影响其社会、经济和环境。众多太平洋岛民对深海采矿可能对其生活产生的社会、经济和环境影响表示关切。《预测深海多金属结核在太平洋中的影响》报告（2020）在综合分析了超过 250 篇关于太平洋深海多金属结核开采影响的文献基础上，提出深海采矿将对太平洋的海床和海洋物种带来不可逆转的负面影响，并可能对更为广泛空间下的海洋生态系统构成重大风险，对渔业、社区、人类健康有着潜在的影响。因此，各国应暂停在太平洋地区开展深海采矿活动。

此外，巴新正在开发离岸油气项目。帕斯卡海上石油项目是巴新的首个离岸油气项目。澳大利亚特为则（Twinza）石油公司在巴新海湾省附近开发，距离海湾省陆地约 90 公里，总投资预计为 3 亿美元。该项目建成后将生产天然气凝液、液化石油气和伴生气，已开始钻井勘测，预计项目每年可生产 20 万吨液化石油气。

三、太平洋岛国海洋经济发展举措

海洋为太平洋岛国带来了巨大的经济价值，是太平洋岛国赖以生存和发展的基础，对于太平洋岛国而言，海洋经济不仅是带动其经济增长、发展和转型的重要引擎，海洋价值链更是带动陆地经济发展的关键因素。太平洋岛国的繁荣稳定和发展需要有效的海洋管理。近年来，太平洋岛国通过政策、规划、金融等多种方式促进社会稳定和海洋经济发展，主要政策及举措总结如下。

一是依法治海，规范海洋资源开发利用活动。此处以帕劳和库克群岛为例进行国别分析。2015年，帕劳签署通过《帕劳国家海洋保护法案》，提出建立一个覆盖帕劳80%专属经济区的海洋保护区，严禁一切开采、干扰和破坏自然资源的行为；余下的20%专属经济区用于满足国内捕捞需求，但不得将渔获用于出口贸易等商业活动。其政府将有针对性地对各州、地方政府进行财政补贴，以填补各州因国家禁渔政策而造成的收入减少。在2020年之前，该国将以五年作为缓冲周期，循序渐进地完成保护区内的禁渔目标。2019年1月，库克群岛海底矿产管理局发布《2019年库克群岛海底矿产法案》（以下简称《法案》），对《2009年库克群岛海底矿产法案》进行了全面的修订。《法案》提出应在海底矿产管理局下新设"海底矿产开发咨询委员会"，协调政府、社区与利益相关者在资源开发上的责任与关系；重新规定了国家对海底矿产资源的管辖范围，并对勘探与开发海底矿产制定了严格的限制条件；重新制定了海底矿产勘探和开发许可证的申请条件，简化了相关手续的办理程序；明确规定了海底矿产管理局所应承担的责任和义务。

二是制定和实施国家海洋政策，规划海洋经济发展蓝图。实施国家海洋政策是创新海洋管理的重要体现，巴新、斐济和萨摩亚都发布了首个国家海洋政策或战略，在制定政策时，这些国家都考虑到了保护海洋生物多样性、加强海洋认知、应对气候变化、降低污染和灾害风险、避免潜在冲突等因素。此处以巴新和斐济为例进行国别情况分析。巴新司法和检察总署基于海洋综合管理（IOM）的理念制定并发布了《国家海洋政策2020—2030》，其愿景是恢复海洋健康，实现负责任的可持续发展和巴布亚新几内亚的宏伟理想，同时减轻气候变化、自然灾害、人为废弃物和陆地污染所带来的影响；主要目的是在巴布亚新几内亚的国家管辖区域内建立一个综合性的海洋管理系统，与此同时建立一个适用于国家管辖区域之外的区域／国际合作与协作框架。《国家海洋政策2020—2030》采纳了资源开发和管理方面的国际最佳实践和全球公认原则，尤其是其联合国的"可持续发展目标"，对海洋保护区、蓝色经济、基于生态系统的管理、海洋资源管理、海洋空间规划等内容进行了规定。其中，"蓝色经济"是指直接或间接地在海洋和沿海地区开展海洋资源相关的活动，在保护海洋的同时，促进可持续和具有包容性的经济增长，增加就业并改善民生，包括勘探和开发海洋资源、合理利用海洋产品、海洋和沿海空间、提供相关商品和服务等。斐济经济部于 2020 年发布了该国首个《国家海洋政策》提出，当前该国海洋生态系统面临来自资源开采、污染、土地开发、气候变暖带来的多重压力，未来将增强对斐济水域及海洋资源的可持续管理。斐济将设立国家海洋政策指导委员会，持续推进海洋政策中所确定的合作、持续性、人类、发展、知识、思想倡导等六大目标。

三是通过金融保险财税等方式加强海洋生态环境保护，扶持海洋经济发展。太平洋海洋事务专员办公室已发布七份"太平洋海洋金融报告"，分别为《太平洋海洋债券的分析及发展》、《太平洋海洋金融项目：保险》、《大规模的海洋保护资金筹措：大型海洋保护区融资现状及未来发展》、《基于社区的区域海洋融资管理机制的分析及发展报告》、《关乎太平洋海洋健康的税收及补贴分析报告》、《太平洋海洋金融研讨会报告》、《太平洋海洋金融奖学金项目（2019—2020）报告》。上述报告由太平洋海洋事务专员办公室与世界银行、太平洋岛国论坛渔业局等共同编写，供太平洋岛国领导人用于海洋经济事务决策参考。金融、保险和税收等方式已成为解决太平洋岛国海洋问题的有效工具，该区域已认识到上述工具在海洋经济可持续发展和海洋生态保护中的重要作用。拓宽海洋经济融资渠道，因地制宜创新海洋金融产品和服务，有利于促进特色海洋产业有序发展，最大程度降低海洋自然灾害、海洋污染、气候变化、海平面上升等带来的损失。海洋金融、保险、财税补贴等为域内国家提供了全新的经济发展模式，并完善了区域气候融资及灾害融资机制。

四是加强海洋领域国际合作。海洋联通了世界，海洋经济发展和全球海洋治理需要多方参与，国际合作是解决海洋问题的有效方式之一。近年来太平洋岛国较为活跃，积极参与国际海洋事务。斐济、帕劳和瓦努阿图三个太平洋岛国加入了 2019 年英国倡议成立的"全球海洋联盟"，加强海洋生态保护。斐济和帕劳还加入了挪威牵头成立的可持续海洋经济高级别小组，可持续海洋经济高级别小组成员希望通过这种方式重建人类与海洋之间的关系，并得到联合国秘书长海洋问题特使的支持。2020 年 6 月 8 日，包括斐济和帕劳在内的 14 个沿海国家的领导人以可持续海洋经济高级别小组的名义发表联合声明，提出将海洋经济作为一个更具复原力的解决方案，呼吁世界各国领导人必须重视海洋，在可持续的海洋经济中，有效保护、可持续生产和公平繁荣是相辅相成的。世界各国领导人应在今后积极投资可持续的海洋经济，以便为全球经济增长、社会福祉增加带来可观的收益。

四、结语

太平洋岛国海洋资源丰富，海洋为太平洋岛国带来了巨大的经济价值。海洋渔业、旅游业是太平洋岛国的支柱性产业，新冠疫情对太平洋岛国的海洋渔业和旅游业影响最大，疫情的影响难以在短期内完全消除，许多国家和地区仍在努力采取各种举措，降低疫情对海洋经济的负面影响，谋求蓝色增长。各国对深海采矿态度不一，但都非常关注深海采矿对海洋生态环境的影响。太平洋岛国的海洋经济发展面临诸多挑战。这些挑战主要来源于气候变化、海平面上升、海洋污染、海洋自然灾害等，全球变暖和海洋酸化的影响威胁着该区域的大部分地区，并对许多太平洋岛屿国家的社会文化、环境、经济和人类健康构成影响，部分金枪鱼资源遭到过度捕捞。太平洋岛国采取了多种举措应对挑战，降低各种消极影响，促进海洋产业复苏和健康发展，改善国计民生，提高当地居民的福祉。太平洋地区的领导人已充分认识到太平洋岛国的生存和繁荣高度依赖于海洋及其资源，太平洋岛国论坛致力于通过《蓝色太平洋 2050 战略》，让太平洋地区的人民过上自由健康和富有的生活，实现地区的和平、和谐、安全、包容和繁荣。

非洲篇

南非海洋经济发展情况分析

张麒麒[*]

南非共和国简称南非，地处非洲大陆最南端，北面接壤纳米比亚、博茨瓦纳和津巴布韦，东北毗邻莫桑比克和斯威士兰。国土面积121.9万平方公里，位居世界第25位。[①] 南非东、南、西三面濒临印度洋和大西洋，包括距离开普敦市东南19 200海里的爱德华王子岛和马里恩岛在内，海岸全线长约3924公里，居非洲第三，专属经济区面积达154万平方公里[②]。南非共有9个行政省，其中沿海省份有北开普省、西开普省、东开普省、夸祖鲁—纳塔尔省。

---

[*] 张麒麒，国家海洋信息中心研究实习员。

[①] 商务部国际贸易经济合作研究院、中国驻南非共和国大使馆经济商务处、商务部对外投资和经济合作司：《对外投资合作国别（地区）指南：南非（2020年版）》。

[②] Thean Potgieter, "Oceans economy, blue economy, and security: notes on the South African potential and developments," *Journal of the Indian Ocean Region*, no.12(2017) pp.:1-22.

一、社会经济发展总体情况

南非属于中等收入的发展中国家，也是非洲经济最发达的国家之一。金融、法律体系比较完善，通信、交通、能源等基础设施良好。2020 年以来，受新冠疫情的影响，南非经济形势持续下滑，创下自 1946 年以来最大年度降幅。南非政府推出经济重建和复苏计划，出台一系列刺激经济、增加就业的新举措，以推动经济复苏。

（一）宏观经济情况

根据世界银行的统计数据按可比价计算，2011—2019 年，南非国内生产总值（GDP）年均增长率为 1.53%，人均国内生产总值年均增长率为 0.03%，南非经济处于低速发展期。2020 年新冠疫情在全球暴发，对南非经济造成巨大冲击。2020 年，南非国内生产总值约 3019 亿美元，比 2019 年减少 7%。南非人均国内生产总值约 5091 美元，比 2019 年减少 8%。2020 年南非消费、投资和净出口占 GDP 比重分别为 82.44%、12.43% 和 4.94%，其中投资占比较 2019 年下降 5.16 个百分点。[1] 以消费者物价指数（CPI）变化衡量，2020 年南非平均通胀率为 3.3%，达到自 2004 年以来最低水平。2021 年 4 月南非年平均通胀率上升至 4.4%，达到 14 个月最高水平，接近南非储备银行 3% 至 6% 目标区间中间值。2020 年，南非失业率为 29.22%。2021 年第一季度南非失业率攀升至 32.6%，其中 15—34 岁青年失业率为 46.3%。[2] 2010—2020 年南非 GDP 及增长率数据见图 1。

---

[1] 世界银行，https://data.worldbank.org.cn/，访问日期：2021 年 11 月 23 日。

[2] 商务部国际贸易经济合作研究院、中国驻南非共和国大使馆经济商务处、商务部对外投资和经济合作司：《对外投资合作国别（地区）指南：南非（2021 年版）》。

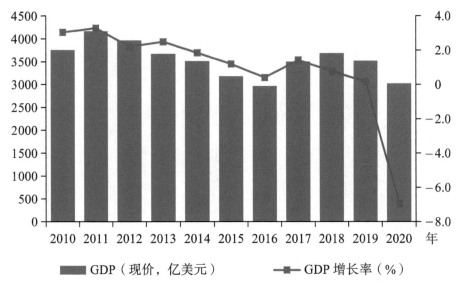

图1 2010—2020 年南非 GDP 及增长率

资料来源：世界银行，https://data.worldbank.org.cn/，访问日期：2021 年 11 月 23 日。

南非农业、工业、服务业三大产业占 GDP 比重较为稳定，2016—2020 年，南非农业占 GDP 比重约为 2%，工业占比约为 26%，服务业占比约为 62%。其中，2020 年农业、工业、服务业占 GDP 比重分别为 2.4%、25.2%、61.45%。[①] 2010—2020 年南非三大产业占 GDP 比重见图2。

（二）贸易情况

南非实行自由贸易制度，是世界贸易组织（WTO）的创始会员。非洲是南非贸易政策的战略中心，通过建立南部非洲发展共同体、关税同盟等，进一步加强了南部非洲区域性整合，并与东南非共同市场、东非共同体等签订三方协议，深化东部和南部非洲市场融合。通过参与非洲大陆自贸区

---

① 世界银行，https://data.worldbank.org.cn/，访问日期：2021 年 11 月 23 日。

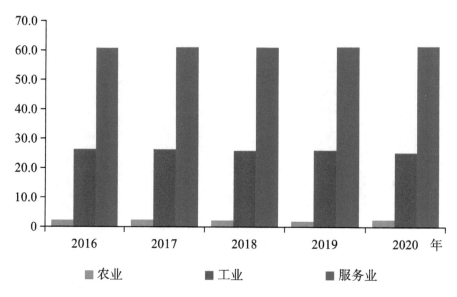

图 2 2016—2020 年南非三大产业占 GDP 比重（单位：%）

资料来源：世界银行，https://data.worldbank.org.cn/，访问日期：2021 年 11 月 23 日。

建设，南非进一步扩展了同非洲国家内部贸易的联系。[1]

南非主要出口铂金、汽车、铁矿石、煤炭与类似固体燃料，以及黄金。主要进口产品为石油、机动车辆、无线电话传输设备、自动数据处理机器与装置，以及药品。[2] 南非与欧盟、美国等是传统的贸易伙伴，近年与亚洲、中东等地区的贸易也在不断增长。[3] 按现价计算，2020 年，南非货物和服务进出口额约为 1709 亿美元，比 2019 年减少 17.84%。其中，出口额约 930 亿美元，减少 11.29%；进口额约 779 亿美元，减少 24.50%，贸易顺差 151.56 亿美元。[4] 2010—2020 年南非货物和服务进出口额见图 3。

---

① 商务部国际贸易经济合作研究院、中国驻南非共和国大使馆经济商务处、商务部对外投资和经济合作司：《对外投资合作国别（地区）指南：南非（2021 年版）》。

② 同上，第 31 页。

③ 《南非国家概况》，外交部，2022 年 6 月，https://www.mfa.gov.cn/web/gjhdq_676201/gj_676203/fz_677316/1206_678284/1206x0_678286/，访问日期：2021 年 11 月 23 日。

④ 世界银行，https://data.worldbank.org.cn/，访问日期：2021 年 11 月 23 日。

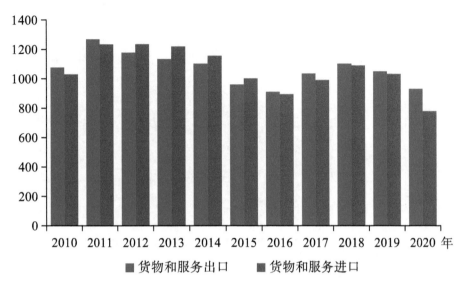

图 3　2010—2020 年南非货物和服务进出口额（单位：亿美元，现价）

资料来源：世界银行，https://data.worldbank.org.cn/，访问日期：2021 年 11 月 23 日。

（三）人口情况

2020 年南非人口总数为 5962 万人，比 2019 年增长了 1.27%，2011—2020 年，人口年均增长率为 1.48%。2020 年，南非劳动力总数为 2174 万人，比 2019 年减少了 0.07%。[①] 南非劳动力工资在非洲国家中处于较高水平，2016 年以前，南非平均工资每年上涨 5% 以上，高于 GDP 增长速度。同时最低工资水平也在不断增长，从 2020 年 3 月起，全国最低工资从每小时 20 兰特（约合 1.22 美元）提高到 20.76 兰特[②]（约合 1.26 美元）。[③] 2010—2020 年南非人口总数及增长率见图 4。

[①]　世界银行，https://data.worldbank.org.cn/，访问日期：2021 年 11 月 23 日。

[②]　商务部国际贸易经济合作研究院、中国驻南非共和国大使馆经济商务处、商务部对外投资和经济合作司：《对外投资合作国别（地区）指南：南非（2021 年版）》。

[③]　按照国际清算银行（BIS）2020 年美元汇率（平均期值），1 美元 =16.445 兰特。——作者注

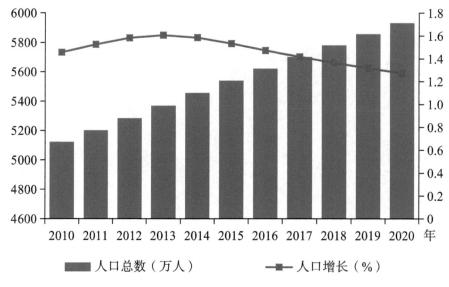

图 4　2010—2020 年南非人口总数及增长率

资料来源：世界银行，https://data.worldbank.org.cn/，访问日期：2021 年 11 月 23 日。

二、海洋经济发展情况

南非三面环海，地处关键航运要道，发展海洋经济具有得天独厚的优越条件。2014 年 6 月，南非政府提出"帕基萨行动"倡议，旨在为发展海洋经济提供框架指南，重点关注海洋运输和制造业、海洋油气业、水产养殖、海洋保护和治理、滨海旅游业和小港口开发等六个领域，目标是到 2033 年海洋经济为国内生产总值贡献 1770 亿兰特（约合 120 亿美元）。[①]在该倡议的推动下，海洋渔业、海洋油气业、海洋运输和制造业取得较快发展。

---

①　按照国际清算银行（BIS）2021 年美元汇率（平均期值），1 美元 =14.7863 兰特。——作者注

（一）海洋渔业

从捕捞业来看，南非海洋渔业资源丰富、品种多样，主要捕捞种类为鳟鱼、牡蛎和开普无须鳕等，[①] 其中鳕鱼是最主要也是最具商业价值的渔业资源。南非统计局数据显示，2019 年自捕鱼类和其他鱼类产品的总销售额为 66 亿兰特（约合 4.57 亿美元），[②] 相比 2017 年增长了 39%，其中鳕鱼占 31.0%，位列第一。[③] 产量方面，2010 年以来南非渔业捕捞产量整体处于波动下降的趋势。2012 年南非捕捞产量最高，约 70.3 万吨，占非洲总量的 12.12%。[④] 2013 年捕捞产量降到历史最低，约 41.8 万吨。随后有所回升，到 2019 年南非捕捞产量达 44.48 万吨，占非洲总量的 6.49%。[⑤] 收入方面，2019 年海洋渔业及其相关服务业的总收入约 176 亿兰特（约合 12.18 亿美元），[⑥] 比 2017 年的总收入年均增长 8.1%。从业方面，2019 年海洋渔业及相关服务业从业人员为 16 744 人，与 2017 年基本持平，其中男性为 11 518 人，约占 68.8%。[⑦] 2010—2019 年南非渔业捕捞产量见图 5。

---

① 《南非国家概况》，外交部，2022 年 6 月，https://www.mfa.gov.cn/web/gjhdq_676201/gj_676203/fz_677316/1206_678284/1206x0_678286/，访问日期：2021 年 11 月 23 日。

② 按照国际清算银行（BIS）2019 年美元汇率（平均期值），1 美元 =14.4535 兰特。——作者注

③ "Census of the Ocean (Marine) Fisheries and Related Services Industry," Statistics South Africa, 2019.

④ 张艳茹、林香红：《南非海洋经济发展态势研究》，《海洋经济》2021 年第 3 期。

⑤ 粮农组织，https://www.fao.org/fishery/statistics/home，访问日期：2021 年 12 月 1 日。

⑥ 按照国际清算银行（BIS）2019 年美元汇率（平均期值），1 美元 =14.4535 兰特。——作者注

⑦ "Census of the Ocean (Marine) Fisheries and Related Services Industry," Statistics South Africa, 2019.

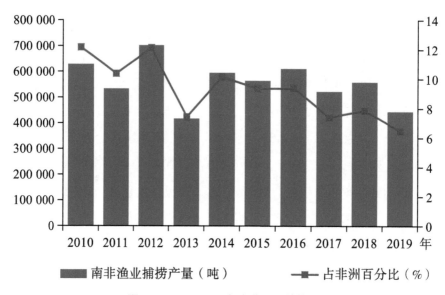

图 5 2010—2019 年南非渔业捕捞产量

资料来源：粮农组织，https://www.fao.org/fishery/statistics/home，访问日期：2021 年 12 月 1 日。

从养殖业来看，南非以海水养殖为主，大多数经营性养殖场分布在西开普省和普马兰加省（东德兰士瓦省）。联合国粮农组织数据显示，2019 年南非海水养殖产量达到 5 112.82 吨，比 2018 年增长了 21.76%，占非洲总量的 1.64%，位居非洲第三。南非海水养殖涉及养殖品种多为鲍鱼、太平洋牡蛎、贻贝、日本黄姑鱼等，其中鲍鱼养殖是南非海水养殖最成功的特色项目。① 南非大多数鲍鱼养殖场位于易于获得海水的海岸线附近，主要包括陆基养殖系统和小规模海水网箱养殖。陆基养殖系统具有独立的孵化场和较完备的养殖设施，并且能够有效地控制养殖环境、隔离外部污染，具有较高的养殖产量，但需要较高的成本投入；海水网箱式养殖模式规模较小，但养殖成本较低。此外，少数经营者建立鲍鱼牧场，播撒陆基系统孵化的幼鲍使其自然生长，当鲍鱼达到上市规

---

① 张艳茹、林香红：《南非海洋经济发展态势研究》，《海洋经济》2021 年第 3 期。

格时凭借采捕许可证进行采捕。①

南非海洋渔业经历了由过度捕捞到逐渐恢复的过程。在发展海洋渔业的同时，南非政府也重视海洋渔业资源保护，坚持实行开发与保护双轨并进措施②，渔业年捕获量限制在 100 万吨以内，对于非法捕捞和破坏生态行为的打击力度在不断增强③，例如，2008 年南非政府颁布《海洋生物资源保护法》及相关禁令规定，只有持南非农林渔业部签发的鲍鱼捕捞许可证的人士才能对鲍鱼进行合法捕捞，任何非法捕捞、运输、加工、持有鲍鱼的人士都将可能面临牢狱之灾。④此外，政府还推行包括海域使用者参与的海域合作管理制度，以期对海岸带和海洋渔业资源达到更好的管理效果。⑤

（二）海洋油气业

南非油气资源缺乏，沿海及近海水域石油和天然气储量预计分别达到 90 亿桶和 110 亿桶油当量，⑥受勘探、开发能力等因素影响，至今尚未完全开发。2019 年以来，南非推动制定《上游资源石油法案》，支持对石油和天然气行业的投资，确保吸引投资、开发油气资源的同时保护环境和水资源。该法案将为南非海洋油气业带来更多正面激励效应。

2019 年 2 月，法国能源巨头道达尔公司宣布，在西开普省莫瑟尔湾南

---

① 王芸、张霖、马晓飞、敬小军：《南非水产养殖模式及技术推广研究》，《安徽农业科学》2020 年第 19 期。

② 张艳茹、林香红：《南非海洋经济发展态势研究》，《海洋经济》2021 年第 3 期。

③ 任航、童瑞凤、张振克、蒋生楠、汪欢：《南非海洋经济发展现状与中国—南非海洋经济合作展望》，《世界地理研究》2018 年第 4 期。

④ 《你吃的南非鲍鱼合法吗？鲍鱼流通新制度迫切需重塑》，深港在线，2020 年 1 月 27 日，http://www.szhk.com/2020/02/27/283057280463095.html，访问日期：2021 年 11 月 23 日。

⑤ 联合国粮农组织：《2018 年世界渔业和水产养殖状况》，2018。

⑥ 《南非国家概况》，外交部，2021 年 8 月，https://www.mfa.gov.cn/web/gjhdq_676201/gj_676203/fz_677316/1206_678284/1206x0_678286/，访问日期：2021 年 11 月 23 日。

部 175 公里外的奥特尼夸盆地，发现一个"世界级"油气储藏区，该区块
含油气层厚 57 米，钻井深度达 3633 米，蕴藏凝析油为 10 亿桶油当量，成
为南非深海油气开采重大成果。该油气田的发现与开采将对南非经济起到
极大提振作用，也将对外来投资产生较强吸引力。[①] 2020 年 10 月，道达
尔公司在南非南部海域发现了第二个大型海上天然气田，与 2019 年发现油
气区域相邻，距离仅有 175 公里。[②] 大型海上油气田的发现促使南非政府
抓紧与多家国际能源公司就南非油气蕴含的商机进行谈判，也在考虑与沙
特的沙特阿美公司在夸祖鲁·纳塔尔省建设一座新的炼油厂。

在新冠疫情严重冲击经济的背景下，南非提出"调整并合理化部分
国有企业"的发展战略，以最大限度重塑经济并维持产业可持续发展，
并拟成立新的国家石油公司（SANPC）[③]。2020 年 6 月，内阁批准了合
并南非中央能源基金（CEF）三个子公司的请求，将南非天然气开发公
司（IGas）、南非国家战略燃料基金（SFF）和南非国家石油天然气公司
（PetroSA）合并为南非国家石油公司（SANPC）。"三合一"的目的在
于减债和精简架构，以提高南非油气行业整体的竞争力。南非国家石油
公司是南非强化油气行业发展背景下的"产物"，在该国推行新油气法
案且接连发现大型油气田的情况下，新的国家石油公司将有巨大的发展
前景。[④]

---

① 《南非发现大型海上油气田》，《经济日报》，2019 年 2 月 15 日，http://paper.
ce.cn/jjrb/html/2019-02/15/content_383959.htm，访问日期：2021 年 11 月 23 日。
② 《法国道达尔公司在南非第二次勘探发现大型海上天然气田》，塞舌尔新闻社，
2020。
③ 《南非新"国油"呼之欲出旨在提高油气行业整体竞争力》，《中国能源报》，
2021 年 3 月 31 日，http://www.cnenergynews.cn/zhiku/2021/03/31/detail_2021033194515.html，访
问日期：2021 年 11 月 23 日。
④ 同上。

（三）海洋运输和制造业

南非是世界上海洋运输业较发达的国家之一，拥有非洲最大、设施最完备、最高效的海运网络，约 96% 的出口靠海运完成。主要有七个商业港口，从南非东北到西南海岸依次为理查兹湾港、德班港、东伦敦港、伊丽莎白港、莫瑟尔湾港、开普敦港和萨尔达尼亚港。其中，理查兹湾港是南非最大的深水港和煤炭出口港；德班港是非洲最大的集装箱集散地，年集装箱处理量达 120 万个，近年来一直保持着稳中上升的发展趋势，是远东、欧洲、美洲和非洲东、西部往来南非货物的主要停靠港口。[①]

2009 年以来，南非港口集装箱吞吐量处于波动上升的趋势，2018 年港口集装箱吞吐量最高，约 489.24 万标箱，2019 年港口集装箱吞吐量约 476.97 万标箱，比 2018 年减少 2.5%。[②]"帕基萨行动"提出多项倡议以加强南非港口基础设施建设，如维护和翻新现有设施，截至 2019 年 6 月，南非国家港口管理局（TNPA）已提供 27 亿兰特（约合 1.87 亿美元）[③] 用于升级现有船舶维修设施；放开对新建和现有港口设施的投资，南非国家港务局与多家私营部门签署合作协议，以引入私人资金参与建设或运营港口设施。[④] 2009—2019 年南非港口集装箱吞吐量见表 1。

---

① 《南非国家概况》，外交部，2022 年 6 月，https://www.mfa.gov.cn/web/gjhdq_676201/gj_676203/ fz_677316/1206_678284/1206x0_678286/，访问日期：2021 年 11 月 23 日。

② 世界银行，https://data.worldbank.org.cn/，访问日期：2021 年 11 月 23 日。

③ 按照国际清算银行（BIS）2019 年美元汇率（平均期值），1 美元 =14.4535 兰特。——作者注

④ Oceans Economy Summary Progress Report, accessed June 2019, https://www.dffe.gov.za/projectsprogrammes/operationphakisa/oceanseconomy.

表 1 2009—2019 年南非港口集装箱吞吐量

单位：万标箱

年份	港口集装箱吞吐量
2009	372.63
2010	395.92
2011	438.35
2012	435.33
2013	469.46
2014	456.80
2015	466.23
2016	435.40
2017	456.37
2018	489.24
2019	476.97

资料来源：世界银行，https://data.worldbank.org.cn/，访问日期：2021 年 11 月 23 日。

自 20 世纪 80 年代以来，南非现代化船舶制造投资逐渐减少。2009—2013 年，南非约 50% 的造船厂倒闭，造船厂数量持续走低。[1] 目前南非造船业务主要为 140 米及以下船舶的建造，在小型舰艇和近海巡逻艇制造方面有一定竞争优势，造船产值仅占全球的 0.24%。[2] 在政府相关政策带动下，截至 2019 年 6 月，南非船舶制造业已获得 300 亿兰特投资额（约合20.76 亿美元），每年收入超过 13 亿兰特（约合 0.9 亿美元），[3] 创造直接就业岗位超过 7000 个。开普敦是南非最大的造船城市，自 2012 年以来造船业务同比增长 28.8%，吸引投资约 7300 万美元，逐渐成为全球第二大双

---

[1] 张艳茹、林香红：《南非海洋经济发展态势研究》，《海洋经济》2021 年第 3 期。

[2] 王文松、朱天彤、刘微：《中国南非海洋经济合作前景评析》，《开发性金融研究》2017 年第 1 期。

[3] 按照国际清算银行（BIS）2019 年美元汇率（平均期值），1 美元 =14.4535 兰特。——作者注

体船生产国。① 2018 年，南非贸工部制订了海洋制造业发展计划（MMDP）以促进海洋经济增长。②

尽管南非的港口吞吐量较大，但主要提供装卸等低价值传统服务，现代海洋服务功能缺失，收益性有待提高。南非海事安全局（SAMSA）数据显示，目前仅有 5 艘船在南非登记注册。受限于南非船舶修理能力不足，尽管每年有 1.3 万多艘船只停靠南非，但只有不足 5% 的船只在南非修理。南非修船仅占全球市场份额的不足 1%，与南非海洋运输能力严重不符。③

三、结语

南非海洋资源丰富，海洋经济发展初具规模，海洋渔业、海洋运输和制造业、海洋油气业发展具有相对优势，在政府支持下获得了广阔的发展空间，截至 2018 年 11 月，"帕基萨行动"已从政府和私营部门获得 287 亿兰特（约合 21.65 亿美元）投资，④ 创造直接和间接就业岗位约 43.8 万个。⑤此外，南非在大力开发海洋资源的同时注重保护海洋环境，实现海洋经济的可持续发展。在全球海洋经济快速发展的带动下，南非海洋经济发展将为政府促进经济增长，增加就业与减少贫困提供新路径和创新解决方案。⑥

---

① 《南非造船业收入超过 13 亿兰特》，中非贸易研究中心，2019，http://news.afrindex.com/zixun/article11874.html，访问日期：2021 年 11 月 23 日。

② 《南非产业政策行动计划内容摘要》，中国驻南非使馆经商处，2018，http://za.mofcom.gov.cn/article/sqfb/201808/20180802779442.shtml，访问日期：2021 年 11 月 23 日。

③ 张春宇：《蓝色经济赋能中非"海上丝路"高质量发展：内在机理与实践路径》，《西亚非洲》2021 年第 1 期。

④ 按照国际清算银行（BIS）2018 年美元汇率（平均期值），1 美元 =13.2549 兰特。——作者注

⑤ 张春宇：《蓝色经济赋能中非"海上丝路"高质量发展：内在机理与实践路径》，《西亚非洲》2021 年第 1 期。

⑥ 张艳茹、林香红：《南非海洋经济发展态势研究》，《海洋经济》2021 年第 3 期。

塞舌尔海洋经济发展情况分析

张麒麒　　林香红[*]

塞舌尔共和国简称塞舌尔，位于非洲大陆东海岸以东 1500 公里的印度洋西侧，由 115 个大小岛屿组成，是典型的小岛屿发展中国家（Small Island Developing State，SIDS）。塞舌尔陆地面积 455.8 平方公里，领海面积约 40 万平方公里，专属经济区面积 140 多万平方公里（位居非洲第二）。[①]塞舌尔西距肯尼亚蒙巴萨港 1593 公里，西南距马达加斯加 925 公里，南与毛里求斯隔海相望，距印度 2813 公里。塞舌尔全国划分为 25 个行政区，其中主岛马埃岛 22 个，普拉兰岛两个，拉迪格岛 1 个。

一、塞舌尔的社会经济情况

塞舌尔在 20 世纪 90 年代中后期成为中等收入国家之后，西方国家逐渐停止了对塞舌尔的援助。塞舌尔政府为保持经济发展势头和维持扩张性的宏观经济政策，转而更多地借助外部商业贷款发展经济。除受新冠疫情

---

　　*　张麒麒，国家海洋信息中心研究实习员；林香红，国家海洋信息中心副研究员。
　　①　商务部国际贸易经济合作研究院、中国驻塞舌尔大使馆经济商务处、商务部对外投资和经济合作司：《对外投资合作国别（地区）指南：塞舌尔（2020 年版）》。

不利影响，塞舌尔还面临着长期的结构性经济问题。①

（一）宏观经济情况

根据世界银行的统计数据计算，2011—2019 年，塞舌尔国内生产总值年均增长率为 4.07%（按可比价计算），经济发展呈增长态势。2020 年新冠疫情在全球暴发，塞舌尔国内生产总值降为 11.25 亿美元，比 2019 年减少 10.72%（按可比价计算）。2020 年塞舌尔消费、资本形成总值和净出口占 GDP 比重分别为 85.9%、30.1% 和 –34.2%。2020 年塞舌尔人均国内生产总值约 11 425 美元，比 2019 年减少 11.48%（按可比价计算）。2010—2020 年塞舌尔 GDP 及增长情况见图 1。

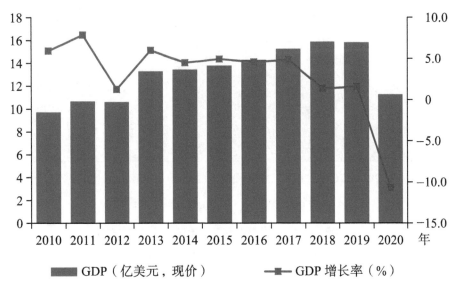

图 1　2010—2020 年塞舌尔 GDP 及增长情况

资料来源：世界银行，https://data.worldbank.org.cn/，访问日期：2021 年 11 月 23 日。

---

① 商务部国际贸易经济合作研究院、中国驻塞舌尔大使馆经济商务处、商务部对外投资和经济合作司：《对外投资合作国别（地区）指南：塞舌尔（2020 年版）》，第 14 页。

（二）贸易情况

2015 年 4 月，塞舌尔正式加入世界贸易组织，成为世界贸易组织第 66 个成员。塞舌尔成品油、食品、纺织品、车辆、化工产品、日用品、机械设备等生活用品和生产资料均依靠进口，主要进口贸易伙伴为阿联酋、法国、南非，中国列第七位；[①] 主要出口海产品，[②] 贸易伙伴有法国、英国、意大利等。按现价计算，2020 年塞舌尔货物和服务进出口额为 24.35 亿美元，比 2019 年减少 28%。其中，出口额 10.89 亿美元，减少 32%；进口额 13.45 亿美元，减少 25%。贸易逆差 2.56 亿美元。[③] 2010—2020 年塞舌尔货物和服务进出口额见图 2。

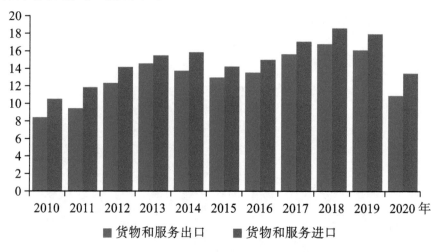

图 2　2010—2020 年塞舌尔货物和服务进出口额（单位：美元，现价）

资料来源：世界银行，https://data.worldbank.org.cn/，2021 年 11 月 23 日。

---

① 商务部国际贸易经济合作研究院、中国驻塞舌尔大使馆经济商务处、商务部对外投资和经济合作司：《对外投资合作国别（地区）指南：塞舌尔（2020 年版）》。

② 《塞舌尔国家概况》，外交部，2021 年 8 月，https://www.mfa.gov.cn/web/gjhdq_676201/gj_676203/fz_677316/1206_678428/1206x0_678430/，访问日期：2021 年 11 月 23 日。

③ 世界银行，https://data.worldbank.org.cn/，访问日期：2021 年 11 月 23 日。

（三）人口情况

2020 年，塞舌尔人口总数为 98 462 人，比 2019 年增长 0.85%，2011—2020 年，人口年均增长率为 0.93%。[①] 2020 年，塞舌尔就业人数 52 863 人，比 2019 年减少 2.14%，其中私营经济部门、政府机构、半国营部门分别占比 65.3%、20.1% 和 14.6%。[②] 2020 年，塞舌尔平均月工资收入 15 173 塞舌尔卢比（约合 861.29 美元），[③] 比 2019 年增长 3.2%。世界银行人力资本指数显示，2020 年塞舌尔人力资本指数为 0.63，在全球 174 个国家和地区中位列 52，居非洲第一。[④] 2010—2020 年塞舌尔人口总数及增长率见图 3。

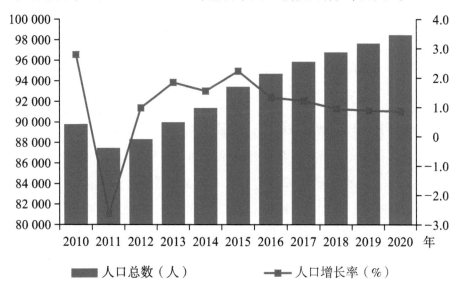

图 3　2010—2020 年塞舌尔人口总数及增长率

资料来源：世界银行，https://data.worldbank.org.cn/，访问日期：2021 年 11 月 23 日。

---

① 世界银行，https://data.worldbank.org.cn/，访问日期：2021 年 11 月 23 日。

② 塞舌尔统计局，https://www.nbs.gov.sc/downloads/economic-statistics，访问日期：2022 年 2 月 7 日。

③ 按照国际清算银行（BIS）2020 年美元汇率（平均期值），1 美元 =17.6165 塞舌尔卢比。——作者注

④ 商务部国际贸易经济合作研究院、中国驻塞舌尔大使馆经济商务处、商务部对外投资和经济合作司：《对外投资合作国别（地区）指南：塞舌尔（2020 年版）》。

二、塞舌尔主要海洋产业发展情况

塞舌尔海洋资源丰富，但国内市场狭小，经济结构单一，主要依靠旅游业和渔业。塞舌尔已成为全球著名的旅游目的地和金枪鱼业的主要参与者，维多利亚港是西印度洋最繁忙的渔港之一。塞舌尔已将"蓝色经济"正式列入国家发展议程。① 2018 年塞舌尔发布《蓝色经济战略政策框架和线路图：规划未来（2018—2030 年）》，明确了国家蓝色经济的发展愿景和发展原则，把创造可持续的财富、共享繁荣、保护健康有复原力和多产的海洋以及改善发展环境作为行动与投资的战略优先事项。

（一）旅游业是塞舌尔第一大支柱产业

旅游业为塞舌尔经济创造了七成以上的国内生产总值和三成的就业。塞舌尔全境 50% 以上地区被辟为自然保护区，享有"旅游者天堂"的美誉，主要景点有马埃岛、普拉兰岛、拉迪格岛和鸟岛等。塞舌尔拥有较大的星级饭店 32 家，中小型旅馆 62 家，并有 659 家小型酒店（民宿）。加拿大、德国、马来西亚、新加坡、南非和波斯湾沿岸的多家公司在塞舌尔兴建星级酒店。近年来，塞舌尔每年举办国际嘉年华会及克里奥尔节，塞舌尔旅游局积极组织参加国际知名旅游展，以吸引更多的国际游客。②

2017—2019 年塞舌尔接待外国游客人数持续增长，2019 年达到 38.42 万人次。2020 年新冠疫情给塞舌尔旅游业造成沉重打击，受塞舌尔旅行禁令及其本身封城措施的影响，赴塞游客数量大幅减少至 11.49 万人次，比 2019 年减少 70.1%，旅游业收入比 2019 年减少 62%。③ 2017—2021 年游

---

① 商务部国际贸易经济合作研究院、中国驻塞舌尔大使馆经济商务处、商务部对外投资和经济合作司：《对外投资合作国别（地区）指南：塞舌尔（2020 年版）》。

② 同上，第 16 页。

③ 塞舌尔统计局，https://www.nbs.gov.sc/downloads/economic-statistics，访问日期：2022 年 2 月 7 日。

客来访情况见表1。

表1 2017—2021年游客来访情况

单位：人次

年份	游客来访人数
2017	349 861
2018	361 844
2019	384 204
2020	114 858
2021	182 849

资料来源：Seychelles National Bureau of Statistics, Visitor Statistics 2021。

随着新冠疫情影响逐渐减弱，截至2021年8月，已有9家航空公司在塞运营定期航班，包括阿联酋航空、卡塔尔航空、俄罗斯航空、阿提哈德航空、雪绒花航空、埃塞俄比亚航空、土耳其航空、肯尼亚航空及塞舌尔航空。随着各国旅游限制逐渐放松，来自法国等传统市场的游客数量明显增加。[1] 2021年，塞舌尔到访旅客总数约为18.28万人次，比2020年增长59%。从游客来源国家来看，17%来自俄罗斯，其次是法国（10%）和德国（10%）。[2] 从游客来源区域看，68%来自欧洲，25%来自亚洲，欧洲和亚洲市场恢复势头较为强劲，而非洲和大洋洲等市场持续下滑。2021年游客来源情况见表2。

---

[1] 《塞舌尔旅游业恢复发展势头强劲》，驻塞舌尔共和国大使馆经济商务处，http://sc.mofcom.gov.cn/article/jmxw/202108/20210803193382.shtml，访问日期：2022年2月24日。

[2] Visitor Statistics 2021, ReleasedJanuary 10,2022, https://www.nbs.gov.sc/statistics/tourism.

表2 2021年游客来源情况

单位：人次

地区	一季度	二季度	三季度	四季度	合计	占比（%）
欧洲	3022	24 902	35 910	59 804	123 638	68
非洲	247	1301	1881	3626	7055	4
亚洲	3298	16 035	16 274	9924	45 531	25
大洋洲	76	59	24	54	213	0
美洲	142	1362	2293	2615	6412	3
合计	6785	43 659	56 382	76 023	182 849	100

资料来源：Seychelles National Bureau of Statistics, Visitor Statistics 2021。

（二）渔业经济发展平稳，但部分资源被过度开发

渔业是塞舌尔仅次于旅游业的第二大支柱产业，是塞舌尔重要的收入来源，2019年渔业收入同比增长3%。[1] 塞舌尔金枪鱼等渔业资源丰富，但部分资源遭受过度捕捞，如何实现渔业经济可持续发展是塞舌尔面临的重要问题之一。

1. 渔业资源现状

塞舌尔渔业管理局（SFA）对手工渔业的各种渔业资源进行了评估（更新至2020年）。印度洋金枪鱼委员会（IOTC）对金枪鱼和金枪鱼类物种及鲨鱼等其他物种进行评估（更新至2020年）。在已评估的32个物种中，12个物种处于过度捕捞状态，9个物种种群生物量状况未知。在拥有明确种群状况信息的23个物种中，处于过度捕捞状态的物种占总评估物种的比重由2019年的50%增长到2020年的52.2%，塞舌尔渔业资源短缺现象日益明显。

---

[1] 商务部国际贸易经济合作研究院、中国驻塞舌尔大使馆经济商务处、商务部对外投资和经济合作司：《对外投资合作国别（地区）指南：塞舌尔（2021年版）》。

2. 渔业管理情况

塞舌尔政府发行蓝色债券促进渔业可持续发展，同时渔业管理局采取诸多措施，以解决塞舌尔水域偷猎和非法捕鱼活动造成的海洋鱼类过度开发问题。2019年，塞舌尔政府发布三年渔业综合规划，为未来渔业发展提供指导，并在欧盟资助下建成渔业养殖和检验检疫中心，进一步促进其水产养殖业的发展。2020年2月，欧盟理事会通过了新的《欧盟—塞舌尔可持续渔业伙伴协议》（SFPA）及其实施协议，有效期为2020—2026年，其间，将向塞舌尔支付约5820万欧元。2020年4月，塞舌尔发布全球首份渔业透明度倡议（FiTI）报告，渔业透明度倡议标准是唯一一个国际公认的透明度框架，规定了国家当局应在线发布的渔业信息。2021年12月，塞舌尔向渔业透明度倡议机构提交了2020年报告，概述了塞舌尔渔业现状，并详细说明了该国遵守渔业透明度倡议标准情况。

3. 渔业作业情况

多年来塞舌尔渔业有了长足发展，经历了从手工捕鱼到工业化捕鱼，从捕鱼自给到水产品深加工和出口国际市场的发展历程。[①] 以下主要分析塞舌尔的围网作业、工业延绳钓、半工业延绳钓和手工渔业情况。

（1）围网渔业

20世纪80年代初，金枪鱼围网捕捞者开始在西印度洋的塞舌尔专属经济区开展探索性捕捞。1991年，在塞舌尔注册的围网捕鱼者开始捕鱼，主要目标是黄鳍金枪鱼和鲣鱼。维多利亚港由于位于金枪鱼渔场中部的战略位置，已成为印度洋最重要的金枪鱼转运港。每年围网捕鱼者在塞舌尔专属经济区渔获的90%以上被转运至维多利亚港。

塞舌尔专属经济区的围网渔业统计显示，2011—2020年渔获量波动较大，2013年最低渔获量为36 013吨，2016年增加到92 958吨，之后

---

① 《塞舌尔渔业国际合作值得关注》，驻塞舌尔共和国大使馆经济商务处，http://sc.mofcom.gov.cn/article/ddgk/201112/20111207909065.shtml，访问日期：2022年2月24日。

大幅下降，到 2020 年渔获量达到历史高点 95 668 吨。捕捞努力量从 2013 年的低谷一直增加到 2016 年的 4740 个捕捞天数，之后呈下降趋势。渔获率从 2011 年的 21.53 吨 / 捕捞天数下降到 2014 年的 15.70 吨 / 捕捞天数，随后在 2019 年上升到 32.85 吨 / 捕捞天数。

根据塞舌尔围网捕鱼者报告，2020 年在西印度洋的总渔获量为 112 231 吨，与 2019 年的 112 621 吨相比略有下降。其中，56% 的渔获量来自公海，只有 22% 的渔获量来自塞舌尔专属经济区，其余 21% 的渔获量则来自外国专属经济区。① 2021 年上半年总渔获量为 61 324 吨，在公海捕获了 60% 的渔获量，在塞舌尔专属经济区捕获了 12%。塞舌尔专属经济区围网渔船捕捞量、捕捞努力量和渔获率见表 3。

表 3　塞舌尔专属经济区围网渔船捕捞量、捕捞努力量和渔获率

年份	捕捞努力量（捕捞天数）	渔获率（吨/捕捞天数）	捕捞量										总捕捞量（吨）
			黄鳍金枪鱼		鲣		大眼金枪鱼		长鳍金枪鱼		其他		
			（吨）	（%）	（吨）	（%）	（吨）	（%）	（吨）	（%）	（吨）	（%）	
2011	2752	21.53	30 503	51	23 952	40	4747	8	60	0	0	0	59 261
2012	3096	18.60	39 036	68	14 580	25	3697	6	254	0	5	0	57 572
2013	2183	16.50	18 343	51	13 721	38	3698	10	161	0	89	0	36 013
2014	3554	15.70	28 717	51	22 726	41	4175	7	83	0	93	0	55 794
2015	3001	16.34	23 985	49	21 348	44	3558	7	87	0	68	0	49 046
2016	4740	19.61	42 273	45	46 042	50	4431	5	127	0	85	0	92 958
2017	3110	23.59	36 032	49	31 383	43	5651	8	215	0	78	0	73 360
2018	2817	31.47	30 322	34	53 899	61	4255	5	30	0	143	0	88 649
2019	2575	32.85	35 805	42	40 906	48	7634	9	111	0	155	0	84 610
2020	3127	30.59	40 624	42	49 682	52	4936	5	119	0	306	0	95 668

资料来源：Seychelles Fishing Authority (SFA), Fisheries Statistical Report year 2020。

———————

① 由于四舍五入的原因，合计不等于 100%。——作者注

（2）工业延绳钓渔业

20 世纪 80 年代初，塞舌尔开始发放专属经济区的工业延绳钓许可证，1999 年，塞舌尔注册的工业延绳钓船只开始运营。目前，中国台湾船队是获准在塞舌尔水域作业的主要工业延绳钓船队。工业延绳钓的主要目标是大型中上层鱼类，如大眼金枪鱼、黄鳍金枪鱼、长鳍金枪鱼、剑鱼和其他旗鱼。

塞舌尔专属经济区工业延绳钓渔业发展情况显示，继 2012 年渔获量急剧增加之后，2016 年渔获量达到峰值 15 625.8 吨，此后一直呈下降趋势。捕捞努力量与渔获量呈现相似的趋势。渔获率在 2017 年降至 0.35 吨 / 千钩，之后逐渐恢复以往水平。根据塞舌尔渔业管理局获取的航海日志，2020 年工业延绳钓船只在塞舌尔专属经济区的总渔获量为 14 713.1 吨，比 2019 年增加 48%。根据塞舌尔工业延绳钓渔船报告，2020 年在西印度洋的总渔获量为 22 469 吨，比 2019 年减少 1.74%。其中，62% 来自公海捕捞，28% 来自塞舌尔专属经济区，其余 10% 来自外国专属经济区。塞舌尔专属经济区工业延绳钓渔业的捕捞量、捕捞努力量和渔获率见表 4。

表 4　塞舌尔专属经济区工业延绳钓渔业的捕捞量、捕捞努力量和渔获率

年份	捕捞努力量（鱼钩数量）	渔获率（吨/千钩）	捕捞量（吨）											总捕捞量（吨）
			黄鳍金枪鱼		大眼金枪鱼		剑鱼		枪鱼		鲨鱼		其他		
			（吨）	（%）	（吨）	（%）	（吨）	（%）	（吨）	（%）	（吨）	（%）	（吨）	（%）	
2010	5 455 388	0.44	372.0	16	1 519.5	64	95	4	139	6	115.6	5	140.9	6	2 381.7
2011	2 415 460	0.56	400.3	30	701.0	52	64	5	78	6	68.1	5	30.5	2	1 342.6
2012	15 825 239	0.59	1 295.8	14	6 001.7	65	607	7	786	8	432.8	5	172.2	2	9 295.6
2013	14 604 559	0.48	972.7	14	4 641.9	66	465	7	504	7	330.4	5	163.2	2	7 076.5
2014	19 959 305	0.50	2 269.6	23	5 438.6	55	648	7	624	6	667.8	7	279.6	3	9 927.4
2015	21 721 287	0.49	2 952.0	28	5 206.7	49	816	8	937	9	511.5	5	272.1	3	10 695.8
2016	35 823 793	0.44	4 597.0	29	6 732.4	43	1341	9	1546	10	918.7	6	490.6	3	15 625.8
2017	32 436 507	0.35	3 229.4	28	4 945.2	43	1077	9	777	7	868.8	8	549.9	5	11 446.9
2018	27 584 749	0.37	3 861.5	38	3 043.7	30	1039	10	631	6	900.5	9	615.8	6	10 091.1
2019	18 109 928	0.55	4 693.5	47	2 865.8	29	615	6	406	4	783.7	8	575.6	6	9 939.3
2020	25 897 676	0.57	5 666.0	39	5 976.7	41	1094	7	407	3	923.5	6	645.3	4	14 713.1

资料来源：Seychelles Fishing Authority (SFA), Fisheries Statistical Report year 2020。

（3）半工业延绳钓渔业

半工业延绳钓渔业包括 1995 年开始作业的单丝延绳钓渔业。发展这种渔业的目的是通过瞄准大陆高原之外深水中的中上层鱼类来缓解海底资源压力。半工业延绳钓的主要目标是大型中上层鱼类，如剑鱼、大眼金枪鱼和黄鳍金枪鱼。

半工业延绳钓渔业的统计数据显示，总渔获量从 2011 年的 238 吨下降到 2014 年的 82 吨，此后呈上升趋势，2019 年达到 2008 吨，这是自有记录以来的最高渔获量。捕捞努力量从 2014 年的约 11.90 万个鱼钩一直增加到 2019 年的 254.88 万个鱼钩。渔获率在 2015 年达到峰值 0.95 吨 / 千钩，随后呈下降趋势。2020 年，根据半工业延绳钓渔船报告，在塞舌尔专属经济区总渔获量为 1485 吨，比 2019 年减少 26%。2021 年上半年总渔获量为 919 吨，同比增加 27%。塞舌尔专属经济区半工业延绳钓渔业捕捞量、捕捞努力量和渔获率见表 5。

表 5 塞舌尔专属经济区半工业延绳钓渔业捕捞量、捕捞努力量和渔获率

年份	捕捞努力量（鱼钩数量）	渔获率（吨/千钩）	黄鳍金枪鱼（吨）	大眼金枪鱼（吨）	剑鱼（吨）	旗鱼（吨）	枪鱼（吨）	鲨鱼（吨）	其他（吨）	总捕捞量（吨）
2011	287 938	0.83	46	23	141	5	7	15	1	238
2012	330 466	0.82	47	38	159	3	9	14	1	271
2013	398 770	0.66	55	24	162	3	5	12	0	262
2014	118 973	0.69	15	5	58	1	1	2	0	82
2015	205 505	0.95	98	33	47	5	11	1	0	195
2016	1 240 940	0.78	574	128	184	21	53	2	2	966
2017	2 057 876	0.54	711	116	191	24	58	2	6	1108
2018	2 072 568	0.61	833	113	226	20	70	1	4	1267
2019	2 548 837	0.79	1,507	119	313	13	55	0	2	2008
2020	2 029 716	0.73	1,277	55	135	3	7	0	7	1485

资料来源：Seychelles Fishing Authority，Fisheries Statistical Report year 2020。

（4）手工渔业

塞舌尔手工渔业的特点是各种船只使用不同的渔具，如纵帆船（较大的船只）主要使用手绳，而小型手划船使用手绳、鱼叉等多种渔具。所有手工渔船都以底层资源为目标，如鲷鱼、石斑鱼、鲭鱼、梭鱼等。渔获主要用于满足当地市场需求，包括酒店和餐馆等；石斑鱼和鲷鱼等物种则主要出口。

手工渔业统计数据显示，受印度洋海盗影响，2010—2012 年平均渔获量仅为 2658 吨，2013 年总渔获量达到 4150.4 吨，比 2012 年增长 66%，恢复到 2009 年之前的水平，此后渔获量一直呈下降趋势。2017 年渔获量达到 4356.2 吨，比 2016 年增长 73%，这一显著增长可归因于船队中纵帆船数量的增加，以及捕捞努力量的提高。2020 年，手工渔业总渔获量大幅减少 22%，仅达到 3460.0 吨。2010—2020 年手工渔业渔获量见图 4。

图 4　2010—2020 年手工渔业渔获量（单位：吨）

资料来源：Seychelles Fishing Authority, Fisheries Statistical Report year 2020。

（三）航运与基础设施建设情况

塞舌尔地处印度洋东西贸易的必经之路，航运业成为其发展的重要行业。塞舌尔面积狭小，岛屿分散，政府制定基础设施发展规划并启动实施，以促进塞舌尔进入新的经济发展轨道。

1. 航运业

2019 年塞舌尔港口船舶靠港量同比增长 4.4%，其中海军舰艇、集装箱船和渔船数量分别增长 89.5%、22.8% 和 4.3%，冷藏船和补给船数量分别减少 78.3% 和 36.3%。集装箱装卸方面，2019 年标准集装箱装载量和卸货量分别为 39 155 箱和 39 549 箱，比 2018 年分别增长 10.3% 和 9.4%，集装箱装卸量的增加反映了塞舌尔进出口贸易蓬勃发展。客运方面，2019 年客运量比 2018 年上涨 1.6%，当地居民及游客客运量比 2018 年分别增长 2.0% 和 1.1%。泊位占用率方面，马埃码头、渔业码头等存在明显的过度利用现象，但较国际标准规定的 70%—75% 的合理泊位利用率仍有较大差距。邮轮方面，2019 年共有 39 艘邮轮停靠维多利亚港，同比下降 15.2%，但由于歌诗达（COSTA）和爱达布鲁号（AIDABLU）等大型邮轮的停靠，上船、离船及转乘的乘客和船员数量分别增加 17.3% 和 0.6%。①

维多利亚港是印度洋地区重要的深水良港和转运枢纽，也是塞舌尔唯一的集装箱货运港口，可提供领航、渔网修补、拖船、淡水补给和梯板租赁等服务。该港口现分为商业和渔业码头两部分，商业码头总长 375 米，可停靠 3 艘万吨轮船。塞舌尔共有 4 个渔业码头，长度分别为 115 米、115 米、90 米和 75 米。塞舌尔港务局负责管理港区内一切事务。2021 年 5 月，塞舌尔内阁批准了维多利亚港口修复和扩建项目的实施方案，是塞舌尔重要的基础设施建设项目之一。②

---

① 《2019 年塞舌尔港口船舶靠港量增长 4.4%》，驻塞舌尔共和国大使馆经济商务处，http://www.mofcom.gov.cn/article/i/jyjl/k/202003/20200302941078.shtml，访问日期：2022 年 2 月 24 日。

② 商务部国际贸易经济合作研究院、中国驻塞舌尔大使馆经济商务处、商务部对外投资和经济合作司：《对外投资合作国别（地区）指南：塞舌尔（2021 年版）》。

2. 基础设施发展规划

近年来，塞舌尔多方利用资金，大力推动港口、水坝、填海造地、隧道、海底光缆等基础设施建设。2018 年 3 月，塞舌尔总统富尔发表国情咨文演讲，提出了需要启动和实施的若干重大基础设施项目。一是扩大现有维多利亚港，以便利贸易；二是新增一条海底电缆，缓解目前唯一一条海底电缆的数据传输压力，服务国内民众，挖掘潜在商机；三是改造和修建水坝，以改善居民用水；四是建设连接东西海岸的隧道。塞舌尔基础设施重点项目多依靠外国无偿援助或优惠贷款，部分项目对外国投资开放，允许外资参加投标。2019 年 3 月，富尔总统国情咨文演讲中再次强调重大基础设施项目的重要作用，指出这些重点项目将会促使塞舌尔进入新的经济发展轨道。[①] 2021 年 5 月，塞舌尔交通部部长宣布，塞舌尔预计将于 2022 年 6 月启动维多利亚港口翻修及扩建项目。[②]

三、金融支持海洋经济发展情况

作为国土面积 99% 以上都是海域的小岛屿发展中国家，塞舌尔不可避免地受到气候变化带来的海平面上升、风暴频发、海水升温等因素影响，这些因素威胁着塞舌尔赖以生存的渔业和旅游业，让整个国家的经济发展都面临迫在眉睫的威胁。

蓝色债券是近年来国际上兴起的一种新型海洋投融资工具，旨在通过资本市场向投资者筹集资金，专门用于蓝色经济、海洋可持续发展等领域，支持对海洋有积极作用的项目，推动海洋保护和海洋资源的可持续利用。作为公共治理的补充手段，蓝色债券有助于缓释公共资金供给压力。塞舌

---

① 商务部国际贸易经济合作研究院、中国驻塞舌尔大使馆经济商务处、商务部对外投资和经济合作司：《对外投资合作国别（地区）指南：塞舌尔（2020 年版）》。

② 同上。

尔是创新利用金融手段支持海洋经济发展的先行者，于 2016 年完成的塞舌尔债权交易是世界上首例以海洋保护和应对气候变化为目标的债权置换项目。塞舌尔发行蓝色债券目的是为实施可持续的蓝色经济提供资金支持，将被用于支持扩大海洋保护区、改善重点渔业的管理、发展蓝色经济。蓝色债券于 2018 年 10 月发行，总金额为 1500 万美元，期限为 10 年，票面利率为 6.5%。世界银行为其中的 1/3 提供了担保，联合国全球环境基金（GEF）提供了 500 万美元的优惠贷款帮助其支付利息，降低了债券投资者所承担的风险，将塞舌尔蓝色债券的实际利率由 6.5% 降低到 2.8%。[1] 塞舌尔蓝色债券以私募方式向三家美国知名的投资机构（Nuveen、Prudential Financial 和 Calvert Impact Capital）发行，每家投资机构各 500 万美元。债券发行收益被分配给两个机构：塞舌尔开发银行 1200 万美元，通过其管理的蓝色投资基金向符合条件的项目提供贷款；塞舌尔保护和气候适应信托基金 300 万美元，通过其管理的蓝色捐赠基金向私营部门提供捐款和优惠贷款。[2]

四、结语

塞舌尔的海洋产业历史悠久，蓝色经济中的旅游业和渔业是塞舌尔国民经济的重要贡献者。近几年，塞舌尔在国际上积极推广蓝色经济理念，力争做非洲蓝色经济发展的先行者和引领者，在创新融资机制、海洋空间规划和可持续渔业等方面做了很多有益探索。塞舌尔不仅推出了蓝色经济战略政策框架和线路图，还制定了相应的产业促进政策推动蓝色经济战略实施，例如《2012—2020 年可持续发展战略》。尽管 2020 年受新冠疫情冲击，海洋经济也受到较大影响，但从长远来看，海洋经济复苏趋势明显，前景依然广阔。

---

[1] 郭少泉：《探索蓝色债券》，《中国金融》2020 年第 9 期。

[2] 同上。

佛得角海洋经济发展情况分析

段晓峰*

　　佛得角是位于北大西洋中部的西非岛屿国家，由 10 个火山岛和一些离岸小岛组成，① 距离西非海岸线 570 公里，与塞内加尔、毛里塔尼亚隔海相望，国土面积 4033 平方公里，海岸线长 965 公里，拥有 73 万平方公里专属经济区。佛得角地扼美非欧三大洲海上交通要冲，目前仍是各洲远洋船只及大型飞机过往的补给站，被称为连接"各大洲的十字路口"。②

一、社会经济发展概况

　　自 20 世纪 90 年代，佛得角开始推动经济体制改革，调整经济结构，推行经济自由化，国民经济呈现稳步增长态势。随着人均国民收入的提升，佛得角于 2008 年脱离最不发达国家，进入中等收入国家行列，同年成为世

---

　　*　　段晓峰，博士，国家海洋信息中心研究员。

　　①　　佛得角群岛包括向风群岛和背风群岛两部分，向风群岛由圣安唐岛、圣文森特岛、圣尼古拉岛、圣卢西亚岛、萨尔岛和博阿维斯塔岛以及离岸小岛布兰科岛和拉苏岛组成，背风群岛由圣地亚哥岛（首都城市普拉亚所在岛）、马尤岛、福古岛和布拉瓦岛以及塞科什群岛组成。

　　②　　商务部国际贸易经济合作研究院、中国驻佛得角共和国大使馆经济商务处、商务部对外投资和经济合作司：《对外投资合作国别（地区）指南：佛得角（2021 年版）》。

界贸易组织第 152 位正式成员。由于陆上资源匮乏，佛得角粮食不能自给，工业基础薄弱，经济以服务业为主。[①]

（一）宏观经济情况

2008 年之前，佛得角经济经历了快速增长期，2007 年 GDP 增长率甚至达到了 15.2%，受金融危机冲击和国内自然灾害影响，2009 年出现了负增长，加之欧洲主权债务危机影响持续深化，进入 2010 年，佛得角经济增长步伐放缓，保持在低位徘徊。2016 年佛得角政府推出一系列经济改革措施，受改革措施拉动和欧元区回暖影响，经济总体向好并呈现反弹态势，2019 年 GDP 增长率达到 2010 年以来最高的 5.7%，但 2020 年新冠疫情暴发和全球蔓延对佛得角造成极大冲击，全球经济衰退、旅行限制和边界关闭等对以旅游等服务业为支柱的佛得角经济带来破坏性影响，2020 年，佛得角 GDP 仅 17.0 亿美元，比 2019 年下降 14.8%，见图 1，人均 GDP 为 3604.4 美元，与 2019 年基本持平。佛得角国民经济三次产业构成为 4.6:19.6:75.8，服务业主要包括旅游、运输、商业和公共服务。[②]消费是拉动佛得角经济增长的主要因素，2020 年最终消费支出占 GDP 比重达到 84.2%。

---

① 《佛得角国家概况》，外交部，2021 年 8 月，https://www.mfa.gov.cn/web/gjhdq_676201/gj_676203/fz_677316/1206_677608/1206x0_677610/，访问日期：2022 年 8 月 8 日。

② 商务部国际贸易经济合作研究院、中国驻佛得角共和国大使馆经济商务处、商务部对外投资和经济合作司：《对外投资合作国别（地区）指南：佛得角（2021 年版）》。

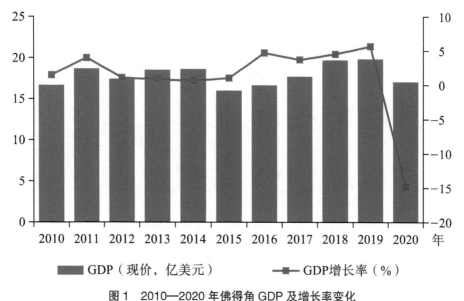

图 1　2010—2020 年佛得角 GDP 及增长率变化

资料来源: 世界银行数据库, https://data.worldbank.org.cn/, 访问日期: 2021 年 12 月 12 日。

(二)贸易和投资情况

佛得角是西非国家经济共同体、《科托努协定》成员国,与欧盟保持特殊伙伴关系,原产于佛得角的商品可以自由进入西非国家经济共同体、欧盟,并享受最惠国税率待遇[①]。2010—2019 年,佛得角对外贸易总额从 17.4 亿美元上升到 23.0 亿美元,贸易赤字呈现缩小趋势。受新冠疫情影响,2020 年对外贸易总额下降至 14.4 亿美元,服务和货物出口下降 58.3%,贸易赤字进一步加大,见图 2。

根据佛得角国家统计局发布的《对外贸易统计报告 2021》(BOLETIM ESTATÍSTICAS DO COMÉRCIO EXTERNO – ANO DE 2021),欧洲是佛得角主要贸易伙伴,占佛得角货物出口和进口总额的 92.8% 和 77.1%,按照贸易额度,货物出口前三位国家分别为西班牙、葡萄牙和意大利,货

---

① 中国商务部国际贸易经济合作研究院、中国驻佛得角共和国大使馆经济商务处、中国商务部对外投资和经济合作司:《对外投资合作国别(地区)指南: 佛得角(2021 年版)》。

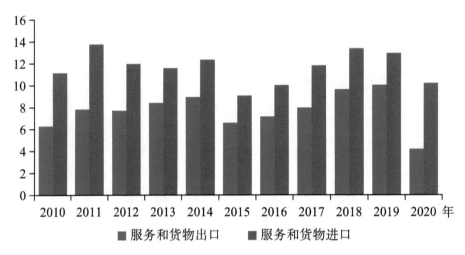

图 2　2010—2020 年佛得角货物和服务进出口额（单位：亿美元，现价）

资料来源：世界银行数据库，https://data.worldbank.org.cn/，访问日期：2021 年 12 月 12 日。

物进口前三位国家分别为葡萄牙、西班牙和中国。佛得角主要出口产品为腌制品、水产品和服装鞋类，这 3 种商品占 2020 年佛得角出口总额的 91.7%。

外国投资者看重佛得角的特殊地理位置及稳定的政治和社会环境，外资主要来自欧盟、中东和安哥拉，投资领域以旅游、房地产和金融业为主。[①] 世界经济论坛《2019 年全球竞争力报告》显示，佛得角在全球最具竞争力的 141 个国家和地区中排第 112 位，世界银行《2020 年营商环境报告》显示，佛得角营商环境便利度在 190 个经济体中综合排名第 137 位。国际金融危机对佛得角吸引外资造成严重影响，2020 年外国直接投资净流入为 0.5 亿美元，相比 2008 年的 2.1 亿大幅下降。

（三）人口与就业情况

---

① 商务部国际贸易经济合作研究院、中国驻佛得角共和国大使馆经济商务处、商务部对外投资和经济合作司：《对外投资合作国别（地区）指南：佛得角（2021 年版）》。

截至2021年底,佛得角总人口561 901人,比2010年增长14.1%,见图3,劳动力总数220 755人,失业率15.4%,从事服务业人员占就业总人数超过2/3。佛得角劳动力资源比较充足,劳动力素质较高,但近年来佛得角青壮年劳动力大量进入欧洲、美国和巴西,国内存在结构性劳动力短缺,其中最紧俏的劳力是熟练技工。2021年佛得角移民国外人口17 961人,葡萄牙(61.9%)、美国(17.6%)和法国(6.6%)是其主要移民目的国,移民多为15至34岁人群(64.1%)。

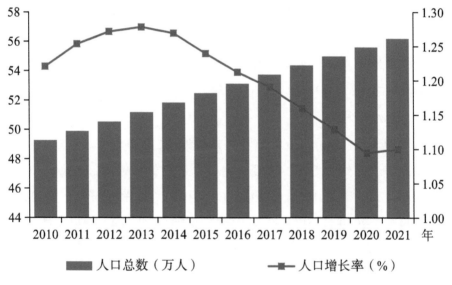

图3　2010—2021年佛得角人口变化情况

资料来源:世界银行数据库,https://data.worldbank.org.cn/,访问日期:2021年12月12日。

二、主要海洋产业发展情况

佛得角海洋产业结构较为单一,制造业不发达,主要海洋产业包括海洋渔业、海洋旅游业和海洋交通运输业。

(一)海洋渔业

海洋渔业是佛得角的传统产业，也是海洋经济的重要组成部分，在国民经济发展中占据重要地位，在促进就业、出口创汇和维护粮食安全方面发挥着显著作用。

1. 海洋渔业资源

佛得角海域渔业资源种类较多，但种群密度较小，分布有 6 处渔场，主要包括金枪鱼类、小型中上层鱼类、底层鱼类、龙虾等，近海渔业资源年可捕捞量为 36 000—44 000 吨，其中金枪鱼类年可捕捞量为 25 000 吨，小型中上层鱼类年可捕捞量为 7500—9300 吨，砂质、岩石海底底层鱼类年可捕捞量为 3700—9300 吨，深海龙虾年可捕捞量为 50—75 吨，浅海龙虾年可捕捞量为 40 吨。[①] 佛得角所处的中东部大西洋渔业资源丰富，是全球重要的渔场之一，2019 年渔获量达到 540 万吨。[②]

2. 渔业生产情况

海洋渔业在佛得角国民经济中占重要地位，从事渔业人口约 1.4 万，每年出口海产品约 1 万吨，主要为龙虾、金枪鱼和虾类，是佛得角重要外汇来源之一。[③] 2010 年至 2019 年这 10 年，海洋捕捞年产量最高达到 37 744 吨，2019 年捕捞量最低，为 17 084 吨，见图 4。佛得角具有海洋捕捞船近 2000 艘，其中工业化机动捕捞船占比不足 1/10，主要从事金枪鱼捕捞。[④] 佛得角几乎没有海水养殖，2019 年开始部分小规模水产养殖项目建成启动，年产量 5 吨左右，主要是养殖罗非鱼和南美白对虾用作捕捞金枪鱼的活饵。

---

① 佛得角海域渔业资源数据由佛得角海洋经济部 2018 年 6 月提供。——作者注

② FAO, The State of World Fisheries and Aquaculture 2022, accessed September 17, 2022, https://www.fao.org/3/cc0461en/online/cc0461en.html.

③ 商务部国际贸易经济合作研究院、中国驻佛得角共和国大使馆经济商务处、商务部对外投资和经济合作司：《对外投资合作国别（地区）指南：佛得角（2021 年版）》。

④ 佛得角捕捞船舶数据由佛得角海洋经济部 2018 年 6 月提供。——作者注

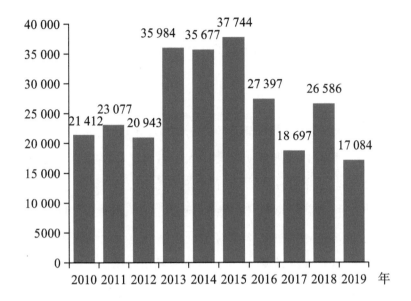

图4　2010—2019年佛得角海洋捕捞产量（单位：吨）

资料来源：作者根据2021年联合国粮农组织数据制作。

3. 海洋渔业合作

2014年8月，佛得角与欧盟签署2014—2018年渔业合作协议，规定欧盟71艘渔船可在佛得角领海捕捞金枪鱼等海产，为此欧盟将于2014—2015年每年向佛得角支付55万欧元补偿金，2016—2018年每年支付50万欧元。2019年6月，佛得角与欧盟签署新的可持续捕捞合作伙伴协议，合同期为5年，允许69艘欧盟船只在佛得角领海捕鱼，每年捕鱼量不超过8000吨，佛得角每年获得75万美元补偿，其中46%用于可持续渔业管理①。

（二）海洋旅游业

旅游业是佛得角经济增长和就业的主要来源，旅游基础设施发展较快，

---

① 《佛得角国家概况》，外交部，2021年8月，https://www.mfa.gov.cn/web/gjhdq_676201/gj_676203/fz_677316/1206_677608/1206x0_677610/，访问日期：2022年8月8日。

旅游业吸引外资占全部外资的 85%。世界经济论坛 2019 年 9 月发布的"旅游竞争力报告"显示，在被统计的 140 个国家和地区中，佛得角旅游竞争力排名第 88 位①。

1. 旅游资源

佛得角气候温和，年平均气温 20℃—27℃，阳光充足少雨，自然灾害较少，全年适合旅游，地形地质构造以火山岩为主，独特的海岛旅游对欧美地区游客具有较强的吸引力。海洋生态多元化，自然海岸线保留程度较高。岛上未开发利用空间较多，发展潜力较大。宜人的气候、优美的岸线、美丽的海湾、洁净的沙滩、云雾缭绕的高山、一览无余的火山地貌等构成了佛得角独特的自然旅游景观，同时积淀深厚的历史文化、浓厚的艺术氛围、多元包容的海洋文化、丰富多彩的节庆活动等形成了佛得角多样的人文旅游资源。

2. 旅游经营情况

新冠疫情对佛得角旅游业造成极大冲击，佛得角统计局发布的《旅游业统计报告：2020 年游客流动》（ESTATÍSTICAS DO TURISMO: Movimentação deHóspedes — 2020）显示，2020 年佛得角接待游客仅 135.8 万人次，较 2019 年下降 77.1%。国际旅游呈现断崖式下降，2020 年佛得角国际游客入境人数仅为 18.0 万人次，较 2019 年下降 76.3%，2020 年国际旅游收入 16.9 亿美元，较 2019 年下降 70.2%，见图 5。主要国际客源市场仍然是英国，占总人数的 19.4%；其次是法国，占 11.8%；德国占 11.0%；荷兰占 10.3%；葡萄牙占 6.1%。

---

① 商务部国际贸易经济合作研究院、中国驻佛得角共和国大使馆经济商务处、商务部对外投资和经济合作司：《对外投资合作国别（地区）指南：佛得角（2021 年版）》。

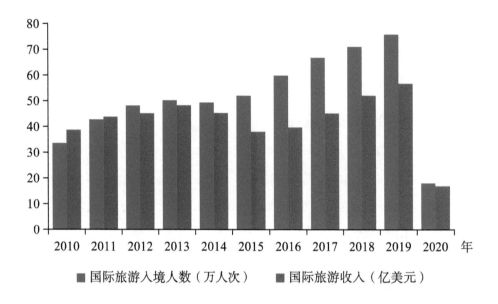

图5 2010—2020年佛得角国际旅游人数和收入

资料来源：世界银行数据库，https://data.worldbank.org.cn/，访问日期：2022年6月2日。

从酒店经营情况来看，佛得角统计局发布的《旅游业统计报告：酒店场所年度盘点2020》（ESTATÍSTICAS DO TURISMO: Inventário Annual dos Estabelecimentos Hoteleiros-2020）显示，截至2020年12月末，佛得角营业酒店场所有124家，较2019年同期减少56.3%。这些酒店提供了2614间客房，与2019年相比减少了80.0%，提供床位数和住宿容量也分别下降了80.6%和79.7%，酒店员工人数与上年同期相比也减少了82.6%，见表1。

表1 2013—2020年佛得角酒店场所经营情况

年份	2013	2014	2015	2016	2017	2018	2019	2020
场所（个）	222	229	226	233	275	284	284	124
客房数（个）	9058	10 839	10 626	11 435	12 463	13 187	13 092	2614
床位数（个）	15 995	18 188	18 055	18 382	20 421	21 046	21 059	4094
住宿容量（人）	19 428	23 171	22 954	24 376	26 987	27 860	27 911	5655

年份	2013	2014	2015	2016	2017	2018	2019	2020
员工（人）	5755	6282	6426	7742	8825	9417	9050	1577

资料来源：佛得角统计局，《旅游业统计报告：酒店场所年度盘点 2020》。

（三）海洋交通运输业

2019 年上半年，佛得角政府完成了岛际间海洋航运公司私有化，佛得角 9 家国内船东（占 49% 股份）和葡萄牙 Traninsular 公司（占 51% 股份）组建佛得角岛际航运公司（Cabo Verde Inter-Ilhas），于 9 月投入运营[①]。

1. 港口基础设施

佛得角共有 9 个港口，分别为格兰德港、普拉亚港、帕尔梅拉港、波多诺伏港、萨尔雷港、塔拉法尔港、卡瓦来罗港、英格尔斯港、弗尔纳港，其中位于圣文森特岛的格兰德港是全国最大港口，也是全国货物的集散中心，码头总长约 1710 米，拥有 9 个泊位，最大水深 12.5 米，堆场面积 85 590 平方米，能停靠 300 米以下国际邮轮和 3 万吨以下集装箱船，见表 2。根据佛得角统计局发布的《交通运输业统计报告 2020》（ESTATÍSTICAS DOS TRANSPORTESRELATÓRIO 2020），2020 年佛得角港口的船舶进出港 6226 艘次，与 2019 年相比减少了 20.8%。远洋船舶和沿海船舶分别为 1024 艘次和 5202 艘次，较 2019 年分别减少了 39.3% 和 15.7%。

表 2　佛得角主要港口基础设施情况

	码头长度（米）	泊位数量（个）	最大水深（米）
格兰德港	1710	9	12.5
普拉亚港	1132	9	13.5
帕尔梅拉港	390	4	11.5
波多诺伏港	295	3	7.0
萨尔雷港	240	2	7.0

---

① 　商务部国际贸易经济合作研究院、中国驻佛得角共和国大使馆经济商务处、商务部对外投资和经济合作司：《对外投资合作国别（地区）指南：佛得角（2021 年版）》。

资料来源：佛得角港口管理局，2018 年 5 月。

2. 货运情况

佛得角统计局发布的《交通运输业统计报告 2020》显示，2020 年佛得角港口的货物吞吐量为 1 684 339 吨，与 2019 年相比减少了 36.9%，其中装载、卸载和转运量分别下降 33.2%、39.9% 和 26.7%。2020 年佛得角港口的集装箱吞吐量为 74 243 标箱，与 2019 年相比减少了 20.8%，其中装卸量较 2019 年分别下降 15.7% 和 21.0%，转运集装箱量增加 72.0%，见表 3。

表 3　佛得角港口货物吞吐量与集装箱吞吐量

年份	2019	2020
货物吞吐量（万吨）其中：	266.79	168.43
装载量（万吨）	54.24	36.25
卸载量（万吨）	178.66	107.35
转运量（万吨）	33.89	24.83
集装箱吞吐量（标箱）其中：	93 690	74 243
装载量（标箱）	43 316	36 522
卸载量（标箱）	44 696	35 298
转运量（标箱）	521	896

资料来源：佛得角统计局：《交通运输业统计报告 2020》。

3. 客运情况

根据佛得角统计局发布的《交通运输业统计报告 2020》，2020 年佛得角港口的旅客吞吐量为 724 040 人次，与 2019 年相比减少了 31.7%，其中出港、进港和中转 / 经停的旅客人数分别下降了 32.6%、31.7% 和 26.1%，见表 4。

表 4　佛得角港口旅客吞吐量

单位：人次

年份	2019	2020
旅客吞吐量其中：	1 060 715	724 040

年份	2019	2020
出港旅客	497 215	335 195
进港旅客	491 617	335 699
中转 / 经停旅客	71 883	53 146

资料来源：佛得角统计局：《交通运输业统计报告 2020》。

三、佛得角海洋经济特区建设

佛得角政府 2016 年提出"佛得角在未来十年里重视海洋，使海洋成为创造国家财富的重要因素之一"，计划依托海洋资源形成以海洋活动为中心的产业链，重振佛得角经济，促进经济社会全面发展，并提出建设圣文森特岛海洋经济特区，探索佛得角圣文森特岛经济发展的新路径，推动佛得角更好地参与并融入世界经济舞台。2018 年，由中国国家海洋信息中心牵头组成的专家团队，完成了佛得角圣文森特岛海洋经济特区规划对外技术援助，为佛得角发展海洋经济和建设特区提供了蓝图。

（一）特区发展方向

佛得角建设海洋经济特区的重点产业领域包括港口建设、海洋渔业、修造船，以及海洋旅游。

港口发展方向：调整优化圣文森特岛格兰德港布局和功能，将其打造成专业化客运港区，选址新建专业化货运港区，积极发展集装箱国际中转业务，完善港口运营管理，加强与国际港口的合作，拓展国际航线，增强港口综合补给能力，逐步建设形成北部四岛综合运输枢纽、西非地区航运中转基地和西非地区重要邮轮港。

海洋渔业发展方向：不断提高海洋渔业设施和装备水平，逐步调整海洋渔业生产结构，可持续利用近海渔业资源，稳步发展远海和远洋渔业，大力发展水产品加工业，积极开拓水产品贸易市场，持续提升渔业服务和保障能力，完善渔业产业链，提高渔业附加值，建设现代渔业产业体系，将圣文森特岛打造成为面向国际市场的水产品贸易集散地和渔业服务保障基地。

修造船发展方向：调整修造船空间布局，在远离中心城区、临近新建港区的位置建设新船厂，开展面向西非的各类中小型船舶的维修和建造业务，逐步形成修造并举的生产能力，同时提升修船技术、强化人才培养和引进、加强船舶企业管理，实现修船规模、技术和模式的新突破。

海洋旅游发展方向：依托圣文森特岛独特多样的自然景观、丰富多彩的人文景观以及周边三岛特色鲜明的旅游资源，培育开发旅游产品，构建旅游产品体系，发展形成圣文森特岛西部海岸、东部海岸和中部乡村景观三条旅游带，打造"北部四岛旅游圈"，不断完善和提升旅游基础设施与配套服务，建设成为休闲度假胜地、海上运动基地、全国文化之都和国际知名的海岛旅游目的地。

（二）主要政策

依托海洋经济特区主要海洋产业发展和基础设施提升，佛得角提出到2035年完成优化特区空间布局、健全特区管理机制，以及完善特区优惠政策等一系列政策举措。

优化特区空间布局：进一步疏解明德卢主城区的非城市功能，减少生活、生产与生态功能交叉重叠现象，依托产业链推进产业发展集中布局，引导分散的居住用地组团布局、保护并利用"山—海—湾"自然环境与生态空间，以经济、社会、文化等活动为纽带，推进生活、生产与生态功能区协调发展。发挥北部四岛的资源与产业互补优势，依托圣文森特岛的核心作用，带动周边岛屿发展，形成优势互补、相互促进的协同发展格局。

健全特区管理机制：制定《佛得角圣文森特岛海洋经济特区法令》，保障特区建设的顺利进行和各类投资者的合法权益，明确海洋经济特区的法律地位，确保特区规划有效实施。组建特区战略理事会，主要负责特区建设与发展重大事务的决策与部署，落实特区发展规划。设立特区投资公司，按照政府引导、市场运作、企业管理的原则，多渠道筹措资金，重点对基础设施和重大项目进行投资、建设和运营。

完善特区优惠政策：财税政策方面，在基础设施和公共服务领域推广在基础设施和公共服务领域推广（PPP）模式，设立圣文森特岛综合保税区，实行更有竞争力的税收优惠和便利措施。投融资政策方面，以法律形式确定各项投资优惠条款，确保投资优惠政策的制度化、透明化和公开化，提升政府服务水平和服务效率，完善行业鼓励措施，改善特区金融环境，创新服务模式，发展佛得角金融中心。就业政策方面，进一步简化证件办理程序，延长工作签证有效期限，减免相关费用，取消或放宽企业工作人员国籍比例要求。土地与海域资源政策方面，编制和实施特区国土空间规划，明确土地、海岸线和海域的基本功能和空间区划，按等级和功能确定土地和海域出让租金基准价格，针对重点支持领域延长用地与用海特许经营期限。

四、结语

佛得角作为小岛屿发展中国家，国土面积较小，陆域资源匮乏，主要能源、矿产和粮食需要依赖进口，面对国际金融危机和新冠疫情冲击，佛得角经济受到严重影响。发展海洋经济是佛得角实现经济复苏和可持续发展的重要路径，依托周边海域丰富的渔业资源，传统海洋捕捞提供了更多的就业机会，但工业化水平有待提升；港口基础设施不完备、航运服务能力较低制约佛得角海洋交通运输业的发展，优越的区位优势并未充分发挥；独特的海岛旅游资源为佛得角带来了大量的国际游客，旅游收入成为国民经济增长的重要来源，但在新冠疫情影响下旅游业脆弱性凸显。

为了更好地利用海洋资源优势和区位条件，佛得角政府启动圣文森特岛海洋经济特区建设，并借鉴了中国发展海洋经济和建设特区的经验，希望通过海洋经济特区建设，重振佛得角经济，更好地融入全球市场。未来一定时期，佛得角将陆续推出促进海洋经济特区发展的政策举措，海洋经济势必成为佛得角经济社会发展的重要引擎。

Ⅲ
专 题 篇

联合国环境规划署金融倡议组织推进
可持续蓝色经济金融系列举措

李明昕　郭越　张玉洁　张麒麒　梁晨　赵鹏*

　　金融是经济的血脉，促进金融支持可持续蓝色经济发展已逐渐成为世界潮流。近年来，联合国环境规划署金融倡议组织（UNEP FI）持续推进可持续蓝色经济金融倡议，推动《可持续蓝色经济金融原则》（以下简称《原则》）实施，发布金融指南和最佳实践示例，为金融机构支持可持续蓝色经济发展提供指引，形成了广泛的国际影响。

一、基本情况

　　联合国环境规划署金融倡议组织是环境规划署与全球金融部门之间的一种伙伴关系，旨在为可持续发展调动私营部门的资金，为引导金融资源投向可持续蓝色经济领域，近年来主要采取了以下举措。

　　*　李明昕，国家海洋信息中心副研究员；郭越，国家海洋信息中心海洋经济研究室高级工程师；张玉洁，国家海洋信息中心副研究员；张麒麒，国家海洋信息中心研究实习员；梁晨，国家海洋信息中心研究实习员；赵鹏，国家海洋信息中心研究员。

（一）发起可持续蓝色经济金融倡议推动《原则》实施

2018 年，在欧盟委员会、世界自然基金会、世界资源研究所和欧洲投资银行制定的《原则》基础上，联合国环境规划署金融倡议组织提出可持续蓝色经济金融倡议，推动《原则》的采用和实施，并组建了推进可持续蓝色经济金融倡议的机构，包括秘书处、创始者咨询小组、成员组和实践社区，分别负责管理和交流、制定方向和提供指导、分享知识和经验等，加入可持续蓝色经济金融倡议的金融机构需要承诺采用和实施《原则》或为此而努力。截至 2021 年 5 月，全球有 60 多家金融机构加入可持续蓝色经济金融倡议，国内四家金融机构成为签署机构，分别是兴业银行、青岛银行、福建海峡银行、南方基金。

（二）发布系列文件，持续加强和细化对金融机构指导

在《原则》的基础上，2021 年以来，联合国环境规划署金融倡议组织发布了系列文件对金融机构支持可持续蓝色经济进行指导。一是金融趋势研究报告。2 月，发布《大潮正起：绘制新十年海洋金融蓝图》（Rising Tide: Mapping Ocean Finance for a New Decade），分析了海洋金融活动的趋势和解决海洋可持续性问题的金融框架与工具。二是金融机构指南和标准。3 月，发布《扭转潮流：如何为可持续海洋复苏提供资金——金融机构使用指南》（Turning the Tide: How to Finance a Sustainable Ocean Recovery, A Practical Guide for Financial Institutions）（以下简称《指南》）及其《标准附件》，明确海产品、港口、海上运输、海洋可再生能源、沿海和海洋旅游五个产业可持续金融的标准，包括具体指标、验证方法、行动建议等内容，详细列示了最佳实践方案、可开展的活动以及应完全避免支持的行为，未来更新版本会纳入更多产业。三是建议排除清单。6 月，发布与金融机构《指南》配套的《建议排除清单》（Turning the Tide: Recommended exclusions）（以下简称《清单》），指出上述五个产业中不可持续的活动

及详细验证方式，建议金融机构将其排除在金融支持之外。四是最佳实践
示例。8月至12月，陆续发布了港口、海上运输、海产品、海洋可再生能
源、沿海和海洋旅游五个产业在社会和环境可持续性方面的最佳实践示例，
为金融机构发掘投资机会、进行资金支持提供参考。

二、《原则》简介

《原则》旨在促进可持续发展目标（SDG）的实施，特别是第14项
目标；制定针对海洋的特定标准，同时避免重复现有的负责任投资框架；
遵守国际金融公司（IFC）绩效标准和欧洲投资银行（EIB）环境和社会原
则及标准。其目标是建立一个国际金融机构联盟，在自愿的基础上认可《原
则》，将其应用于投资决策，从而支持健康的海洋和可持续蓝色经济的发展。
《原则》具体包括以下14项，见表1。

表1　可持续蓝色经济金融原则

原则	具体内容
原则1 保护海洋	我们将支持采取一切可能措施来恢复、保护或维持海洋生态系统的多样性、生产力、复原能力、核心功能、价值、总体健康和有赖于此的社区和人民的生计的投资、活动及项目。
原则2 合乎法规	我们将支持符合作为可持续发展和海洋健康基石的国际性、区域性、国家法律和其他相关框架的投资、活动及项目。
原则3 风险意识	我们将努力基于全面和长期的评估做出投资决策，这些评估考虑到经济、社会和环境价值、量化风险和系统性影响，并及时调整我们的决策过程和活动，以反映出我们对商业活动可能产生的潜在风险、累积影响和机遇所掌握的新知识。
原则4 系统性	我们将努力确认我们的投资、活动及项目在整个价值链中的系统性和累积影响。
原则5 涵盖面广	我们将支持涵括、支援和改善当地生计的投资、活动及项目，并与利益相关方有效配合，响应、识别并缓解受影响各方遇到的任何问题。
原则6 通力合作	我们将同其他金融机构和利益相关方通力合作，通过分享海洋知识、可持续蓝色经济最佳实践、经验教训以及不同视角与想法，推广并贯彻落实蓝色经济金融原则。

原则	具体内容
原则 7 透明开放	我们将在妥善尊重保密性原则的基础上提供有关我们的投资、银行、保险活动和项目及其对社会、环境和经济的（积极与消极）影响信息。我们将努力报告这些原则的实施进展。
原则 8 有的放矢	我们将努力把投资、银行、保险导向直接有助于实现可持续发展第 14 项目标（"保护和可持续利用海洋和海洋资源以促进可持续发展"）和其他可持续发展目标的项目和活动，尤其是那些有助于海洋有效治理的可持续发展目标。
原则 9 影响深远	我们支持的投资、项目和活动不仅是为避害，而且将从海洋中创造出社会、环境和经济利益，不仅造福于我们这代人，还将造福于我们的后代。
原则 10 谨慎防范	我们支持的海洋领域投资、活动和项目必须在可靠的科学证据基础上已对相关活动的环境和社会风险及影响做出评估。尤其当科学数据欠缺时，将优先考虑谨慎防范原则。
原则 11 多元化	我们认识到中小型企业在蓝色经济中的重要性，将努力使投资、银行、保险工具多元化，以涵盖范围更广泛的可持续发展项目，比如：传统和非传统海洋产业以及大型及小型项目。
原则 12 由解决方案驱动	我们将努力把投资、银行、保险导向创新商业解决方案，以解决对海洋生态系统和依赖于海洋的生计产生积极影响的海洋问题（陆基和海基）。我们将努力为此类项目确认并夯实商业理据，鼓励推广由此发展出的最佳实践。
原则 13 伙伴合作	我们将与公共、私营和非政府部门实体展开伙伴合作，加快可持续蓝色经济的进程，包括制定和落实沿海及海洋空间规划办法。
原则 14 科学主导	我们将积极努力研发与我们的投资、银行、保险活动相关的潜在风险和影响的数据和知识，并鼓励创造蓝色经济可持续金融机遇。我们将努力在更广泛的范围内分享有关海洋环境的科技信息与数据。

资料来源：根据《原则》翻译整理。

三、《蓝图》简介

《蓝图》以《原则》为基础，分析了海洋金融的趋势和状态，梳理了解决海洋可持续性的框架和金融工具，提出了关于制定金融指南的建议。《蓝图》着眼于五个海洋产业，包括海产品、港口、海上运输、海洋可再生能源、沿海和海洋旅游。《蓝图》包括四部分：介绍、当前可持续蓝色经济金融情况、调查结果、指南制定建议，附件为调查结果补充。

（一）介绍

本章主要介绍了可持续蓝色经济的内涵、可持续蓝色经济金融的内涵，以及《蓝图》与指南的关系。

一是可持续蓝色经济的内涵。可持续蓝色经济是"为当前和未来几代人提供社会和经济利益；恢复、保护和维持多样化、生产性和恢复性的生态系统；并以清洁技术、可再生能源和循环材料流动为基础"。可持续蓝色经济不包括不可持续的采掘业，例如海洋油气和深海采矿，未来可能引导其向可持续性转型。

二是可持续蓝色经济金融的内涵。《蓝图》将其定义为"在可持续蓝色经济发展过程中的，为之提供支持的金融活动（包括投资、保险、银行和中介活动）"。

三是《蓝图》与指南的关系。下一步计划对海产品、港口、海上运输、海洋可再生能源、沿海和海洋旅游五个产业的可持续蓝色经济金融活动制定指南。选择上述产业，是因为其规模和性质是蓝色经济的成熟引擎，与金融部门建立了良好的互动关系，金融部门很容易对相关产业进行投资。其他对可持续蓝色经济具有重要意义但仍处于新兴阶段的领域，例如生物开发、蓝色碳汇和生态系统服务等暂不包括在内，可能成为未来指引的主题。

（二）当前可持续蓝色经济金融情况

本章概述了可持续蓝色经济领域的一些关键金融举措。

一是广泛的金融倡议。这一类别主要是为改变金融行业本身与可持续性相关的行为所作的努力。包括欧盟可持续活动分类、气候相关金融信息披露工作组、自然相关金融信息披露工作组等。

二是具体金融举措。有关举措特别关注金融的关键方面，例如风险、相关产业或主题。包括海洋风险和复原力行动联盟、保护领域私人投资联盟、自然保护联盟蓝色资本机制、全球生态系统复原力基金、首都联盟等。

三是多边开发银行融资倡议。世界上许多多边开发银行为可持续蓝色经济发展做出努力。包括亚洲开发银行海洋筹资倡议、健康海洋行动计划、世界银行多方捐助者信托基金、欧洲投资银行蓝色可持续海洋战略等。

四是知识和研究举措。主要是为推动可持续金融做出重要贡献的研究、披露和信息跟踪等其他举措。包括可持续海洋经济高级别小组（High-Level Panel for a Sustainable Ocean Economy）、行星跟踪倡议（Planet Tracker Initiative）、全球海洋伙伴关系（Global Ocean Accounts Partnership）、联合国全球契约可持续海洋商业行动平台（UN Global Compact Sustainable Ocean Business Action Platform）等。

五是格局中的空白。目前现有的金融倡议未同时将金融和全部蓝色经济活动作为一个整体看待，因此，可持续蓝色经济金融倡议的指南旨在填补当前格局中的明显空白。

（三）调查结果

2020 年 9 月，联合国环境规划署金融倡议组织对其成员和更广泛的可持续金融界进行了调查，以深入了解金融机构当前在蓝色经济中的活动、对风险的看法和对五个产业未来发展的预测。100 多位受访者中，有 74 名金融机构从业者。本文讨论了 74 名金融机构从业者的回答和获得的见解。附件中提供了其他调查回答。

一是基本情况。其一，受访者信息。大多数代表商业银行和投资银行，广泛的资产管理机构也参与其中，保险公司的参与有限。大多数受访者都熟悉蓝色经济。欧洲机构在调查中占据主导地位，其次是来自非洲和中东的受访者。其二，金融工具的应用。用于投资蓝色经济的金融工具类型主要是成熟的主流工具，例如企业融资和营运资金贷款是各行各业中最受欢迎的工具。然而，某些领域，如可再生能源，认为绿色和蓝色债券等新兴工具的作用更大。金融工具的应用有地区差异，北美市场偏好股权、项目债券等工具，而欧洲市场偏好公司债券、贸易融资等工具。新兴市场，特别是在蓝色经济不太成熟的拉丁美洲、非洲和中东地区，表现出对流动资金贷款的最大倾向，工具相对简单，可灵活应用于各种项目和产业。

二是产业层面总体情况。金融机构参与可持续蓝色经济的方式在五个产业之间存在显著差异，各产业都出现了一些值得注意的趋势。大多数产业与大约三分之一的受访者相关，参与海产品产业的受访者比例较高。总体来看，气候考虑被列为最紧迫的因素，而在产业层面，气候考虑的主导地位被更紧迫的产业特定问题所取代。

三是海产品产业。其一，基本观点。受访者对未来十年捕捞和水产养殖提出了截然不同的观点，水产养殖被视为一个增长领域，大多数受访者认为捕捞规模将缩小。其二，需求和机会。海产品产业面临着许多紧迫的挑战，迫切需要将渔业从不可持续状态转变为可持续状态。从金融的角度来看，金融机构必须放弃为过度开发渔业资源的公司提供资金或保险，需要寻求渔业可持续性认证、引入新的解决方案、推进可追溯性的监测和管控。在水产养殖中，主要关注减少水产养殖对环境的负面影响，同时在全球范围内扩大产业规模，以满足人们对动物蛋白的需求。海产品产业极易受到气候变化的影响，尤其是捕捞渔业。了解气候变化导致的生物变化、确定跨境管理制度以及能够保护产业生产力的可能替代方案，对于管理这些影响至关重要。金融领域提出了许多解决方案，例如通过参数保险帮助渔业社区免受气候相关事件的影响。海产品产业除了亟须变革和改进，也存在巨大机遇，是全球可持续蓝色经济的重要引擎。

四是港口。其一，基本观点。港口在全球经济发展中发挥着关键作用，尤其是在发展中国家。港口和港口运营对陆地和海洋生态系统都有影响，特别是在脆弱栖息地或生物多样性高的地区，此外还有危险工作条件对人类健康的影响和对沿海社区的影响。金融机构将环境因素视为未来十年的重要趋势,脱碳是最大趋势(47%),其次是更严格的环境法规(47%)和气候适应力(42%)。港口特别容易受到气候变化的影响,并面临风暴破坏、海岸沉降和海平面上升的物理风险,这表明需要在全球范围内对港口进行现代化改造,使其符合《巴黎协定》和可持续发展目标。50%的受访者预测港口部门将在未来十年继续增长,39%的受访者预测其规模将与目前大致相同。其二,需求和机会。受访者指出,港口可能是未来增长的重要来源,随着对"一带一路"等大型项目的持续投资,未来几年港口投资机会将很多。关键的挑战是将这些投资机会转化为可持续的投资机会,从港口的开发方式和选址开始。在海洋空间管理的综合方法(如通过海洋空间规划)的背景下进行选址、开发港口和相关活动将有助于发展可持续蓝色经济。对于金融机构来说,改变港口产业的一些传统问题是明确的需求,例如燃料、效率、发电、废弃物等方面。弹性和绿色基础设施是金融机构探索支持的潜在方向。港口脱碳可能存在特殊机会,世界各地的许多港口都在朝着这个方向努力。

五是海上运输。其一,基本观点。海上运输与港口密切相关,是全球贸易和经济的主要驱动力。海上运输包括推动全球贸易、渔业、海上平台、海军、客运和世界海洋旅游的船舶及基础设施。海上运输以多种方式对环境产生影响,特别是空气污染、水污染、噪音污染、引入入侵物种、干扰野生动物等风险。因此,为促进港口产业向可持续发展转变提供资金是一项重要而复杂的任务。受访者中,少数(13%)认为海上运输未来规模会缩小。海上运输的主要趋势是脱碳(62%),更严格的环境监管(56%),以及更多地使用数字遥感来跟踪和记录海洋数据(44%)。其二,需求和机会。海上运输部门的需求与脱碳目标密切相关,包括改造现有船舶以使用排放量较低的燃料、创新运输货物方式等。未来可能需要更多风险融资和绿色、蓝色融资支持。除了解决海上运输对气候变化的影响,另一个关键需求是促进海上监控和安全,特别是应对海盗行为。沿海国家在全球主要海上航线的执法和安全方面加强协调尤为重要。加大力度解决更广泛的非法行为，尤其是现代奴隶制，仍然是海上运输的迫切需求，包括在发达市场。此外，考虑到在海洋中开展的其他活动，以综合方式（例如通过海洋空间规划）确定航道的位置将有助于发展可持续蓝色经济。

六是沿海和海洋旅游。其一，基本观点。旅游业是世界经济的重要组成。受访者认为旅游业可能保持其目前在蓝色经济中的地位。沿海和海洋旅游发展趋势主要涉及旅游发展标准的采用及其环境影响，以及可持续生态旅游模式的扩大。旅游业中的航行领域与海上运输联系密切。旅游业是全球受新冠疫情影响最严重的行业之一，在疫情影响背景下，该产业的发展和优先事项可能发生变化。其二，需求和机会。旅游业的一个明确需求是在旅游运营中扩大采用可持续性标准。全球可持续旅游委员会（GSTC）在制定标准方面发挥了重要作用。金融机构可以要求可持续性认证来促进旅游业提高可持续性意识。考虑旅游业与其他海洋产业之间的相互作用，采用开发利用海洋环境的系统方法（如通过海洋空间规划）非常重要。公共机构可以在制定旅游最佳实践标准以及促进可持续旅游目的地和替代品的开发及营销方面发挥作用。

七是海洋可再生能源。其一，可再生能源有助于大幅减少与能源生产相关的温室气体排放，在能源转型和推动脱碳经济中发挥着明确而重要的作用。尽管减少碳排放有好处，但在制定海洋可再生能源开发指南时，社会和环境面临着一些其他重要压力。海洋可再生能源包括一系列子行业，如海上风能、波浪、潮汐、浮动太阳能、海洋温差能和其他更具概念性的技术。大多数受访者认为可再生能源是一个增长领域。其二，需求和机会。有利的监管仍然是海洋可再生能源对能源结构做出贡献的关键因素。公共机构可以为可再生能源的繁荣提供有利条件，尤其是在对可再生能源发电的补贴方面。随着海洋可再生能源的日益重要，也需要更加明确其对社会和环境的影响，利用综合规划流程，尤其是海洋空间规划，是扩大海洋可再生能源规模的另一个有益步骤。

（四）指南制定建议

根据《蓝图》调查结果以及对可持续蓝色经济未来发展的需求和机遇的评估，提出制定可持续蓝色经济金融指南的建议。

一是利用现有的指南、标准和最佳实践在产业层面实现可持续性。对于《蓝图》涉及的几个产业，已经做出了大量努力来梳理可持续发展的最佳实践，指南应参考相关内容。

二是补充和扩展针对金融机构的指引。除了针对特定行业的可持续发展指导，《蓝图》还说明了针对金融机构的许多现有和计划中的可持续发展指引举措，但通常没有专门针对蓝色经济，指南应补充这些现有资源。

三是指南应适用于各种金融工具以及广泛的金融机构。调查结果表明，可持续蓝色经济金融通过多种方式开展，因此，对可持续蓝色经济金融的指引应该足够灵活。

四是指南应适用于广泛的区域情况。不同行业的发展面临的条件和背景因所处的市场而异，适用的可持续性规定和准则应具有普遍性。

五是让金融机构和其他利益相关者参与指南的制定和完善。金融机构可以为可持续蓝色经济市场的状况及其风险和趋势提供有价值的观点和数据。为了确保金融机构广泛接受和采用指南，从一开始就吸收其观点非常重要。

四、《指南》简介

《指南》建立在《原则》基础上，在海产品、港口、海上运输、海洋可再生能源、沿海和海洋旅游五个产业为金融机构提供易于遵循的指导方针，旨在促进金融服务可持续蓝色经济。《指南》提出，海洋油气、深海采矿为不可持续性产业活动，未来版本将引导其向可持续性转型，并将考虑纳入生物开发、蓝色碳汇和生态系统服务等内容。《指南》梳理出压力、影响和风险总清单，总结五个产业最关键的压力类别和其产生的影响，以及这些影响给金融机构带来的关键风险。基于上述总清单，确定产业可持续金融的标准，包括准则、指标、行动、建议等内容，指出哪些活动可作为最佳实践、哪些活动可以挑战、哪些活动因其破坏性而应避免。《指南》主要包括七个方面：介绍及使用说明，海产品、港口、海上运输、海洋可再生能源、沿海和海洋旅游五个产业意见，结论。《标准附件》详细列示金融机构需要关注的各产业活动情况、信息获取渠道和建议采取的行动。具体内容如下。

（一）介绍及使用说明

关于本文。《指南》提供了一个框架，为与可持续蓝色经济相关的金融决策提供信息，若这些原则得到广泛采纳，将有助于改变海洋资金的使用和管理方式，推进基于自然的解决方案。《指南》目的是向银行、保险公司和投资机构提供有关产业的信息以避免、减轻环境和社会风险，为蓝色经济领域的公司或项目提供最大化机遇。《指南》提出海产品、港口、海上运输、海洋可再生能源、沿海和海洋旅游五个产业意见，这五个产业从规模和性质来看是公认的蓝色经济引擎。

目标受众。受众是希望参与可持续蓝色经济的金融机构，包括银行、保险公司和投资机构等。考虑到广泛利益相关者，《指南》对公共部门、政府间组织、学术界、民间团体、商业和工业领域也可能有价值。

制定流程。首先，开展文献回顾和专家咨询。其次，研究压力、影响和风险总清单。总结每个产业最关键的压力类别及其产生的影响，以及这些影响给金融机构带来的关键风险。影响分为环境影响、社会影响，其中，环境影响包括六个方面，分别是海洋生物多样性受损、生态系统受损、沿海和海洋生态环境受损、动物福利减少、温室气体浓度增加、对海洋物理化学等循环系统影响；社会影响包括五个方面，分别是人权受损、可持续性和包容性生计受损、人身疾病死亡可能性增加、经济和生产力受损、对不同人机会不均等。风险分为有形资产、运营、市场、监管、声誉五个类型。

最后，制定产业可持续金融的标准。

使用说明。其一，《指南》在各产业章节提供了不同产业当前最佳实践和可持续金融创新方法的案例。其二，《指南》中的意见不是强制性的。其三，各产业的指导方针和标准应被完整地看待，确保系统、综合地把控可持续性蓝色经济，管理和减轻影响及风险。其四，《标准附件》具体包括以下九个方面：（1）各产业子领域；（2）准则，指产业的活动、压力或问题的具体方面；（3）指标，指金融机构需要考虑的具体情况；（4）验证方法，指评估指标情况的方法或相关信息源；（5）行动，指金融机构基于指标情况应采取的行动，分为寻找最佳实践、挑战改进领域和避免最坏情况三种类型；（6）建议，指基于行动的更详细步骤；（7）与《原则》对应关系；（8）与联合国可持续发展目标对应关系；（9）参考资料链接。

（二）海产品

产业和金融概述。海产品产业范围包括鱼类、甲壳类动物、软体动物和其他水生动物的生产、加工、分销和零售。数据显示，银行、投资机构和保险公司都在向整个价值链中的企业提供资本和金融服务，但服务类型和规模各不相同。

环境和社会影响以及与其他产业关系。产业压力包括养殖场选址、污染、入侵物种、劳动条件、沿海社区和渔民边缘化等。与其他产业关系方面，海洋渔业资源衰退可能对沿海和海洋旅游造成负面影响，重要渔场可能会被海上可再生能源利用侵占等。

风险。非法、不报告、不受管制（IUU）捕捞对公司和金融机构造成声誉风险，监管不善可能引发事故等。

机遇。金融支持不仅能保护和恢复海洋生态系统，还能为沿海社区提供就业岗位、食品和税收。

相关案例。其一，瑞士信贷与洛克菲勒资产管理公司合作推出的海洋合作基金。其二，荷兰合作银行在智利三文鱼产业可持续发展的相关贷款。

其三，非洲可持续水产养殖的股权投资。

（三）港口

产业和金融概述。港口产业范围包括各种类型的港口活动，以及引航、拖航、系泊等配套服务，不包括修造船。港口融资利益相关者涉及银行、项目融资机构、保险公司、私人股本公司、基础设施基金、开发银行和工业集团等。各国对港口基础设施融资的政策各不相同。

环境和社会影响以及与其他产业关系。产业压力包括疏浚和选址、空气污染、水和噪声污染、劳动力和政策条件、经济波动和事故。与其他产业关系方面，港口服务的发展有利于污染控制，非法、不报告、不受管制捕捞检查，以及清洁能源利用。

风险。疏浚活动违反环境法规造成监管和声誉风险，客户不与环境记录差的港口合作造成市场风险等。

机遇。鼓励金融机构和保险公司与相关组织合作，减少港口对环境和社会的负面影响，通过支持基础设施建设实现可持续发展，降低风险，增加回报。

相关案例。其一，伦敦港务局（PLA）与船舶运营商合作开展的泰晤士河绿色计划，重点是在空气质量、碳排放、能源使用、水质、垃圾和废物相关方面有所提升。其二，《亚洲货物新闻》杂志授予哈罗帕（法国港口）"最佳绿色海港奖"，表彰其在港口脱碳方面做出的贡献。其三，新加坡推动海事加速器成立发展，促进海洋领域的创新活动，重点支持数字技术和可持续解决方案。

（四）海上运输

产业和金融概述。海上运输产业范围包括所有船舶（包括海上平台和维修船舶）的修造、回收活动，重点涵盖集装箱船、散货船、石油和天然气船、渔船、旅客运输船、海上平台、海军舰艇、服务船等类型。海上运输是资本密集型行业，航运金融的主要形式是银行贷款，还包括私募股权基金、债券等多样化资金来源，公开股权市场融资较少。

环境和社会影响以及与其他产业关系。海上运输产业涉及的压力包括水污染、空气污染、交通拥挤和事故、劳动力政策和条件，对海洋环境、空气质量、工人健康、沿海社区和恢复力等。与其他产业关系方面，船舶污染和噪声等可能影响渔场生产、破坏海洋生态系统和海岸线，船舶航行可能被海上平台和风力设施的选址干扰。

风险。因气候变化而出台新的排放规定给船东带来风险，海洋生态环境破坏导致罚款，工人得不到充分的保护导致罚款等。

机遇。金融支持可以帮助船东利用可再生能源降低运营成本、争取市场份额、发挥船舶的最大价值等。

案例研究。其一，西斯班公司（Seaspan）获得关于集装箱航运业的绿色贷款。其二，马士基公司（Maersk）承诺实现碳中和获得信贷奖励。其三，邦赫航运（Bonheur Shipping）通过绿色金融为多项绿色航运业务融资。其四，纳维嘉资本（Navigar Capital）通过融资租赁支持绿色航运船东。

（五）海洋可再生能源

产业和金融概述。海洋可再生能源产业范围主要是海上风电，也包括波浪能、潮汐能、太阳能、海水温差能等。主要金融工具为公司融资、贸易融资、股权融资、项目债券或项目流动资金贷款、绿色债券或蓝色债券等。

环境和社会影响以及与其他产业关系。产业压力包括海床扰动及生境破坏、污染、伤害野生动物、空间使用冲突，关键驱动因素是海上风电场的规划、建设、运营和退役阶段。与其他产业关系方面，海上风电场运营可能受海产品、海上运输产业的不利影响。

风险。海上风电场选址于生物多样性高的区域造成声誉风险，海上风电场开发影响鸟类迁徙引发监管风险等。

机遇。金融支持遵循综合性海洋空间规划的海洋可再生能源项目有利于相关产业协同发展和生态保护。

案例研究。丹麦能源公司推进可持续发展策略和发布报告，减轻海上风能开发不利影响。

（六）沿海和海洋旅游

产业和金融概述。自然和生物多样性对旅游业至关重要，向可持续旅游的过渡已被确定为旅游发展大趋势。沿海和海洋旅游融资涉及的金融工具主要包括股权融资、流动资金贷款、公司融资和保险。

环境和社会影响以及与其他产业关系。沿海和海洋旅游产业涉及的压力包括对生境的有形损害、入侵物种和濒危物种、温室气体排放、对野生动物的伤害、采购和消费、土地占有和迁移、文化影响、劳动力剥削等。与其他产业关系方面，沿海和海洋旅游业与海上运输、海产品产业密切相关，因此相关指引可视为海上运输、海产品产业的补充。

风险。开发旅游项目损害野生动物造成声誉风险，消费者随着可持续发展意识增强选择更可持续性的服务而造成市场风险等。

机遇。通过创新和风险融资可以创造机遇，如新冠疫情为重新评估旅游业模式创造了机遇。

案例研究。美洲开发银行（IDB）启动"超越旅游创新挑战"项目，旨在确定旅游业的新商业模式，可为成功申请者提供赠款或贷款。

（七）结论

一是《指南》为可持续蓝色经济的五个产业提供了一个具有可操作性

的框架。该框架以《原则》为基础，为可持续蓝色经济的从业者、决策者和利益相关者进一步发展和完善可持续金融提供指引。

二是《指南》探索与其他可持续金融框架相衔接，如欧盟的可持续金融分类。

三是《指南》可以为金融机构支持可持续蓝色经济提供指引，同时也需要监管机构和政策制定者发挥重要作用，如在推动建立可持续蓝色经济标准，创造良好融资环境。

五、《建议排除清单》简介

《清单》内容基于《指南》的《标准附件》信息，完善了验证方法。《清单》编制工作由欧盟委员会和瑞典政府资助。《清单》提出了海产品、港口、海上运输、海洋可再生能源、沿海和海洋旅游五个产业中不应予以金融支持的活动，以推动重建海洋繁荣、恢复海洋健康并促进可持续蓝色经济发展。《清单》包括准则、指标、建议、基本验证、扩展验证五个方面：（1）准则，指产业的活动、压力或问题的具体方面；（2）指标，指金融机构需要考虑的具体情况；（3）建议，指金融机构不予融资的情形；（4）基本验证，指评估指标情况的必选方法或相关信息源；（5）扩展验证，指评估指标情况的可选方法或相关信息源，应尽可能完成扩展验证。

关于验证。《清单》强调，指标验证是公司评估或融资活动的关键步骤，可以获得更完整和更可靠的信息，进一步降低金融机构与蓝色经济相关金融决策的风险。对于某些产业，考虑公司信息披露可能有偏差，鼓励进一步开展第三方验证。例如，关于海产品产业破坏性捕捞方法的验证，观察员和监管机构的报告比公司披露的信息更重要。

关于准则。海产品产业包括养殖场位置及选址，污染和水质，非本地入侵物种逃逸，海产品种类，非法、不报告、不受管制捕捞，捕捞方法，劳动和工作条件，种族和性别平等八个方面。港口产业包括空气污染和气候变化、保护海洋生物和生态系统免受污染与破坏两个方面。海上运输产业包括空气污染和气候变化、水污染、就业、保护海洋生态系统四个方面。海洋可再生能源产业包括规划新项目、污染、干扰野生生物、干扰海底和栖息地四个方面。沿海和海洋旅游产业包括对栖息地的有形影响、入侵物种、温室气体排放、对野生生物的有形影响、污染、开发的社会影响、劳动力七个方面。

六、海洋产业最佳实践示例简介

联合国环境规划署金融倡议组织简要介绍了30类示例或方法，为金融机构发掘投资机会、进行资金支持提供参考。

港口产业有五类最佳实践示例。一是港口和腹地的绿色交通。二是绿色港口技术。三是开展空间管理，实施保护野生动物和栖息地的政策和实践活动。四是在可再生能源、废物管理和可持续采购方面使用绿色供应链。五是采取措施激励船舶减少碳排放。

海上运输产业有四类最佳实践示例。一是技术创新，例如以风帆为动力的提高效率、减少排放的自动化航运技术；二是减少废物和损害的船舶回收活动；三是航运公司绿色供应链管理活动；四是减少碳排放的绿色航运。

海产品产业有八类最佳实践示例。一是水产养殖领域三类示例，分别是具有生态修复作用、提供生态系统服务的水产养殖，安全性强、符合相关标准的水产养殖，生产或采用低环境影响和创新型水产饲料；二是野生捕捞领域三类示例，分别是增加可持续捕捞透明度和可追溯性的产品和服务，低影响渔具或技术，促进渔业资源可持续的活动；三是跨越性[①]领域二类示例，分别是冷链存储、质量控制等有助于减少浪费的产品和服务，

---

① 英文为 Cross-cutting，译为跨越性，有产业链延伸领域含义。——作者注

提升渔业应对气候变化能力的活动。

海洋可再生能源产业有五类最佳实践示例。一是采用生命周期方法的海上风电场开发；二是开展海洋空间规划，减少对栖息地和其他海洋环境使用者的影响；三是减少海上风电的污染；四是减少对野生动物的不利影响；五是知识共享，信息公开。

沿海和海洋旅游产业有八类最佳实践示例。一是邮轮业三类示例，分别是采用液化天然气等低排放燃料，减少噪声和污染物排放，采取与生态价值高、生物多样性丰富区域保持安全距离的航线以及减轻相关负面影响的航行方式。二是沿海旅游业五类示例，分别是考虑项目潜在社会和环境影响进行旅游地选址，为当地生态保护提供资金或实物支持，采购符合可持续性的海产品等产品和科学处理废弃物，融合当地文化并尊重习俗和传统，对游客游览进行限制进入保护地、监测影响等管理活动。

《海洋金融指南》简介 *

赵鹏　于平　张玉洁 **

2020 年 4 月，"海洋行动之友"联盟发布了《海洋金融指南》（The Ocean Finance Handbook，以下简称《指南》），面向社会各界提供投资蓝色经济各部门的可行机制等方面的指导，旨在更好地引导资金流向可持续的海洋产业和海洋保护领域。

一、《指南》发布背景

2018 年，达沃斯世界经济论坛与世界资源研究所联合推出"海洋行动之友"（Friends of Ocean Action，FOA），它是一个由全球 50 余位关心海洋的相关机构负责人和专家组成的联盟，成员来自国际组织、商界、民间团体、科研机构等，由美国加利福尼亚大学的贝尼奥夫海洋计划提供资金支持，联合国秘书长海洋事务特使彼得·汤姆森和瑞典副首相兼环境与气候大臣伊莎贝拉·洛文任联席主席。

　　* 本文根据英文报告 The Ocean Finance Handbook 整理，原报告共 60 页。
　　** 赵鹏，国家海洋信息中心研究员；于平，青岛市海洋发展促进中心助理研究员；张玉洁，国家海洋信息中心副研究员。

"海洋行动之友"联盟启动了 10 项与海洋相关的行动，① 《指南》是十项行动之一——"海洋融资创新"行动的重要组成部分，旨在更好地引导资金流向可持续海洋产业和海洋保护领域，面向社会各界提供投资蓝色经济各部门的可行机制等方面的指导，促进金融机构和海洋企业、保护专员和项目执行人之间的了解和对话，制订当前适用的融资方案以及投资模式，促使融资与可持续利用海洋资源的目标保持一致。

二、《指南》主要内容

《指南》主要包括四个部分：

一是可持续蓝色经济的主要潜力、经济表现和投资机会。据亚太经济合作组织（以下简称经合组织）预测，如果 2010—2030 年按"常规情景"发展，海洋经济对全球总增加值的贡献可能翻一番，到 2030 年达到 3 万亿美元。海水养殖、海上风力发电、水产品加工和船舶修造被认为是这一时期增长最强劲的行业。

二是蓝色经济成功投资的先决条件和辅助条件，包括治理结构、投资环境、知识和创新等。其中最重要的是以下三个方面：（1）政府主导的可持续发展政策框架；（2）有利的投资环境，为投资提供法律依据、营商便利和流动资金；（3）具备财务知识和业务规划能力。

三是资本类型和投资来源。蓝色经济领域的投资由公共资本和私人资本组成，辅以慈善事业。在需要新资本注入的蓝色经济新兴部门，现有资金主要来源于慈善事业（2010—2019 年超过 80 亿美元）和政府资助

---

① 10 项行动分别为：（1）塑料污染；（2）可持续的海洋生产力——蓝色食物；（3）终结非法、不报告、不管制（IUU）捕捞；（4）海洋保护区；（5）海运和航运部门脱碳；（6）开放海洋数据；（7）金融支持海洋创新；（8）性别平等；（9）建立科学的发展目标；（10）深海矿业。

（2010—2019年50亿美元）。在稳定的蓝色经济领域，一个关键趋势是商业资本流向可持续的产业，如生态渔业和绿色航运。

四是可持续蓝色经济中现有投融资模式。包括主流金融形式（如银行贷款和项目债券）和创新金融形式（如保护信托基金、影响力债券和大众融资）。组织形式包括纯影响力模式、债务模式、股权模式和混合模式。其他投资模式包括对有潜力的初创企业的种子投资、对大宗商品的影响力投资，以及为更多以自然资本为重点的项目设立保护信托基金。

此外，《指南》展示了主要融资类型与蓝色经济部门投资之间的关联性，显示蓝色经济领域的具体投资项目和不同投资模式之间的"契合度"。

三、核心观点

一是世界需要相同的蓝色经济投资理念。正确的理解蓝色经济是成功开展投资的关键；债券、贷款和股票等金融工具适用不同的场景，要恰如其分地做好研究和能力建设，才可以让投资者理解和参与进来，让发展蓝色经济的资金更加充裕。

二是政治意愿是海洋金融取得进展的基石。成功的融资需要很多先决条件，关键条件之一即在项目投资、金融知识和商业成长计划方面进行管理创新的政治意愿。

三是金融系统尚未充分认识可持续蓝色经济的机遇。目前对可持续蓝色经济的投资主要靠慈善事业和政府资助，规模较小，投入新兴行业的则更少。最近的研究表明，在联合国发展目标中，联合国可持续发展目标（SDGs）第14项目标得到的投资最少，金融系统仍在努力认识和评估蓝色经济的潜力。

四是蓝色经济的新兴领域给私人投资提供了重要机遇。新兴产业为企业履行社会责任和进行风险投资带来契机，引导现有资本向可持续领域投资，把可持续原则纳入主流金融原则对蓝色经济部门尤为重要。

五是清楚地了解蓝色经济投资现状需要更大的透明度。资本流动，尤其是私人资本，往往不会自愿披露或不会按照蓝色经济分类进行披露，这是弄清蓝色经济融资现状的重大障碍，也是下一步工作的重要方向。

国际社会已认识到蓝色经济的增长潜力、可持续发展面临的巨大挑战和机遇。改善海洋环境，促进新兴产业发展和传统产业提质增效存在巨大的资金缺口，然而金融机构对蓝色经济的理解和海洋可持续发展对资金的实际需求之间并不平衡。为了增强各国政府和金融机构对蓝色经济的认识，世界银行发布了《蓝色经济的潜力》，经合组织发布了《海洋经济 2030》和《可持续海洋经济的创新再思考》，欧盟发布了《可持续蓝色经济融资原则》等一系列金融支持海洋经济发展的举措。此外，欧盟还设立了两个基金。尽管"海洋行动之友"尚未设立类似基金，但在《指南》中已强调基金的重要作用。

《非洲蓝色经济战略》简介*

刘禹希　林香红　殷悦**

2019 年 10 月，非洲联盟农业、农村发展、水和环境技术委员会第三次会议批准了《非洲蓝色经济战略》（Africa Blue Economy Strategy）（以下简称《战略》）。《战略》概述了非洲蓝色经济的发展背景、前景和影响非洲蓝色经济发展与变革的关键驱动因素，分析了非洲蓝色经济发展面临的技术性与战略性挑战，提出了非洲可持续蓝色经济发展的战略目标，本报告将从以上三方面进行简要介绍。

一、非洲蓝色经济发展背景、前景与驱动力

非洲蓝色经济将海洋、湖泊、河流及其他水体资源的经济开发，以及水生生态保护均包含在内，也是可持续利用和保护自然资源及自然生态环境的基础。非洲蓝色经济战略的愿景是构建一个包容和可持续的战略，促进非洲经济转型与经济增长。

（一）非洲蓝色经济发展背景

蓝色经济发展受到非洲政府及相关组织的关注，非盟《2063 年议程》、

---

　　*　作者根据非洲联盟报告《非洲蓝色经济战略》(Africa Blue Economy Strategy)编译整理。
　　**　刘禹希，国家海洋信息中心研究实习员；林香红，国家海洋信息中心副研究员；殷悦，国家海洋信息中心助理研究员。

《2050 年非洲海洋整体战略》（AIMS2050）、《非洲渔业和水产养殖政策框架及改革战略》（PFRS）等文件都明确提到了发展蓝色经济。

《2063 年议程》目标 6 指出，通过蓝色经济为国民经济增长提速，尤其是在海洋资源、海洋能源、港口和海运等优先领域；目标 7 则涉及可持续自然资源管理、生物多样性保护等优先领域。可再生能源是非洲蓝色经济发展不可或缺的一部分。

《2050 年非洲海洋整体战略》战略旨在通过发展非洲海洋及海岸带地区，繁荣非洲海洋经济，实现环境的可持续发展。该战略明确提出，提高非洲海上安全保障水平，发展海洋经济，从海洋中创造更多财富，最终确保非洲人民的福祉。

《非洲渔业和水产养殖政策框架及改革战略》战略指导非洲渔业向有生产力、可持续性、营利性转型，并提供加强资源区域协作管理的备选方案，推动非洲各国政府制定相应的渔业和水产养殖发展举措。

（二）非洲蓝色经济发展前景

非洲的蓝色经济创造了 2960 亿美元的价值，4900 万个就业岗位。预计到 2030 年，将达到 4050 亿美元、5700 万个就业岗位。非洲蓝色经济的主要驱动部门是滨海旅游业、海上油气业、渔业、港口和航运。

预计到 2063 年，将创造 5760 亿美元的价值和 7800 万个就业岗位。非洲各海洋产业发展情况如下：一是港口的运输量将超过 20 亿吨；二是捕捞渔业产量保持不变，而非洲的水产养殖部门将填补鱼类供需缺口；三是可持续蓝色能源占总能源贡献的 7%，金额可达 23 亿美元左右；四是海上石油与天然气增加值可能分别达到约 1000 亿美元和 1400 亿美元；五是滨海旅游业将产生 1380 亿增加值，带动就业人数为 3500 万；六是蓝碳价值达 700 亿美元，并有效保护与修复沿海生态系统；七是研究和教育是非洲蓝色经济发展的重要支柱。

（三）蓝色经济变革的主要驱动力

非洲人口数量增长。到 2030 年非洲人口将达到 16 亿，2063 年增长至近 30 亿。人口的增长将大幅增加商品和服务的需求，非洲进口额度将大幅度增加，港口运输量同步增长。需同步发展供应链，以适应非洲人口数量的增长。

区域／国际一体化发展。非洲大陆自由贸易区协定（African Continental Free Trade Area Agreement，AFCTA）、经济伙伴协议（Economic Partnership Agreement，EPA）、中国与非洲贸易协定推动非洲大陆内、非洲与其他大陆之间的商品和服务活动，从而促进海运和水路运输的扩大。

国家自主贡献机制（Nationally Determined Contributions，NDCs）。《巴黎协定》框架下的"国家自主贡献机制"是蓝色经济在碳捕获与碳存储领域举措的重要组成部分，将"国家自主贡献机制"与低碳经济、缓解气候变化等相结合，推动联合国 2030 年可持续发展目标与非盟《2063 年议程》的实现。

环境和生物多样性保护。非洲将增加保护性投资，提升流域及水区资源的碳汇功能，改善非洲沿海地区在化学与塑料等方面的污染状况。非洲部分国家开展减缓土地退化相关项目将进一步促进蓝色生态系统的加强。

可持续蓝色能源。未来人口增长会引发能源需求急剧上升，预计 2030 年撒哈拉以南的非洲地区一次能源需求总量将增长 30%，可再生能源技术将占非洲最终能源消费总量的 22% 左右。可持续蓝色能源潜力巨大，纳入非洲国家能源结构至关重要。

海洋采矿。海洋采矿业满足全球需求和国家经济发展，也为非洲地区的财政收入和国民经济发展做出了巨大贡献。未来全球对矿物需求不断增加，深海采矿和海水开采有助于非洲国家经济发展。

创新产业的发展。蓝色经济产业部门创新提升技术发展速度，尤其在可持续蓝色能源和海洋采矿业中，通过技术进步创造繁荣的非洲。

国家及大型企业运输战略。为应对未来激增的交通运输量，非洲国家制定相应的交通发展战略，包括港口现代化、交通基础设施建设等。

二、非洲蓝色经济发展面临的挑战

非洲蓝色经济发展面临的挑战主要来源于战略性、技术性两个层面，战略性挑战围绕蓝色治理、生态、经济与社会、营养需求、环境变化五个领域，技术性挑战则聚焦于蓝色潜力评估、蓝色经济核算、海洋空间规划等五个方面。

（一）战略性挑战

蓝色治理。非洲蓝色经济在体制和治理方面仍存在重大挑战，在一定程度上限制了非洲各国蓝色经济相关新政策的制定与执行。

生态。海洋勘探的投资需要有效的监管框架，健全的创新、技术转让、管理政策，提升国家（地区）相关机构的职能，激励蓝色经济相关部门。

经济与社会。非洲大多数沿海地区贫穷、当地人受教育程度低，往往不具有决策能力。非洲联盟成员国一方面努力消除贫困；另一方面积极将贫困沿海地区纳入蓝色经济发展进程，赋予沿海地区一定的权利。

营养需求。55 个非洲联盟成员国中，至少有 35 个国家处于鱼类生产赤字，高度依赖鱼类进口的情况中。未来全球对海产品的需求将不断增加，非洲也会面临食品出口与当地居民营养需求的挑战。

环境变化。气候变化影响非洲的生态系统和粮食系统，为减少社区对气候变化的影响，确保粮食和食品安全，非洲联盟成员国需提升复原力。非洲各国需遵守国际（区域）公约、标准，尤其是在海洋塑料和化学产品方面。

（二）技术性挑战

蓝色经济发展受到的主要技术性挑战包括蓝色潜力评估、蓝色经济核算、海洋空间规划、海洋综合管理、海洋综合监管五个方面。具体情况如下：

蓝色潜力评估：主要针对蓝色能源和海洋矿产潜力。

蓝色经济核算：指建立适当的国民核算制度，集中记录蓝色经济和生态系统相关部门的年度变化，蓝色经济核算有望成为评估气候变化行动的基石。

海洋空间规划：规划具有较好的协同作用，非洲数十个国家启动了海洋空间规划进程，为蓝色经济活动和蓝色生态系统保护协调空间。

海洋综合管理：通过汇集政府、组织和利益攸关方，实现更有效、更包容、更可持续的管理，非洲联盟成员国考虑将大型海洋生态系统（LME）和流域方法（WSA）制度化，建立一套综合管理指标（社会经济、社会治理、渔业、生态系统健康）来评估生态系统的变化状况。

海洋综合监管：专属经济区的安全对于蓝色经济的可持续发展至关重要，通过地区或大型交易委员会间的联合行动，遏制非法、不报告、不受管制（IUU）捕捞，非法贩运，海盗和海上犯罪。

三、非洲蓝色经济发展的战略目标

非洲蓝色经济向包容的、可持续的模式发展，促进非洲大陆经济增长、转型是该战略的总体目标；非洲蓝色经济发展的具体目标分为海洋渔业、交通运输、可再生能源、气候韧性等多个方面。

（一）总体目标

通过增强海洋和水生生物技术、渔业捕捞活动管理和环境可持续方面的知识，开发和利用深海矿物和其他海洋资源，促进全非洲航运业的发展，包括海洋、河流和湖泊之间的运输，指导非洲发展包容的、可持续的蓝色经济，使蓝色经济成为非洲大陆经济转型和增长的重要贡献者。

（二）五大专题领域目标

《战略》具体目标分为如下五个专题领域：一是渔业、水产养殖的保护与可持续生态系统；二是航运、贸易、港口、海事安全与执法；三是沿海和海洋旅游、气候韧性、环境和基础设施建设；四是可再生能源、矿产资源和创新产业；五是政策、体制、就业和消除贫困等，见表1—表5。

表 1　渔业、水产养殖的保护与可持续生态系统（领域一）

领域一	战略目标	子目标
渔业、水产养殖的保护与可持续生态系统	目标一：优化和保护可持续渔业及水产养殖的发展，减少与其他蓝色经济发展领域的冲突	（1）建立协调机制，使渔业、水产养殖与其他蓝色经济主题相协调
		（2）促进水生资源的保护和可持续管理
		（3）建立蓝色经济主题的区域和次区域合作
	目标二：充分发挥渔业创造财富的潜力，增加水产养殖部门对蓝色经济增长的贡献	（1）发展小规模渔业，尽量减少其他蓝色投资的负面影响
		（2）促进可持续水产养殖、观赏渔业和旅游业的蓝色价值链
		（3）实现负责任、公平的鱼品贸易和营销，包括区域间的包容性和跨境鱼品贸易
		（4）吸引和促进公私合作（PPP）对渔业和水产养殖业的投融资，充分发挥蓝色增长潜力
		（5）加快发展蓝色经济相关渔业和水产养殖鱼类加工和储存能力
		（6）最大限度地利用公海渔业的利益
	目标三：确保可持续发展的社会、经济、环境、成果公平、人权，同时保证自然资本及蓝色投资	（1）制定蓝色增长的沟通策略，提高蓝色增长意识，增强人的能力
		（2）确保渔业和水产养殖投资的安全
		（3）创造安全的工作条件和保障
		（4）增强抵御能力，降低气候变化影响的脆弱性
		（5）赋予妇女、青年在渔业和水产养殖业权力
		（6）恢复、保护受威胁的渔场（区域），防止陆源污染和水生环境退化

资料来源：整理自《非洲蓝色经济战略》。

表2 航运、贸易、港口、海事安全与执法（领域二）

领域二	战略目标	子目标
航运、贸易、港口、海事安全与执法	目标一：以合理的价格运输非洲国家的货物	（1）控制海运费和其他运输成本
		（2）促进部门的良好治理
		（3）推动管理人员的培训
		（4）确保非洲海域的安保和安全
	目标二：发展洲际贸易	（1）交通走廊的创建和发展
		（2）发展次区域沿海运输
		（3）人员和货物自由流动的公约和协定及标准的适用

资料来源：整理自《非洲蓝色经济战略》。

表3 沿海和海洋旅游、气候韧性、环境和基础设施建设（领域三）

领域三	战略目标	子目标
沿海和海洋旅游、气候韧性、环境和基础设施建设	目标一：确保沿海社区与经济发展的环境可持续性与气候适应性发展	（1）制定可持续环境管理的综合战略
		（2）发展气候适应型经济体与社区的能力
		（3）确保海洋生态系统的平衡
		（4）改善当地社区的生计
		（5）制定风险管理框架
		（6）开发信息数据库、发展传播机制
	目标二：发展综合、可持续发展沿海、海洋旅游业	（1）制定区域合作的综合战略
		（2）增强区域机构的能力
		（3）协调跨界事项的合作
		（4）加强公共和私营部门之间的伙伴关系
		（5）促进研发与技术转让
		（6）支持综合规划机制
		（7）加强内部协调机制
	目标三：可持续发展的旅游业	（1）制定可持续旅游业的综合战略
		（2）制定综合旅游基础设施战略
	目标四：基础设施韧性、蓝碳及其他生态系统服务	（1）制定弹性基础设施策略
		（2）建立包括基础设施在内的战略联系

资料来源：整理自《非洲蓝色经济战略》。

表 4　可再生能源、矿产资源和创新产业（领域四）

领域四	战略目标	子目标
可再生能源、矿产资源和创新产业	目标一：释放可持续的蓝色能源潜力	（1）增加蓝色能源在能源结构中的利用率
		（2）增加可靠、可负担、现代能源的贡献
		（3）评估足够的基础设施的可用性（国家层面、区域层面、非洲大陆层面）
		（4）为蓝色经济提供动力
	目标二：为可持续蓝色能源的开发和应用创造有利的监管环境	（1）改革不可持续的金融结构，创造有利的能源融资工具
		（2）制定可持续的蓝色能源总体规划和政策衍生品
		（3）制定环境影响评估指南
	目标三：满足不断增长的矿产资源需求，以便达到经济繁荣	（1）增加深海海底和海水开采的产量，以满足需求和经济繁荣
		（2）为深海勘探建立有利的监管框架
		（3）促进可持续、环保的深海勘探
		（4）能力建设和技术转让
	目标四：通过研发增强创新产业的潜力	（1）制定政策框架，加快蓝色经济技术的转移应用
		（2）加强机构、基础设施和人的能力
		（3）促进创新产业的应用
		（4）创建创新的产业数据库和支持工具

资料来源：整理自《非洲蓝色经济战略》。

表5 政策、体制和治理方法、就业、创造工作岗位和消除贫穷、
非洲蓝色经济背景下的创新筹资（领域五）

领域五	战略目标	子目标
政策、体制和治理方法、就业、创造工作岗位和消除贫穷、非洲蓝色经济背景下的创新筹资	目标一：加强政策环境和治理机构，以协调非洲蓝色经济	（1）促进政策实践和协调部门、级别内部和跨部门监管框架的一致性
		（2）有能力的机构，采取促进部门间合作、实施和问责制，以实现非洲的蓝色经济目标
		（3）加强各级分析和信息支持系统，以便做出明智的决策和报告
	目标二：让非洲蓝色经济促进其经济发展转型	（1）协助非盟成员国和区域经济委员会将可持续和包容性蓝色经济成为综合战略的主流，重点是增强价值链
		（2）将非洲大陆自由贸易区协议和框架纳入主流工作机制和框架
		（3）增强蓝色经济能力，加速科学技术创新
	目标三：非洲将发挥领导作用为蓝色经济开发融资	（1）创新融资工具、推动因素，以便在国家、区域和大陆各级实施蓝色经济战略
		（2）启动财政改革和其他激励措施，改善金融体系，改善PPP和融资（成员国和非成员国）
		（3）促进建立非洲蓝色商业联盟，促进非洲水生生态系统的健康和可持续利用

资料来源：整理自《非洲蓝色经济战略》。

《发展可持续蓝色经济的新方法促进欧盟蓝色经济未来向可持续转型》简介*

刘禹希　林香红**

2021 年 5 月 17 日，欧盟委员会向欧洲议会、欧盟理事会、欧洲经济和社会委员会以及欧洲地区委员会提交了政策文件《发展可持续蓝色经济的新方法促进欧盟蓝色经济未来向可持续转型》（On a New Approach for a Sustainable Blue Economy in the EU Transforming the EU's Blue Economy for a Sustainable Future）。该文件提出了转变蓝色经济价值链的五个方向，支持蓝色经济可持续发展的四大举措，为可持续治理创造条件的五种途径。

一、转变蓝色经济价值链

欧盟蓝色经济实现从"蓝色增长"到"可持续蓝色经济"的转变，将成为创新、经济复苏、保护环境的行动与源泉。蓝色经济价值链的转变从如下五个方面开展。

---

* 作者根据欧盟委员会的报告《发展可持续蓝色经济的新方法促进欧盟蓝色经济未来向可持续转型》编译，原报告共 21 页。

** 刘禹希,国家海洋信息中心研究实习员;林香红,国家海洋信息中心副研究员。

（一）实现气候中和、零污染的目标

可持续的蓝色经济为实现《欧洲绿色协议》的目标提供了许多解决方案，采用开发海洋可再生能源、绿化海运及港口等措施促进碳中和。

为实现"2030 年将温室气体排放量至少减少到 1990 年水平的 55%，并在 2050 年实现气候中和"这一目标，欧盟将其分解为如下三个方面：（1）《欧盟离岸可再生能源战略》提出实现"到 2030 年将海上可再生能源容量增加 5 倍，到 2050 年增加 30 倍"的目标；（2）《欧洲绿色协议》中要求的包括海上运输（包含渔业捕捞）在内所有运输方式温室气体排放减少 90%，减少空气污染、水污染和噪声；（3）《可持续和智能交通战略》确定在 2030 年之前将首批零排放船舶投放市场，使用低碳燃料并促进生产。

为支持能源生产、海运和港口的脱碳和去污染，委员会将采取如下行动：（1）创建蓝色论坛，为从事海洋商业活动、利益相关者和科学家搭建沟通平台，协同蓝色经济发展，调和海洋使用过程中的竞争。（2）欧盟资金促进绿色海运：增加短途海运，避免多污染模式；改造欧盟海上船队，提高能源效率；发展欧盟先进的制造、技术能力。（3）欧洲海事、水产养殖和渔业基金支持捕捞船队采用更清洁的动力与技术，前提是不导致产能过剩和过度捕捞。（4）实现零排放港口目标，与欧洲港口论坛、可持续港口小组合作，讨论并推广优秀经验。（5）支持成员国通过增强欧盟民事保护机制、欧洲海事安全局的反污染措施应对海洋污染事故。

（二）循环经济和防止浪费

减少人类活动对海洋的影响是集体责任，蓝色经济在防治污染工作中发挥重要作用。《海洋战略框架指令》和《欧洲海洋、渔业和水产养殖基金条例》加强了一次性塑料、丢弃或废弃渔具的管理规定。为解决海洋中的主要污染源，委员会将采取如下行动：

（1）到 2030 年将海上塑料垃圾、海洋营养物质流失、化学药剂使用的风险减半。

（2）在产品生命周期的各阶段，限制有意微塑料添加，并针对无意释放的微塑料制定标签、标准化、认证和监管等。

（3）确保在港口捕捞中不产生垃圾，并在事后回收由塑料制成的渔具。委员会将制定行业标准化法案，机构制定可回收渔具标准。

（4）建议修订《船舶回收条例》和欧盟对海上平台退役的要求，确保保护海洋环境。

（三）保护生物多样性并增加自然投资

保护生物多样性被视为海洋经济活动的基本原则。2020 年《欧盟 2030 年生物多样性战略》强调，若保护范围扩大到欧盟 30% 的海域并创建生态走廊，将扭转生物多样性流失趋势，有助于减缓、抵御气候变化，带来显著的社会收益。

为了保护和恢复海洋生物多样性，委员会计划采取如下行动：

（1）提出具有法律约束力的欧盟提案，恢复退化的生态系统，特别是产卵场、育幼场、碳汇生态系统。

（2）到 2021 年底，提出一项保护渔业资源、海洋生态系统的新行动计划，将特别研究保护敏感物种和栖息地。

（3）与成员国（地区）、欧洲环境署合作，确定海洋保护区，在 2021 年底前采取保护措施。

（4）促进支持地方参与海洋保护（如社区主导的地方发展团体、渔业地方行动团体等）。

（四）提升沿海生态系统韧性

在沿海地区发展绿色基础设施有助于保护生物多样性、沿海生态系统，促进沿海地区经济的可持续发展，委员会将：

（1）缩小知识差距，鼓励创新，提高沿海地区气候适应能力；

比较分析传统方案与基于自然的方案。

（2）提高哥白尼计划和欧洲海洋观测数据网络的观测预报能力，更好预测极端天气事件和海平面上升的影响。

（3）促进统一海域有共同需求沿海和岛屿地区间合作，以制定适应战略和沿海地区联合管理方法，投资于可持续的沿海防御，并适应沿海经济活动。

（4）在欧盟基金的支持下，协助成员国进行长期规划和分阶段投资。

（五）建立负责任的食品系统

蓝色经济可减轻气候和粮食生产造成的自然资源压力。为在蓝色经济中建立可持续的粮食系统，委员会将：

（1）到2023年提出一项包括渔业和水产养殖品框架的立法提案，促进向可持续粮食系统的过渡。

（2）到2022年提出一项关于现代化、可持续海鲜营销标准的立法提案，为供应链中的消费者和经营者提供有关海鲜环境和社会可持续性、碳足迹的信息。

（3）到2022年采取一项专门的藻类发展倡议，支持欧盟藻类产业发展。该倡议将通过降低应用成本、促进市场准入、提高消费者对藻类产品的认识和接受度，缩小在知识、研究和创新方面的差距，促进藻类作为新型食品的授权。

（4）支持渔业控制的数字化转型，修订渔业控制系统，促进渔业规则的执行。

（5）评估细胞培育海产品的潜力、研究和投资需求。

（6）在执行共同渔业政策时，加强地中海和黑海的渔业管理，与各利益相关者合作，加快西地中海渔业管理计划的实施。

二、支持可持续蓝色经济发展

为支持和促进蓝色经济可持续发展，欧盟委员会从海洋知识、研究与创新、蓝色投资、蓝色技能与就业等方面制定了具体举措。

（一）海洋知识

高质量和统一的海洋数据是向可持续蓝色经济转型的先决条件，为了提高欧盟海洋数据的信息化水平，应对复杂的环境和社会经济变化，为"联合国海洋科学促进可持续发展十年（2021—2030 年）"（以下简称海洋十年）计划做出贡献。

为了创造向可持续蓝色经济过渡所需的知识，委员会将：

（1）到 2022 年制定一项海洋观测倡议，组织和协调不同目的海洋数据收集工作，如环境监测、渔业和水产养殖管理等。

（2）2021 年欧盟委员会及其联合研究中心合建蓝色经济观察站，发布年度蓝色经济报告，并提供蓝色经济脱碳的最新进展。

（3）发布稳定的方法论，将"自然资本"的概念融入经济决策中。评估、量化海洋生态系统服务的经济价值，维持海洋环境健康所带来的社会经济成本和收益。

（4）扩展哥白尼海洋服务机构，为欧盟海洋预报提供参考，努力建立泛欧和全球沿海服务的气候中心。

（5）加大建模投资，以在时间和空间上实时监测生态系统和渔业资源。

（二）研究与创新

为推动欧盟海洋经济可持续转型，建立可持续蓝色经济价值链，实现绿色和数字的双重转型，委员会将通过以下举措：

（1）候选任务"健康海洋、沿海和内陆水域"旨在减少对海洋生态系统的干扰，恢复海洋和淡水生态系统，解决生物多样性丧失，促进以蓝色经济解决方案实现碳中和。

（2）借助欧盟、各国政府和国家研究资助机构共同资助的公共倡议，推动2023年启动的欧洲气候中立、可持续和高效蓝色经济伙伴关系。

（三）蓝色投资

实现欧洲绿色协议的目标需要进行大量投资，降低不成熟技术或项目的成本和不确定性。欧盟委员会将开展如下工作：

（1）与欧洲投资银行合作，激励私人投资和公共开发银行，共同努力减少欧洲海域污染，尤其是地中海区域。

（2）与欧洲投资基金合作，探索使用共享管理金融工具实现可持续蓝色经济框架。

（3）利用私人资本为"蓝色科技"初创企业和早期公司提供风险投资，委员会的蓝色融资平台提供针对建议，预算担保。

（4）修订《国家援助规则》和《可再生能源指令》，为以环境友好和成本高效的方式推广清洁能源创造条件。

（四）蓝色技能和就业

尽管就业市场普遍放缓，但双重转型带来了巨大的就业潜力，同步提高公众对蓝色经济职业的认知。委员会旨在：

（1）在欧盟工业战略前提下，鼓励和促进蓝色经济相关的工业生态系统建立技能伙伴关系。

（2）2022年，在欧洲海事、水产养殖和渔业基金下发起一项关于蓝色职业的新提案征集活动，以提高女性在蓝色经济中地位和代表性。

（3）促进国际劳工组织和国际海事组织公约的转换或采用，改善工作条件并协调船员的培训要求，提升行业形象。

三、为可持续治理创造条件

海洋为人类社会创造了巨大的收益，但面临着被过度开发利用的风险，需要有关海洋空间规划、公民参与、区域合作、海上安全及国际政策的规则和公约来保障。

（一）海洋空间规划

海洋空间规划是防止政策优先事项之间冲突，协调自然保护与经济发展的重要工具。《海洋空间规划指令》确保国家海洋空间计划与国家能源和气候计划相一致，在规划早期阶段识别并避免对自然环境的潜在负面影响。委员会将：

（1）欧盟计划于 2021 年 3 月通过国家海洋空间规划后，发布 2022 年欧盟海洋空间规划指令实施情况报告，并编写如何促进跨境合作和鼓励成员国将近海可再生能源发展目标纳入其国家空间规划的提案。

（2）2021 年开始审查《海事战略框架指令》，并在 2023 年之前修订该指令。

（3）制定基于生态系统的海洋空间规划方法指南，将同一地点的不同活动结合起来，促进海洋空间的多用途。

（二）公民参与和海洋素养

可持续的蓝色经济政策将通过公民参与来鼓励和改进。

（1）欧盟委员会将设立"欧洲海洋联盟"，将海洋问题带入课堂，吸引公民参与，并扩大影响、进行推广。

（2）与教科文组织政府间海洋学委员会、各成员国和国际合作伙伴合作，为"海洋十年"的海洋扫盲计划做出贡献。

（三）海盆、区域合作和对沿海地区的支持

为落实《2020年大西洋行动计划》《西地中海海洋战略》《黑海共同海洋议程》《欧盟亚得里亚海和爱奥尼亚海区域战略》《欧盟波罗的海区域战略》中支持海盆和宏观区域的合作框架，复苏受新冠疫情影响严重的旅游业目标。为了支持沿海地区的恢复，委员会旨在：

（1）充分利用欧盟的资金和激励措施，协助地方层面绿色管理和数字化转型。委员会将制订"本地绿色交易蓝图"支持计划和战略指导，敦促成员国将海盆和宏观区域战略纳入欧盟基金规划中。

（2）通过欧盟基金支持海洋和沿海生态旅游的发展。

（3）根据2017年第623号决议，支持外领地生态系统保护；把握大型专属经济区提供的机会，制定其可持续蓝色经济战略，采取最佳实践应对气候挑战。

（4）继续向邻国和欧盟扩大进程的候选国投资，发展蓝色经济供应链，落实地中海联盟关于可持续蓝色经济的第二次部长级宣言，与南欧国家恢复伙伴关系并实施西巴尔干半岛经济和投资计划。

（四）海事安全

安全可靠的海洋空间是维护欧盟战略利益的先决条件，保护海上及沿岸的公民和经济活动。委员会提议在2024年推出分阶段运营的环境信息共享平台，以在欧盟海事监督机构间建立完善的信息共享系统。

（五）促进国际上的可持续蓝色经济

促进欧盟可持续的蓝色经济不是欧盟的边界，蓝色经济的价值链是全球性的。委员会将：

（1）根据第 15 次《联合国生物多样性公约》缔约方大会上主张制定的 2020 年后全球生物多样性框架，通过保护至少 30% 海域，以保护和恢复海洋生态系统和栖息地。

（2）支持在第 4 次《联合国海洋法公约》政府间会议上就国家管辖范围以外区域的海洋生物多样性达成的协议，促进公海资源的保护和可持续利用。

（3）倡导关于塑料使用全球协议达成，采用循环经济方法处理塑料，为应对塑料污染奠定基础。

（4）世界贸易组织完成关于渔业补贴的多边谈判，实施联合国可持续发展目标 14.6——禁止某些助长产能过剩和过度捕捞的渔业补贴形式，并取消助长非法、不报告、不受管制（IUU）的捕捞。

（5）采用外交手段，促成南大洋三个广阔海洋保护区（南极东部、威德尔海和南极半岛）的协议。

（6）支持非欧盟国家推进其可持续、包容和公平的蓝色经济，将可持续蓝色经济理念应用于全球海洋治理合作中，考虑成立欧盟—非洲蓝色工作组。

（7）支持多边倡议，例如"联合国生态系统恢复十年"和"海洋十年"，特别是在海洋观测、海洋建模和数据共享基础设施方面。

（8）与教科文组织政府间海洋学委员会合作，在国际上促进海洋空间规划。

（9）根据国际海洋治理论坛最近的磋商和建议，更新其国际海洋治理议程。

美国国家海洋和大气管理局
《蓝色经济战略计划（2021—2025 年）》简介*

刘禹希　林香红**

2021 年 1 月 19 日，美国国家海洋和大气管理局（NOAA）发布《蓝色经济战略计划（2021—2025 年）》（NOAA Blue Economy Strategic Plan 2021–2025），该战略计划从海上运输、海洋勘探、海产品竞争力、旅游休闲业、沿海地区复原力等领域提出了相关举措，进而促进美国蓝色经济发展。

一、总体目标

《蓝色经济战略计划（2021—2025 年）》旨在实现以下三个目标：一是加强并改进有助于推进美国蓝色经济的美国国家海洋和大气管理局数据、服务和技术资源；二是与合作伙伴合作，支持有助于美国蓝色经济发展与可持续增长的商业和创业活动；三是确定并支持有助于加快国家经济复苏的蓝色经济领域增长。

---

　　*　作者根据英文报告 NOAA Blue Economy Strategic Plan 2021–2025 编译，原报告共18 页。

　　**　刘禹希,国家海洋信息中心研究实习员；林香红,国家海洋信息中心副研究员。

二、五年战略计划（2021—2025 年）

《蓝色经济战略计划（2021—2025 年）》提出了以下 7 个总体目标和相关举措：

目标 1：促进美国国家海洋和大气管理局对海洋运输的贡献

1. 持续提供海洋运输业的海洋经济数据，有利于公众和利益相关方投资与支持。

1.1 继续通过国家海洋经济观测数据集（ENOW）和海洋经济卫星账户（MESA）提供海洋运输业的经济时间序列数据。

2. 提升美国海上公路基础设施的安全性和实用性。

2.1 通过 S-100 框架在美国主要港口、航道和海上航线分发精确的海洋导航数据，如海面水流预报、海洋气象灾害和高分辨率测深，降低生命和财产风险，优化货物装载，并改进航线规划。

2.2 加强海洋运输和商业航运活动的安全。

2.3 改进海洋天气预报，实现高效的海上贸易。

3. 充分实现实时数据观测对导航服务的价值与影响。

3.1 将美国国家海洋和大气管理局物理海洋学实时系统（NOAA PORTS）合作计划覆盖的前 175 个美国港口的累计百分比每财年增加 1%。

3.2 将志愿观测船（VOS）计划的参与率提高 20%，通过更好的天气警报和预报，改善海上航行安全，加强安全服务。

3.3 更新国家潮汐基准面和国际五大湖基准面数据，继续提供准确的水位测量数据，支持海上贸易安全和沿海地区复原力。

4. 更新国家潮汐基准面和五大湖基准面数据，继续提供准确的水位测量数据，支持海上贸易安全和沿海地区复原力。

4.1 2022 财年在五大湖 200 多个位置完成全球导航卫星系统

实地调查活动。

4.2 收集五大湖的季节性测量数据。

4.3 计算 100 多个主要控制水位站的新潮汐基准。

4.4 发布 2000 多个位置的最新潮汐基准和基准表。

4.5 发布最新的国际五大湖基准水位高度。

5. 改进国家空间参考系统（NSRS），实现系统现代化，实现全国范围内使用全球卫星导航系统（GNSS）定位技术，并支持纬度、经度和几何高度的厘米级别测量，大幅度降低误差。

5.1 完成"重新定义美国垂直基准重力（GRAV-D）"项目。

5.2 更新重点港口和其他重要地区的国家海岸线，更新海图特征，提高航行安全。

5.3 提供修订后的西海岸垂直基准转换（VDatum）模型。

6. 描述美国及全球沿海海洋表面风向，促进海洋运输和海上风能行业发展。

6.1 根据美国国家海洋和大气管理局与合作伙伴的卫星和现场平台观测结果，创建全球和区域网格化高分辨率海面风产品，并向公众、海洋运输和海上风力发电社区免费提供。

7. 改善美国港口和航道的海上航行水平。

7.1 扩大美国港口的雾能见度操作工具，促进安全航行和高效的海上贸易活动。

7.2 为至少一个墨西哥湾沿岸新港口开发海上航道预测产品或服务，包括雾预测和相关决策支持服务。

目标 2：测绘、勘探并表征美国专属经济区

1. 协调并执行美国专属经济区（EEZ）测绘活动。

1.1 根据《国家海洋测绘、勘探和描述委员会战略》和既定标准和协议，与公共和私营部门合作伙伴一同完成海洋测绘活动。

1.2 将发送至国家环境信息中心（NCEI）／数字测深数据中心（DCDB）的众源数据归档并发布给用户。

1.3 提交的 90% 的海洋和海岸测绘数据在收到后 90 天内存档、清点并发布。

2. 根据《国家海洋测绘、勘探和描述委员会战略》，协调并执行勘探，并描述美国专属经济区的活动，支持蓝色经济目标。

2.1 提供机构内、机构间和跨部门投入确定的战略勘探和特征描述优先事项。

2.2 利用现有的供资机制（如资助、合同等），利用新伙伴关系和外部伙伴关系，支持海洋勘探和描述任务。

2.3 及时将美国国家海洋与和大气管理局、合作伙伴和其他适当考察的海洋勘探和特征描述数据归档并提供给公众。

2.4 为海洋勘探和描述制定数据收集和质量标准，获得可用于跨部门多目标的强大数据集。

2.5 提供地表和地下碳变量的气候平均图，协助量化海洋酸化（北美沿海碳合成）。

3. 支持促进海洋测绘和勘探项目许可的工作。

3.1 与海洋资源管理（ORM）小组委员会协调，简化许可和授权流程。

4. 推动支持海洋测绘、勘探和描述的科学技术。

4.1 将海洋测绘、勘探和描述的应用纳入 6 个美国国家海洋和大气管理局科技重点领域实施计划中。

目标 3：实施《促进海产品竞争力与经济增长的行政命令》

1. 消除美国渔业面临的障碍。

1.1 收集区域渔业管理委员会的建议,减轻国内渔业的负担,

岛国家海洋保护区的 7 处标志性珊瑚礁。

2.4 制定第二版国家珊瑚礁监测计划状态报告，记录珊瑚礁和人类联系的状态和趋势。

2.5 实施美国国家科学院（NAS）研究评估中评估的一项或多项潜在珊瑚干预措施，提高珊瑚礁的持久性和恢复力。

2.6 使用《珊瑚恢复规划和设计管理者指南》，在所有 7 个有珊瑚礁的州和地区制订珊瑚恢复计划。

2.7 制订珊瑚礁应急响应和资源恢复指南，并分发给美国 7 个珊瑚礁管辖区。

2.8 估算美国珊瑚礁为社会提供的价值，进一步管理依赖于珊瑚礁系统的生态系统服务和经济机遇。

3. 实施国家海洋废弃物战略。

3.1 与联邦合作伙伴合作，确定支持国家海洋废弃物战略的行动。

3.2 建立微塑料数据库，促进了解微塑料分布及其对海洋环境和生物群、娱乐和渔业的影响，并展开监测。

4. 与救生组织和沿海旅游部门密切合作，制定合作战略，改善海滩和冲浪区的安全性和信息发布水平。

4.1 与气候应对国家大使（Weather–Ready Nation Ambassador）[①]合作，将安全信息传递扩大到新的领域，包括急流和防波堤。

4.2 为公众提供海岸建模指导（波浪、浪涌、淡水影响、急流），拯救生命和财产，促进国民经济发展。

4.3 为公众提供美国沿海水温（近实时和平均值）。

4.4 通过美国国家海洋和大气管理局极端天气信息表

---

① 包括 Surfing.com 网站的全球波浪（World of Waves）和积极海洋（Ocean Positive）。——译者注

（NEWIS）向美国沿海居民提供最新的当地紧急情况信息。

5. 了解并宣传旅游与休闲业对国家、沿海各州和社区的价值。

5.1 a)继续通过国家海洋经济观测数据集向旅游与娱乐业提供经济时间序列数据；b)通过海洋经济卫星账户（视可用资源而定）向公众和利益相关方提供旅游与娱乐行业特有的经济时间序列数据。

5.2 对国家海洋保护区的使用类型、分布和强度进行全面评估。

5.3 利用《国家海洋保护区法案》（NMSA）颁布 50 周年的契机，扩大国家海洋保护区的知名度，支持国家海洋保护区提供的娱乐与旅游机会。

5.4 创建国家海洋保护区商业认可计划。

5.5 完成美国珊瑚礁的综合生态系统服务评估。

5.6 量化全国各地减少有害藻华的经济影响和成本。

6. 评估并解决旅游与休闲业的准入机会。

6.1 提高沿海娱乐区的准入机会，确保参与并促进包容性的户外活动。

6.2 与州、地方、部落、地区、非营利组织和私营部门举行区域研讨会，确定支持旅游与娱乐业扩张的新机遇／现有机遇。

7. 实施国家海水休闲渔业政策。

7.1 与美国国家海洋和大气管理局及外部合作伙伴合作，促进和支持公众可获得的可持续休闲渔业机遇。

目标 5：增强美国海洋、海岸和五大湖沿岸社区的复原力

1. 增加对参数保险行业的支持。

1.1 确保开发个人风险产品的私人合作伙伴数据可供访问。

2. 利用针对海洋经济并有助于风暴后规划与重建，具有复原

力工作的数据和工具，开展宣传与交流。

2.1　提供海平面上升观测和湖泊水位观测器的经济业务就业数据，确保就业岗位的弹性规划（项目正在进行中）。

2.2　利用美国环境系统研究所公司（ESRI）商业分析软件大致了解所有沿海县区域的情况，这些区域容易受到洪水影响，并附有海洋企业和就业数据以及海平面上升和洪水数据（项目正在进行中）。

2.3　提供培训，帮助沿海管理人员确定易受沿海灾害洪水影响的经济行业和工作岗位，并提供有效方法描述沿海灾害造成的潜在经济损失。

2.4　通过绿色基础设施数据库收集和分享最新的成本和效益数据，用于估算沿海绿色基础设施项目的经济影响。

3. 按地区设立美国沿海地区海岸规范。

3.1　为大西洋沿岸地区（北大西洋、南大西洋和墨西哥湾）提供标准计算和基于网络的产品。

4. 不断更新海岸数字高程模型（Digital Elevation Models，DEMs）。

4.1　更新区域和地方数字高程模型。

5. 启动海岸风事件与水事件数据库（Coastal Wind and Water Events Database，CWWED）。

5.1　海岸风事件与水事件数据库1.0版本投入运营。

6. 改进美国的海岸地形模型（Coastal Relief Models，CRM）。

6.1　更新海湾西部／中部、新英格兰和夏威夷的海岸地形模型。

7. 改进海洋气候学。

7.1　提供每月更新的海洋热含量、盐含量和立体海平面时间序列，了解影响沿海社区的全球和区域变化。

8. 完成海上溢油修复卫星产品开发。

8.1 在墨西哥湾开发石油平台变化检测产品，并过渡到可运营阶段。

8.2 完成溢油厚度产品开发并过渡到运营阶段。

8.3 维护溢油覆盖产品，检测和跟踪事件驱动的溢油。

9. 在美国国家海洋和大气管理局内部和"天气、水、气候"之间制定全面的综合性水预测策略，支持沿海地区复原力并保障商业活动

9.1 通过开发卫星沿海洪水测绘试验产品，支持沿海旅游。

9.2 实施非热带风暴潮建模能力，提高沿海地区淹没模型的准确性和覆盖率，进一步为应急管理人员和公众提供信息。

9.3 部署具有初始海岸耦合能力的国家水模型 3.0 版本，提供包括淡水、风暴潮和潮汐在内的综合水预测功能。

9.4 为几乎所有的美国居民实施洪水淹没测绘，为应急管理人员提供更好的决策支持产品。

10. 确定新方法／已有方法，支持增强沿海地区复原力的机会。

10.1 与州、地方、部落、地区、非营利和私营部门举行区域研讨会。

10.2 制定一个国家目标，在濒危地区（遭受湿地和沼泽损失）增加湿地和其他沿海地区保护生态系统，并确定支持这一工作的合作伙伴。

10.3 与联邦紧急事务管理局（FEMA）和金砖国家（BRICS）计划合作，确定是否可以制定优先事项，为沿海地区恢复工作提供资金。

10.4 推进现有建模方法，评估沿海沼泽健康状况，并确定鼓励现有沼泽恢复力或实现沼泽迁移和生长的机会。

10.5 评估海岸线稳定、生态系统恢复和生境保护的自然和基

于自然的基础设施的有效性，并提供实施指导。

11. 在美国国家海洋和大气管理局各职能部门制定一套生态系统预测战略，支持沿海地区在公共卫生和安全领域的社区复原力。

11.1 编写一份美国国家海洋和大气管理局生态系统预测组合战略计划，其中包括改进生态系统预测公告的行动（如有害藻华、马尾藻），以及改进生态预测产品和服务转型的行动。

目标6：提升重点交叉领域，以可持续方式发展美国蓝色经济

1. 定期评估美国国家海洋和大气管理局蓝色经济行动，并评估进度。

1.1 制定量化机构范围经济影响的指标。

1.2 a) 衡量海洋经济行业和活动对美国经济的贡献。维护和更新（视资源可用性而定）海洋经济卫星账户。b) 维护和更新经济国家海洋观测的国家、州和县报告，用于测量海洋经济增长和趋势。继续投资海洋经济卫星账户和国家海洋经济观测数据集生产，监控计划实施中大部分总体目标是否成功。

1.3 为美国国家海洋和大气管理局项目制定评估报告，如国家大地测量局航空测量项目（ASP）。

1.4 对美国国家海洋和大气管理局生态系统指标工作组制定的生态系统指标制定评估报告。例如，评估一个或多个生态系统指标的边际变化价值，以及美国国家海洋和大气管理局提供的有关特定指标的信息价值。

1.5 完成美国扩展大陆架项目（ECS）核心区域的最终报告。

2. 培养具有经济学素养的劳动力。

2.1 在美国国家海洋和大气管理局学者、研究员和实习生开展的项目中，优先考虑蓝色经济和蓝色技术。

2.2 在美国国家海洋和大气管理局轮流执行的项目中优先考虑蓝色经济和蓝色技术。

2.3 在美国国家海洋和大气管理局蓝色经济网站上发布并定期更新国际海洋科技工业协会（IOSTIA）职业中心和其他机会。

2.4 支持美国国家海洋和大气管理局多样性和包容性战略计划的实施，让教育合作计划（EPP）学者及其相关为少数群体服务的机构（MSIs）和历史上的黑人院校（HBCUs）了解美国国家海洋和大气管理局的蓝色经济活动，招募更加多样化和包容性的蓝色科技领域劳动力。

2.5 制订和实施蓝色经济人员交流和联络计划。

2.6 开发经济评估指导工具和网络研讨会，帮助地方、州和区域利益相关方了解经济学术语、概念和方法，以支持其进行项目决策。

2.7 建立内部蓝色经济工具包，涵盖事实和数字、沟通要点，以及图形或图片。建立时间表，包含各职能部门如何支持总体工作的文章和博客。

3. 简化内部流程，提高美国国家海洋和大气管理局项目的投资回报率。

3.1 了解执行多年期测绘和勘探合同的效率。

3.2 进一步支持蓝色经济采购计划，推进创新方法，如审查其他交易机构（OTA）的使用情况。

3.3 扩大并加强沿海数据管理，开发用于蓝色经济决策活动的综合数据集。

3.4 改进美国国家海洋和大气管理局数据管理(归档和访问)流程，确保更快、更高效地向公众提供数据。

3.5 汇集来自美国国家海洋和大气管理局及外部监测来源的基本数据，进行质量控制，上传到数据库，并提供给社区，利用所有项目的主要资产数据加强研究和监测。

4. 扩展并加快科学技术转型。

4.1 扩大美国国家海洋和大气管理局研究转型和应用办公室（ORTA）的工作范围，为目标 7 的 1.1 中列出的每个合作伙伴确定"关系管理人员"。

4.2 通过美国海洋综合观测系统（IOOS）的海洋技术转型（OTT）项目，支持并提高海洋、沿海地区和 5 大湖的观测能力。

目标 7：利用跨领域外部机遇发展美国蓝色经济

1. 加强并扩展伙伴关系。

1.1 以美国国家海洋和大气管理局人工智能中心（NCAI）合作伙伴追踪流程为模型，制定并每月追踪美国国家海洋和大气管理局蓝色经济合作伙伴清单。每半年对清单进行一次审查，并在委员会定期会议上作简要介绍。

1.2 设立由联邦政府建立的公共－私营圆桌会议，推进美国蓝色技术。

1.3 寻求并利用商务部（DOC）各局：工业和安全局（BIS）、美国经济分析局（BEA）、国际贸易管理局（ITA）、美国经济发展局（EDA）、少数民族商业发展局（MBDA），小企业创新研究计划（SBIR）和其他部门提供的资助机会，比如能源部"推动蓝色经济：海洋观测奖"。

1.4 寻求并利用主要机构间合作伙伴（国土安全部／美国海岸警卫队、国防部／美国海军、交通部／美国海事局、内政部等）提供的资助机会。

1.5 扩大与动物园、水族馆和其他合作组织的合作，让更多人了解海洋保护区、美国国家海洋和大气管理局蓝色经济和其他机构的优先事项和举措。

1.6 建立并加强国家海洋保护区办公室商业咨询委员会和其他类似委员会。

1.7 确定拥有类似和(或)互补蓝色经济战略的国际合作伙伴，如加拿大海洋超级集群（OSC），并将蓝色经济讨论纳入与此类合作伙伴的双边和多边接触，探索可能的互利合作。

1.8 与内政部海洋能源管理局（BOEM）、商务部各局（美国经济发展局等）和其他部门合作，确定并激励支持美国蓝色技术（如机器人）和其他行业（如海上采矿和能源）的目标活动。

1.9 利用已建立的无人系统合作伙伴关系，通过敏捷开发与美国国家海洋和大气管理局科技数据、云和人工智能战略一致的一个或多个用例，对无人系统数据项目进行开发。确定该行动如何与美国国家海洋和大气管理局和美国海军的最新合作保持一致，以执行《2018 年海洋技术助力商业参与法案》（CENOTE）中有关评估、获取和使用无人海洋系统的规定。

1.10 与来自全国蓝色技术集群的组织和负责人合作，如密西西比州格尔夫波特的蓝色经济创新区（BEID）以及新英格兰地区、圣地亚哥和西雅图的其他组织和负责人，收集用户需求并展示无人系统数据收集的投入回报。评估该行动如何与美国国家海洋和大气管理局／美国海军在无人海洋系统方面的新兴《2018 年海洋技术助力商业参与法案》合作相一致。

1.11 与大学合作伙伴协作，制订劳动力发展计划，包括科技支持技术（即商业和数据科学以及计算机科学／工程）方面的机会，并评估这些活动如何与美国国家海洋和大气管理局／美国海军在无人海洋系统方面的类似新兴《2018 年海洋技术助力商业参与法案》合作相一致。

1.12 根据 E.O.13175《与印地安部落政府的协商与协调》，与联邦政府承认的沿海地区部落进行正式部落协商，了解部落对蓝色经济的贡献、该战略如何影响美国国家海洋和大气管理局与部落主权国家的政府间关系，以及与部落合作发展蓝色经济的方式。

1.13 在"联合国海洋科学促进可持续发展十年（2021—2030）"研讨会上制定美国国家海洋和大气管理局参与国际蓝色经济的战略。

2. 制定政策和法律。

2.1 考虑并制定美国国家海洋和大气管理局认为可在《2018年海洋技术助力商业参与法案》重新授权法案中推动蓝色经济的意见。

2.2 争取通过海洋勘探、测绘和描述法案。

2.3 将美国国家海洋和大气管理局纳入保护军队立法。

3. 进一步扩展有针对性的战略交流与合作。

3.1 制订美国国家海洋和大气管理局蓝色经济年度参与计划，确定白宫、国会、跨机构、国际、媒体、私营部门和慈善机构、活动以及美国国家海洋和大气管理局希望传达的信息，为目标7的3.3提供信息。

3.2 建立美国国家海洋和大气管理局蓝色经济网站。

3.3 编制美国国家海洋和大气管理局蓝色经济年度报告，并在目标7的2.1所列的推广活动中发放给合作伙伴和利益相关方。

3.4 建立外部蓝色经济工具包，涵盖事实和数字、沟通要点、图形或图片，以及能够在会议和外部活动中发言的公共或私人优秀团队。建立时间表，由联营企业和优秀团队发表支持总体工作的文章和博客。

4. 利用目标7的"1.加强并扩展伙伴关系"，支持融资活动和业务发展。

4.1 探索开发蓝色科技机遇区域的各种方案，包括立法、公私合作和其他活动，并评估行动的可行性。利用通过行动目标 7 的 1.10 建立与现有蓝色技术集群的联系，并与商务部合作，确定适用于蓝色经济工作的计划。

5. 扩大对外部研究的支持。

5.1 在关注目标 7 中的第一个和第四个子目标，增加合作研究所（CI）对美国国家海洋和大气管理局研究与开发（R&D）的参与度，并在即将发布的合作研究所招股说明书中纳入支持科学产生蓝色经济收益相关的研究和技术内容。

5.2 增加私营行业和慈善组织对美国国家海洋和大气管理局研发的参与度。

德国《海洋议程 2025》简介*

刘禹希　林香红**

　　2017 年 3 月，德国联邦经济与能源部发布了《海洋议程 2025：德国作为海洋产业中心的未来》（Maritime Agenda 2025: The Future of Germany as a Maritime Industry Hub）（以下简称《海洋议程 2025》）。《海洋议程 2025》对德国海洋产业的未来发展做出长期计划，确定了德国联邦政府的行动领域、关键目标和具体举措。

一、九大行动领域及政策目标

　　联邦政府的主要目标是强化德国海洋经济所有分支领域的全球竞争能力。全面落实该政策，最重要的是将海洋经济纳入现有的国家和国际框架，制订一个强化海洋利益的欧洲计划，但各国海洋政策均需保证对海洋经济的可持续利用。以下九个实施领域是德国海洋经济提高其国际竞争力的核心领域。

---

　　*　作者根据英文报告 Maritime Agenda 2025: The Future of Germany as a Maritime Industry Hub 编译，原报告共 40 页。

　　**　刘禹希, 国家海洋信息中心研究实习员; 林香红, 国家海洋信息中心副研究员。

461

（一）巩固和提升技术领军地位

在德国的高科技战略中，海洋技术被视为未来智能移动概念的关键技术。研发过程中，科学界与工业界的紧密联系是德国创新体系的重要力量，吸引外国资本流入。德国政府目标如下：

（1）与工业界共同确定新的技术领域与新兴市场，提供针对性的研究和创新资金。

（2）整合跨部门的技术、市场发展交叉领域创新信息。

（3）在采购中重视气候与环境友好型技术，发挥先锋作用。

（4）协调并建立从科学研究、产业研发、上市的链条。

（5）加强与欧洲的研究合作，将中小企业纳入其中。

（二）增强海洋经济的国际竞争力

德国在多个国际组织中发挥积极作用，协助在国际和欧洲层面形成统一的监管体系。德国政府致力于加强德国航运活动的一般条款，政府目标如下：

（1）在国际和欧盟中积极发挥作用，致力于在全球范围内构建公平的竞争环境。

（2）根据现有情况灵活运用金融工具。

（3）支持德国公司以开发新市场和外贸交易会等形式进入国外市场。

（4）促使德国成为海运业和高效航运基地。

（三）扩大基础设施建设

交通基础设施和港口是德国海事部门竞争力的来源。2030 年德国联邦基础设施计划（BVWP2030）投资总额近 2700 亿欧元，大部分投资于新基础设施建设，2030 年德国联邦基础设施计划重点投资于疏通主要交通干线，优化整个交通网络流量。德国正资助私营公司的联合运营与铁路边轨的建设，增加公路交通向铁路与水路的转移，创建高效码头，以减少对气候环境的危害。政府目标如下：

（1）优化港口与物流链相关环节的互联互通，提升其贸易枢纽作用。

（2）维护、酌情扩建、现代化基础设施，以更好地处理德国管辖范围内的预期货运量。

（3）优化联邦与州政府港口协调政策。

（4）支持货运转向铁路与水路，减轻道路基础设施的压力，以实现气候和环境保护目标。

（四）塑造海上运输的可持续性

德国政府制定适应全球规则的环境与气候标准，避免市场扭曲。与国际海事组织（IMO）合作，遵守《防止船舶造成海洋污染国际公约》（MARPOL）核心原则。除此之外，德国在双边和多边层面促进航运业的环境保护，政府目标如下：

（1）制定并协调国际气候、环境、自然保护标准，保护海洋环境，实现国际气候保护目标；制定激励措施，建立公用事业供应基础设施，在国家层面使用替代性船舶燃料，并配备相应发动机及技术；支持各州与港口城市建立统一的审批标准。

（2）设立货运交通从公路运营转向海上运输（特别是短途海运）的激励措施。

（五）利用海事技术促进能源转型

海上风电技术对德国能源能否转型成功至关重要。2021年海上风能扩张法规随着《可再生能源法》的修订而重新配置；为解决陆上电网瓶颈问题，2017年制定了年度扩张的具体路线，设立了2030年的海上风电装机容量目标。创新能源和运输技术在未来几年促进能源发展，例如替代燃料、动力系统。政府目标如下：

（1）加强海上风电行业、海事行业之间的联网工作，在未来海上风电场运营与服务中使用的海事技术需求、降低成本的信息技术与物流领域进行针对性交流。

（2）推动海上风电和港口部门就扩大海上风电部门服务范围的可行性进行对话。

（3）确保实现既定的扩张目标，并审查增加成本导致潜力降低的措施。

（4）促进环境友好型海上试点风电场的建议，包括其基础结构。

（5）通过资助创新能源和交通技术，结合智能部门促进交通部门的能源转型。

（6）监督并整合创新的开发和使用，并研究资金的原型。

（7）采取跨领域研究计划，以提高能源、工业、技术政策研究资金的战略倍增效应。

（六）德国海事 4.0 ——利用数字化

德国工业 4.0 将提升开发、生产、运营、港口物流等效率，为海事部门带来巨大机遇。数据流（大数据、数据挖掘）的针对性分析、评估与管理，将改变商船、港口部门对数据的收集、使用流程。德国工业 4.0 的关键挑战之一是要汇集如机械、物流、电子信息、通信技术等不同领域的专业知识。为此，德国联邦交通与数字基础设施创立了 5G 计划，开展 5G 对话论坛。技术人才是德国海事 4.0 成功的关键，发展面向该领域的教育与培训，满足快速数字化的要求。政府目标如下：

（1）进一步加强工业 4.0 的研发，对优先事项进行针对性的资助合作项目，尤其是跨部门项目。

（2）增进价值链中各环节参与者的沟通。

（3）通过德国行业参与者之间的合作倡议指导国际行业标准的引入。

（4）优化专业人员的初始和再培训，满足日益增长的数字化需求，鼓励社会伙伴积极参与。

（七）加强德国海事专业知识

高质量的人员培训是德国海运业生存能力与竞争力的关键。得益于职业教育与培训的双重体系、优秀的高校，德国海事相关的教育、研究、企业之间相互合作，使得海事子行业从中受益。除此之外，海运培训和就业联盟是制定国家航运政策的理想平台。政府目标如下：

（1）有计划性地对技术工人、工程师开展海事、海军工程以及海洋技术培训，满足海事部门对工人的需求。

（2）促进教育机构和海事行业之间在课程持续发展之间的沟通。

（3）持续发展海运培训和就业联盟。

（八）发展海军和海岸警卫队造船的工业能力

德国海军和海岸警卫队造船业与境内数百家供应商密切合作，占德国造船业总营业额的25%左右。安全可靠的海上航线对全球经济的发展至关重要，造船业的重要性不言而喻。政府目标如下：

（1）确保德国海军和国家警察部门有足够的装备来满足日益增长的需求。

（2）在欧盟展开运动，以进一步协调各个国家的不同出口管制政策。

（3）继续就实施和制定2015年7月8日联邦政府加强德国国防工业战略进行对话。

（九）在制定欧盟蓝色经济增长战略中发挥积极作用

欧盟长期蓝色增长战略的目标在海事领域实现环境兼容和社会的增长，战略综合考虑海洋、物种、栖息地的保护需求。作为欧盟海事政策综合愿景的经济组成部门，蓝色经济增长有助于实现"欧洲 2020 战略"目标，以实现海上环境兼容、智能和可持续的增长。政府目标如下：

（1）在制定欧盟蓝色增长战略方面发挥积极作用，更好地协调联邦政府实施该战略的措施。

（2）作为欧盟战略的一部分促进欧洲伙伴关系的合作。

（3）在气候、自然和环境相关政策的制定过程中，综合考虑德国海事政策的关键概念——保护和可持续利用海洋。

二、实施《海洋议程 2025》的十大举措

下文为实现《海事议程 2025》目标的具体措施，对德国整个海事行业跨部门、特定部门需采取的措施进行了区分，可靠的投资环境也是目标实现的关键。

（一）海上协调、互通与对话论坛

联邦政府计划为：

（1）通过全国海事会议强调全球发展对提升德国作为海事枢纽竞争力的重要性；

（2）强调海事部门对德国经济的重要性；

（3）持续推进海事联盟，与利益相关者共同制定航运政策；

（4）通过港口指导工作组推动实施国家海港、内陆港口概念；

（5）在开始工业化阶段等关键领域继续发展海事工业与海上风能部门；

（6）在有战略意义活动等领域组织技术会议；

（7）通过德国海事中心支持海事部门，积极配合欧盟委员会实施蓝色增长战略。

（二）制定国家海事技术总体规划

联邦政府计划：

（1）扩大德国国家海事技术总体规划，适用于整个海事行业；

（2）根据目前海事市场确定新的海事技术，促进可持续发展；

（3）将海事研究与国家海事技术总体规划紧密联系。

（三）促进可持续利用的海洋研究开发与创新

联邦政府计划：

（1）将相关研究、开发和创新海事资助计划集中在"海事技术——研究、发展与创新"项目中，确保资金以需求为导向；

（2）与海事筹资措施相关联，研究提高资金使用效率的措施；

（3）制定海事领域研究路线图，加强交叉领域的创新；

（4）精确现有资助计划，推进中小企业进行研究和创新；

（5）积极使用欧盟资助工具，提升德国公司获得欧盟资金的机会。

（四）实施海港、内陆"港口概念"

2016 年德国联邦通过的海港及内陆港口概念（The National Port Concept for Sea and Inland Ports，简称港口概念）是联邦政府长期运输政策战略的一部分，旨在提高整个物流部门的竞争力。联邦政府计划如下：

（1）与各州共同实施"港口概念"，审查相关措施；

（2）以批判、建设性的方式对待欧洲港口部的发展；

（3）引进港口新技术、协助港口开发，支持清洁基础设施的发展。

（五）高效的海上运输

联邦政府计划：

（1）继续提供具有国际竞争力的条件，确保德国海运枢纽和德国航运业的良好发展；

（2）审查、调整整套措施，加强德国海上运输；

（3）通过现代化措施，提升船旗国管理机构的服务质量，扩大电子化的应用；

（4）推动全球接受电子船舶安全证书和责任证书；

（5）有效发展交通管理。

（六）海上安全

联邦政府计划：

（1）加强海事行业与各州海事安全与安保之间的伙伴关系；

（2）在目前基础上，更有力地支持国际法规制定，建立组织结构；

（3）推广电子导航，维持优质的海上引航服务；

（4）通过数字化、信息系统提升交通管理，便于获得货物详情；

（5）使用车载措施（火灾探测、移动和固定式灭火设施、牵引设备、针对性的培训），提供遇险船舶的避难场所，改善船上的应急准备。

（七）促进对外贸易和投资

德国计划开发国外市场、政治支持、风险对冲和融资、加强德国企业竞争力四个方面促进对外贸易和投资，联邦政府计划：

（1）开发和利用海事公司相关工具；

（2）开发新市场，为重要的参考项目提供有力的关键技术和政治支持；

（3）制定灵活有效的出口信贷担保，维持航运计划。

（八）培训和就业

随着海运生产过程变得复杂，互联网技术引入航运业，确保海事部门具有熟练的劳动力十分重要。目前采用海事主题课程、职业教育与培训的双重制度为海事部门年轻工作人员的发展奠定了坚实基础，同时强调在技术发展和数字化背景下进一步发展航海事业。联邦政府计划如下：

（1）各州、行业代表、工会之间就教育结构的必要调整进行对话，如应对数字化新挑战等；

（2）增加海事部门主题的职业和培训信息。

（九）气候与环境的保护

海运业需在经济需求与环境保护之间取得平衡，促进航运的高效和可持续发展。联邦政府计划如下：

（1）制定有关气候和环境保护的法律法规；

（2）引进有助于降低空气污染物和温室气体排放的新材料与推进系统；

（3）在联邦政府部门的授权下，探索船舶装备改进推进方法的可能，规划新船舶；

（4）支持国际海事组织记录船舶燃料消耗的全球数据收集系统，促进欧盟"监控、报告、验证"（Monitoring, Reporting, Verification, MRV）系统的调整；

（5）推动国际海事组织制定航运业长期目标，降低 CO_2 排放量。

（十）公共采购

联邦政府计划：

（1）政府船只采购中加强质量、创新、社会、气候和环境方面的工作，提高采购过程效率；

（2）在公共采购过程中考虑创新，在资助项目中应用；

（3）允许通过与欧洲伙伴的联合采购计划加强海军采购的国际合作，应对欧洲多变的安全形势等；

（4）定期审查清单；

（5）提高采购流程的透明度。